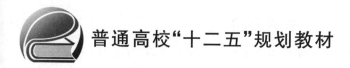
普通高校"十二五"规划教材

ARM9 嵌入式系统设计基础教程
（第 2 版）

黄智伟　邓月明　王　彦　编著

北京航空航天大学出版社

内 容 简 介

本书系统介绍了嵌入式系统的基础知识，ARM 体系结构，32 位 RISC 微处理器 S3C2410A，嵌入式系统的存储器系统，嵌入式系统输入/输出设备接口，嵌入式系统总线接口，嵌入式系统网络接口，嵌入式系统软件及操作系统基础，ARM 汇编语言程序设计基础，Bootloader 设计基础，Linux 操作系统基础，嵌入式 Linux 软件设计，图形用户接口（GUI）。每章都附有思考题与习题。免费提供电子课件。

本书内容丰富实用，层次清晰，叙述详尽，方便教学与自学，可作为高等院校电子信息工程、通信工程、自动控制、电气自动化、计算机科学与技术等专业进行嵌入式系统教学的教材，也可作为全国大学生电子设计竞赛培训教材，以及工程技术人员进行嵌入式系统开发与应用的参考书。

图书在版编目（CIP）数据

ARM9 嵌入式系统设计基础教程/黄智伟，邓月明，王彦编著. --2 版. --北京 ：北京航空航天大学出版社，2013.3

ISBN 978 - 7 - 5124 - 1088 - 6

Ⅰ.①A… Ⅱ.①黄… ②邓… ③王… Ⅲ.①微处理器—系统设计－高等学校－教材 Ⅳ.TP332

中国版本图书馆 CIP 数据核字（2013）第 048522 号

ARM9 嵌入式系统设计基础教程(第 2 版)

黄智伟 邓月明 王 彦 编著

责任编辑 刘 星

*

北京航空航天大学出版社出版发行

北京市海淀区学院路 37 号(邮编 100191)　http://www.buaapress.com.cn

发行部电话:(010)82317024　传真:(010)82328026

读者信箱：emsbook@gmail.com　邮购电话:(010)82316936

涿州市新华印刷有限公司印装　各地书店经销

*

开本:710×1 000　1/16　印张:29.25　字数:623 千字

2013 年 3 月第 2 版　2023 年 1 月第 13 次印刷

ISBN 978 - 7 - 5124 - 1088 - 6　定价:54.00 元

前　言

　　本书是第 2 版。随着 ARM 技术的发展,我们对该书第 1 版中的部分内容进行了修订和补充。

　　本书是为高等院校电子信息工程、通信工程、自动控制、电气自动化、计算机科学与技术等专业编写的嵌入式系统设计、开发与应用的通用教材,也可作为全国大学生电子设计竞赛培训教材,以及工程技术人员进行嵌入式系统开发与应用的参考书。

　　本书的特点是以 ARM9 微处理器的 S3C2410A 为基础,突出嵌入式系统的基础知识,突出嵌入式系统的存储器、输入/输出接口、总线接口的电路设计与编程,突出采用 ARM 汇编语言和嵌入式 Linux 的编程方法,突出图形用户接口(GUI)工具的使用,内容丰富实用,叙述详尽清晰,方便教学与自学,与嵌入式系统实验教学结合,有利于学生掌握嵌入式系统的设计方法,培养学生综合分析、开发创新和工程设计的能力。

　　全书共分 13 章。

　　第 1 章介绍了嵌入式系统的定义和组成、嵌入式微处理器体系结构和类型。

　　第 2 章介绍了 ARM 微处理器结构、寄存器结构、异常处理、存储器结构、指令系统和接口。

　　第 3 章介绍了 S3C2410A 的存储器控制器、时钟和电源管理、I/O 口、中断控制、DMA 控制器的内部结构和寄存器以及编程方法。

　　第 4 章介绍了嵌入式系统存储设备分类与层次结构、NOR Flash 接口、NAND Flash 接口、SDRAM 接口、CF 卡接口、SD 卡接口、IDE 接口的基本原理、电路结构与读/写操作方法。

　　第 5 章介绍了嵌入式系统的 GPIO、A/D 转换器接口、D/A 转换器接口、键盘与 LED 数码管接口、LCD 显示接口、触摸屏接口的基本原理、电路结构与编程方法。

　　第 6 章介绍了嵌入式系统的串行接口、I^2C 接口、USB 接口、SPI 接口、PCI 接口、I^2S 总线接口的基本原理、电路结构与编程方法。

　　第 7 章介绍了嵌入式系统网络接口,包含有以太网接口、CAN 总线接口的基本原理、电路结构与编程方法。

　　第 8 章介绍了嵌入式软件的特点、分类、体系结构,嵌入式操作系统的功能和分类,嵌入式系统的任务管理、存储管理、输入/输出设备管理。

第9章介绍了 MDK ARM 开发工具的组成与使用,ARM 汇编伪指令,ARM 的汇编语言结构,ARM 汇编语言程序调试,ARM 汇编语言与 C 语言混合编程等 ARM 汇编语言程序设计基础知识。

第10章介绍了 Bootloader 的作用、工作模式和启动流程,S3C2410 平台下 Linux 的 Bootloader,Windows CE 的 Bootloader 和 Blob。

第11章介绍了嵌入式 Linux 的开发环境,桌面 Linux 的安装和使用,Linux 内核结构、目录结构、文件系统等 Linux 操作系统基础知识。

第12章介绍了 Bootloader 的移植,嵌入式 Linux 内核和文件系统的移植,Linux 下设备驱动程序的开发,应用程序开发。

第13章介绍了图形用户接口(GUI)的层次结构,桌面 Linux 系统 GUI,嵌入式 Linux 系统 GUI,MiniGUI 的开发环境、移植、应用编程库和应用程序编写方法,Qt 开发及运行环境的创建和 Qt 应用程序的开发。

每章都附有思考题与习题。

本书提供多媒体课件需要用于教学的教师,请与北京航空航天大学出版社联系(emsbook@gmail.com)。

本书是北京航空航天大学出版社组织出版的普通高校“十二五”规划教材系列之一。由黄智伟拟订编写了本书大纲和目录。黄智伟编写了第1~8章内容。邓月明、刘峰、陆银丽编写了第9~13章内容。南华大学王彦副教授、朱卫华副教授、陈文光教授、李富英高级工程师、李圣、曾力、潘策荣,南华大学电子信息工程专业04级的刘聪、李扬宗、肖志刚、汤柯夫、樊亮,通信工程专业04级的赵俊、王永栋、晏子凯、何超、万勤斌,湖南师范大学电子信息工程专业04级的王康斌,通信工程专业04级的彭德润,05级的邓伟、肖雅斌等人为本书的编写做了大量的工作,在此一并表示衷心的感谢。同时感谢湖南省教育厅科学研究项目(07C577)课题组,南华大学高等教育研究与改革课题(06Y05)对本书出版的支持。

本书在编写过程中,参考了大量的国内外著作和资料,得到了许多专家和学者的大力支持,听取了多方面的宝贵意见和建议,在此对他们表示衷心的感谢。

由于时间仓促和水平所限,本书难免有疏漏和不足之处,敬请各位读者批评指正。

黄智伟

2013 年 3 月

于南华大学

目　录

ARM9 嵌入式系统设计基础教程(第2版)

4

ARM9 嵌入式系统设计基础教程(第 2 版)

第 **1** 章

嵌入式系统基础知识

1.1　嵌入式系统的定义和组成

1.1.1　嵌入式系统的定义

根据国际电气和电子工程师协会(IEEE)的定义,嵌入式系统是"控制、监视或者辅助设备、机器和车间运行的装置",原文为 devices used to control,monitor,or assist the operation of equipment,machinery or plants。

目前,国内普遍认同的定义是:以应用为中心,以计算机技术为基础,软硬件可裁剪,适应应用系统对功能、可靠性、成本、体积、功耗严格要求的专用计算机系统。

北京航空航天大学的何立民教授是这样定义嵌入式系统的:"嵌入到对象体系中的专用计算机系统"。

可以这样认为,嵌入式系统是一种专用的计算机系统,作为装置或设备的一部分。嵌入式系统一般由嵌入式微处理器、外围硬件设备、嵌入式操作系统以及用户应用程序 4 个部分组成。"嵌入性"、"专用性"和"计算机系统"是嵌入式系统的 3 个基本要素,对象系统则是指嵌入式系统所嵌入的宿主系统。

嵌入式系统无处不在,在移动电话、数码照相机、MP4、数字电视的机顶盒、微波炉、汽车内部的喷油控制系统、防抱死制动系统等装置或设备都使用了嵌入式系统。

1.1.2　嵌入式系统的发展趋势

1. 嵌入式系统的发展历史

从单片机的出现到今天各种嵌入式微处理器、微控制器的广泛应用,嵌入式系统的应用可以追溯到 20 世纪 60 年代中期,例如阿波罗飞船的导航控制系统 AGC (Apollo Guidance Computer)。嵌入式系统的发展历程,大致经历了以下 4 个阶段。

(1) 无操作系统阶段

单片机是最早应用的嵌入式系统。单片机作为各类工业控制和飞机、导弹等武器装备中的微控制器,用来执行一些单线程的程序,完成监测、伺服和设备指示等多种功能,一般没有操作系统的支持,程序设计采用汇编语言。由单片机构成的这种嵌入式系统使用简便,价格低廉,在工业控制领域中得到了非常广泛的应用。

(2) 简单操作系统阶段

20 世纪 80 年代,出现了大量具有高可靠性、低功耗的嵌入式 CPU,如 Power PC 等。这些芯片上集成有微处理器、I/O 接口、串行接口及 RAM、ROM 等部件。同时,面向 I/O 设计的微控制器开始在嵌入式系统中设计应用。一些简单的嵌入式操作系统开始出现并得到迅速发展,程序设计人员也开始基于一些简单的"操作系统"开发嵌入式应用软件。虽然此时的嵌入式操作系统还比较简单,但已经初步具有了一定的兼容性和扩展性,内核精巧且效率高,大大缩短了开发周期,提高了开发效率。

(3) 实时操作系统阶段

20 世纪 90 年代,面对分布控制、柔性制造、数字化通信和信息家电等巨大市场的需求,嵌入式系统飞速发展。随着硬件实时性要求的提高,嵌入式系统的软件规模也不断扩大,实时操作系统(Real-Time Operation System,RTOS)逐渐形成。实时操作系统能够运行在各种不同类型的微处理器上,具备了文件和目录管理、设备管理、多任务、网络、图形用户界面(Graphic User Interface,GUI)等功能,并提供了大量的应用程序接口(Application Programming Interface,API),从而使应用软件的开发变得更加简单。

(4) 面向 Internet 阶段

进入 21 世纪,Internet 技术与信息家电、工业控制技术等的结合日益紧密,嵌入式技术与 Internet 技术的结合正在推动着嵌入式系统飞速发展,网络互联已成为必然趋势。

2. 嵌入式系统的发展趋势

随着嵌入式技术与 Internet 技术的结合,嵌入式系统的研究和应用在飞速发展。

① 新的微处理器层出不穷。这些新的微处理器进一步精简了系统内核,优化关键算法,降低功耗和软硬件成本,并提供更加友好的多媒体人机交互界面。

② Linux、Windows CE、Palm OS 等嵌入式操作系统迅速发展。嵌入式操作系统自身结构的设计更加便于移植,具有源代码开放、系统内核小、执行效率高、网络结构完整等特点,能够在短时间内支持更多的微处理器。计算机的新技术、新观念开始逐步移植到嵌入式系统中,嵌入式软件平台得到进一步完善。

③ 嵌入式系统的开发成为了一项系统工程,开发商不仅要提供嵌入式软硬件系统本身,而且还要提供强大的硬件开发工具和软件支持包。

3. IP 核(Intellectual Property Core,知识产权核)

SoC(System on Chip,片上系统)是 20 世纪 90 年代中期出现的一个概念,并成为现代集成电路设计的发展方向。SoC 是指在单芯片上集成数字信号处理器、微控制器、存储器、数据转换器、接口电路等电路模块,可以直接实现信号采集、转换、存储、处理等功能。

IP核是指具有知识产权的、功能具体的、接口规范的、可在多个集成电路设计中重复使用的功能模块,是实现 SoC 的基本构件。IP 核分为:

① 用硬件描述语言(Hardware Description Language,HDL)文本形式提交给用户,经过 RTL 级设计优化和功能验证,其中不含有任何具体物理信息的软核(soft IP core)。

② 除完成软核所有的设计外,还完成了门级电路综合和时序仿真等设计环节,一般以门级电路网表的形式提供给用户的固核(firm IP core)。

③ 基于物理描述,并经过工艺验证,具有可靠的性能,提供给用户的形式是电路物理结构掩膜版图和全套工艺文件的硬核(hard IP core)。

IP 软核以源代码的形式提供的 IP 知识产权不易保护。IP 硬核易于实现 IP 保护,缺点是灵活性和可移植性差。

目前,全球 IP 核市场处于快速成长的阶段,EDA 联盟、RAPID 联盟、VCX 联盟与 VSIA 联盟等都在积极推动 IP 核的开发、应用及推广。其中,EDA 联盟主要是以如何提供更好的 EDA 软件工具为主,VSIA 联盟主要针对 IP 核的定义、开发、授权及测试等建立一个公开的共性规范。ARM、Rambus 和 MIPS 在十大 IP 供应商排行中居前 3 位。

1.1.3 嵌入式系统的组成

嵌入式系统通常由嵌入式微处理器、嵌入式操作系统、应用软件和外围设备接口的嵌入式计算机系统和执行装置(被控对象)组成。嵌入式计算机系统是整个嵌入式系统的核心,可以分为硬件层、中间层、系统软件层和应用软件层。执行装置接收嵌入式计算机系统发出的控制命令,执行所规定的操作或任务。

1. 嵌入式计算机系统的硬件层

硬件层中包含嵌入式微处理器、存储器(SDRAM、ROM、Flash 等)、通用设备接口和 I/O 接口(A/D、D/A、I/O 等)。硬件层通常以嵌入式处理器为中心,包含电源电路、时钟电路和存储器电路的电路模块,其中操作系统和应用程序都固化在模块的 ROM 中。

(1) 嵌入式微处理器

嵌入式微处理器是嵌入式系统硬件层的核心,嵌入式微处理器将通用 CPU 中许多由板卡完成的任务集成到芯片内部,从而有利于系统设计趋于小型化、高效率和高可靠性。嵌入式微处理器大多工作在为特定用户群所专门设计的系统中。

嵌入式微处理器的体系结构可以采用冯·诺依曼体系结构或哈佛体系结构,指令系统可以选用精简指令系统(Reduced Instruction Set Computer,RISC)或复杂指令集系统(Complex Instruction Set Computer,CISC)。

嵌入式微处理器有各种不同的体系,目前全世界嵌入式微处理器已经超过 1 000 多种,体系结构有 30 多个系列,其中主流的体系有 ARM、MIPS、PowerPC、X86 和 SH 等。即使在同一体系中,也可以具有不同的时钟频率、数据总线宽度、接口和外设。目前没有一种嵌入式微处理器可以主导市场,嵌入式微处理器的选择是根据具体的应用而决定的。

(2) 存储器

嵌入式系统的存储器包含 cache、主存储器和辅助存储器,可用来存放和执行代码。

cache 是一种位于主存储器和嵌入式微处理器内核之间的快速存储器阵列,存放的是最近一段时间微处理器使用最多的程序代码和数据。在需要进行数据读取操作时,微处理器尽可能地从 cache 中读取数据,而不是从主存中读取,减小存储器(如主存和辅助存储器)给微处理器内核造成的存储器访问瓶颈,提高微处理器和主存之间的数据传输速率,使处理速度更快,实时性更强。

cache 一般集成在嵌入式微处理器内,可分为数据 cache、指令 cache 或混合 cache,cache 的存储容量依不同处理器而定。

主存储器用来存放系统和用户的程序及数据,是嵌入式微处理器能直接访问的存储器。主存储器包含有 ROM 和 RAM,可以位于微处理器的内部或外部。常用的 ROM 类存储器有 NOR Flash、EPROM 和 PROM 等,RAM 类存储器有 SRAM、DRAM 和 SDRAM 等,容量为 256 KB~1 GB。

辅助存储器通常指硬盘、NAND Flash、CF 卡、MMC 和 SD 卡等,用来存放大数据量的程序代码或信息,一般容量较大,但读取速度与主存相比要慢一些。

(3) 通用设备接口和 I/O 接口

嵌入式系统通常具有与外界交互所需要的通用设备接口,如 GPIO、A/D(模/数转换接口)、D/A(数/模转换接口)、RS-232 接口(串行通信接口)、Ethernet(以太网接口)、USB(通用串行总线接口)、音频接口、VGA 视频输出接口、I^2C(现场总线)、SPI(串行外围设备接口)和 IrDA(红外线接口)等。

2. 中间层

中间层也称为硬件抽象层(Hardware Abstract Layer,HAL)或板级支持包(Board Support Package,BSP),位于硬件层和软件层之间,将系统上层软件与底层硬件分离开来。

BSP 作为上层软件与硬件平台之间的接口,需要为操作系统提供操作和控制具体硬件的方法。不同的操作系统具有各自的软件层次结构,BSP 需要为不同的操作系统提供特定的硬件接口形式。BSP 使上层软件开发人员无需关心底层硬件的具体情况,只要根据 BSP 层提供的接口即可进行开发。

BSP 是一个介于操作系统和底层硬件之间的软件层次,包括了系统中大部分与硬件联系紧密的软件模块。BSP 一般包含相关底层硬件的初始化、数据的输入/输出操作和硬件设备的配置等功能。

(1) 嵌入式系统硬件初始化

系统初始化过程按照从底层向顶层、从硬件到软件的次序依次分为片级初始化、板级初始化和系统级初始化 3 个主要环节。

片级初始化是一个纯硬件的初始化过程,包括设置嵌入式微处理器的核心寄存器和控制寄存器、嵌入式微处理器核心工作模式和嵌入式微处理器的局部总线模式等。片级初始化把嵌入式微处理器从上电时的默认状态设置成系统所要求的工作状态。

板级初始化是一个同时包含软硬件两部分在内的初始化过程,完成嵌入式微处理器以外的其他硬件设备的初始化,设置某些软件的数据结构和参数,为随后的系统级初始化和应用程序的运行建立硬件和软件环境。

系统级初始化主要进行操作系统的初始化。BSP 将对嵌入式微处理器的控制权转交给嵌入式操作系统,由操作系统完成余下的初始化操作,包含加载和初始化与硬件无关的设备驱动程序;建立系统内存区;加载并初始化其他系统软件模块,如网络系统、文件系统等。最后,操作系统创建应用程序环境,并将控制权交给应用程序的入口。

(2) 硬件相关的设备驱动程序

BSP 中包含硬件相关的设备驱动程序,但是这些设备驱动程序通常不直接由 BSP 使用,而是在系统初始化过程中由 BSP 将它们与操作系统中通用的设备驱动程序关联起来,并在随后的应用中由通用的设备驱动程序调用,实现对硬件设备的操作。

3. 系统软件层

系统软件层通常包含有 RTOS、文件系统、图形用户接口(Graphic User Interface,GUI)、网络系统及通用组件模块组成。RTOS 是嵌入式应用软件的基础和开发平台。

(1) 嵌入式操作系统(Embedded Operating System,EOS)

EOS 负责嵌入式系统的软件和硬件的资源分配、任务调度及控制协调。EOS 除具备了一般操作系统最基本的任务调度、同步机制、中断处理、文件处理等功能外,还具有如下特点:实时性强;支持开放性和可伸缩性的体系结构,具有可裁剪性;提供统一的设备驱动接口;提供操作方便、简单、友好的 GUI 和图形界面;支持 TCP/IP 协议及其他协议,提供 TCP/UDP/IP/PPP 协议支持及统一的 MAC 访问层接口,提供强大的网络功能;EOS 的用户接口通过系统的调用命令向用户程序提供服务;EOS 一旦开始运行就不需要用户过多的干预;EOS 和应用软件被固化在嵌入式系统计算机的 ROM 中;具有良好的硬件适应性(可移植性)。

(2) 文件系统

嵌入式文件系统与通用操作系统的文件系统不完全相同,主要提供文件存储、检索和更新等功能,一般不提供保护和加密等安全机制。

嵌入式文件系统通常支持fat32、jffs2、yaffs等几种标准的文件系统。一些嵌入式文件系统还支持自定义的实时文件系统，可以根据系统的要求选择所需的文件系统，选择所需的存储介质，配置可同时打开的最大文件数等。除此之外，嵌入式文件系统还可以方便地挂接不同存储设备的驱动程序，支持多种存储设备。

嵌入式文件系统以系统调用和命令方式提供文件的各种操作，如设置、修改对文件和目录的存取权限，提供建立、修改、改变和删除目录等服务，提供创建、打开、读写、关闭和撤消文件等服务。

(3) 图形用户接口

GUI使用户可以通过窗口、菜单、按键等方式来方便地操作计算机或者嵌入式系统。嵌入式GUI与PC机上的GUI有着明显的不同，要求具有轻型，占用资源少，性能高，可靠性高，便于移植，可配置等特点。

实现嵌入式系统中的图形界面一般采用下面几种方法：

① 针对特定的图形设备输出接口，自行开发相应的功能函数；

② 购买针对特定嵌入式系统的图形中间软件包；

③ 采用源码开放的嵌入式GUI系统；

④ 使用独立软件开发商提供的嵌入式GUI产品。

4. 应用软件层

应用软件层用来实现对被控对象的控制功能，由所开发的应用程序组成，面向被控对象和用户。为方便用户操作，通常需要提供一个友好的人机界面。

1.1.4　RTOS

RTOS在航空、航天、工业过程控制、武器防御系统、自动化导航/控制系统、医疗、信息检索、银行、多媒体系统等领域广泛应用。

RTOS与通用计算机系统不同，要求系统中的任务不但执行结果要正确，而且必须在一定的时间约束（deadline）内完成。在RTOS中，一个逻辑上正确的计算结果，若其产生的时间晚于某个规定的时间，那么也认为系统的行为是不正确的。

1. RTOS的定义

RTOS是指能够在指定或者确定的时间内完成系统功能和对外部或内部、同步或异步时间做出响应的系统，系统能够处理和存储控制系统所需要的大量数据。RTOS的正确性不仅依赖于系统计算的逻辑结果，还依赖于产生这个结果的时间。

2. RTOS的特点

(1) 约束性

RTOS任务的约束包括时间约束、资源约束、执行顺序约束和性能约束。

RTOS的任务具有时间约束性。时间约束是任何RTOS都固有的约束。时间约束性可分为硬实时和软实时。硬实时是指在航空航天、军事、核工业等一些关键领域中应用的系统，时间要求必须能够得到完全满足，否则将造成不可预计的结果。软实时通常是指在监控系统、信息采集系统等某些应用中，有时间约束要求，但偶尔违反不会造成严重影响。

资源约束是指多个实时任务共享有限的资源时，必须按照一定的资源访问控制协议进行同步，以避免死锁和高优先级任务被低优先级任务堵塞的时间（即优先级倒置时间）不可预测。

执行顺序约束是指各任务的启动和执行必须满足一定的时间和顺序约束。例如，在分布式端到端（end-to-end）实时系统中，同一任务的各子任务之间存在前驱或后继的约束关系，需要执行同步协议来管理子任务的启动和控制子任务的执行，使它们满足时间约束和系统可调度性要求。

性能约束是指必须满足如可靠性、可用性、可预测性、服务质量（Quality of Service，QoS）等性能指标。

（2）可预测性

可预测性是指 RTOS 完成实时任务所需要的执行时间应是可知的。可预测性是 RTOS 的一项重要性能要求。可预测性包括硬件时延的可预测性和软件系统的可预测性（包括应用程序的响应时间是可预测的，以及操作系统的可预测性）。

在多种任务型 RTOS 中，不但包括周期任务、偶发任务、非周期任务，还包括非实时任务。多种类型任务的混合，使系统的可调度性、可预测性分析更加困难。

（3）可靠性

大多数 RTOS 要求有较高的可靠性，要求系统在最坏情况下都能正常工作或避免损失。可靠性是 RTOS 的重要性能指标。

（4）交互性

外部环境是 RTOS 不可缺少的一个组成部分，它往往是被控子系统。嵌入式计算机系统一般作为控制系统，必须在规定的时间内对被控子系统请求做出反应。被控子系统也必须能够正常工作或准备对任何异常行为采取动作。两者相互作用构成完整的实时系统。

3. RTOS 的调度技术

给定一组实时任务和系统资源，确定每个任务何时何地执行的整个过程就是调度。而 RTOS 中调度的目的则是要尽可能地保证每个任务满足它们的时间约束，及时对外部请求做出响应。RTOS 的调度技术常用的有以下两种。

（1）抢占式调度和非抢占式调度

抢占式调度通常是优先级驱动的调度。每个任务都有优先级，任何时候具有最高优先级且已启动的任务先执行。抢占式调度实时性好、反应快，调度算法相对简单，可优先保证高优先级任务的时间约束，其缺点是上下文切换多。而非抢占式调度是指不允许任务在执行期间被中断,任务一旦占用微处理器就必须执行到完毕或自愿放弃。其优点是上下文切换少,缺点是微处理器有效资源利用率低,可调度性不好。

(2) 静态表驱动策略和优先级驱动策略

静态表驱动策略是一种离线调度策略,指在系统运行前根据各任务的时间约束及关联关系,采用某种搜索策略生成一张运行时刻表。在系统运行时,调度器只需根据这张时刻表启动相应的任务即可。

优先级驱动策略指按照任务优先级的高低确定任务的执行顺序。优先级驱动策略又分为静态优先级调度策略和动态优先级调度策略。静态优先级调度是指任务的优先级分配好之后,在任务的运行过程中,优先级不会发生改变。静态优先级调度又称为固定优先级调度。动态优先级调度是指任务的优先级可以随着时间或系统状态的变化而发生变化。

4. RTOS 的分类

RTOS 主要分为硬实时(hard real-time)系统和软实时(soft real-time)系统两类。硬实时系统应用在航空航天、军事、核工业等领域中,软实时系统应用于如视频点播系统、信息采集与检索系统等。

5. 实时任务的分类

实时任务的分类方法有多种,根据任务的周期划分,可以分为周期任务、偶发任务和非周期任务 3 类。根据是否允许任务超时,以及超时后对系统造成的影响,任务又分为强实时任务、准实时任务、弱实时任务和弱-强实时任务 4 类。

6. RTOS 操作系统和内核

RTOS 从单用途专用系统向多用途通用操作系统(如实时 Linux 等)发展。RTOS 从支持强实时及其应用发展到既支持强实时也支持弱实时及其应用方面,如开放实时系统的服务质量(QoS)多媒体应用、复杂分布式实时系统等。

现在使用的 RTOS 包括实时内核(μC/OS 等)、基于组件的内核(如 OS-Kit、Coyote、2K、MMLite 等)、基于 QoS 的内核、通用操作系统的实时变种(如 RT-Linux、RTAI-Linux、实时 Windows NT/XP)等。目前很多 RTOS 遵循 Posix 实时扩展的工业标准,如 RT-Linux 等。

1.2 嵌入式微处理器体系结构

1.2.1 冯·诺依曼结构与哈佛结构

1. 冯·诺依曼(von Neumann)结构

冯·诺依曼结构的计算机由 CPU 和存储器构成,其程序和数据共用一个存储空间,程序指令存储地址和数据存储地址指向同一个存储器的不同物理位置;采用单一的地址及数据总线,程序指令和数据的宽度相同。程序计数器(PC)是CPU内部指示指令和数据的存储位置的寄存器。

CPU通过程序计数器提供的地址信息,对存储器进行寻址,找到所需要的指令或数据,然后对指令进行译码,最后执行指令规定的操作。处理器执行指令时,先从存储器中取出指令解码,再取操作数执行运算,即使单条指令也要耗费几个甚至几十个周期;在高速运算时,在传输通道上会出现瓶颈效应。

目前使用冯·诺依曼结构的CPU和微控制器品种有很多,例如Intel公司的8086系列及其他CPU、ARM公司的ARM7、MIPS公司的MIPS处理器等。

2. 哈佛(Harvard)结构

哈佛结构的主要特点是将程序和数据存储在不同的存储空间中,即程序存储器和数据存储器是两个相互独立的存储器,每个存储器独立编址、独立访问。系统中具有程序的数据总线与地址总线及数据的数据总线与地址总线。这种分离的程序总线和数据总线可允许在一个机器周期内同时获取指令字(来自程序存储器)和操作数(来自数据存储器),从而提高了执行速度及数据的吞吐率。又由于程序和数据存储器在两个分开的物理空间中,因此取指和执行能完全重叠,具有较高的执行效率。

目前使用哈佛结构的CPU和微控制器品种有很多,除DSP处理器外,还有Freescale公司的MC68系列,Zilog公司的Z8系列,ATMEL公司的AVR系列和ARM公司的ARM9、ARM10、ARM11等。

1.2.2 精简指令集计算机

早期的计算机采用复杂指令集计算机(Complex Instruction Set Computer,CISC)体系,例如Intel公司的X86系列CPU,从8086到Pentium系列,采用的都是典型的CISC体系结构。采用CISC体系结构的计算机各种指令的使用频率相差悬殊,统计表明,大概有20%的比较简单的指令被反复使用,使用量约占整个程序的80%;而有80%左右的指令则很少使用,其使用量约占整个程序的20%,即指令的2/8规律。在CISC中,为了支持目标程序的优化,支持高级语言和编译程序,增加了许多复杂的指令,用一条指令来代替一串指令。通过增强指令系统的功能,虽然简化了软件,但却增加了硬件的复杂程度。而且这些复杂指令并不有利于缩短程序的执行时间。在VLSI制造工艺中,要求CPU控制逻辑具有规整性,而CISC为了实现大量复杂的指令,控制逻辑极不规整,给VLSI工艺造成很大困难。

精简指令集计算机(Reduced Instruction Set Computer,RISC)体系结构是20世纪80年代提出来的。目前IBM、DEC、Intel和Freescale(原Motorola)等公司都在研究和发展RISC技术,RISC已经成为当前计算机发展不可逆转的趋势。

RISC是在CISC的基础上产生并发展起来的,RISC通过简化指令系统使计算

机的结构更加简单合理,运算效率更高。RISC 指令系统具有如下特点:

- 优先选取使用频率最高的、很有用的但不复杂的指令;
- 固定指令的长度,减少指令的格式和寻址方式种类;
- 指令之间各字段的划分比较一致,各字段的功能也比较规整;
- 采用 Load/Store 指令访问存储器,其余指令的操作都在寄存器之间进行;
- 算术逻辑运算指令的操作数都在通用寄存器中存取;
- 大部分指令控制在 1 个或小于 1 个机器周期内完成。

RISC 的控制逻辑以硬布线为主,不用或少用微代码控制。采用高级语言编程,重视编译优化工作,以减少程序执行时间。

尽管 RISC 架构与 CISC 架构相比有较多的优点,但 RISC 架构不可以取代 CISC 架构。事实上,RISC 和 CISC 各有优势。现代的 CPU 往往采用 CISC 的外围,内部加入了 RISC 的特性,如超长指令集 CPU 就是融合了 RISC 和 CISC 两者的优势,成为未来的 CPU 发展方向之一。在 PC 机和服务器领域,CISC 体系结构是市场的主流。在嵌入式系统领域,RISC 结构的微处理器将占有重要的位置。

1.2.3　流水线技术

1. 流水线的基本概念

流水线技术应用于计算机系统结构的各个方面,其基本思想是将一个重复的时序分解成若干个子过程,而每一个子过程都可以有效地在其专用功能段上与其他子过程同时执行。

在流水线技术中,流水线要求可分成若干相互联系的子过程,实现子过程的功能所需时间尽可能相等。形成流水处理,需要一段准备时间。当指令流不能顺序执行时,会使流水线过程中断,而再形成流水线过程则需要时间。

流水线结构的类型众多,并且分类方法各异。按完成的功能分类,可分为单功能流水线和多功能流水线;按同一时间内各段之间的连接方式分类,可分为静态流水线和动态流水线;按数据表示分类,可分为标量流水线处理器和向量流水线处理器。

指令流水线就是将一条指令分解成一连串执行的子过程。例如,把指令的执行过程细分为取指令、指令译码、取操作数和执行 4 个子过程。在 CPU 中,把一条指令的串行执行子过程变为若干条指令的子过程在 CPU 中重叠执行。如果能做到每条指令均分解为 m 个子过程,且每个子过程的执行时间都一样,则利用此条流水线可将一条指令的执行时间由原来的 T 缩短为 T/m。指令流水线处理的时空图如图 1.2.1 所示,其中的 1、2、3、4、5 表示要处理的 5 条指令。采用流水方式可同时执行多条指令。

2. 流水线处理机的主要指标

(1) 吞吐率

在单位时间内,流水线处理机流出的结果数称为吞吐率。对指令而言,就是单位

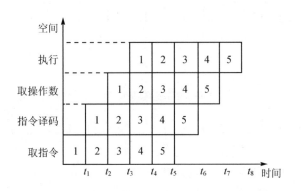

图 1.2.1　指令流水线处理的时空图

时间里执行的指令数。如果流水线的子过程所用时间不一样长,则吞吐率 P 应为最长子过程的倒数,即:

$$P = 1/\max\{\Delta t_1, \Delta t_2, \cdots, \Delta t_m\}$$

(2)建立时间

流水线开始工作,须经过一定时间才能达到最大吞吐率,这就是建立时间。若 m 个子过程所用时间一样,均为 t_0,则建立时间 $T_0 = m\Delta t_0$。

3. 冯·诺依曼结构和哈佛结构的处理器指令流与时钟的关系

ARM9 系列微处理器通常采用 5 级流水线技术,包括:取指令(F)、译码(D)、执行(E)、访存(M)和回写(W)。5 级流水线技术工作流程如表 1.2.1 所列。

表 1.2.1　5 级流水线技术

流水线技术	完成内容
取指令(F)	从指令存储器取指令
译码(D)	读取寄存器操作数
执行(E)	产生 ALU 运算结果或产生存储器地址(相对于存储器访问指令)
访存(M)	访问数据存储器
回写(W)	完成执行结果写回存储器

以 5 级流水线为例,采用冯·诺依曼结构和哈佛结构的处理器指令流与时钟的关系,如图 1.2.2 所示。

1.2.4　信息存储的字节顺序

1. 大端和小端存储法

大多数计算机使用 8 位(bit)的数据块作为最小的、可寻址的存储器单位,称为1 字节。存储器的每一字节都用一个唯一的地址(address)来标识。所有可能地址的

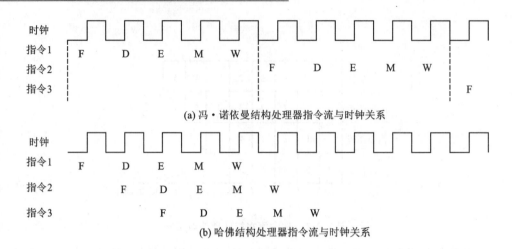

(a) 冯·诺依曼结构处理器指令流与时钟关系

(b) 哈佛结构处理器指令流与时钟关系

图 1.2.2 冯·诺依曼结构和哈佛结构处理器指令流与时钟关系

集合称为存储器空间。

对于软件而言,它将存储器看作一个大的字节数组,称为虚拟存储器。在实际应用中,虚拟存储器可以划分成的不同单元,用来存放程序、指令和数据等信息。

在微处理器中,使用字(word)表明整数和指令数据的大小。字长决定了微处理器的寻址能力,即虚拟地址空间的大小。对于一个字长为 n 位的微处理器,它的虚拟地址范围为 $0\sim2^n-1$。例如一个 32 位的微处理器,可访问的虚拟地址空间为 2^{32},即 4 GB。

微处理器和编译器使用不同的方式来编码数据,如不同长度的整数和浮点数,从而支持多种数据格式。以 C 语言为例,它支持整数和浮点数等多种数据格式。

对于一个多字节类型的数据,在存储器中有两种存放方法:一种是低字节数据存放在内存低地址处,高字节数据存放在内存高地址处,称为小端字节顺序存储法;另一种是高字节数据存放在低地址处,低字节数据存放在高地址处,称为大端字节顺序存储法。

例如,假设一个 32 位(即字)的微处理器上定义一个 int 类型的常量 a,其内存地址位于 0x6000 处,其值用十六进制数表示为 0x23456789。如图 1.2.3(a)所示,如果按小端法存储,则其最低字节数据 0x89 存放在内存低地址 0x6000 处,最高字节数据 0x23 存放在内存高地址 0x6003 处。如图 1.2.3(b)所示,如果按大端法存储,则其最高字节数据 0x23 存放在内存的低地址 0x6000 处,而最低字节数据 0x89 存放在内存的高地址 0x6003 处。

采用大端存储法还是小端存储法,各处理器厂商的立场和习惯不同,并不存在技术原因。Intel 公司 X86 系列的微处理器都采用小端存储法,而 IBM、Fresscale 和 Sun Microsystems 公司的大多数微处理器采用大端存储法。此外,还有一些微处理器,如 ARM、MIPS 和 Fresscale 的 PowerPC 等,可以通过芯片上电启动时确定的字

地址	0x6000	0x6001	0x6002	0x6003
数据（十六进制）	0x89	0x67	0x45	0x23
数据（二进制）	10001001	01100111	01000101	00100011

(a) 小端存储法

地址	0x6000	0x6001	0x6002	0x6003
数据（十六进制）	0x23	0x45	0x67	0x89
数据（二进制）	00100011	01000101	01100111	10001001

(b) 大端存储法

图 1.2.3　大端和小端存储法示例

节存储顺序规则来选择存储模式。

对于大多数程序员而言，机器的字节存储顺序是完全不可见的，无论哪一种存储模式的微处理器，编译出的程序都会得到相同的结果。不过，当不同存储模式的微处理器之间通过网络传送二进制数据时，在有些情况下，字节顺序会成为问题，会出现所谓的 UNIX 问题。字符 UNIX 在 16 位（1 个字）的微处理器上被表示为 2 字节，当被传送到不同存储模式的机器上时，则会变为 NUXI。为了避免这类问题，网络应用程序代码编写必须遵循已建立好的关于字节顺序的规则，以保证发送方微处理器先在其内部将发送的数据转换成网络标准，而接收方微处理器再将网络标准转换为其内部表示。

2. 可移植性问题

当在不同存储顺序的微处理器间进行程序移植时，要特别注意存储模式的影响。把从软件得到的二进制数据写成一般的数据格式往往会涉及存储顺序的问题。

在多台不同存储顺序的主机之间共享信息可以有两种方式：一种是以单一存储方式共享数据；另一种是允许主机以不同的存储方式共享数据。使用单一存储顺序只需解释一种格式，而且解码简单。使用多种存储方式不需要对数据的原顺序进行转化，所以编码容易，同时，当编码器和解码器采用同一种存储方式时，因为不需要变换字节顺序，也能提高通信效率。

3. 通信中的存储顺序问题

在网络通信中，Internet 协议（即 IP 协议）定义了标准的网络字节顺序。该字节顺序被用于所有设计使用在 IP 协议上的数据包、高级协议和文件格式上。

很多网络设备也存在存储顺序问题，即字节中的位采用大端法（最重要的位优先）或小端法（最不重要的位优先）发送，这取决于 OSI 模型最底层的数据链路层。

4. 数据格式的存储顺序

一个典型的例子就是日期的表示方法。不同的国家采用不同的表示方法，美国和有些国家，日期格式顺序一般是：月—日—年（例如：12 月 24 日 2007 年或 12/24/

2007),这是中间表示法。

在世界大部分国家中,除瑞典、拉脱维亚和匈牙利之外的欧洲,日期格式为:日—月—年(例如:24日12月2007年或12/24/2007),这是小端表示法。

中国、日本和ISO 8601国际正式标准的日期排列顺序是:年—月—日(例如:2007年12月24日或2007-12-24),这是大端表示法。在ISO 8601中,年份必须用4位数字表示,月份和日分别用2位数字表示。因此,个位数的日和月必须在前面填补一个零,即01,02,…,09。

1.3　嵌入式微处理器的结构和类型

应用在嵌入式计算机系统中的微处理器称为嵌入式微处理器。从1971年Intel公司推出第一块微处理器芯片4004到今天,嵌入式微处理器已有30多年的发展历史。

嵌入式计算机硬件系统一般由嵌入式微处理器、存储器和输入/输出部分组成,其中嵌入式微处理器是嵌入式硬件系统的核心。

嵌入式微处理器的字长宽度可分为4位、8位、16位、32位和64位。一般把16位及以下的称为嵌入式微控制器(embedded micro controller),32位及以上的称为嵌入式微处理器。

微处理器内部仅包含单纯的中央处理器单元的,称为一般用途型微处理器。将CPU、ROM、RAM及I/O等部件集成到同一个芯片上,称为单芯片微控制器(single chip microcontroller)。

根据用途,微处理器可以分为嵌入式微控制器、嵌入式微处理器、嵌入式DSP处理器、嵌入式片上系统、双核或多核处理器等类型。

1.3.1　嵌入式微控制器

16位及以下的嵌入式微控制器也称为单片机,芯片内部集成ROM、EPROM、RAM、总线、总线逻辑、定时/计数器、看门狗、I/O、串行口、脉宽调制输出(PWM)、A/D、D/A、Flash、EEPROM等各种必要功能和外设。嵌入式微控制器具有单片化,体积小,功耗和成本低,可靠性高等特点,约占嵌入式系统市场份额的70%。嵌入式微控制器品种和数量很多,典型产品有8051、MCS-251、MCS-96/196/296、C166/167、68K系列,TI公司的MSP430系列和Fresscale公司的68H12系列,以及MCU8XC930/931、C540、C541,并且有支持I²C、CAN-Bus、LCD及众多专用嵌入式微控制器和兼容系列。

1.3.2　嵌入式微处理器

嵌入式微处理器(Embedded Micro Processing Unit,EMPU)由通用计算机中的CPU发展而来,它只保留和嵌入式应用紧密相关的功能硬件,去除其他的冗余功能部分,以最低的功耗和资源实现嵌入式应用的特殊要求。通常嵌入式微处理器把 CPU、ROM、RAM 及 I/O 等做到同一个芯片上。32 位微处理器采用 32 位的地址和数据总线,其地址空间达到了 4 GB(2^{32})。目前主流的 32 位嵌入式微处理器系列主要有 ARM 系列、MIPS 系列、PowerPC 系列等。属于这些系列的嵌入式微处理器产品很多,有千种以上。

1. ARM 系列

ARM(Advanced RISC Machine)公司的 ARM 微处理器体系结构目前被公认为是嵌入式应用领域领先的 32 位嵌入式 RISC 微处理器结构。ARM 体系结构目前发展并定义了 7 种不同的版本。从版本 v1 到版本 v7,ARM 体系的指令集功能不断扩大。ARM 处理器系列中的各种处理器,虽然在实现技术、应用场合和性能方面都不相同,但只要支持相同的 ARM 体系版本,基于它们的应用软件是兼容的。表 1.3.1 给出了 ARM 体系结构各版本的特点。

表 1.3.1　ARM 体系结构版本及特点

版　本	ARM 处理器系列	特　点
ARMv1	ARM1	该版体系结构只在原型机 ARM1 出现过,没有用于商业产品。它具有基本的数据处理指令(无乘法)、26 位寻址等特性
ARMv2	ARM2 和 ARM3	该版体系结构对 ARMv1 版进行了扩展,版本 ARMv2a 是 v2 版的变种,ARM3 芯片采用了 ARMv2a 版。ARMv2 版增加了以下功能:32 位乘法和乘加指令,支持 32 位协处理器操作指令,快速中断模式
ARMv3 ARMv3M	ARM6 ARM7DI ARM7M	ARMv3 版体系结构对 ARM 体系结构做了较大的改动: • 寻址空间增至 32 位(4 GB) • 独立的当前程序状态寄存器 CPSR 和程序状态保存寄存器 SPSR,保存程序异常中断时的程序状态,可对异常进行处理 • 增加了异常中断(abort)和未定义两种处理器模式 • 增加了 MMU 支持 • ARMv3M 增加了有符号和无符号长乘法指令
ARMv4 ARMv4T	StrongARM ARM7TDMI ARM9T	ARMv4 版体系结构是目前应用最广的 ARM 体系结构,在 RAMv3 版上做了进一步扩充,指令集中增加了系统模式、16 位 Thumb 指令集、完善了软件中断 SWI 指令等功能,不再支持 26 位寻址模式
ARMv5TE ARMv5TEJ	ARM9E ARM10E XScale ARM7EJ ARM926EJ	ARMv5 版体系结构在 ARMv4 版基础上增加了 ARM 与 Thumb 状态之间切换的指令、增强乘法指令、快速乘累加指令、数字信号处理指令(ARMv5TE 版)、Java 加速功能(ARMv5TEJ 版)等一些新的指令

ARM9嵌入式系统设计基础教程(第2版)

续表 1.3.1

版 本	ARM 处理器系列	特 点
ARMv6	ARM11	ARMv6 版体系结构是 2001 年发布的,首先在 ARM11 处理器中使用。此体系结构在 ARMv5 版基础上增加了 Thumb-2(增强代码密度)、SIMD(增强媒体和数字处理功能)、TrustZone(提供增强的安全性能)、IEM(提供增强的功耗管理等功能)
ARMv7	Cortex 系列	ARMv7 版体系结构定义了 3 种不同的微处理器系列: • A 系列为面向应用的微处理器核,支持复杂操作系统和用户应用 • R 系列为深度嵌入的微处理器核,针对实时系统应用 • M 系列为微控制核,针对成本敏感的嵌入式控制应用

目前,70%的移动电话、大量的游戏机、手持 PC 机和机顶盒等都已采用了 ARM 处理器,许多一流的芯片厂商都是 ARM 的授权用户,如 Intel、Samsung、TI、Freescale、ST 等公司。

2. MIPS 系列

美国斯坦福大学的 Hennessy 教授领导的研究小组研制的 MIPS(Microprocessor without Interlocked Piped Stages,无互锁流水级的微处理器)从 20 世纪 80 年代初期到现在的这 20 多年里,已经是世界上很流行的一种 RISC 处理器,其机制是尽量利用软件办法避免流水线中的数据相关问题。

MIPS 处理器以其高性能的处理能力被广泛应用于宽带接入、路由器、调制解调设备、电视、游戏、打印机、办公用品、DVD 播放等领域。

与 ARM 公司一样,MIPS 公司本身并不从事芯片的生产活动,只进行设计。其他公司如果要生产该芯片,则必须得到 MIPS 公司的许可。

MIPS 32 位处理器内核系列和特点如表 1.3.2 所列。

表 1.3.2 MIPS 32 位处理器内核系列和特点

内 核	特 点
M4K™系列	针对集成多 CPU 的 SOC,应用领域为下一代消费类产品、下一代网络和宽带产品
M4K™ 系列 4Kp、4Kc 内核	针对 SOC 系统优化,其内存、指令缓存和数据缓存都可以根据具体应用调整大小
M4K™ 系列 4KEp、4KEm 和 4KEc 内核	与 4K™系列类似,但能提供更高性能,在同样时钟频率下,其指令执行周期更短
4KS™ 系列 4KSc 和 4KSd 内核	针对数据通信的应用。其特点是采用了 SmartMIPS™结构,拥有反黑客的特性,可以让数据加密更加快速,在网络处理、智能卡、机顶盒等方面应用

续表 1.3.2

内　核	特　点
Pro Series™ 系列 M4K Pro、4KE Pro、4KEm Pro、4KEc Proms 和 4KSd Pro 内核	该系列内核允许 SOC 的设计者创造自己的 CorExtend™ 扩展指令集。这样可以根据具体应用设计出性能更好，效率更高的产品
24K™ 系列	针对图形、JAVA 应用，包含了最快的浮点乘法器，也支持 CorExtend™ 扩展指令集，是数字电视、机顶盒和 DVD 等多媒体应用的理想选择

有关 MIPS 系列的更多内容请登录 www.mips.com 查询。

3. PowerPC

PowerPC 是 Freescale 公司的产品。PowerPC RISC 处理器采用了超标量处理器设计和调整内存缓冲器，修改了指令处理设计。它完成一个操作所需的指令数比 CISC 处理器要多，但完成操作的总时间却减少了。

PowerPC 内核采用的独特分支处理单元可以让指令预取效率大大提高，即使指令流水线上出现跳转指令，也不会影响到其运算单元的运算效率。PowerPC RISC 处理器设计了多级内存高速缓冲区，以便让那些正在访问（或可能会被访问）的数据和指令总是存储在调整内存中。这种内存分层和内存管理设计，令系统的内存访问性能非常接近调整内存，但其成本却与低速内存相近；另外，PowerPC 还引入了独立的分支处理器来进一步解决这个问题，这个处理单元在读入指令队列后，会找出其中的跳转指令，然后预取跳转指令所指向的新的内存地址的指令，这样就大大提高了指令预取的效率。

PowerPC 内核采用超标量（superscale）设计。在 PowerPC 内部，集成了多个处理器，这些处理器可以并行独立工作，这样就可以在一个时钟周期执行多条指令。一个标准的 601 处理器中便集成了一个定点处理器、一个浮点处理器和一个分支处理器。这种超标量设计提供了允许多条指令同时运行的多处理流水线。显然，这种指令的重叠程度取决于指令的顺序和种类。

PowerPC 具有字节非对齐操作的兼容特性，可以处理字节非对齐的存储器访问，这种特性可以让它兼容许多从 CISC 处理器移植过来的指令和数据结构。

PowerPC 同时支持大端/小端数据类型，因此 PowerPC 可以很方便地与 68K 系列处理器和数据结构兼容。PowerPC 可以通过一些特殊指令访问小端模式的数据，但在这种情况下，PowerPC 不能访问非字节对齐的数据。

有关 PowerPC 的更多内容请登录 www.freescale.com 查询。

1.3.3　DSP 处理器

DSP 处理器是专门用于信号处理方面的处理器，芯片内部采用程序、数据分开存储、传输的哈佛结构,具有专门硬件乘法器,采用流水线操作,提供特殊的DSP指令,可用来快速地实现各种数字信号处理算法,使其处理速度比最快的CPU还快10～50倍。

乘法与加法运算是DSP处理器能够实现的最基本的运算功能,除此之外,DSP处理器还用于如有限脉冲响应滤波器(Finite Impulse Responsefilter,FIR)、无限脉冲响应滤波器(Infinite Impulse Responsefilter,IIR)、离散傅里叶(Discrete Fourier Transforms,DFT)及离散余弦转换(Discrete Cosine Transforms,DCT)等一些常见算法的实现。

从20世纪80年代到现在,缩小DSP芯片尺寸始终是DSP的技术发展方向。DSP处理器已发展到第5代产品,多数基于精简指令集计算机(RISC)结构,并将几个DSP芯核、MPU芯核、专用处理单元、外围电路单元和存储单元集成在一个芯片上,成为DSP系统级集成电路。其系统集成度极高,并将DSP芯核及外围元件综合集成在单一芯片上。

DSP运算速度的提高主要依靠新工艺改进芯片结构。目前一般的DSP运算速度为100 MIPS(即每秒钟可运算1亿条指令)。TI公司的TM320C6X芯片由于采用超长指令字(全称为Very Long Instruction Word,VLIW)结构设计,其处理速度已高达2 000 MIPS。按照发展趋势,DSP的运算速度完全可能再提高100倍(达到1 600 GIPS)。

DSP并行结构可分为片内并行和片间并行。可编程DSP使生产厂商可在同一个DSP平台上开发出各种不同型号的系列产品,以满足不同用户的需求。同时,可编程DSP也为广大用户提供了易于升级的良好途径。为了缩短软件开发的周期,DSP软件开发通常采用高级语言。

有关DSP处理器的更多内容请登录www.ti.com和www.analog.com查询。

1.3.4 嵌入式片上系统

嵌入式片上系统最大的特点是成功地实现了软硬件无缝结合,直接在处理器片内嵌入操作系统的代码模块,而且具有极高的综合性,在一个芯片内部运用VHDL等硬件描述语言,即可实现一个复杂的系统。与传统的系统设计不同,用户不需要绘制庞大复杂的电路板,一点点地连接焊制,只需要使用精确的语言,综合时序设计直接在器件库中调用各种通用处理器的标准,然后通过仿真,之后就可以直接交付芯片厂商进行生产,极大地提高了设计、生产的效率。

在SoC中,绝大部分系统构件都是在系统内部,所以其系统简洁,体积小,功耗低,可靠性高。SoC多是专用的,所以大部分产品都不为用户所知,比较典型的SoC产品如NXP(原Philips)公司的Smart XA,少数通用系列如Siemens公司的Tri-Core、Freescale公司的M-Core、某些ARM系列器件、Echelon和Freescale公司联合研制的Neuron芯片等。

目前,SoC芯片已在声音、图像、影视、网络及系统逻辑等领域中广泛应用。

1.3.5　多核处理器

双核或多核处理器早已在 SoC、多媒体、网络等一些嵌入式微处理器中采用。但真正引人注目的是多核技术被引入到最高性能的通用处理器中。

将两个或多个 CPU 核封装在一个芯片内部，可节省大量的晶体管和封装成本，同时还能显著提高处理器的性能。另外，由于多核处理器对外的"界面"是统一的，用户不会在主板、硬件体系方面做大的改变，因此从兼容性、系统升级及成本方面来考虑有诸多的优势。

实现两个或多个内核协调工作通常采用对称（symmetric）多处理技术和非对称（asymmetric）多处理技术两种方式。例如，IBM Power 4 处理器采用对称多处理技术，将两颗完全一样的处理器封装在一个芯片内，达到双倍或接近双倍的处理性能。由于共享了缓存和系统总线，因此这种做法的优点是能节省运算资源。又如，TI 公司的 OMAP5910 采用独特的双核结构，集成了一个 ARM9 核和一个 TMS320C55x DSP 核。该双核处理器采用一种非对称多处理的工作方式，即两个处理内核彼此不同，各自处理和执行特定的功能，在软件的协调下分担不同的计算任务。比如，一个执行嵌入式 Linux 操作系统，而另一个执行操作系统上的图形、图像处理算法。目前，TI 公司正在主推由高达 300 MHz 的 ARM926EJ‐S 核和高达 600 MHz 的 C64X＋增强型 DSP 核构成的双核 CPU 达芬奇（DAVINCI）系列。

在 2001 年，IBM 公司推出了世界上第一款基于双核的 Power 4 处理器的高性能服务器处理器；随后 Sun 和 HP 公司都先后推出了基于双核体系结构的 Ultra-SPARC 及 PA‐RISC 芯片。当前这些多核处理器主要应用于对提高性能和降低功耗最为迫切的服务器领域。

多核处理器代表了计算技术的一次创新，其技术和应用领域都在不断发展和扩大中。有关多核处理器的更多内容，请参考多核处理器相关资料。

思考题与习题

1. 简述嵌入式系统的定义。
2. 举例说明嵌入式系统的"嵌入性"、"专用性"、"计算机系统"的基本特征。
3. 简述嵌入式系统发展各阶段的特点。
4. 简述嵌入式系统的发展趋势。
5. 简述 SOC 和 IP 核的区别。
6. 简述嵌入式计算机系统硬件层的组成和功能。
7. 简述 cache 的功能与分类。
8. 简述嵌入式计算机系统中间层的组成和功能。
9. 简述嵌入式计算机系统系统软件层的组成和功能。

ARM9 嵌入式系统设计基础教程(第 2 版)

10. 简述 RTOS 的定义与特点。

11. 常用的 RTOS 调度技术有哪些？各有什么特点？

12. 冯·诺依曼结构与哈佛结构各有什么特点？

13. RISC 架构与 CISC 架构相比有哪些优点？

14. 简述流水线技术的基本概念。

15. 试说明指令流水线的执行过程。

16. 大端存储法与小端存储法有什么不同？对存储数据有什么要求与影响？

17. 嵌入式微控制器、嵌入式微处理器、DSP 处理器、嵌入式片上系统、双核或多核处理器有哪些相同和不同之处？

18. ARM、MIPS、PowerPC 微处理器结构有哪些相同和不同之处？各有什么特点？

第**2**章

ARM 体系结构

2.1 ARM 体系结构简介

ARM 公司 1991 年成立于英国剑桥,是专门从事基于 RISC 技术的芯片设计开发公司,主要出售芯片设计技术的授权。作为知识产权供应商,本身不直接从事芯片生产,靠转让设计许可由合作公司生产各具特色的芯片。半导体生产商从 ARM 公司购买其设计的 ARM 微处理器核,根据各自不同的应用领域,加入适当的外围电路,从而形成自己的 ARM 微处理器芯片进入市场。目前,全世界有几十家大的半导体公司都使用 ARM 公司的授权,使得 ARM 技术获得了更多的第三方工具、制造、软件的支持,又使整个系统成本降低,使产品更容易进入市场,更具有竞争力。ARM 微处理器已经深入到工业控制、无线通信、网络应用、消费类电子产品、成像和安全产品各个领域。到目前为止,已累计销售了超过 150 亿枚基于 ARM 的芯片,向 200 多家公司出售了 600 个处理器许可证。

采用 RISC 架构的 ARM 微处理器具有如下特点:

- 支持 Thumb(16 位)/ARM(32 位)双指令集,能很好地兼容 8 位/16 位器件。Thumb 指令集比通常的 8 位和 16 位 CISC/RISC 处理器具有更好的代码密度。

- 指令执行采用 3 级流水线/5 级流水线技术。

- 带有指令 cache 和数据 cache,大量使用寄存器,指令执行速度更快。大多数数据操作都是在寄存器中完成;寻址方式灵活简单,执行效率高;指令长度固定(在 ARM 状态下是 32 位,在 Thumb 状态下是 16 位)。

- 支持大端格式和小端格式两种方法存储字数据。

- 支持字节(byte,8 位)、半字(halfword,16 位)和字(word,32 位)这 3 种数据类型。

- 支持用户、快中断、中断、管理、中止、系统和未定义这 7 种处理器模式,除了用户模式外,其余的均为特权模式。

- 处理器芯片上都嵌入了在线仿真 ICE‐RT 逻辑,便于用 JTAG 来仿真调试 ARM 体系结构芯片,可以避免使用昂贵的在线仿真器。另外,在处理器核中还可以嵌入跟踪宏单元 ETM,用于监控内部总线,实时跟踪指令和数据的执行。

- 具有片上总线 AMBA(Advanced Microcontroller Bus Architecture)。AMBA 定义了 3 组总线:先进高性能总线 AHB(Advanced High performance Bus)、先进系统总线 ASB(Advanced System Bus)和先进外围总线 APB(Advanced Peripheral Bus)。通过 AMBA 可以方便地扩充各种处理器及 I/O,可以把 DSP、其他处理器和 I/O(如 UART、定时器和接口等)都集成在一块芯片中。

- 采用存储器映像 I/O 的方式,即把 I/O 端口地址作为特殊的存储器地址。

- 具有协处理器接口。ARM 允许接 16 个协处理器,如 CP15 用于系统控制,CP14 用于调试控制器。

- 采用了降低电源电压,可在 3.0 V 以下工作;减少门的翻转次数,当某个功能电路不需要时禁止门翻转;减少门的数目,即降低芯片的集成度;通过降低时钟频率等一些措施降低功耗。

- 体积小,成本低,性能高。

ARM 微处理器包括 ARM7、ARM9、ARM11、Cortex - A、Cortex - R、Cortex - M、SecurCore 等系列处理器和其他厂商基于 ARM 体系结构的处理器。除了具有 ARM 体系结构的共同特点以外,每一个系列的 ARM 微处理器都有各自的特点和应用领域。

典型的 ARM 体系结构方框图如图 2.1.1 所示,包含 32 位 ALU、31 个 32 位通用寄存器及 6 个状态寄存器、32×8 位乘法器、32×32 位桶形移位寄存器、指令译码及控制逻辑、指令流水线和数据/地址寄存器等。

1. ALU

ARM 体系结构的 ALU 与常用的 ALU 逻辑结构基本相同,由两个操作数锁存器、加法器、逻辑功能、结果及零检测逻辑构成。ALU 的最小数据通路周期包含寄存器读时间、移位器延迟、ALU 延迟、寄存器写建立时间、双相时钟间非重叠时间等几部分。

2. 桶形移位寄存器

ARM 采用了 32×32 位桶形移位寄存器,左移/右移 n 位、环移 n 位和算术右移 n 位等都可以一次完成,可以有效地减少移位的延迟时间。在桶形移位寄存器中,所有的输入端通过交叉开关(crossbar)与所有的输出端相连。交叉开关采用 NMOS 晶体管来实现。

3. 高速乘法器

ARM 为了提高运算速度,采用 2 位乘法的方法,2 位乘法可根据乘数的 2 位来

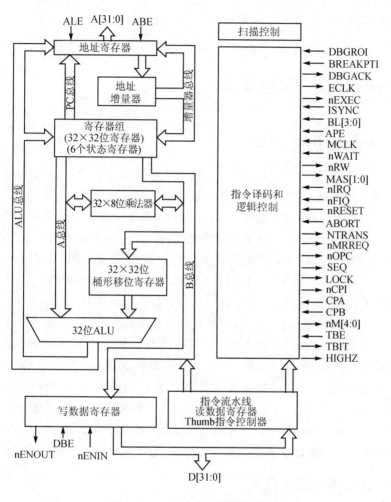

图 2.1.1　ARM 体系结构方框图

实现"加－移位"运算。ARM 的高速乘法器采用 32×8 位的结构,完成 32×2 位乘法也只需 5 个时钟周期。

4. 浮点部件

在 ARM 体系结构中,浮点部件作为选件可根据需要选用,FPA10 浮点加速器以协处理器方式与 ARM 相连,并通过协处理器指令的解释来执行。

浮点的 Load/Store 指令使用频度要达到 67%,故 FPA10 内部也采用 Load/Store 结构,有 8 个 80 位浮点寄存器组,指令执行也采用流水线结构。

5. 控制器

ARM 的控制器采用硬接线的可编程逻辑阵列 PLA,其输入端有 14 根,输出端有 40 根,分别控制乘法器、协处理器以及地址寄存器、ALU 和移位器等。

6. 寄存器

ARM 内含 37 个寄存器,包括 31 个通用 32 位寄存器和 6 个状态寄存器。

2.2 ARM 微处理器结构

2.2.1 ARM7 微处理器

ARM7 微处理器自 1994 年推出以来,一直都是很受用户欢迎的 ARM 微处理器,并且已帮助 ARM 体系结构在数字领域确立了领先地位。ARM7 微处理器是目前世界上使用范围最广的 32 位嵌入式微处理器,具有 170 多个芯片授权使用方,已销售了 100 多亿片,为众多关注成本和功耗的嵌入式应用提供了有力的支持。虽然现在 ARM7 微处理器仍用于某些简单的 32 位设备,但是对于新的设计,不建议使用(如 ARM7TDMI‐S 和 ARM7EJ‐S)。一些最新的 ARM 微处理器(如 Cortex‐M0和 Cortex‐M3)在技术和性能上比 ARM7 微处理器有了显著改进。

Cortex‐M0 和 Cortex‐M3 处理器是目前嵌入式市场中 ARM7TDMI‐S 用户选择的优秀的替代产品,可以使用户以更低的成本获得更多功能、实现代码重用、提高能效和增强连接性,并且为未来的嵌入式应用提供支持。有关将 ARM7TDMI‐S编写的软件移植到 Cortex‐M3 微处理器中的建议,请登录 http://www.arm.com/zh/products/processors/classic/arm7/index.php,查询"ARM Cortex‐M3 Processor Software Development for ARM7TDMI Processor Programmers (面向 ARM7TDMI 微处理器程序员的 ARM Cortex‐M3 微处理器软件开发)"白皮书。

2.2.2 ARM9 微处理器

ARM9 微处理器是迄今最受欢迎的 ARM 微处理器之一,有 250 多个芯片授权使用方和 100 多个 ARM926EJ‐S 微处理器授权使用方,已销售了 50 多亿片。目前,ARM9 微处理器系列包括 ARM926EJ‐S、ARM946E‐S 和 ARM968E‐S 三种。ARM9 微处理器为微控制器、DSP 和 Java 应用提供单处理器解决方案,可以为要求苛刻、成本敏感的嵌入式应用提供可靠的高性能和灵活性。丰富的 DSP 扩展使 SoC设计不再需要单独的 DSP。此外,PPA 也特别适合各种应用。

ARM926EJ‐S 处理器具有一个采用 Jazelle 技术的增强型 32 位 RISC CPU、灵活的大小指令和数据高速缓存、紧密耦合内存(TCM)接口和内存管理单元(MMU)。它还提供单独指令和数据 AMBA AHB 接口,适合基于多层 AHB 的系统。ARM926EJ‐S 处理器可执行 ARMv5TEJ 指令集,其中包括功能得到增强的 16×32位乘法器,可进行单周期 MAC 运算,以及 16 位定点 DSP 指令,可增强多个信号处理应用程序的性能并支持 Thumb,并保持与 ARM7TDMI 处理器的二进制兼容。

ARM926EJ‐S 处理器为入门级微处理器,支持完整版操作系统,如 Linux、Windows 和 Symbian。ARM926EJ‐S 处理器是最流行的 ARM 微处理器之一,是众多应用的理想之选。

ARM946E‐S 可合成处理器非常适合各种嵌入式应用。它能够提供灵活的指令和数据高速缓存、指令和数据紧密耦合内存(TCM)接口、内存保护单元以及 AMBA AHB 接口。该微处理器执行 ARMv5TE 指令集,并包括一个增强型 16×32 位乘法器,可进行单周期 MAC 运算。它还可执行 16 位定点 DSP 指令,以改进信号处理算法和应用。

ARM968E‐S 是一种主要针对实时、低功耗和数据密集型应用的 32 位 RISC 处理器,是功耗最低的 ARM9 微处理器。它具有如下特点:可直接单独连接指令和数据紧密耦合内存(TCM),并且大小可变;专用 AMBA AHB‐lite 辅设备直接内存访问(DMA) 端口,双存储数据 TCM,使处理器和 DMA 控制器可共享对 TCM 的访问权限;保持与 ARM7TDMI 处理器的二进制兼容。

2.2.3　ARM11 微处理器

ARM11 微处理器系列目前包括 ARM1136J(F)‐S、ARM1156T2(F)‐S、ARM1176JZ(F)‐S、ARM11MPCore 四种,广泛用于消费类、家庭和嵌入式应用领域,是许多智能手机的首选。ARM11 微处理器的功耗非常低,其软件可以与以前所有 ARM 处理器兼容,并引入了用于媒体处理的 32 位 SIMD、用于提高操作系统上下文切换性能的物理标记高速缓存、强制实施硬件安全性的 TrustZone 以及针对实时应用的紧密耦合内存。在媒体、操作系统和浏览器性能方面比 ARM926EJ‐S 处理器有显著改进。可与 Mali‐200 组合,共同为富 UI 提供 Open GL ES2.0 支持。

ARM1136 处理器包含带媒体扩展的 ARMv6 指令集、Thumb 代码压缩技术以及可选的浮点协处理器。ARM1136 是一个成熟的内核,作为一种应用程序处理器广泛部署在手机和消费类应用场合中,其在整体性能、媒体编解码器和操作系统性能方面,比 ARM926EJ‐S 处理器有显著改进。ARM1136 处理器在软件方面与早期 ARM 内核兼容,并与最新的 Cortex‐A 的 ARM 和 Thumb 指令兼容,但它不支持 Cortex‐A 系列的 Neon 或 Thumb‐2 指令。对于新的应用程序处理器和 SoC 设计,建议使用 Cortex‐A5 微处理器,因为它在比 ARM1136 或 ARM1176 更小的面积中提供更高的性能,而且功耗更低。ARM1136 处理器内部结构示意图如图 2.2.1 所示。

ARM1156 处理器对 ARM11 性能进行了优化,以适合高可靠性和实时嵌入式应用。ARM1156T2‐S 和 ARM1156T2F‐S 处理器基于 ARMv6 指令集体系结构,并借助 Cortex 微处理器系列中的 Thumb‐2,使功能得到了扩展。ARM1156 处理器使用九阶段整数管道,合并了同类最佳分支预测技术,可提供 ARM11 类处理器的最高指令吞吐量。

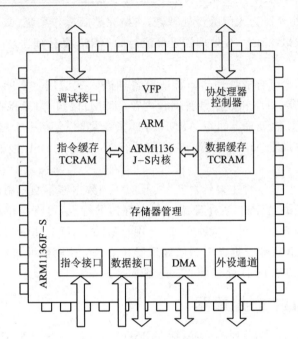

图 2.2.1　ARM1136 处理器内部结构示意图

ARM1176 处理器可提供媒体和浏览器功能、安全计算环境,在低成本设计的情况下性能高达 1 GHz。ARM1176JZ－S 处理器采用针对安全应用领域的 ARMTrust Zone 技术,以及用于执行高效嵌入式 Java 的 ARM Jazelle 技术。可选的紧密耦合内存可以简化 ARM9 微处理器移植和实时设计,同时,AMBA 3AXI 接口提高了内存总线性能。DVFS 可以实现功耗优化。ARM1176 处理器适合智能手机、数字电视、电子阅读器应用。

ARM11 MPCore 多核处理器实现 ARM11 微体系结构,并引入了基于单个 RTL、从 1 个内核到 4 个内核的多核可扩展性,从而使具有单个宏的简单系统设计可以集成高达单个内核 4 倍的性能。ARM11 MPCore 处理器使用内置 SCU 实现高效一致性,并受到具有 ARM SMP 功能的众多操作系统的支持。该处理器使用 PIPT 高速缓存扩展 ARMv6 体系结构,可以高效支持 16～64 KB L1 高速缓存。ARM11 MPCore 每个内核 2.0 Coremarks/MHz,与 MT 内核比较,具有可预测的单线程性能,具有高的能源效率(DMIPS/mW)和面积效率。ARM11 MPCore 非常适合许多计算密集型应用场合,如网络流量和计算的混合,具有多个进程的操作系统 GUI 环境,特别编写的多工作者数据处理应用程序等。ARM11 MPCore 多核处理器内部结构示意图如图 2.2.2 所示。

2.2.4　Cortex－A 微处理器

Cortex－A 微处理器采用 ARMv7－A 体系结构,支持所有操作系统,如:Linux

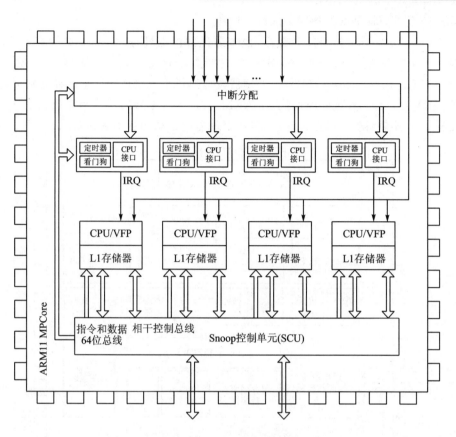

图 2.2.2　ARM11 MPCore 多核处理器内部结构示意图

完整分配(Android、Chrome、Ubuntu 和 Debian)、Linux 第三方(Monta Vista、QNX、Wind River)、Symbian、Windows CE;以及支持需要使用内存管理单元的其他操作系统。指令集支持:ARM、Thumb - 2、Thumb、Jazelle、DSP。支持 TrustZone 安全扩展。支持高级单精度和双精度浮点运算。具有高性能 NEON 引擎,广泛支持媒体编解码器。

Cortex - A 微处理器除了具有与上一代经典 ARM 和 Thumb 体系结构的二进制兼容性外,其采用的 Thumb - 2 提供最佳代码大小和性能,TrustZone 安全扩展提供可信计算,Jazelle 技术提高执行环境(如 Java、.Net、MSIL、Python 和 Perl)速度。

Cortex - A 微处理器系列目前包括 Cortex - A5、Cortex - A8、Cortex - A9 和 Cortex - A15 处理器,这些处理器都共享共同的体系结构和功能集。尽管这些处理器都支持同样卓越的基础功能和完整的软件兼容性,但它们提供了显著不同的特性,可确保其完全符合未来的高级嵌入式解决方案的要求。Cortex - A5、Cortex - A9 和 Cortex - A15 处理器都支持 ARM 的第二代多核技术,可以实现单核到四核,支持面向性能的应用领域,支持对称和非对称的操作系统,通过加速器一致性端口(ACP)

在导出到系统的整个微处理器中保持一致性。

Cortex - A5 处理器是能效最高、成本最低的微处理器,可以在 400～800 MHz 的频率下,提供超过 1 200 DMIPS 的性能。Cortex - A5 处理器可为现有的 ARM926EJ - S 和 ARM1176JZ - S 处理器设计提供很有价值的迁移途径。它可以获得比 ARM1176JZ - S 更好的性能,比 ARM926EJ - S 更好的功效和能效以及 100% 的 Cortex - A 兼容性。Cortex - A5 多核处理器内部结构示意图如图 2.2.3 所示。

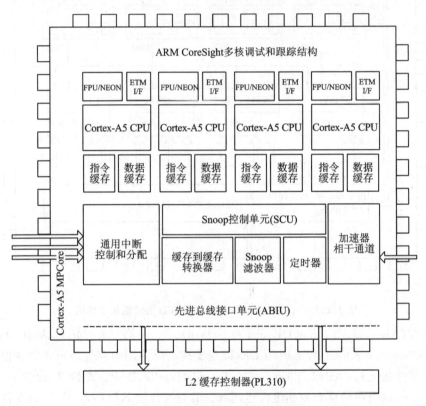

图 2.2.3　Cortex - A5 多核处理器内部结构示意图

Cortex - A8 单核解决方案,可提供经济有效的高性能,在 600 MHz～1 GHz 频率下提供的性能超过 2 000 DMIPS。Cortex - A8 处理器可以满足需要在 300 mW 以下运行的移动设备的功率优化要求,以及需要 2 000 Dhrystone MIPS 的消费类应用领域的性能优化要求。Cortex - A8 与 ARM926、ARM1136 和 ARM1176 处理器的二进制兼容。

Cortex - A9 是目前性能最高的 ARM 微处理器之一,可以实现 ARMv7 体系结构的丰富功能。Cortex - A9 微体系结构既可用于可伸缩的多核处理器(Cortex - A9 MPCore 多核处理器),也可用于传统的微处理器(Cortex - A9 单核处理器)。可伸缩的多核处理器和单核处理器支持 16、32 或 64 KB 4 路关联的 L1 高速缓存配置,对于可选的 L2 高速缓存控制器,最多支持 8 MB 的 L2 高速缓存配置,它们具有极高的灵活性,均适用于特定应用领域和市场。Cortex - A9 处理器提供了高的性能和能效,使其成为在低功耗或散热受限的成本敏感型设备中的理想解决方案。Cortex - A9 可提供 800 MHz～2 GHz 的标准频率,每个内核可提供 5 000 DMIPS 的性能。

Cortex - A15 可为新一代移动基础结构应用和要求苛刻的无线基础结构应用提供性能最高的解决方案。Cortex - A15 MPCore 处理器是 Cortex - A 微处理器的最新成员,在应用方面与其他所有的 Cortex - A 微处理器完全兼容。支持的开发平台和软件体系包括 Android、Adobe Flash Player、Java Platform Standard Edition(Java SE)、JavaFX、Linux、Microsoft Windows Embedded、Symbian 和 Ubuntu,以及 700 多个 ARM Connected Community 成员所提供的应用软件、硬件和软件开发工具、中间件以及 SoC 设计服务。Cortex - A15 MPCore 处理器具有无序超标量管道,带有紧密耦合的低延时 2 级高速缓存,该高速缓存最高可达 4 MB。浮点和 NEON 媒体性能方面的改进,能够为 Web 基础结构应用提供高性能计算。在高级基础结构应用中,Cortex - A15 的运行速度最高可达 2.5 GHz,可以支持在不断降低功耗、散热和成本预算方面的设计要求。Cortex - A15 多核处理器内部结构示意图如图 2.2.4 所示。

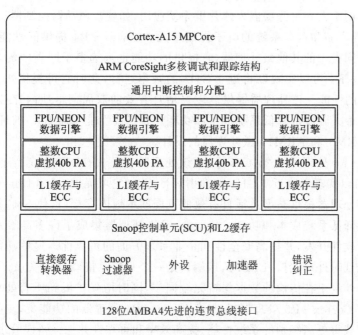

图 2.2.4　Cortex - A15 多核处理器内部结构示意图

2.2.5　Cortex - R 微处理器

Cortex - R 微处理器为具有严格的实时响应限制的嵌入式系统提供高性能计算解决方案。Cortex - R 微处理器目前包含有 Cortex - R4、Cortex - R5 和 Cortex - R7 三种。Cortex - R 微处理器保持与经典 ARM 微处理器(如 ARM7TDMI - S、ARM946E - S、ARM968E - S 和 ARM1156T2 - S)的二进制兼容性,因此可确保应用的可移植性。

Cortex - R 微处理器具有 Thumb - 2 指令的 ARMv7 - R 架构,可在不牺牲性能的情况下实现高代码密度。具有高性能、高时钟频率、深管道化的微架构,采用指令预取、分支预测和超标量执行等性能增强技术,具有快速且确定的中断响应、硬件除法器、浮点单元(FPU)可选项、可用于 DSP 和媒体处理的增强指令集、内存保护单元(MPU)的用户和授权软件操作模式、指令和数据高速缓存控制器的哈佛架构、用于获得快速响应代码和数据的微处理器本地的紧密耦合内存(TCM)、高性能 64 位 AMBA 3 AXI 总线接口、奇偶校验检测和 ECC、用于 1 级内存系统和总线的软错误和硬错误检测/更正等功能。

Cortex - R4 处理器是第一个基于 ARMv7 - R 体系结构的深层嵌入式实时微处理器。它专用于大容量深层嵌入式片上系统应用,如硬盘驱动器控制器、无线基带处理器、消费性产品和汽车系统的电子控制单元。Cortex - R4 提供的性能、实时响应性大大高于同类中的其他微处理器,它提供的功能也远远多于同类中的其他微处理器。Cortex - R4 可以实现以将近 1 GHz 的频率运行,此时它可提供 1 500 Dhrystone MIPS 的性能。该处理器提供高度灵活且有效的双周期本地内存接口,使 SoC 设计者可以最大限度地降低系统成本和功耗。它是高性能实时 SoC 的标准,取代了许多基于 ARM9 和 ARM11 微处理器的设计。

Cortex - R5 处理器于 2010 年推出,该处理器基于 ARMv7R 体系结构。Cortex - R5 处理器可以实现以将近 1 GHz 的频率运行,此时它可提供 1 500 Dhrystone MIPS 的性能。该处理器提供高度灵活且有效的双周期本地内存接口,使 SoC 设计者可以最大限度地降低系统成本和功耗。Cortex - R5 处理器集成了许多高级系统级功能来帮助进行软件开发,并提高安全性和企业系统方面的可靠性。这些功能中包括一个全新的低延时外设端口(LLPP),该端口是一个一致性接口,允许 Cortex - R5 高速缓存与智能外设正在传输的数据保持完全同步,同时增强扩展到所有处理器接口的 ECC 支持。Cortex - R5 处理器扩展了 Cortex - R4 处理器的功能集,支持在可靠的实时系统中获得更高级别的系统性能、提高效率和可靠性并加强错误管理。因此,它提供了一种从 Cortex - R4 处理器向上迁移到更高性能的 Cortex - R7 处理器的简单迁移途径。

Cortex - R7 处理器为深层嵌入式应用提供高性能的双核、实时解决方案。Cortex - R7 处理器通过引入新技术(包括无序执行和动态寄存器重命名),并与改进的分支预测、超标量执行功能及用于除法和其他功能的更快的硬件支持相结合,提供了比其他 Cortex－R 系列微处理器高得多的性能。Cortex－R7 处理器是性能最高的 Cortex－R 系列微处理器,它是高性能实时 SoC 的标准,其设计重点在于提升能效、实时响应性、高级功能和简化系统设计。Cortex－R7 处理器可以实现以超过 1 GHz 的频率运行,此时它可提供 2 700 Dhrystone MIPS 的性能。该处理器提供支持紧密耦合内存(TCM) 本地共享内存和外设端口的灵活的本地内存系统,使 SoC 设计人员可在受限制的芯片资源内达到高标准的硬实时要求。Cortex－R7 多核处理器内部结构示意图如图 2.2.5 所示。

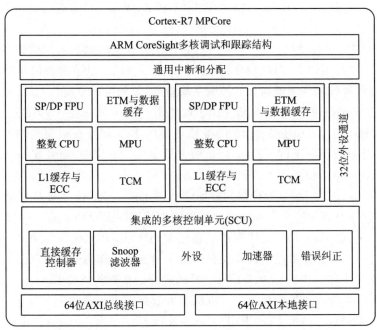

图 2.2.5　Cortex－R7 多核处理器内部结构示意图

2.2.6　Cortex－M 微处理器

Cortex－M 微处理器是可向上兼容的高能效、易于使用的微处理器,针对成本和功耗敏感的 MCU 和终端应用,如智能测量、人机接口设备、汽车和工业控制系统、大型家用电器、消费性产品和医疗器械。Cortex－M 微处理器以更低的频率或更短的活动时段运行,支持基于架构的睡眠模式,比 8/16 位器件的工作方式更智能、睡眠时间更长。Cortex－M 微处理器具有高密度指令集,比 8/16 位器件每字节完成更多操作,具有更小的 RAM、ROM 或闪存要求,能够以更低的功耗实现更丰富的功能。Cortex－M 微处理器目前已许可给 40 个以上的 ARM 合作伙伴,包括 NXP Semi-conductors、STMicroelectronics、Texas Instruments 和 Toshila 等厂商。Cortex－M

微处理器目前包含有 Cortex - M0、Cortex - M0＋、Cortex - M1、Cortex - M3、Cortex - M4 系列处理器。

Cortex - M0 处理器是现有的最小、能耗最低和能效最高的 ARM 微处理器，在不到 12K 门的面积内能耗仅有 85 μW/MHz，指令只有 56 个，可供选择的具有完全确定性的指令和中断计时使得计算响应时间十分容易。该处理器能耗极低并且所需的代码量极少，这使得开发人员能够以 8 位的器件实现 32 位器件的性能。Cortex - M0 是各种应用中 8/16 位器件的高性价比换代产品，同时保留与功能丰富的 Cortex - M3 微处理的工具和二进制向上兼容性。Cortex - M0 处理器支持低能耗连接，如 Bluetooth Low Energy (BLE)、IEEE 802.15 和 Z - wave，可以有效地预处理和传输数据。

Cortex - M0＋处理器是 2012 年推出的一款拥有全球最高功耗效率的 ARM 微处理器，是针对家用电器、白色商品、医疗监控、电子测量、照明设备以及功耗与汽车控制器件等各种智能传感器与智能控制系统应用，提供的一款超低功耗、低成本微控制器。32 位 Cortex - M0＋处理器采用了低成本 90 nm 低功耗(LP)工艺，耗电量仅为 9 μA/MHz，约为目前主流 8/16 位微处理器的 1/3，却能提供更高的性能。Cortex - M0＋处理器不仅延续了易用性、C 语言编程模型的优势，而且能够二进制兼容已有的 Cortex - M0 微处理器工具和实时系统(RTOS)。作为 Cortex - M 微处理器系列的一员，Cortex - M0＋处理器同样能够获得 ARM Cortex - M 生态系统的全面支持，而其软件兼容性使其能够方便地被移植到更高性能的 Cortex - M3 或 Cortex - M4 微处理器。Cortex - M0＋处理器具备已整合 KeilμVision IDE、调试器和 ARM 汇编工具的 ARM Keil 微控制器开发套件的全面支持。作为全球公认的最受欢迎的微控制器开发环境，MDK 以及 ULINK 调试适配器系列均支持 Cortex - M0＋处理器的全新追踪功能。这款处理器同时也拥有大量第三方工具和实时系统(RTOS)的支持，包括 CodeSourcery、Code Red、Express Logic、IAR Systems、Mentor Graphics、Micriμm 和 SEGGER。

Cortex - M1 处理器是第一个专为 FPGA 中的实现设计的 ARM 微处理器。Cortex - M1 处理器满足 FPGA 应用的高质量、标准微处理器架构的需要，支持包括 Actel、Altera 和 Xilinx 所有主要 FPGA 器件，并包括对领先的 FPGA 综合工具的支持，允许设计者为每个项目选择最佳实现。Cortex - M1 处理器使 OEM 能够通过在跨 FPGA、ASIC 和 ASSP 的多个项目之间合理地利用软件和工具投资来节省大量成本，此外还能够通过使用行业标准微处理器实现更大的供应商独立性。Cortex - M1 处理器为 FPGA 用户带来了一系列 ARM Connected Community 工具和操作系统，并提供与 ASIC 优化的微处理器(如 Cortex - M3 处理器)的软件兼容性。

Cortex - M3 处理器是行业领先的 32 位微处理器，适用于具有高确定性的实时应用。Cortex - M3 处理器具有高性能和低动态能耗，功耗为 12.5 DMIPS/mW。Cortex - M3 处理器执行 Thumb - 2 指令集以获得最佳性能和代码大小，包括硬件除法、单周期乘法和位字段操作。Cortex－M3NVIC 在设计时是高度可配置的,最多可提供 240 个具有单独优先级、动态重设优先级功能和集成系统时钟的系统中断。基于 Cortex－M3 的器件可以有效处理多个 I/O 通道和协议标准,如 USBOTG(On－The－Go)。

　　Cortex－M4 处理器是由 ARM 专门开发的最新嵌入式微处理器,具有高效的信号处理功能,并且与 Cortex－M 微处理器系列的低功耗、低成本和易于使用的优点组合,旨在满足专门面向电动机控制、汽车、电源管理、嵌入式音频和控制信号处理功能混合的控制系统的需要。Cortex－M4 通过一系列出色的软件工具和 Cortex 微控制器软件接口标准(CMSIS)使信号处理算法开发变得十分容易。Cortex－M4 处理器内部结构示意图如图 2.2.6 所示。

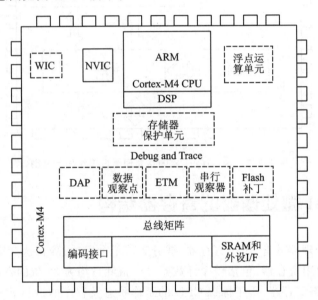

图 2.2.6　Cortex－M4 处理器内部结构示意图

2.2.7　SecurCore 微处理器

　　SecurCore 微处理器包含有 SecurCore SC100、SecurCore SC110、SecurCore SC200 和 SecurCore SC210、SecurCore SC300 几种类型,提供了完善的 32 位 RISC 技术的安全解决方案。

　　SecurCore 微处理器除了具有 ARM 体系结构各种主要特点外,在系统安全方面:带有灵活的保护单元,以确保操作系统和应用数据的安全;采用软内核技术,防止外部对其进行扫描探测;可集成用户自己的安全特性和其他协微处理器。

　　SecurCore 微处理器主要应用于如电子商务、电子政务、电子银行业务、网络和认证系统等一些对安全性要求较高的应用产品及应用系统。大多数主要智能卡硅供应商和 OEM 都使用 SecurCore 体系结构。

SecurCore SC300 处理器内部结构示意图如图 2.2.7 所示。

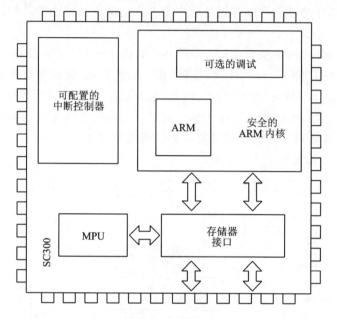

图 2.2.7　SecurCore SC300 处理器内部结构示意图

2.3　ARM 微处理器的寄存器结构

ARM 微处理器共有 37 个寄存器,被分为若干个组(bank),这些寄存器包括:

● 31 个通用寄存器,包括程序计数器(PC 指针),均为 32 位的寄存器。

● 6 个状态寄存器,用于标识 CPU 的工作状态及程序的运行状态,均为 32 位,目前只使用了其中的一部分。

2.3.1　处理器的运行模式

ARM 微处理器支持 7 种运行模式,分别为:

● usr(用户模式)　ARM 微处理器正常程序执行模式。

● fiq(快速中断模式)　用于高速数据传输或通道处理。

● irq(外部中断模式)　用于通用的中断处理。

● svc(管理模式)　操作系统使用的保护模式。

● abt(数据访问终止模式)　当数据或指令预取终止时进入该模式,可用于虚拟存储及存储保护。

● sys(系统模式)　运行具有特权的操作系统任务。

● und(未定义指令中止模式)　当未定义的指令执行时进入该模式,可用于支持硬件协处理器的软件仿真。

ARM 微处理器的运行模式可以通过软件改变,也可以通过外部中断或异常处理改变。

大多数的应用程序运行在用户模式下,当处理器运行在用户模式下时,某些被保护的系统资源是不能被访问的。

除用户模式以外,其余的所有 6 种模式称之为非用户模式,或特权模式(privileged modes);其中除去用户模式和系统模式以外的 5 种又称为异常模式(exception modes),常用于处理中断或异常,以及需要访问受保护的系统资源等情况。

ARM 微处理器在每一种处理器模式下均有一组相应的寄存器与之对应。即在任意一种处理器模式下,可访问的寄存器包括 15 个通用寄存器(R0~R14)、1 或 2 个状态寄存器和程序计数器。在所有的寄存器中,有些是在 7 种处理器模式下共用的同一个物理寄存器,而有些寄存器则是在不同的处理器模式下有不同的物理寄存器。

2.3.2　处理器的工作状态

ARM 微处理器有 32 位 ARM 和 16 位 Thumb 两种工作状态。在 32 位 ARM 状态下执行字对齐的 ARM 指令,在 16 位 Thumb 状态下执行半字对齐的 Thumb 指令。

在 Thumb 状态下,程序计数器 PC(Program Counter)使用位[1]选择另一个半字。

ARM 微处理器在两种工作状态之间可以切换,切换不影响处理器的模式或寄存器的内容。

① 当操作数寄存器的状态位(位[0])为 1 时,执行 BX 指令进入 Thumb 状态。如果处理器在 Thumb 状态进入异常,则当异常处理(IRQ、FIQ、Undef、Abort 和 SWI)返回时,自动转换到 Thumb 状态。

② 当操作数寄存器的状态位(位[0])为 0 时,执行 BX 指令进入 ARM 状态,处理器进行异常处理(IRQ、FIQ、Reset、Undef、Abort 和 SWI)。在此情况下,把 PC 放入异常模式链接寄存器中。从异常向量地址开始执行也可以进入 ARM 状态。

2.3.3　处理器的寄存器组织

ARM 微处理器的 37 个寄存器被安排成部分重叠的组,不能在任何模式都可以使用,寄存器的使用与处理器状态和工作模式有关。如图 2.3.1 所示,每种处理器模式使用不同的寄存器组。其中 15 个通用寄存器(R0~R14)、1 或 2 个状态寄存器和程序计数器是通用的。

1. 通用寄存器

通用寄存器(R0~R15)可分成不分组寄存器(R0~R7)、分组寄存器(R8~R14)

		模式				
			特权模式			
			异常模式			
用户	系统	管理	中止	未定义	中断	快中断
R0	R0	R0	R0	R0	R0	R0
R1	R1	R1	R1	R1	R1	R1
R2	R2	R2	R2	R2	R2	R2
R3	R3	R3	R3	R3	R3	R3
R4	R4	R4	R4	R4	R4	R4
R5	R5	R5	R5	R5	R5	R5
R6	R6	R6	R6	R6	R6	R6
R7	R7	R7	R7	R7	R7	R7
R8	R8	R8	R8	R8	R8	R8_fiq
R9	R9	R9	R9	R9	R9	R9_fiq
R10	R10	R10	R10	R10	R10	R10_fiq
R11	R11	R11	R11	R11	R11	R11_fiq
R12	R12	R12	R12	R12	R12	R12_fiq
R13	R13	R13_svc	R13_abt	R13_und	R13_irq	R13_fiq
R14	R14	R14_svc	R14_abt	R14_und	R14_irq	R14_fiq
PC	PC	PC	PC	PC	PC	PC

CPSR	CPSR	CPSR	CPSR	CPSR	CPSR	CPSR
		SPSR_svc	SPSR_abt	SPSR_und	SPSR_irq	SPSR_fiq

表明用户或系统模式使用的一般寄存器已被异常模式特定的另一寄存器所替代。

图 2.3.1　寄存器组织结构图

和程序计数器(R15)三类。

(1) 不分组寄存器(R0～R7)

不分组寄存器(R0～R7)是真正的通用寄存器,可以工作在所有的处理器模式下,没有隐含的特殊用途。

(2) 分组寄存器(R8～R14)

分组寄存器(R8～R14)取决于当前的处理器模式,每种模式有专用的分组寄存器用于快速异常处理。

寄存器 R8～R12 可分为 2 组物理寄存器。一组用于 FIQ 模式,另一组用于除 FIQ 以外的其他模式。第一组访问 R8_fiq～R12_fiq,允许快速中断处理;第二组访问 R8_usr～R12_usr,寄存器 R8～R12 没有任何指定的特殊用途。

寄存器 R13～R14 可分为 6 个分组的物理寄存器。1 个用于用户模式和系统模式,其他 5 个分别用于 svc、abt、und、irq 和 fiq 这 5 种异常模式。访问时需要指定它们的模式,例如:R13_<mode>、R14_<mode>;其中,<mode> 可以从 usr、svc、abt、und、irq 和 fiq 这 6 种模式中选取一个。

寄存器 R13 通常用作堆栈指针,称作 SP。每种异常模式都有自己的分组 R13。

通常 R13 应当被初始化成指向异常模式分配的堆栈。在入口处,异常处理程序将用到的其他寄存器的值保存到堆栈中;返回时,重新将这些值加载到寄存器。这种异常处理方法保证了异常出现后不会导致执行程序的状态不可靠。

寄存器 R14 用作子程序链接寄存器,也称为链接寄存器 LR(Link Register)。当执行带链接分支指令(BL)时,得到 R15 的备份。在其他情况下,将 R14 当作通用寄存器。类似地,当中断或异常出现时,或当中断或异常程序执行 BL 指令时,相应的分组寄存器 R14_svc、R14_irq、R14_fiq、R14_abt 和 R14_und 用来保存 R15 的返回值。

FIQ 模式有 7 个分组的寄存器(R8～R14),映射为 R8_fiq～R14_fiq。在 ARM 状态下,许多 FIQ 处理没必要保存任何寄存器。User、IRQ、Supervisor、Abort 和 Undefined 模式每一种都包含 2 个分组的寄存器 R13 和 R14 的映射,允许每种模式都有自己的堆栈和链接寄存器。

(3) 程序计数器(R15)

寄存器 R15 用作程序计数器(PC)。在 ARM 状态,位[1:0]为 0,位[31:2]保存 PC。在 Thumb 状态,位[0]为 0,位[31:1]保存 PC。R15 虽然也可用作通用寄存器,但一般不这么使用,因为对 R15 的使用有一些特殊的限制,当违反了这些限制时,程序的执行结果是未知的。

读程序计数器。指令读出的 R15 的值是指令地址加上 8 字节。由于 ARM 指令始终是字对齐的,所以读出结果值的位[1:0]总是 0(在 Thumb 状态下,情况有所变化)。读 PC 主要用于快速地对临近的指令和数据进行位置无关寻址,包括程序中的位置无关转移。

写程序计数器。写 R15 的通常结果是将写到 R15 中的值作为指令地址,并以此地址发生转移。由于 ARM 指令要求字对齐,通常希望写到 R15 中值的位[1:0]＝0b00。

由于 ARM 体系结构采用了多级流水线技术,对于 ARM 指令集而言,PC 总是指向当前指令的下两条指令的地址,即 PC 的值为当前指令的地址值加 8 字节。

2. 程序状态寄存器

寄存器 R16 用作程序状态寄存器 CPSR(Current Program Status Register,当前程序状态寄存器)。在所有处理器模式下都可以访问 CPSR。CPSR 包含条件码标志、中断禁止位、当前处理器模式以及其他状态和控制信息。每种异常模式都有一个程序状态保存寄存器 SPSR(Saved Program Status Register)。当异常出现时,SPSR 用于保留 CPSR 的状态。

CPSR 和 SPSR 的格式如下:

(1) 条件码标志

N(Negative)、Z(Zero)、C(Carry)、V(oVerflow)均为条件码标志位(condition

code flags),它们的内容可被算术或逻辑运算的结果所改变,并且可以决定某条指令是否被执行。CPSR 中的条件码标志可由大多数指令检测以决定指令是否执行。在 ARM 状态下,绝大多数的指令都是有条件执行的。在 Thumb 状态下,仅有分支指令是有条件执行的。

通常条件码标志通过执行比较指令(CMN、CMP、TEQ、TST)、一些算术运算、逻辑运算和传送指令进行修改。

条件码标志的通常含义如下:

- N　如果结果是带符号二进制补码,那么,结果为负数,则 N=1;若结果为正数或 0,则 N=0。
- Z　若指令的结果为 0,则置 1(通常表示比较的结果为"相等");否则置 0。
- C　可用如下 4 种方法之一设置:
  - 加法(包括比较指令 CMN),若加法产生进位(即无符号溢出),则 C 置 1;否则置 0。
  - 减法(包括比较指令 CMP),若减法产生借位(即无符号溢出),则 C 置 0;否则置 1。
  - 对于结合移位操作的非加法/减法指令,C 置为移出值的最后 1 位。
  - 对于其他非加法/减法指令,C 通常不改变。
- V　可用如下两种方法设置,即
  - 对于加法或减法指令,当发生带符号溢出时,V 置 1,认为操作数和结果是补码形式的带符号整数。
  - 对于非加法/减法指令,V 通常不改变。

(2) 控制位

程序状态寄存器 PSR(Program Status Register)的最低 8 位 I、F、T 和 M[4:0] 用作控制位。当异常出现时改变控制位。处理器在特权模式下时也可由软件改变。

① 中断禁止位

I=1　禁止 IRQ 中断;

F=1　禁止 FIQ 中断。

② T 位

T=0　指示 ARM 执行;

T=1　指示 Thumb 执行。

③ 模式控制位

M4、M3、M2、M1 和 M0(M[4:0])是模式位,决定处理器的工作模式,如表 2.3.1 所列。

并非所有的模式位组合都能定义一种有效的处理器模式。其他组合的结果不可预知。

(3) 其他位

程序状态寄存器的其他位保留,用作以后的扩展。

表 2.3.1　M[4:0]模式控制位

M[4:0]	处理器工作模式	可访问的寄存器
10000	用户模式	PC,CPSR,R14～R0
10001	FIQ 模式	PC,R7～R0,CPSR,SPSR_fiq,R14_fiq～R8_fiq
10010	IRQ 模式	PC,R12～R0,CPSR,SPSR_irq,R14_irq,R13_irq
10011	管理模式	PC,R12～R0,CPSR,SPSR_svc,R14_svc,R13_svc
10111	中止模式	PC,R12～R0,CPSR,SPSR_abt,R14_abt,R13_abt
11011	未定义模式	PC,R12～R0,CPSR,SPSR_und,R14_und,R13_und
11111	系统模式	PC,R14～R0,CPSR(ARMv4 及以上版本)

2.3.4　Thumb 状态的寄存器集

Thumb 状态下的寄存器集如图 2.3.2 所示,是 ARM 状态下的寄存器集的子集。程序员可以直接访问 8 个通用寄存器(R0～R7)、PC、SP、LR 和 CPSR。每一种特权模式都有一组 SP、LR 和 SPSR。

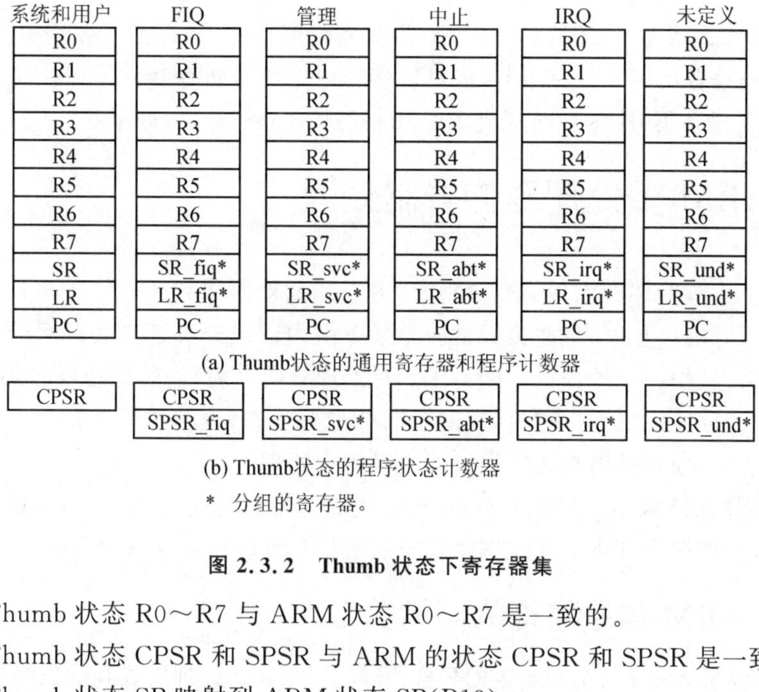

系统和用户	FIQ	管理	中止	IRQ	未定义
R0	R0	R0	R0	R0	R0
R1	R1	R1	R1	R1	R1
R2	R2	R2	R2	R2	R2
R3	R3	R3	R3	R3	R3
R4	R4	R4	R4	R4	R4
R5	R5	R5	R5	R5	R5
R6	R6	R6	R6	R6	R6
R7	R7	R7	R7	R7	R7
SR	SR_fiq*	SR_svc*	SR_abt*	SR_irq*	SR_und*
LR	LR_fiq*	LR_svc*	LR_abt*	LR_irq*	LR_und*
PC	PC	PC	PC	PC	PC

(a) Thumb状态的通用寄存器和程序计数器

CPSR	CPSR	CPSR	CPSR	CPSR	CPSR
	SPSR_fiq	SPSR_svc*	SPSR_abt*	SPSR_irq*	SPSR_und*

(b) Thumb状态的程序状态计数器

* 分组的寄存器。

图 2.3.2　Thumb 状态下寄存器集

- Thumb 状态 R0～R7 与 ARM 状态 R0～R7 是一致的。
- Thumb 状态 CPSR 和 SPSR 与 ARM 的状态 CPSR 和 SPSR 是一致的。
- Thumb 状态 SP 映射到 ARM 状态 SP(R13)。

- Thumb 状态 LR 映射到 ARM 状态 LR(R14)。
- Thumb 状态 PC 映射到 ARM 状态 PC(R15)。

Thumb 状态与 ARM 状态的寄存器关系如图 2.3.3 所示。

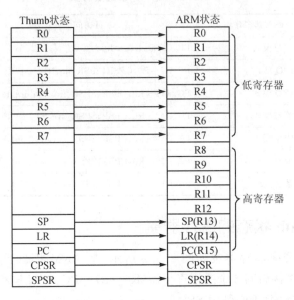

图 2.3.3　Thumb 状态与 ARM 状态的寄存器关系

在 Thumb 状态下,寄存器 R8～R15(高寄存器)并不是标准寄存器集的一部分。汇编语言编程者访问它虽有限制,但可以将其用作快速暂存存储器,将 R0～R7(Lo-registers,低寄存器)中的值传送到 R8～R15(Hi-registers,高寄存器)。

2.4　ARM 微处理器的异常处理

在一个正常的程序流程执行过程中,由内部或外部源产生的一个事件使正常的程序产生暂时的停止时,称之为异常。异常是由内部或外部源产生并引起处理器处理一个事件,例如一个外部的中断请求。在处理异常之前,当前处理器的状态必须保留,当异常处理完成之后,恢复保留的当前处理器状态,继续执行当前程序。多个异常同时发生时,处理器将会按固定的优先级进行处理。

ARM 体系结构中的异常,与单片机的中断有相似之处,但异常与中断的概念并不完全等同,例如外部中断或试图执行未定义指令都会引起异常。

2.4.1　ARM 体系结构的异常类型

ARM 体系结构支持 7 种类型的异常,异常类型、异常处理模式和优先级如表 2.4.1 所列。异常出现后,强制从异常类型对应的固定存储器地址开始执行程序。这些固定的地址称为异常向量(exception vectors)。

表 2.4.1　ARM 体系结构的异常类型和异常处理模式

异常类型	异　常	进入模式	地址(异常向量)	优先级
复位	复位	管理模式	0x00000000	1(最高)
未定义指令	未定义指令	未定义模式	0x00000004	6(最低)
软件中断	软件中断	管理模式	0x00000008	6(最低)
指令预取中止	中止(预取指令)	中止模式	0x0000000C	5
数据中止	中止(数据)	中止模式	0x00000010	2
外部中断请求(IRQ)	IRQ	外部中断请求模式	0x00000018	4
快速中断请求(FIQ)	FIQ	快速中断请求模式	0x0000001C	3

2.4.2　异常类型的含义

复位　当处理器的复位电平有效时,产生复位异常,ARM 微处理器立刻停止执行当前指令。复位后,ARM 微处理器在禁止中断的管理模式下,程序跳转到复位异常处理程序处执行(从地址 0x00000000 或 0xFFFF0000 开始执行指令)。

未定义指令　当 ARM 微处理器或协处理器遇到不能处理的指令时,产生未定义指令异常。当 ARM 微处理器执行协处理器指令时,它必须等待任一外部协处理器应答后,才能真正执行该指令。若协处理器没有响应,就会出现未定义指令异常。若试图执行未定义的指令,也会出现未定义指令异常。未定义指令异常可用于在没有物理协处理器(硬件)的系统上,对协处理器进行软件仿真,或在软件仿真时进行指令扩展。

软件中断(SoftWare Interrupt,SWI)　由执行 SWI 指令产生,可使用该异常机制实现系统功能调用,用于用户模式下的程序调用特权操作指令,以请求特定的管理(操作系统)函数。

指令预取中止　若处理器预取指令的地址不存在,或该地址不允许当前指令访问,存储器会向处理器发出存储器中止(abort)信号,但当预取的指令被执行时,才会产生指令预取中止异常。

数据中止(数据访问存储器中止)　若处理器数据访问指令的地址不存在,或该地址不允许当前指令访问时,产生数据中止异常。存储器系统发出存储器中止信号。响应数据访问(加载或存储)激活中止,标记数据为无效。在后面的任何指令或异常改变 CPU 状态之前,数据中止异常发生。

外部中断请求(IRQ)　当处理器的外部中断请求引脚有效,且 CPSR 中的 I 位为 0 时,产生 IRQ 异常。系统的外设可通过该异常请求中断服务。IRQ 异常的优先级比 FIQ 异常的优先级低。当进入 FIQ 处理时,会屏蔽掉 IRQ 异常。

快速中断请求（FIQ）　当处理器的快速中断请求引脚有效，且 CPSR 中的 F 位为 0 时，产生 FIQ 异常。FIQ 支持数据传送和通道处理，并有足够的私有寄存器。

2.4.3　异常的响应过程

当一个异常出现以后，ARM 微处理器会执行以下几步操作：

① 将下一条指令的地址存入相应的链接寄存器 LR，以便程序在处理异常返回时能从正确的位置重新开始执行。若异常是从 ARM 状态进入，LR 寄存器中保存的是下一条指令的地址（当前 PC＋4 或 PC＋8，与异常的类型有关）；若异常是从 Thumb 状态进入，则在 LR 寄存器中保存当前 PC 的偏移量。

② 将 CPSR 状态传送到相应的 SPSR 中。

③ 根据异常类型，强制设置 CPSR 的运行模式位。

④ 强制 PC 从相关的异常向量地址取下一条指令执行，跳转到相应的异常处理程序。还可以设置中断禁止位，以禁止中断发生。

如果异常发生时，处理器处于 Thumb 状态，则当异常向量地址加载到 PC 时，处理器自动切换到 ARM 状态。

异常处理完毕之后，ARM 微处理器会执行以下几步操作从异常返回：

① 将链接寄存器 LR 的值减去相应的偏移量后送到 PC 中。

② 将 SPSR 内容送回 CPSR 中。

③ 若在进入异常处理时设置了中断禁止位，要在此清除。

可以认为应用程序总是从复位异常处理程序开始执行的，因此复位异常处理程序不需要返回。

2.4.4　应用程序中的异常处理

在应用程序的设计中，异常处理采用的方式是在异常向量表中的特定位置放置一条跳转指令，跳转到异常处理程序。当 ARM 微处理器发生异常时，程序计数器 PC 会被强制设置为对应的异常向量，从而跳转到异常处理程序，当异常处理完成以后，返回到主程序继续执行。

注意：中断处理与异常处理的区别。所谓中断是指 CPU 对系统发生的某个事件而作出的一种反应，CPU 会暂停正在执行的程序，保留现场后自动转去执行相应的处理程序，处理完该事件后再返回断点，继续执行被"中断"的程序。它通常与当前运行的进程无关，属于正常现象。而异常是由指令执行期间所检测到的不正常的或非法的条件引起的，与正在执行的指令有直接的联系。中断可以被屏蔽，在屏蔽解除之后，中断可以继续得到响应和处理。但是，异常通常不能被屏蔽，以便及时得到响应和处理。

2.5　ARM 的存储器结构

ARM 体系结构允许使用现有的存储器和 I/O 器件进行各种各样的存储器系统设计。

1. 地址空间

ARM 体系结构使用 2^{32} 字节的单一、线性地址空间。将字节地址作为无符号数看待，范围为 $0 \sim 2^{32}-1$。

2. 存储器格式

对于字对齐的地址 A，地址空间规则要求如下：

- 地址位于 A 的字由地址为 A、A+1、A+2 和 A+3 的字节组成；
- 地址位于 A 的半字由地址为 A 和 A+1 的字节组成；
- 地址位于 A+2 的半字由地址为 A+2 和 A+3 的字节组成；
- 地址位于 A 的字由地址为 A 和 A+2 的半字组成。

ARM 存储系统可以使用小端存储或者大端存储两种方法，大端存储和小端存储格式如图 2.5.1 所示。

31　24	23　16	15　8	7　0
地址A的字			
地址A的半字		地址A+2的半字	
地址A的字节	地址A+1的字节	地址A+2的字节	地址A+3的字节

(a) 大端存储系统

31　20 19　12 11 10 9 8　5 4 3 2 1 0

地址A的字			
地址A+2的半字		地址A的半字	
地址A+3的字节	地址A+2的字节	地址A+1的字节	地址A的字节

(b) 小端存储系统

图 2.5.1　大端存储和小端存储格式

ARM 体系结构通常希望所有的存储器访问能适当地对齐。特别是用于字访问的地址通常应当字对齐，用于半字访问的地址通常应当半字对齐。未按这种方式对齐的存储器访问称作非对齐的存储器访问。

若在 ARM 态执行期间，将没有字对齐的地址写到 R15 中，那么结果通常是不可预知或者地址的位[1:0]被忽略。若在 Thumb 态执行期间，将没有半字对齐的地址写到 R15 中，则地址的位[0]通常忽略。

3. ARM 存储器结构

ARM 处理器有的带有指令 cache 和数据 cache，但不带有片内 RAM 和片内

ROM。系统所需的 RAM 和 ROM(包括 Flash)都通过总线外接。由于系统的地址范围较大($2^{32} = 4$ GB),有的片内还带有存储器管理单元 MMU(Memory Management Unit)。ARM 架构处理器还允许外接 PCMCIA。

4. 存储器映射 I/O

ARM 系统使用存储器映射 I/O。I/O 口使用特定的存储器地址,当从这些地址加载(用于输入)或向这些地址存储(用于输出)时,完成 I/O 功能。加载和存储也可用于执行控制功能,代替或者附加到正常的输入或输出功能。

然而,存储器映射 I/O 位置的行为通常不同于对一个正常存储器位置所期望的行为。例如,从一个正常存储器位置两次连续地加载,每次返回的值相同。而对于存储器映射 I/O 位置,第 2 次加载的返回值可以不同于第 1 次加载的返回值。

2.6　ARM 微处理器指令系统

2.6.1　基本寻址方式

寻址方式是根据指令中给出的地址码字段来实现寻找真实操作数地址的方式,ARM 微处理器有 9 种基本寻址方式。

1. 寄存器寻址

操作数的值在寄存器中,指令中的地址码字段给出的是寄存器编号,寄存器的内容是操作数,指令执行时直接取出寄存器值操作。

例如指令:

```
MOV    R1,R2              ;R1←R2
SUB    R0,R1,R2           ;R0←R1 - R2
```

2. 立即寻址

在立即寻址指令中,数据就包含在指令当中,立即寻址指令的操作码字段后面的地址码部分就是操作数本身,取出指令也就取出了可以立即使用的操作数(也称为立即数)。立即数要以"♯"为前缀,表示十六进制数值时以"0x"表示。

例如指令:

```
ADD    R0,R0,♯1           ;R0←R0 + 1
MOV    R0,♯0xff00         ;R0←0xff00
```

3. 寄存器移位寻址

寄存器移位寻址是 ARM 指令集特有的寻址方式。第 2 个寄存器操作数在与第 1 个操作数结合之前,先进行移位操作。

例如指令：

```
MOV    R0,R2,LSL ♯3      ;R2 的值左移 3 位,结果放入 R0,即 R0 = R2 * 8
ANDS   R1,R1,R2,LSL R3   ;R2 的值左移 R3 位,然后和 R1 相"与"操作,结果放入 R1
```

可采用的移位操作如下：

LSL　逻辑左移(Logical Shift Left),寄存器中字的低端空出的位补 0。

LSR　逻辑右移(Logical Shift Right),寄存器中字的高端空出的位补 0。

ASR　算术右移(Arithmetic Shift Right),移位过程中保持符号位不变,即如果源操作数为正数,则字的高端空出的位补 0,否则补 1。

ROR　循环右移(ROtate Right),由字的低端移出的位填入字的高端空出的位。

RRX　带扩展的循环右移(Rotate Right eXtended by 1 place),操作数右移 1 位,高端空出的位用原 C 标志值填充。

4. 寄存器间接寻址

指令中的地址码给出的是一个通用寄存器编号,所需要的操作数保存在寄存器指定地址的存储单元中,即寄存器为操作数的地址指针,操作数存放在存储器中。

例如指令：

```
LDR    R0,[R1]    ;R0←[R1],将 R1 中的数值作为地址,取出此地址中的数据保存在 R0 中
STR    R0,[R1]    ;[R1]←R0
```

5. 变址寻址

变址寻址是将基址寄存器的内容与指令中给出的偏移量相加,形成操作数的有效地址,变址寻址用于访问基址附近的存储单元,常用于查表,数组操作,功能部件寄存器访问等。

例如指令：

```
LDR  R2,[R3,♯4]    ;R2←[R3 + 4],将 R3 中的数值加 4 作为地址,取出此地址的数值保
                   ;存在 R2 中
STR  R1,[R0,♯ - 2] ;[R0 - 2]←R1,将 R0 中的数值减 2 作为地址,把 R1 中的内容保存到
                   ;此地址位置
```

6. 多寄存器寻址

采用多寄存器寻址方式,一条指令可以完成多个寄存器值的传送,这种寻址方式用一条指令最多可以完成 16 个寄存器值的传送。

例如指令：

```
LDMIA    R0,{R1,R2,R3,R5}    ;R1←[R0],R2←[R0 + 4],R3←[R3 + 8],R4←[R3 + 12]
```

7. 堆栈寻址

堆栈是一种数据结构,堆栈是按特定顺序进行存取的存储区,操作顺序分为"后

进先出"和"先进后出"。堆栈寻址是隐含的,它使用一个专门的寄存器(堆栈指针)指向一块存储区域(堆栈),指针所指向的存储单元就是堆栈的栈顶。存储器生长堆栈可分为两种:

- 向上生长:向高地址方向生长,称为递增堆栈(ascending stack)。
- 向下生长:向低地址方向生长,称为递减堆栈(decending stack)。

堆栈指针指向最后压入的堆栈的有效数据项,称为满堆栈(full stack);堆栈指针指向下一个要放入的空位置,称为空堆栈(empty stack)。

这样就有 4 种类型的堆栈工作方式,ARM 微处理器支持这 4 种类型的堆栈工作方式,即:

- 满递增堆栈:堆栈指针指向最后压入的数据,且由低地址向高地址生成,例如指令 LDMFA、STMFA 等。
- 满递减堆栈:堆栈指针指向最后压入的数据,且由高地址向低地址生成,例如指令 LDMFD、STMFD 等。
- 空递增堆栈:堆栈指针指向下一个将要放入数据的空位置,且由低地址向高地址生成,例如指令 LDMEA、STMEA 等。
- 空递减堆栈:堆栈指针指向下一个将要放入数据的空位置,且由高地址向低地址生成,例如指令 LDMED、STMED 等。

8. 块复制寻址

块复制寻址用于把一块从存储器的某一位置复制到另一位置,是一个多寄存器传送指令。

例如指令:

```
STMIA   R0!,{R1-R7}   ;将 R1～R7 的数据保存到存储器中,存储器指针在保存第一
                       ;个值之后增加,增长方向为向上增长
STMDA   R0!,{R1-R7}   ;将 R1～R7 的数据保存到存储器中,存储器指针在保存第一
                       ;个值之后增加,增长方向为向下增长
```

9. 相对寻址

相对寻址是变址寻址的一种变通,由程序计数器 PC 提供基准地址,指令中的地址码字段作为偏移量,两者相加后得到的地址即为操作数的有效地址。

例如指令:

```
        BL    ROUTE1    ;调用 ROUTE1 子程序
        BEQ   LOOP      ;条件跳转到 LOOP 标号处
        ⋮
LOOP    MOV   R2,#2
```

$$\vdots$$

ROUTE1

$$\vdots$$

2.6.2　ARM 指令集

1. 指令格式

(1) 基本格式

＜opcode＞{＜cond＞}{S} ＜Rd＞,＜Rn＞{,＜opcode2＞}

其中,＜＞内的项是必需的;{}内的项是可选的;如果＜opcode＞是指令助记符,则是必需的;{＜cond＞}为指令执行条件,是可选的,如果不写则使用默认条件 AL(无条件执行)。opcode 为指令助记符,如 LDR、STR 等;cond 为执行条件,如 EQ、NE 等;S 为是否影响 CPSR 寄存器的值,书写时影响 CPSR,否则不影响;Rd 为目标寄存器;Rn 为第 1 个操作数的寄存器;opcode2 为第 2 个操作数。在 ARM 指令中,灵活地使用第 2 个操作数能提高代码效率,第 2 个操作数的形式如 0x3FC、0、0xF0000000、200、0xF0000001 等。

指令格式举例:

```
LDR     R0,[R1]        ;读取 R1 地址上的存储器单元内容,执行条件 AL
BEQ     DATAEVEN       ;跳转指令,执行条件 EQ,相等则跳转到 DATAEVEN
ADDS    R1,R1,＃1      ;加法指令,R1＋1＝R1 影响 CPSR 寄存器,带有 S
SUBNES  R1,R1,＃0xD    ;条件执行减法运算(NE),R1－0xD＝＞R1,影响 CPSR 寄存器,带有 S
```

(2) 条件码

几乎所有的 ARM 指令都包含一个可选择的条件码,即{＜cond＞}。使用指令条件码,可实现高效的逻辑操作,提高代码效率。ARM 条件码如表 2.6.1 所列。

表 2.6.1　ARM 条件码

操作码[31:28]	条件码助记符	标　志	含　义
0000	EQ	Z＝1	相等
0001	NE	Z＝0	不相等
0010	CS/HS	C＝1	无符号数大于或等于
0011	CC/LO	C＝0	无符号数小于
0100	MI	N＝1	负数
0101	PL	N＝0	正数或零
0110	VS	V＝1	溢出
0111	VC	V＝0	没有溢出
1000	HI	C＝1,Z＝0	无符号数大于
1001	LS	C＝0,Z＝1	无符号数小于或等于

操作码[31:28]	条件码助记符	标　志	含　义
1010	GE	N=V	有符号数大于或等于
1011	LT	N!=V	有符号数小于
1100	GT	Z=0,N=V	有符号数大于
1101	LE	Z=1,N!=V	有符号数小于或等于
1110	AL	任何	无条件执行(指令默认条件)

2. ARM 存储器访问指令

ARM 微处理器支持加载/存储指令用于在寄存器和存储器之间传送数据。加载指令用于将存储器中的数据传送到寄存器,存储指令则完成相反的操作。ARM 的加载/存储指令可以实现字、半字、无符/有符字节操作;批量加载/存储指令可实现一条指令加载/存储多个寄存器的内容;SWP 指令是一条寄存器和存储器内容交换的指令,可用于信号量操作等。

ARM 处理器是冯·诺依曼存储结构,程序空间、RAM 空间及 I/O 映射空间统一编址,除对 RAM 操作以外,对外围 I/O、程序数据的访问均要通过加载/存储指令进行。

ARM 存储访问指令表如表 2.6.2 所列。

表 2.6.2　ARM 存储访问指令表

助记符	说　明	操　作	条件码位置
LDR　　Rd,addressing	加载字数据	Rd←[addressing],addressing 索引	LDR{cond}
LDRB　Rd,addressing	加载无符号字节数据	Rd←[addressing],addressing 索引	LDR{cond}B
LDRT　Rd,addressing	以用户模式加载字数据	Rd←[addressing],addressing 索引	LDR{cond}T
LDRBT　Rd,addressing	以用户模式加载无符号字数据	Rd←[addressing],addressing 索引	LDR{cond}BT
LDRH　Rd,addressing	加载无符号半字数据	Rd←[addressing],addressing 索引	LDR{cond}H
LDRSB　Rd,addressing	加载有符号字节数据	Rd←[addressing],addressing 索引	LDR{cond}SB
LDRSH　Rd,addressing	加载有符号半字数据	Rd←[addressing],addressing 索引	LDR{cond}SH
STR　　Rd,addressing	存储字数据	[addressing]←Rd,addressing 索引	STR{cond}
STRB　Rd,addressing	存储字节数据	[addressing]←Rd,addressing 索引	STR{cond}B
STRT　Rd,addressing	以用户模式存储字数据	[addressing]←Rd,addressing 索引	STR{cond}T
SRTBT　Rd,addressing	以用户模式存储字节数据	[addressing]←Rd,addressing 索引	STR{cond}BT
STRH　Rd,addressing	存储半字数据	[addressing]←Rd,addressing 索引	STR{cond}H
LDM{mode} Rn{!},reglist	批量寄存器加载	reglist←[Rn…],Rn 回写等	LDM{cond}{mode}
STM{mode} Rn{!},rtglist	批量寄存器存储	[Rn…]← reglist,Rn 回写等	STM{cond}{mode}

续表 2.6.2

助记符		说　明	操　作	条件码位置
SWP	Rd,Rm,Rn	寄存器和存储器字数据交换	Rd←[Rd],[Rn]←[Rm](Rn≠Rd 或 Rm)	SWP{cond}
SWPB	Rd,Rm,Rn	寄存器和存储器字节数据交换	Rd←[Rd],[Rn]←[Rm](Rn≠Rd 或 Rm)	SWP{cond}B

3. ARM 数据处理指令

ARM 数据处理指令可分为数据传送指令、算术逻辑运算指令和比较指令等。数据传送指令用于在寄存器和存储器之间进行数据的双向传输。所有 ARM 数据处理指令均可选择使用 S 后缀,以影响状态标志。比较指令不需要后缀 S,它们会直接影响状态标志。算术逻辑运算指令完成常用的算术与逻辑的运算,该类指令不但将运算结果保存在目的寄存器中,同时更新 CPSR 中的相应条件标志位。比较指令不保存运算结果,只更新 CPSR 中相应的条件标志位。

ARM 数据处理指令如表 2.6.3 所列。

表 2.6.3　ARM 数据处理指令表

助记符号		说　明	操　作	条件码位置
MOV	Rd,operand2	数据传送指令	Rd←operand2	MOV {cond}{S}
MVN	Rd,operand2	数据取反传送指令	Rd←(～operand2)	MVN {cond}{S}
ADD	Rd,Rn,operand2	加法运算指令	Rd←Rn+operand2	ADD {cond}{S}
SUB	Rd,Rn,operand2	减法运算指令	Rd←Rn−operand2	SUB {cond}{S}
RSB	Rd,Rn,operand2	逆向减法指令	Rd←operand2−Rn	RSB {cond}{S}
ADC	Rd,Rn,operand2	带进位加法指令	Rd←Rn+operand2+Carry	ADC {cond}{S}
SBC	Rd,Rn,operand2	带进位减法指令	Rd←Rn−operand2−(NOT)Carry	SBC {cond}{S}
RSC	Rd,Rn,operand2	带进位逆向减法指令	Rd←operand2−Rn−(NOT)Carry	RSC {cond}{S}
AND	Rd,Rn,operand2	逻辑"与"操作指令	Rd←Rn&operand2	AND {cond}{S}
ORR	Rd,Rn,operand2	逻辑"或"操作指令	Rd←Rn|operand2	ORR {cond}{S}
EOR	Rd,Rn,operand2	逻辑"异或"操作指令	Rd←Rn ˆ operand2	EOR {cond}{S}
BIC	Rd,Rn,operand2	位清除指令	Rd←Rn&(～operand2)	BIC {cond}{S}
CMP	Rn,operand2	比较指令	标志 N、Z、C、V←Rn−operand2	CMP {cond}
CMN	Rn,operand2	负数比较指令	标志 N、Z、C、V←Rn+operand2	CMN {cond}
TST	Rn,operand2	位测试指令	标志 N、Z、C、V←Rn&operand2	TST {cond}
TEQ	Rn,operand2	相等测试指令	标志 N、Z、C、V←Rn ˆ operand2	TEQ {cond}

4. ARM 跳转指令

跳转指令用于实现程序流程的跳转,在 ARM 中有两种方式可以实现程序的跳转,一种是使用跳转指令直接跳转,另一种则是直接向 PC 寄存器赋值实现跳转。

通过向程序计数器 PC 写入跳转地址值,可以实现在 4 GB 的地址空间中的任意跳转,在跳转之前结合使用"MOV LR,PC"等类似指令,可以保存将来的返回地址值,从而实现在4 GB 连续的线性地址空间的子程序调用。

ARM 指令集中的跳转指令可以完成从当前指令向前或向后的 32 MB 的地址空间的跳转,包括以下 4 条指令:

(1) B——跳转指令

B 指令的格式为:

B{条件} 目标地址

B 指令是最简单的跳转指令。一旦遇到一个 B 指令,ARM 微处理器将立即跳转到给定的目标地址,从那里继续执行。注意存储在跳转指令中的实际值是相对当前 PC 值的一个偏移量,而不是一个绝对地址,它的值由汇编器来计算(参考寻址方式中的相对寻址)。它是 24 位有符号数,左移 2 位后扩展为 26 位,表示的有效偏移为 26 位(前后 32 MB 的地址空间)。例如指令:

```
B       Label       ;程序无条件跳转到标号 Label 处执行
CMP     R1,#0       ;当 CPSR 寄存器中的 Z 条件码置位时,程序跳转到标号 Label 处执行
BEQ     Label
```

(2) BL——带返回的跳转指令

BL 指令的格式为:

BL{条件}目标地址

BL 是另一个跳转指令,在跳转之前,会在寄存器 R14 中保存 PC 的当前内容,因此,可以通过将 R14 的内容重新加载到 PC 中来返回到跳转指令之后的那个指令处执行。该指令是实现子程序调用的一个基本但常用的手段。例如指令:

```
BL    Label ;当程序无条件跳转到标号 Label 处执行时,同时将当前的 PC 值保存到 R14 中
```

(3) BLX——带返回和状态切换的跳转指令

BLX 指令的格式为:

BLX 目标地址

BLX 指令有两种格式。第 1 种格式记作 BLX(1)。BLX(1)从 ARM 指令集跳转到指令中所指定的目标地址,并将处理器的工作状态从 ARM 状态切换到 Thumb 状态,该指令同时将 PC 的当前内容保存到寄存器 R14 中。因此,当子程序使用 Thumb 指令集,而调用者使用 ARM 指令集时,可以通过 BLX 指令实现子程序的调用和处理器工作状态的切换。同时,子程序的返回可以通过将寄存器 R14 值复制到 PC 中来完成。

第 2 种格式记作 BLX(2)。BLX(2)从 ARM 指令集跳转到指令中所指定的目标

地址,目标地址的指令可以是 ARM 指令,也可以是 Thumb 指令。该指令同时将 PC 的当前内容保存到寄存器 R14 中。

(4) BX——带状态切换的跳转指令

BX 指令的格式为:

BX{条件}目标地址

BX 指令跳转到指令中所指定的目标地址,目标地址处的指令既可以是 ARM 指令,也可以是 Thumb 指令。

5. ARM 协处理器指令

ARM 微处理器支持协处理器操作,协处理器的控制要通过协处理器命令实现。在程序执行的过程中,每个协处理器只执行针对自身的协处理指令,忽略 ARM 微处理器和其他协处理器的指令。

ARM 的协处理器指令主要用于 ARM 微处理器初始化 ARM 协处理器的数据处理操作,以及在 ARM 微处理器的寄存器和协处理器的寄存器之间传送数据,或者在 ARM 协处理器的寄存器和存储器之间传送数据。

ARM 协处理器指令如表 2.6.4 所列。

表 2.6.4　ARM 协处理器指令

助记符	说　明	操　作	条件码位置
CDP coproc,opcode1,CRd,CRn,CRm{,opcode2}	协处理器数据操作指令	取决于协处理器	CDP{cond}
LDC{L} coproc,CRd,〈地址〉	协处理器数据加载指令	取决于协处理器	LDC{cond}{L}
STC{L} coproc,CRd,〈地址〉	协处理器数据存储指令	取决于协处理器	STC{cond}{L}
MCR　coproc,opcode1,Rd,CRn,CRm{,opcode2}	ARM 寄存器到协处理器寄存器的数据传送指令	取决于协处理器	MCR{cond}
MRC　coproc,opcode1,Rd,CRn,CRm{,opcode2}	协处理器寄存器到 ARM 寄存器的数据传送指令	取决于协处理器	MRC{cond}

6. ARM 杂项指令

(1) 异常产生指令

ARM 微处理器所支持的异常指令有如下两条:

① SWI——软件中断指令。SWI 指令的格式为:

SWI{条件} 24 位的立即数

SWI 指令用于产生软件中断,以便用户程序能调用操作系统的系统例程。操作系统在 SWI 的异常处理程序中提供相应的系统服务,指令中 24 位的立即数指定用户程序调用系统例程的类型,相关参数通过通用寄存器传递。当指令中 24 位的立即数被忽略时,用户程序调用系统例程的类型由通用寄存器 R0 的内容决定,同时,参数通过其他通用寄存器传递。

② BKPT——断点中断指令。BKPT 指令的格式为：

BKPT 16 位的立即数

BKPT 指令产生软件断点中断,可用于程序的调试。

(2) 程序状态寄存器访问指令

ARM 微处理器支持程序状态寄存器访问指令,用于在程序状态寄存器和通用寄存器之间传送数据,程序状态寄存器访问指令包括 MRS 和 MSR 两条指令。

① MRS——程序状态寄存器到通用寄存器的数据传送指令。MRS 指令的格式为：

MRS{条件}通用寄存器,程序状态寄存器(CPSR 或 SPSR)

MRS 指令用于将程序状态寄存器的内容传送到通用寄存器中。该指令一般用在以下几种情况：当需要改变程序状态寄存器的内容时,可用 MRS 将程序状态寄存器的内容读入通用寄存器,修改后再写回程序状态寄存器。当在异常处理或进程切换时,需要保存程序状态寄存器的值,可先用该指令读出程序状态寄存器的值,然后保存。

② MSR——通用寄存器到程序状态寄存器的数据传送指令。MSR 指令的格式为：

MSR{条件}程序状态寄存器(CPSR 或 SPSR)_<域>,操作数

MSR 指令用于将操作数的内容传送到程序状态寄存器的特定域中。其中,操作数可以为通用寄存器或立即数。<域>用于设置程序状态寄存器中需要操作的位,32 位的程序状态寄存器可分为 4 个域：

● 位[31:24]为条件标志位域,用 f 表示；

● 位[23:16]为状态位域,用 s 表示；

● 位[15:8]为扩展位域,用 x 表示；

● 位[7:0]为控制位域,用 c 表示。

该指令通常用于恢复或改变程序状态寄存器的内容,在使用时,一般要在 MSR 指令中指明将要操作的域。

7. ARM 伪指令

ARM 伪指令不是 ARM 指令集中的指令,只是为了编程,方便编译器定义的指令,使用时可以像其他 ARM 指令一样使用,但在编译时这些指令将被等效的 ARM 指令代替。ARM 伪指令有 ADR、ADRL、LDR、NOP 这 4 条。

① ADR 伪指令将基于 PC 相对偏移的地址值加载到寄存器中。ADR 伪指令格式如下：

ADR{cond}　register,expr

其中,register 为加载的目标寄存器；expr 为地址表达式。当地址值是非字对齐地址时,取值范围为 $-255 \sim 255$ 字节；当地址是字对齐地址时,取值范围为 $-1020 \sim 1020$ 字节。

② ADRL 伪指令将程序相对偏移或寄存器相对偏移地址加载到寄存器中。在汇编编译源程序时,ADRL 伪指令被编译器替换成 2 条合适的指令。若不能用 2 条指令实现 ADRL 伪指令功能,则产生错误,编译失败。ADRL 伪指令格式如下:

　　ADRL{cond}　register,expr

其中,register 为加载的目标寄存器;expr 为地址表达式。当地址值是非字对齐地址时,取值范围为－64～64 KB;当地址值是字对齐地址时,取值范围为－256～256 KB。

③ LDR 伪指令用于加载 32 位的立即数或一个地址值到指定寄存器。在汇编编译源程序时,LDR 伪指令被编译器替换成一条合适的指令。若加载的常数未超出 MOV 或 MVN 的范围,则使用 MOV 或 MVN 指令代替该 LDR 伪指令;否则,汇编器将产生文字常量放入文字池,并使用一条程序相对偏移的 LDR 伪指令从文字池读出常量。LDR 伪指令格式如下:

　　LDR{cond}　register,[expr | label_expr]

其中,register 为加载的目标寄存器;expr 为 32 位立即数;label_expr 为程序相对偏移或外部表达式。

④ NOP 为空操作伪指令。在汇编时将会被代替成 ARM 中的空操作,比如 "MOV　R0,R0"指令等。NOP 可用于延时操作。NOP 伪指令格式如下:

　　NOP

2.6.3　Thumb 指令集

ARM 体系结构除了支持执行效率很高的 32 位 ARM 指令集以外,同时支持 16 位的 Thumb 指令集。Thumb 指令集是 ARM 指令集的一个子集,允许指令编码为 16 位的长度。与等价的 32 位代码相比较,Thumb 指令集在保留 32 位代码优势的同时,大大节省了系统的存储空间。

所有的 Thumb 指令都有对应的 ARM 指令,而且 Thumb 的编程模型也对应于 ARM 的编程模型。在应用程序的编写过程中,只要遵循一定的调用规则,Thumb 子程序和 ARM 子程序就可以互相调用。当处理器在执行 ARM 程序段时,称 ARM 微处理器处于 ARM 工作状态,当处理器在执行 Thumb 程序段时,称 ARM 微处理器处于 Thumb 工作状态。

与 ARM 指令集相比较,Thumb 指令集中的数据处理指令的操作数仍然是 32 位,指令地址也为 32 位;但 Thumb 指令集为实现 16 位的指令长度,舍弃了 ARM 指令集的一些特性。大多数的 Thumb 指令是无条件执行的,而几乎所有的 ARM 微指令都是有条件执行的;大多数的 Thumb 数据处理指令的目的寄存器与其中一个源寄存器相同。

Thumb 指令集不是一个完整的体系结构。Thumb 指令集没有协处理器指令、信号量指令以及访问 CPSR 或 SPSR 的指令,没有乘加指令及 64 位乘法指令等,且指令的第 2 操作数受到限制;除了跳转指令 B 有条件执行功能外,其他指令均为无条件执行;大多数 Thumb 数据处理指令采用 2 地址格式。因此,Thumb 指令只需要支持通用功能,必要时可以借助于完善的 ARM 指令集,比如,所有异常自动进入 ARM 状态。

在编写 Thumb 指令时,先要使用伪指令 CODE16 声明,而且,在 ARM 指令中要使用 BX 指令跳转到 Thumb 指令,以切换处理器状态。编写 ARM 指令时,则可使用伪指令 CODE32 声明。

Thumb 存储器访问指令如表 2.6.5 所列。Thumb 指令集的 LDM 和 SRM 指令可以将任何范围为 R0~R7 的寄存器子集加载或存储。批量寄存器加载和存储指令只有 LDMIA、STMIA 指令,即每次传送先加载/存储数据,然后地址加 4。对堆栈处理只能使用 PUSH 指令和 POP 指令。

表 2.6.5　Thumb 存储器访问指令

助记符		说　明	操　作	影响标志
LDR	Rd,[Rn,#immed_5×4]	加载字数据	Rd←[Rm,#immed_5×4],Rd 和 Rn 为 R0~R7	无
LDRH	Rd,[Rn,#immed_5×2]	加载无符号半字数据	Rd←[Rm,#immed_5×2],Rd 和 Rn 为 R0~R7	无
LDRB	Rd,[Rn,#immed_5×1]	加载无符号字节数据	Rd←[Rm,#immed_5×1],Rd 和 Rn 为 R0~R7	无
STR	Rd,[Rn,#immed_5×4]	存储字数据	[Rn,#immed_5×4]←Rd,Rd 和 Rn 为 R0~R7	无
STRH	Rd,[Rn,#immed_5×2]	存储无符号半字数据	[Rn,#immed_5×2]←Rd,Rd 和 Rn 为 R0~R7	无
STRB	Rd,[Rn,#immed_5×1]	存储无符号字节数据	[Rn,#immed_5×1]←Rd,Rd 和 Rn 为 R0~R7	无
LDR	Rd,[Rn,Rm]	加载字数据	Rd←[Rn,Rm],Rd、Rn、Rm 为 R0~R7	无
LDRH	Rd,[Rn,Rm]	加载无符号半字数据	Rd←[Rn,Rm],Rd、Rn、Rm 为 R0~R7	无
LDRB	Rd,[Rn,Rm]	加载无符号字节数据	Rd←[Rn,Rm],Rd、Rn、Rm 为 R0~R7	无
LDRSH	Rd,[Rn,Rm]	加载有符号半字数据	Rd←[Rn,Rm],Rd、Rn、Rm 为 R0~R7	无
LDRSB	Rd,[Rn,Rm]	加载有符号字节数据	Rd←[Rn,Rm],Rd、Rn、Rm 为 R0~R7	无
STR	Rd,[Rn,Rm]	存储字数据	[Rn,Rm]←Rd,Rd、Rn、Rm 为 R0~R7	无
STRH	Rd,[Rn,Rm]	存储无符号半字数据	[Rn,Rm]←Rd,Rd、Rn、Rm 为 R0~R7	无
STRB	Rd,[Rn,Rm]	存储无符号字节数据	[Rn,Rm]←Rd,Rd、Rn、Rm 为 R0~R7	无
LDR	Rd,[PC,#immed_8×4]	基于 PC 加载字数据	Rd←{PC,#immed_8×4],Rd 为 R0~R7	无
LDR	Rd,label	基于 PC 加载字数据	Rd←[label],Rd 为 R0~R7	无
LDR	Rd,[SP,#immed_8×4]	基于 SP 加载字数据	Rd←[SP,#immed_8×4],Rd 为 R0~R7	无
STR	Rd,[SP,#immed_8×4]	基于 SP 存储字数据	[SP,#immed_8×4]←Rd,Rd 为 R0~R7	无
LDMIA	Rn{!},reglist	批量寄存器加载	regist←[Rn…]	无
STMIA	Rn{!},reglist	批量寄存器存储	[Rn…]←reglist	无
PUSH	{reglist[,LR]}	寄存器入栈指令	[SP…]←reglist[,LR]	无
POP	{reglist[,PC]}	寄存器出栈指令	reglist[,PC]←[SP…]	无

Thumb 数据处理指令如表 2.6.6 所列。大多数 Thumb 处理指令采用 2 地址格式,数据处理操作比 ARM 状态的更少,访问寄存器 R8~R15 受到一定限制。

Thumb 跳转指令有 B、BL、BLX 和 BX 这 4 条指令;Thumb 杂项指令有 SWI(软件中断指令)和 BKPT(断点中断指令);Thumb 伪指令有 ADR、LDR 和 NOP。

表 2.6.6 Thumb 数据处理指令

助记符		说 明	操 作	影响标志
MOV	Rd,♯expr	数据传送指令	Rd←expr,Rd 为 R0~R7	影响 N、Z
MOV	Rd,Rm	数据传送指令	Rd←Rm,Rd 和 Rm 均可为 R0~R15	Rd 和 Rm 均为 R0~R7 时,影响 N、Z、C、V
MVN	Rd,Rm	数据非传送指令	Rd←(~Rm),Rd 和 Rm 均为 R0~R7	影响 N、Z
NEG	Rd,Rm	数据取负指令	Rd←(−Rm),Rd 和 Rm 均为 R0~R7	影响 N、Z、C、V
ADD	Rd,Rn,Rm	加法运算指令	Rd←Rn+Rm,Rd、Rn 和 Rm 均为 R0~R7	影响 N、Z、C、V
ADD	Rd,Rn,♯expr3	加法运算指令	Rd←Rn+expr3,Rd 和 Rn 为 R0~R7	影响 N、Z、C、V
ADD	Rd,♯expr8	加法运算指令	Rd←Rd+expr8,Rd 为 R0~R7	影响 N、Z、C、V
ADD	Rd,Rm	加法运算指令	Rd←Rd+Rm,Rd 和 Rm 均为 R0~R15	Rd 和 Rm 均为 R0~R7 时,影响 N、Z、C、V
ADD	Rd,Rp,♯expr	SP/PC 加法运算指令	Rd←SP+expr 或 PC+expr,Rd 为 R0~R7	无
ADD	SP,♯expr	SP 加法运算指令	SP←SP+expr	无
SUB	Rd,Rn,Rm	减法运算指令	Rd←Rn−Rm,Rd 和 Rm 均为 R0~R7	影响 N、Z、C、V
SUB	Rd,Rn,♯expr3	减法运算指令	Rd←Rn−expr3,Rd 和 Rn 为 R0~R7	影响 N、Z、C、V
SUB	Rd,♯expr8	减法运算指令	RD←Rd−expr8,Rd 为 R0~R7	影响 N、Z、C、V
SUB	SP,♯expr	SP 减法运算指令	SP←SP−expr	无
ADC	Rd,Rm	带进位加法指令	Rd←Rd+Rm+Carry,Rd 和 Rm 为 R0~R7	影响 N、Z、C、V
SBC	Rd,Rm	带位减法指令	Rd←Rd−Rm−(NOT)Carry,Rd 和 Rm 为 R0~R7	影响 N、Z、C、V
MUL	Rd,Rm	乘法运算指令	Rd←Rd * Rm,Rd 和 Rm 为 R0~R7	影响 N、Z
AND	Rd,Rm	逻辑与操作指令	Rd←Rd&Rm,Rd 和 Rm 为 R0~R7	影响 N、Z
ORR	Rd,Rm	逻辑或操作指令	Rd←Rd|Rm,Rd 和 Rm 为 R0~R7	影响 N、Z
EOR	Rd,Rm	逻辑异或操作指令	Rd←Rd^Rm,Rd 和 Rm 为 R0~R7	影响 N、Z
BIC	Rd,Rm	位清除指令	Rd←Rd&(~Rm),Rd 和 Rm 为 R0~R7	影响 N、Z
ASR	Rd,Rs	算术右移指令	Rd←Rd 算术右移 Rs 位,Rd 和 Rs 为 R0~R7	影响 N、Z、C

助记符		说　明	操　作	影响标志
ASR	Rd,Rm,♯expr	算术右移指令	Rd←Rm 算术右移 expr 位,Rd 和 Rm 为 R0～R7	影响 N、Z、C
LSL	Rd,Rs	逻辑左移指令	Rd←Rd≪Rs,Rd 和 Rs 为 R0～R7	影响 N、Z、C
LSL	Rd,Rm,♯expr	逻辑左移指令	Rd←Rm≪expr,Rd 和 Rm 为 R0～R7	影响 N、Z、C
LSR	Rd,Rs	逻辑右移指令	Rd←Rd≫Rs,Rd 和 Rs 为 R0～R7	影响 N、Z、C
LSR	Rd,Rm,♯expr	逻辑右移指令	Rd←Rm≫expr,Rd 和 Rm 为 R0～R7	影响 N、Z、C
ROR	Rd,Rs	循环右移指令	Rd←Rm 循环右移 Rs 位,Rd 和 Rs 为 R0～R7	影响 N、Z、C
CMP	Rn,Rm	比较指令	状态标志←Rn−Rm,Rn 和 Rm 为 R0～R15	影响 N、Z、C、V
CMP	Rn,♯expr	比较指令	状态标志←Rn−cxpr,Rn 为 R0～R7	影响 N、Z、C、V
CMN	Rn,Rm	负数比较指令	状态标志←Rn+Rm,Rn 和 Rm 为 R0～R7	影响 N、Z、C、V
TST	Rn,Rm	位测试指令	状态标志←Rn&Rm,Rn 和 Rm 为 R0～R7	影响 N、Z、C、V

2.7　ARM 微处理器的接口

2.7.1　ARM 协处理器接口

为了便于片上系统 SoC 的设计,ARM 可以通过协处理器(CP)来支持一个通用指令集的扩充,通过增加协处理器来增加系统的功能。

在逻辑上,ARM 可以扩展 16 个(CP15～CP0)协处理器,其中:CP15 作为系统控制,CP14 作为调试控制器,CP7～CP4 作为用户控制器,CP13～CP8 和 CP3～CP0 保留。每个协处理器可有 16 个寄存器。例如,MMU 和保护单元的系统控制都采用 CP15 协处理器;JTAG 调试中的协处理器为 CP14,即调试通信通道 DCC(Debug Communication Channel)。

ARM 处理器内核与协处理器接口有以下 4 类。

① 时钟和时钟控制信号:MCLK、nWAIT、nRESET;

② 流水线跟随信号:nMREQ、SEQ、nTRANS、nOPC、TBIT;

③ 应答信号:nCPI、CPA、CPB;

④ 数据信号:D[31:0]、DIN[31:0]、DOUT[31:0]。

在协处理器的应答信号中:

● nCPI 为 ARM 微处理器至 CPn 协处理器信号,该信号低电压有效代表"协处理器指令",表示 ARM 微处理器内核标识了 1 条协处理器指令,希望协处理器去执行它。

● CPA 为协处理器至 ARM 微处理器内核信号,表示协处理器不存在,目前协处理器无能力执行指令。

● CPB 为协处理器至 ARM 微处理器内核信号，表示协处理器忙，还不能够开始执行指令。

协处理器也采用流水线结构，为了保证与 ARM 微处理器内核中的流水线同步，在每一个协处理器内需有 1 个流水线跟随器（pipeline follower），用来跟踪 ARM 微处理器内核流水线中的指令。由于 ARM 的 Thumb 指令集无协处理器指令，协处理器还必须监视 TBIT 信号的状态，以确保不把 Thumb 指令误解为 ARM 指令。

协处理器也采用 Load/Store 结构，用指令来执行寄存器的内部操作，从存储器取数据至寄存器或把寄存器中的数保存至存储器中，以及实现与 ARM 微处理器内核中寄存器之间的数据传送；而这些指令都由协处理器指令来实现。

2.7.2　ARM AMBA 接口

ARM 微处理器内核可以通过先进的微控制器总线架构 AMBA 来扩展不同体系架构的宏单元及 I/O 部件。AMBA 已成为事实上的片上总线 OCB（On Chip Bus）标准。

AMBA 有 AHB（Advanced High-performance Bus，先进高性能总线）、ASB（Advanced System Bus，先进系统总线）和 APB（Advanced Peripheral Bus，先进外围总线）这 3 类总线。

● AHB 不但支持突发方式的数据传送，还支持分离式总线事务处理，这样可以进一步提高总线的利用效率。特别在高性能的 ARM 架构系统中，AHB 有逐步取代 ASB 的趋势，例如在 ARM1020E 处理器核中。

● ASB 是目前 ARM 常用的系统总线，用来连接高性能系统模块，支持突发（burst）方式数据传送。

● APB 为外围宏单元提供了简单的接口，也可以把 APB 看作 ASB 的余部。

AMBA 通过测试接口控制器 TIC（Test Interface Controller）提供了模块测试的途径，允许外部测试者作为 ASB 总线的主设备来分别测试 AMBA 上的各个模块。

AMBA 中的宏单元也可以通过 JTAG 方式进行测试。虽然 AMBA 的测试方式通用性稍差些，但其通过并行口的测试比 JTAG 的测试代价也要低些。

一个基于 AMBA 的典型系统如图 2.7.1 所示。

2.7.3　ARM I/O 结构

ARM 微处理器内核一般都没有 I/O 的部件和模块，ARM 微处理器中的 I/O 可通过 AMBA 总线来扩充。

ARM 采用了存储器映像 I/O 的方式，即把 I/O 端口地址作为特殊的存储器地址。一般的 I/O，如串行接口，它有若干个寄存器，包括发送数据寄存器（只写）、数据接收寄存器（只读）、控制寄存器、状态寄存器（只读）和中断允许寄存器等。这些寄存

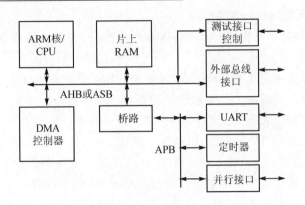

图 2.7.1　一个基于 AMBA 的典型系统

器都需相应的 I/O 端口地址。应注意的是存储器的单元可以重复读多次,其读出的值是一致的;而 I/O 设备的连续两次输入,其输入值可能不同。

在许多 ARM 体系结构中用户对于 I/O 单元是不可访问的,只可以通过系统管理调用或通过 C 语言的库函数来访问。

ARM 架构的处理器一般都没有 DMA(直接存储器存取)部件,只有一些高档的ARM 架构处理器才具有 DMA 的功能。

为了能提高 I/O 的处理能力,对于一些要求 I/O 处理速率比较高的事件,系统安排了快速中断 FIQ(Fast Interrupt reQuest),而对其余的 I/O 源仍安排一般中断IRQ。

为了提高中断响应的速度,在设计中可以采用以下办法:

- 提供大量后备寄存器,当中断响应及返回时,可作为保护现场和恢复现场的上下文切换(context switching)之用。
- 采用片内 RAM 的结构,这样可以加速异常处理(包括中断)的进入时间。
- 快存 cache 和地址变换后备缓冲器 TLB(Translation Lookaside Buffer)采用锁住(locked down)方式来确保临界代码段免受"不命中"的影响。

2.7.4　ARM JTAG 调试接口

1. JTAG 接口

JTAG(Joint Test Action Group,联合测试行动小组)是一种国际标准测试协议,主要用于芯片内部测试及对系统进行仿真、调试。JTAG 技术是一种嵌入式调试技术,它在芯片内部封装了专门的测试电路 TAP(Test Access Port,测试访问口),通过专用的 JTAG 测试工具对内部节点进行测试。目前大多数比较复杂的器件都支持 JTAG 协议,如 ARM、DSP、FPGA 器件等。

JTAG 测试允许多个器件通过 JTAG 接口串联在一起,形成一个 JTAG 链,能实现对各个器件分别测试。JTAG 接口还常用于实现 ISP(In-System Programmable,在系统编程)功能,如对 Flash 器件进行编程等。

通过 JTAG 接口,可对芯片内部的所有部件进行访问,因而是开发调试嵌入式系统的一种简洁高效的手段。

标准的 JTAG 接口是 4 线式的,分别为 TMS(测试模式选择)、TCK(测试时钟)、TDI(测试数据输入)和 TDO(测试数据输出)。目前 JTAG 接口的连接有 14 针接口和 20 针接口两种标准,其定义分别如表 2.7.1 和表 2.7.2 所列。

表 2.7.1　14 针 JTAG 接口定义

引脚号	名　称	描　述
1、13	V_{CC}	接电源
2、4、6、8、10、14	GND	接地
3	nTRST	测试系统复位信号
5	TDI	测试数据串行输入
7	TMS	测试模式选择
9	TCK	测试时钟
11	TDO	测试数据串行输出
12	NC	未连接

表 2.7.2　20 针 JTAG 接口定义

引脚号	名　称	描　述
1	VTref	目标板参考电压,接电源
2	V_{CC}	接电源
3	nTRST	测试系统复位信号
4、6、8、10、12、14、16、18、20	GND	接地
5	TDI	测试数据串行输入
7	TMS	测试模式选择
9	TCK	测试时钟
11	RTCK	测试时钟返回信号
13	TDO	测试数据串行输出
15	nRESET	目标系统复位信号
17、19	NC	未连接

2. JTAG 调试接口

ARM JTAG 调试接口由测试访问端口 TAP(Test Access Port)控制器、旁路(bypass)寄存器、指令寄存器、数据寄存器以及与 JTAG 接口兼容的 ARM 架构处理器组成。处理器的每个引脚都有一个边界扫描单元(Boundary Scan Cell,BSC),它将 JTAG 电路与处理器核逻辑电路联系起来,同时,隔离了处理器核逻辑电路与芯片引脚。所有边界扫描单元构成了边界扫描寄存器 BSR,该寄存器电路仅在进行 JTAG 测试时有效,在处理器核正常工作时无效。

(1) JTAG 的控制寄存器

① 测试访问端口 TAP 控制器对嵌入在 ARM 微处理器核内部的测试功能电路进行访问控制,是一个同步状态机。通过测试模式选择 TMS 和时钟信号 TCK 来控制其状态转移,实现 IEEE 1149.1 标准所确定的测试逻辑电路的工作时序。

② 指令寄存器是串行移位寄存器,通过它可以串行输入执行各种操作的指令。

③ 数据寄存器组是一组串行移位寄存器。操作指令被串行装入由当前指令所选择的数据寄存器,随着操作的进行,测试结果被串行移出。

(2) JTAG 测试信号

JTAG 测试信号包含有 TRST、TCK、TMS、TDI、TDO 这 5 个测试信号。

JTAG 可以对同一块电路板上多块芯片进行测试。TRST、TCK 和 TMS 信号并行至各个芯片,而一块芯片的 TDO 接至下一芯片的 TDI。

(3) TAP 状态机

测试访问端口 TAP 控制器是一个 16 状态的有限状态机,为 JTAG 提供逻辑控制,控制进入 JTAG 结构中各种寄存器内数据的扫描与操作。在 TCK 同步时钟上升沿的 TMS 引脚的逻辑电压决定状态转移的过程。

由 TDI 引脚输入到器件的扫描信号有 2 个状态变化路径:用于指令移入至指令寄存器,或用于数据移入至相应的数据寄存器(该数据寄存器由当前指令确定)。

(4) JTAG 接口控制指令

控制指令用于控制 JTAG 接口各种操作,控制指令包括公用(public)指令和私有(private)指令。最基本的公用指令有:

- BYPASS:旁路片上系统逻辑指令,用于未被测试的芯片,即把 TDI 与 TPO 旁路(1 个时钟延迟)。
- EXTEST:片外电路测试指令,用于测试电路板上芯片之间是否互连。
- IDCODE:读芯片 ID 码指令,用于识别电路板上的芯片。
- INTEST:片内测试指令,边界扫描寄存器位于 TDI 与 TDO 引脚之间,处理器核逻辑输入和输出状态被该寄存器捕获和控制。

ARM 公司提供的标准 20 脚 JTAG 仿真调试接口电路如图 2.7.2 所示,通过外部 JTAG 调试电缆或仿真器可以与开发系统链接调试。

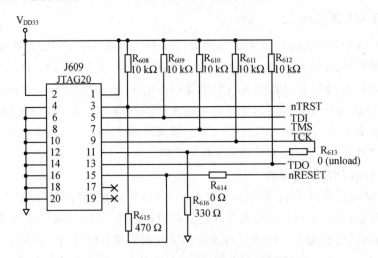

图 2.7.2　JTAG 仿真调试接口电路

思考题与习题

1. 简述 ARM 微处理器的特点。

2. 试画出 ARM 体系结构方框图，并说明各部分功能。

3. 简述 ARM7TDMI 的接口分类与功能。

4. 登录 http://www.samsung.com，查阅 S3C4510B 有关资料，分析其结构特点、接口分类及功能。

5. 登录 http://www.samsung.com，查阅 S3C2410A 或 S3C2410X 的数据手册，分析其结构特点、接口分类及功能。

6. 登录 http://www.samsung.com，查阅 S3C2440A 的数据手册，分析其结构特点、接口分类及功能。

7. 试分析 ARM720T 处理器内核结构和 ARM7TDMI 处理器内核结构的差异。

8. 试分析 ARM920T 内核结构特点。

9. 查阅有关资料，试画出 ARM9E 系列微处理器内核结构方框图。

10. 查阅有关资料，试画出 ARM10E 系列微处理器内核结构方框图。

11. 查阅有关资料，试画出 SecurCore 系列微处理器内核结构方框图。

12. 查阅有关资料，试画出 Intel Strong ARM 系列微处理器内核结构方框图。

13. 查阅有关资料，试画出 Intel XScale 系列微处理器内核结构方框图。

14. ARM 微处理器支持哪几种运行模式？各运行模式有什么特点？

15. ARM 微处理器有几种工作状态？各工作状态有什么特点？

16. 试分析 ARM 寄存器组织结构图，并说明寄存器分组与功能。

17. 简述程序状态寄存器的位功能。

18. 试分析 Thumb 状态下寄存器组织，并说明寄存器分组与功能。

19. 试分析 Thumb 状态与 ARM 状态的寄存器关系。

20. ARM 体系结构支持几种类型的异常，并说明其异常处理模式和优先级状态？

21. 简述异常类型的含义。

22. 简述 ARM 微处理器处理异常的操作过程。

23. 对于字对齐的地址 A，地址空间规则有哪些要求？

24. 试说明存储器映射 I/O 的特点。

25. ARM 微处理器有哪几种基本寻址方式？

26. 举例说明 LSL、LSR、ASR、ROR、RRX 的移位操作过程。

27. 举例说明寄存器间接寻址的操作过程。

28. 举例说明变址寻址的操作过程。

29. 存储器生长堆栈可分为哪几种？各有什么特点？

30. ARM 微处理器支持哪几种类型的堆栈工作方式？各有什么特点？

31. 举例说明块复制寻址的操作过程。

32. 举例说明相对寻址的操作过程。

33. ARM 指令集包含哪些类型的指令？

34. 简述指令格式及各项的含义。

35. 举例说明 ARM 存储器访问指令功能。

36. 举例说明 ARM 数据处理指令功能。

37. 举例说明 ARM 跳转指令功能。

38. 举例说明 ARM 协处理器指令功能。

39. 举例说明 ARM 杂项指令功能。

40. 举例说明 ARM 伪指令功能。

41. Thumb 指令集包含哪些类型的指令？

42. 简述 ARM 协处理器接口结构与功能。

43. 简述 ARM AMBA 接口结构与功能。

44. 简述 ARM I/O 结构特点。

45. 简述 ARM JTAG 调试接口结构、电路与功能。

## 第 3 章

32 位 RISC 微处理器 S3C2410A

3.1 S3C2410A 简介

3.1.1 S3C2410A 的内部结构

S3C2410 是 Samsung 公司推出的 16 位/32 位 RISC 处理器,主要面向高性价比、低功耗的手持设备应用。S3C2410 有 S3C2410X 和 S3C2410A 两个型号,A 型是 X 型的改进型,具有更好的性能和更低的功耗。

为了降低系统的成本,S3C2410A 在片上集成了单独的 16 KB 指令 cache 和 16 KB数据 cache,用于虚拟存储器管理的 MMU,支持 STN 和 TFT 的 LCD 控制器,还包括 NAND Flash Bootloader、系统管理器(片选逻辑和 SDRAM 控制器)、3 通道 UART、4 通道 DMA、4 通道 PWM 定时器、I/O 口、RTC、8 通道 10 位 ADC 和触摸屏接口、I²C 总线接口、I²S 总线接口、USB 主设备、USB 从设备、SD 主卡和 MMC (Multi Media Card,多媒体卡)接口、2 通道的 SPI(Serial Peripheral Interface,串行外围设备接口)以及 PLL 时钟发生器。S3C2410A 的 CPU 内核采用的是 16 位/32 位 ARM920T 内核,同时还采用 AMBA 新型总线结构。

ARM920T 采用 MMU、AMBA 总线和 Harvard 高速缓存体系结构。该结构具有独立的 16 KB 指令 cache 和 16 KB 数据 cache,每个 cache 都由 8 字长的行组成。

S3C2410A 的内部结构方框图如图 3.1.1 所示。

S3C2410A 提供一组完整的系统外围设备接口,从而大大减少了整个系统的成本,省去了为系统配置额外器件的开销。S3C2410A 集成的片上功能包括:

- 内核电压 1.8 V/2.0 V,存储器电压 3.3 V,外部 I/O 电压 3.3 V;
- 具有 16 KB 的指令 cache、16 KB 的数据 cache 以及 MMU;
- 外部存储器控制器(SDRAM 控制和片选逻辑);
- LCD 控制器(最大支持 4K 色 STN 和 256K 色 TFT)提供 1 通道 LCD 专用 DMA;
- 4 通道 DMA 并有外部请求引脚端;
- 3 通道 UART(IrDA1.0,16 字节 Tx FIFO 和 16 字节 Rx FIFO)/2 通道 SPI;

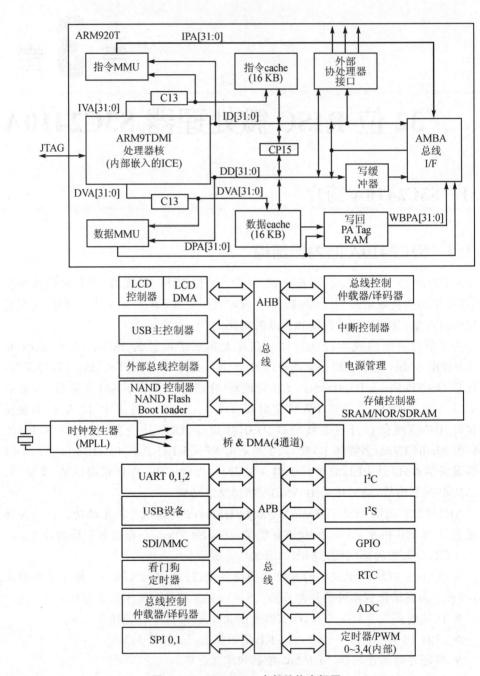

图 3.1.1 S3C2410A 内部结构方框图

- 1 通道多主设 I²C 总线和 1 通道 I²S 总线控制器;
- 版本 1.0 SD 主接口和 2.11 兼容版 MMC 卡协议;
- 2 个 USB 主设接口/1 个 USB 从设接口(版本 1.1);

- 4 通道 PWM 定时器和 1 通道内部定时器；
- 看门狗定时器；
- 117 位通用 I/O 口和 24 通道外部中断源；
- 电源控制有正常、慢速、空闲和电源关断 4 种模式；
- 8 通道 10 位 ADC 和触摸屏接口；
- 具有日历功能的 RTC；
- 使用 PLL 的片上时钟发生器。

3.1.2　S3C2410A 的技术特点

S3C2410A 具有如下特点：

(1) 体系结构

- 采用 ARM920T CPU 内核，具有 16 位/32 位 RISC 体系结构和强大的指令集，为手持设备和通用嵌入式应用提供片上集成系统解决方案。
- 增强的 ARM 体系结构 MMU，支持 WinCE、EPOC 32 和 Linux。
- 使用指令 cache、数据 cache、写缓冲器和物理地址 TAG RAM，减少主存储器带宽和反应时间对性能的影响。
- ARM920T CPU 内核支持 ARM 调试体系结构。
- 内部采用先进的微控制器总线体系结构（AMBA2.0 总线包括 AHB 系统总线和 APB 外围总线）。

(2) 系统管理器

- 支持小端和大端方式。
- 地址空间：每个 bank 有 128 MB，总共 1 GB。
- 每个 bank 支持可编程的 8 位、16 位、32 位数据总线宽度。
- bank0～bank6 都采用固定的 bank 起始地址。
- bank7 具有可编程的 bank 起始地址和大小。
- 总共有 8 个存储器 bank：
  - 6 个存储器 bank 用于 ROM、SRAM 及其他存储器；
  - 2 个存储器 bank 用于 ROM、SRAM 和 SDRAM。
- 所有的存储器 bank 都具有可编程的访问周期。
- 支持使用外部等待信号来填充总线周期。
- 支持 SDRAM 的自动刷新和掉电模式。
- 支持各种类型的 ROM 启动，如 NOR Flash、NAND Flash 和 EEPROM 等。

(3) NAND Flash Boot Loader(启动装载)

- 支持从 NAND Flash 存储器的启动。
- 采用 4 KB 内部缓冲器用于启动引导。

- 支持启动之后,NAND 存储器仍然作为外部存储器使用。

(4) cache 存储器

- 指令 cache(16 KB)和数据 cache(16 KB)为 64 路组相联 cache。
- 每行长度 8 字,其中每行带有 1 位有效位和 2 位文件系统的错误状态位 (dirty bits)。
- 采用伪随机数或循环替换算法。
- 采用写通(write-through)或写回(write-back)cache 操作来更新主存储器。
- 写缓冲器可以保存 16 字的数据值和 4 个地址值。

(5) 时钟和电源管理

- 片上 MPLL 和 UPLL:

　　UPLL 产生用于 USB 主机/设备操作的时钟;

　　– MPLL 产生操作 MCU 的时钟,时钟频率最高可达 266 MHz(2.0 V 内核电压)。

- 通过软件可以有选择地为每个功能模块提供时钟。
- 电源模式:

　　– 正常模式为正常运行模式;

　　– 慢速模式为不加 PLL 的低时钟频率模式;

　　– 空闲模式只停止 CPU 的时钟;

　　– 掉电模式切断所有外设和内核的电源。

- 可以通过 EINT[15:0]或 RTC 报警中断从掉电模式中唤醒处理器。

(6) 中断控制器

- 55 个中断源(1 个看门狗定时器、5 个定时器、9 个 UART、24 个外部中断、4 个 DMA、2 个 RTC、2 个 ADC、1 个 I^2C、2 个 SPI、1 个 SDI、2 个 USB、1 个 LCD 和 1 个电池故障)。
- 支持电平/边沿触发模式的外部中断源。
- 可编程的电平/边沿触发极性。
- 为紧急中断请求提供快速中断服务(FIQ)支持。

(7) 具有脉冲宽度调制(PWM)的定时器

- 具有 PWM 功能的 4 通道 16 位定时器,可基于 DMA 或中断操作的 1 通道 16 位内部定时器。
- 可编程的占空比周期、频率和极性。
- 能产生死区。
- 支持外部时钟源。

(8) RTC(实时时钟)

- 完整的时钟特性:秒、分、时、日期、星期、月和年。
- 工作频率 32.768 kHz。

- 具有报警中断。
- 具有时钟滴答中断。

(9) 通用 I/O 口

- 24 个外部中断口。
- 多路复用的 I/O 口。

(10) UART

- 3 通道 UART,可以基于 DMA 模式或中断模式操作。
- 支持 5 位、6 位、7 位或者 8 位串行数据发送/接收(Tx/Rx)。
- 支持外部时钟作为 UART 的运行时钟(UEXTCLK)。
- 波特率可编程。
- 支持 IrDA 1.0。
- 支持回环(loopback)测试模式。
- 每个通道内部都具有 16 字节的发送 FIFO 和 16 字节的接收 FIFO。

(11) DMA 控制器

- 4 通道的 DMA 控制器。
- 支持存储器到存储器,I/O 到存储器,存储器到 I/O 以及 I/O 到 I/O 的传送。
- 采用突发传送模式提高传送速率。

(12) A/D 转换和触摸屏接口

- 8 通道多路复用 ADC。
- 转换速率最大为 500 KSPS(Kilo Samples Per Second,每秒采样千点),10 位分辨率。

(13) LCD 控制器 STN LCD 显示特性

- 支持 3 种类型的 STN LCD 显示屏:4 位双扫描、4 位单扫描和 8 位单扫描显示类型。
- 对于 STN LCD,支持单色模式、4 级灰度、16 级灰度、256 彩色和 4096 彩色。
- 支持多种屏幕尺寸,典型的屏幕尺寸有 640×480,320×240,160×160。
- 最大虚拟屏幕大小是 4 MB。
- 在 256 彩色模式下支持的最大虚拟屏幕尺寸是 4096×1024,2048×2048,1024×4096 或其他尺寸。

(14) TFT(Thin Film Transistor,薄膜场效应晶体管)彩色显示特性

- 彩色 TFT 支持 1、2、4 或 8 bpp(bit per pixel,每像素所占位数)调色显示。
- 支持 16 bpp 无调色真彩显示。
- 在 24 bpp 模式下支持最大 16M 彩色 TFT。
- 支持多种屏幕尺寸,典型的屏幕尺寸有 640×480、320×320、160×160 或者其他尺寸。
- 最大虚拟屏幕大小是 4 MB。

- 在 64 彩色模式下支持的最大虚拟屏幕尺寸是 2048×1024 或者其他尺寸。

(15) 看门狗定时器

- 16 位看门狗定时器。
- 定时器溢出时产生中断请求或系统复位。

(16) I^2C 总线接口

- 1 通道多主机 I^2C 总线。
- 串行、8 位、双向数据传送,在标准模式下数据传送速率可达 100 kbit/s,在快速模式下可达 400 kbit/s。

(17) I^2S 总线接口

- 1 通道音频 I^2S 总线接口,可基于 DMA 方式操作。
- 串行,每通道 8 位/16 位数据传输。
- 发送和接收(Tx/Rx)具备 128 字节 FIFO("64 字节发送 FIFO"+"64 字节接收 FIFO")。
- 支持 I^2S 格式和 MSB-justified 数据格式。

(18) USB 主设备

- 2 个 USB 主设接口。
- 遵从 OHCI Rev 1.0 标准。
- 兼容 USB v1.1 标准。

(19) USB 从设备

- 1 个 USB 从设接口。
- 具备 5 个 USB 设备端口。
- 兼容 USB v1.1 标准。

(20) SD 主机接口

- 兼容 SD 存储卡协议 1.0 版。
- 兼容 SDIO 卡协议 1.0 版。
- 发送和接收采用字节 FIFO。
- 基于 DMA 或中断模式操作。
- 兼容 MMC 卡协议 2.11 版。

(21) SPI 接口

- 兼容 2 通道 SPI 协议 2.11 版。
- 发送和接收采用 2 字节的移位寄存器。
- 基于 DMA 或中断模式操作。

(22) 工作电压

- 内核电压:1.8 V,最高工作频率 200 MHz(S3C2410A-20);2.0 V,最高工作频率 266 MHz(S3C2410A-26)。
- 存储器和 I/O 电压 3.3 V。

(23) 封　装

采用 272 - FBGA 封装。

3.2　S3C2410A 存储器控制器

3.2.1　S3C2410A 存储器控制器特性

S3C2410A 存储器控制器提供访问外部存储器所需要的存储器控制信号，具有以下特性：

- 支持小端和大端（通过软件选择方式）。
- 地址空间：每个 bank 有 128 MB，总共有 8 个 bank，共 1 GB。
- 除 bank0 只能是 16 位/32 位的数据总线宽度之外，其他 bank 都具有可编程的访问位宽（8 位/16 位/32 位）。
- 总共有 8 个存储器 bank（bank0～bank7）：
  - 6 个存储器 bank 用于 ROM、SRAM 等；
  - 2 个存储器 bank 用于 ROM、SRAM 和 SDRAM 等。
- 7 个固定的存储器 bank（bank0～bank6）起始地址。
- 最后一个 bank（bank7）的起始地址是可调整的。
- 最后两个 bank（bank6 和 bank7）的大小是可编程的。
- 所有存储器 bank 的访问周期都是可编程的。
- 总线访问周期可以通过插入外部等待来扩展。
- 支持 SDRAM 的自动刷新和掉电模式。

3.2.2　S3C2410A 存储器映射

S3C2410A 复位后，存储器的映射情况如图 3.2.1 所示，bank6 和 bank7 对应不同大小存储器时的地址范围参见表 3.2.1。

表 3.2.1　bank6 和 bank7 地址

地　址	2 MB	4 MB	8 MB	16 MB	32 MB	64 MB	128 MB
bank6							
开始地址	0x3000 0000	0x3000 0000	0x3000 0000	0x3000 0000	0x3000 0000	0x3000 0000	0x3000 0000
结束地址	0x301F FFFF	0x303F FFFF	0x307F FFFF	0x30FF FFFF	0x31FF FFFF	0x33FF FFFF	0x37FF FFFF
bank7							
开始地址	0x3020 0000	0x3040 0000	0x3080 0000	0x3100 0000	0x3200 0000	0x3400 0000	0x3800 0000
结束地址	0x303F FFFF	0x307F FFFF	0x30FF FFFF	0x31FF FFFF	0x33FF FFFF	0x37FF FFFF	0x3FFF FFFF

注：bank6 和 bank7 必须具有相同的存储器大小。

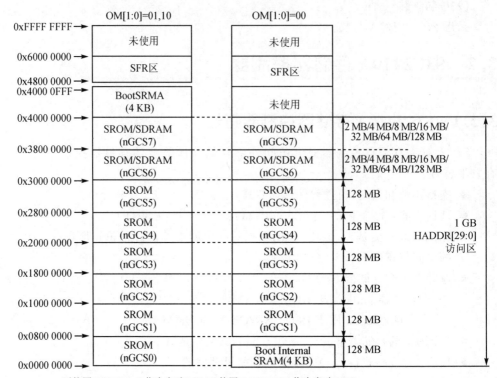

不使用NAND Flash作为启动ROM　　使用NAND Flash作为启动ROM

说明：(1) SROM 为 ROM 或 SRAM 类型的存储器；

　　　(2) SFR 为特殊功能寄存器。

图 3.2.1　S3C2410A 复位后的存储器映射

3.3　复位、时钟和电源管理

1. 复位电路

在系统中,复位电路主要完成系统的上电复位和系统在运行时用户的按键复位功能。复位电路可由简单的 RC 电路构成,也可以使用其他相对较复杂但功能更完善的电路。

为了提供高效的电源监视性能,选取了专门的系统监视复位芯片 IMP811S。该芯片性能优良,可以通过手动控制系统的复位,同时,还可以实时监控系统的电源。一旦系统电源低于系统复位的阈值(2.9 V),IMP811S 将会对系统进行复位。系统复位电路如图 3.3.1 所示。

也可以采用如图 3.3.2 所示较简单的 RC 复位电路,经使用证明,其复位逻辑是可靠的。该复位电路的工作原理如下：在系统上电时,通过电阻 R_{108} 向电容 C_{162} 充

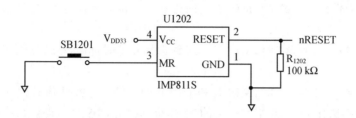

图 3.3.1　系统复位电路

电,当 C_{162} 两端的电压未达到高电平的门限电压时,RESET 端输出为高电平,系统处于复位状态;当 C_{162} 两端的电压达到高电平的门限电压时,RESET 端输出为低电平,系统进入正常工作状态。

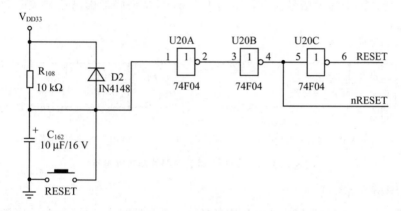

图 3.3.2　系统的复位电路

当用户按下按钮 RESET 时,C_{162} 两端的电荷被放掉,RESET 端输出为高电平,系统进入复位状态,再重复以上的充电过程,系统进入正常工作状态。

两级非门电路用于按钮去抖动和波形整形;nRESET 端的输出状态与 RESET 端相反,用于低电平复位的器件;通过调整 R_{108} 和 C_{162} 的参数,可调整复位状态的时间。

2. 时钟电路

在 S3C2410A 中的时钟控制逻辑能够产生 CPU 所需的 FCLK 时钟信号、AHB 总线外围设备所需的 HCLK 时钟信号,以及 APB 总线外围设备所需的 PCLK 时钟信号。

S3C2410A 有两个锁相环(Phase Locked Loops,PLL),一个用于 FCLK、HCLK 和 PCLK,另一个专门用于 USB 模块(48 MHz)。时钟控制逻辑可以在不需要 PLL 的情况下产生慢速时钟,并且可以通过软件来控制时钟与每个外围模块是连接还是断开,从而降低功耗。

S3C2410A 微处理器的主时钟可以由外部时钟源提供,也可以由外部晶体振荡器提供,如图 3.3.3 所示,采用哪种方式可通过引脚 OM[3:2]来进行选择。

- 当 OM[3:2]=00 时,MPLL 和 UPLL 的时钟均选择外部晶体振荡器;

- 当 OM[3:2]＝01 时,MPLL 的时钟选择外部晶体振荡器,UPLL 选择外部时钟源;
- 当 OM[3:2]＝10 时,MPLL 的时钟选择外部时钟源,UPLL 选择外部晶体振荡器;
- 当 OM[3:2]＝11 时,MPLL 和 UPLL 的时钟均选择外部时钟源。

在系统中选择 OM[3:2]均接地的方式,即采用外部振荡器提供系统时钟。系统时钟源直接采用外部晶振,内部 PLL 电路可以调整系统时钟,使系统运行速度更快。S3C2410A 的系统时钟电路见图 3.3.3,其外部振荡器由 12 MHz 晶振和 2 个 15 pF 的微调电容组成。振荡电路输出接到 S3C2410X 微处理器的 XTIPLL 脚,输入由 XTOPLL 提供。由于片内的 PLL 电路兼有频率放大和信号提纯的功能,因此,系统可以以较低的外部时钟信号获得较高的工作频率,从而降低因高速开关时钟所造成的高频噪声。

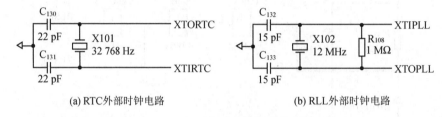

(a) RTC外部时钟电路　　　　　　　　(b) RLL外部时钟电路

图 3.3.3　S3C2410A 微处理器外部时钟电路

3. 电源电路

对于电源控制逻辑,S3C2410A 具有多种电源管理方案,对于每个给定的任务都具有最优的功耗。在 S3C2410A 中的电源管理模块具有正常模式、慢速模式、空闲模式和掉电模式 4 种有效模式。

在正常模式,电源管理模块为 CPU 和 S3C2410A 中的所有外围设备提供时钟。在这种模式下,由于所有外围设备都处于开启状态,因此功耗达到最大。用户可以通过软件来控制外围设备的操作。例如,如果不需要定时器,那么用户可以断开定时器的时钟,以降低功耗。

慢速模式又称无 PLL 模式。与正常模式不同,在慢速模式下不使用 PLL,而使用外部时钟(XTIPLL 或 EXTCLK)直接作为 S3C2410A 中的 FCLK。在这种模式下,功耗大小仅取决外部时钟的频率,功耗与 PLL 无关。

在空闲模式下,电源管理模块只断开 CPU 内核的时钟(FCLK),但仍为所有其他外围设备提供时钟。空闲模式降低了由 CPU 内核产生的功耗。任何中断请求可以从空闲模式唤醒 CPU。

在掉电模式下,电源管理模块断开内部电源。因此,除唤醒逻辑以外,CPU 和内部逻辑都不会产生功耗。激活掉电模式需要两个独立的电源,一个电源为唤醒逻辑供电;另一个电源为包括 CPU 在内的其他内部逻辑供电,并且这个电源开/关可以控制。在掉电模式下,为 CPU 和内部逻辑供电的电源将关断。通过 EINT[15:0]或 RTC 报警中断可以从掉电模式唤醒 S3C2410A。

在设计系统电源电路之前,应对 S3C2410A 的电源引脚进行分析:

- $V_{DDalive}$ 引脚为处理器复位模块和端口寄存器提供 1.8 V 电压;
- V_{DDi} 和 V_{DDiarm} 为处理器内核提供 1.8 V 电压;
- V_{DDi_MPLL} 为 MPLL 提供 1.8 V 模拟电源和数字电源;
- V_{DDi_UPLL} 为 UPLL 提供 1.8 V 模拟电源和数字电源;
- V_{DDOP} 和 V_{DDMOP} 分别为处理器端口和处理器存储器端口提供 3.3 V 电压;
- V_{DD_ADC} 为处理器内的 ADC 系统提供 3.3 V 电压;
- V_{DDRTC} 为时钟电路提供 1.8 V 电压,该电压在系统掉电后仍需要维持。

系统需要使用 3.3 V 和 1.8 V 的直流稳压电源。

为简化系统电源电路的设计,要求整个系统的输入电压为高质量的 5 V 直流稳压电源。V_{DD33} 提供给 V_{DDMOP}、V_{DDIO},V_{DDADC} 和 V_{CC} 引脚,V_{DD18} 提供给 V_{DDi_x} 引脚。

5 V 输入电压经过 DC-DC 转换器可完成 5 V 到 3.3 V 和 1.8 V 的电压转换。系统中 RTC 所需电压由 1.8 V 电源和后备电源共同提供,在系统工作时 1.8 V 电压有效,系统掉电时后备电源开始工作,以供 RTC 电路所需,同时使用发光二极管指示电源状态。S3C2410A 电源电路如图 3.3.4 所示。

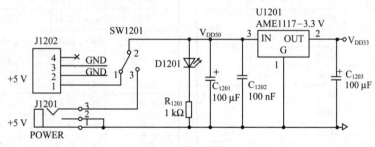

(a) 3.3 V电源电路

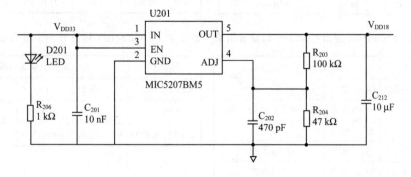

(b) 1.8 V电源电路

图 3.3.4　S3C2410A 电源电路

3.4　S3C2410A 的 I/O 口

3.4.1　S3C2410A 的 I/O 口配置

S3C2410A 共有 117 个多功能复用输入/输出端口（即 I/O 口），可分为端口 A～端口 H，共 8 组。其中，8 组 I/O 口按照其位数的不同又可分为：端口 A(GPA)是 1 个 23 位输出口；端口 B(GPB)和端口 H(GPH)是 2 个 11 位 I/O 口；端口 C(GPC)、端口 D(GPD)、端口 E(GPE)和端口 G(GPG)是 4 个 16 位 I/O 口；端口 F(GPF)是 1 个 8 位 I/O 口。

为了满足不同系统设计的需要，每个 I/O 口可以很容易地通过软件对其进行配置。每个引脚的功能必须在启动主程序之前进行定义。如果一个引脚没有使用复用功能，那么它可以配置为 I/O 口。

注意：端口 A 除了作为功能口外，只能够作为输出口使用。

S3C2410A 的 I/O 口配置情况如表 3.4.1～表 3.4.7 所列。

表 3.4.1　S3C2410A 端口 A 的 I/O 口配置情况

端口 A	可选择的引脚端功能	
GPA22	输出	nFCE
GPA21	输出	nRSTOUT
GPA20	输出	nFRE
GPA19	输出	nFWE
GPA18	输出	ALE
GPA17	输出	CLE
GPA16～GPA12	输出	nGCS5～nGCS1
GPA11～GPA1	输出	ADDR26～ADDR16
GPA0	输出	ADDR0

表 3.4.2　S3C2410A 端口 B 的 I/O 口配置情况

端口 B	可选择的引脚端功能	
GPB10	输入/输出	nXDREQ0
GPB9	输入/输出	nXDACK0
GPB8	输入/输出	nXDREQ1
GPB7	输入/输出	nXDACK1
GPB6	输入/输出	nXBREQ
GPB5	输入/输出	nXBACK
GPB4	输入/输出	TCLK0
GPB3～GPB0	输入/输出	TOUT3 ～TOUT0

表 3.4.3　S3C2410A 端口 C 的 I/O 口配置情况

端口 C	可选择的引脚端功能	
GPC15～GPC8	输入/输出	VD7 ～VD0
GPC7～GPC5	输入/输出	LCDVF2～LCDVF0
GPC4	输入/输出	VM
GPC3	输入/输出	VFRAME
GPC2	输入/输出	VLINE
GPC1	输入/输出	VCLK
GPC0	输入/输出	LEND

表 3.4.4　S3C2410A 端口 D 的 I/O 口配置情况

端口 D	可选择的引脚端功能		
GPD15	输入/输出	VD23	nSS0
GPD14	输入/输出	VD22	nSS1
GPD13～GPD0	输入/输出	VD21～VD8	—

表 3.4.5　S3C2410A 端口 E、端口 F 的 I/O 口配置情况

端　　口		可选择的引脚端功能	
端口 E			
GPE15	输入/输出	IICSDA	—
GPE14	输入/输出	IICSCL	—
GPE13	输入/输出	SPICLK0	—
GPE12	输入/输出	SPIMOSI0	—
GPE11	输入/输出	SPIMISO0	—
GPE10～GPE7	输入/输出	SDDAT3～SDDAT0	
GPE5.5	输入/输出	SDCMD	
GPE5	输入/输出	SDCLK	
GPE4	输入/输出	I2SSDO	I2SSDI
GPE3	输入/输出	I2SSDI	nSS0
GPE2	输入/输出	CDCLK	
GPE1	输入/输出	I2SSCLK	
GPE0	输入/输出	I2SLRCK	
端口 F			
GPF7～GPF0	输入/输出	EINT7～EINT0	—

表 3.4.6　S3C2410A 端口 G 的 I/O 口配置情况

端口 G		可选择的引脚端功能	
GPG15	输入/输出	EINT23	nYPON
GPG14	输入/输出	EINT22	YMON
GPG13	输入/输出	EINT21	nXPON
GPG12	输入/输出	EINT20	XMON
GPG11	输入/输出	EINT19	TCLK1
GPG10～GPG8	输入/输出	EINT18～EINT16	—
GPG7	输入/输出	EINT15	SPICLK1
GPG6	输入/输出	EINT14	SPIMOSI1
GPG5	输入/输出	EINT13	SPIMISO1
GPG4	输入/输出	EINT12	LCD_PWREN
GPG3	输入/输出	EINT11	nSS1
GPG2	输入/输出	EINT10	nSS0
GPG1	输入/输出	EINT9	—
GPG0	输入/输出	EINT8	

表 3.4.7　S3C2410A 端口 H 的 I/O 口配置情况

端口 H		可选择的引脚端功能	
GPH10	输入/输出	CLKOUT1	—
GPH9	输入/输出	CLKOUT0	—
GPH8	输入/输出	UEXTCLK	—
GPH7	输入/输出	RXD2	nCTS1
GPH6	输入/输出	TXD2	nRTS1
GPH5	输入/输出	RXD1	—
GPH4	输入/输出	TXD1	
GPH3	输入/输出	RXD0	
GPH2	输入/输出	TXD0	
GPH1	输入/输出	nRTS0	
GPH0	输入/输出	nCTS0	—

3.4.2　S3C2410A 的 I/O 口寄存器

在 S3C2410A 中，大多数的引脚端都是复用的，所以对于每一个引脚端都需要定义其功能。为了使用 I/O 口，首先需要定义引脚的功能。每个引脚端的功能通过端口控制寄存器（PnCON）来定义（配置）。与配置 I/O 口相关的寄存器包括：端口控制寄存器（GPACON～GPHCON）、端口数据寄存器（GPADAT～GPHDAT）、端口上拉寄存器（GPBUP～GPHUP）、杂项控制寄存器以及外部中断控制寄存器（EXTINTN）等。在掉电模式下，如果 GPF0～GPF7 和 GPG0～GPG7 作为唤醒信号，那么这些端口必须配置为中断模式。

如果端口配置为输出口，数据可以写入到端口数据寄存器（PnDAT）的相应位中；如果将端口配置为输入口，则可以从端口数据寄存器（PnDAT）的相应位中读出数据。

端口上拉寄存器用于控制每组端口的上拉电阻为使能/禁止。如果相应位设置为 0，则表示该引脚的上拉电阻使能；为 1，则表示该引脚的上拉电阻禁止。如果使能了端口上拉寄存器，则不论引脚配置为哪种功能（输入、输出、DATAn、EINTn 等），上拉电阻都会起作用。

杂项控制寄存器用于控制数据端口的上拉电阻、高阻状态、USB Pad 和 CLKOUT 的选择。

24 个外部中断通过不同的信号方式被请求。EXTINTn 寄存器用于配置这些信号对于外部中断请求采用的是低电平触发、高电平触发、下降沿触发、上升沿触发还是双边沿触发。有 8 个外部中断有数字滤波器，16 个 EINT 引脚端（EINT[15:0]）用来作为唤醒源。

所有 GPIO 寄存器的值在掉电模式下都会被保存。外部中断屏蔽寄存器 EINTMASK 不能阻止从掉电模式唤醒，但是，如果 EINTMASK 正在屏蔽的是 EINT[15:4] 中的某位，则可以实现唤醒，不过寄存器 SRCPND 的位 EINT[4:7] 和 EINT[8:23] 在刚刚唤醒后不能设置为 1。

I/O 口相关寄存器的设置方法基本类似，端口控制寄存器设置例如表 3.4.8 所列。有关 I/O 口相关寄存器设置的更多内容请参考"Samsung Electronics. S3C2410A - 200 MHz & 266 MHz 32 - Bit RISC Microprocessor USER′S MANUAL Revision 1.0. www.samsung.com"。

表 3.4.8　端口 C 控制寄存器

寄存器	地　址	访　问	描　述	复位值
GPCCON	0x56000020	读/写	配置端口 C 引脚端，使用位[31:0]，分别对端口 C 的 16 个引脚端进行配置 00：输入；01：输出；10：第 2 功能；11：保留	0x0

续表 3.4.8

寄存器	地　址	访　问	描　述	复位值
GPCDAT	0x56000024	读/写	端口 C 数据寄存器,使用位[15:0]	未定义
GPCUP	0x56000028	读/写	端口 C 上拉电阻禁止寄存器,使用位[15:0] 0: 使能;1: 禁止	0x0
Reserved	0x5600002C	—	保留	未定义

3.5　S3C2410A 的中断控制

3.5.1　ARM 系统的中断处理

在 ARM 系统中,支持复位、未定义指令、软中断、预取中止、数据中止、IRQ 和 FIQ 这 7 种异常。每种异常对应于不同的处理器模式,并且有对应的异常向量(固定的存储器地址)。

在 ARM 系统中,一旦有中断发生,正在执行的程序都会停下来,通常都会执行以下的中断步骤:

① 保存现场。保存当前的 PC 值到 R14,保存当前的程序运行状态到 SPSR。

② 模式切换。根据发生的中断类型,进入 IRQ 模式或 FIQ 模式。

③ 获取中断服务子程序地址。PC 指针跳到异常向量表所保存的 IRQ 或 FIQ 地址处,IRQ 或 FIQ 的异常向量地址处一般保存的是中断服务子程序的地址,PC 指针跳到中断服务子程序,进行中断处理。

④ 多个中断请求处理。在 ARM 系统中,可以存在多个中断请求源,比如串口中断、A/D 中断、外部中断、定时器中断及 DMA 中断等,所以可能出现多个中断源同时请求中断的情况。为了更好地区分各个中断源,通常给这些中断定义不同的优先级别,并为每一个中断设置一个中断标志位。当发生中断时,通过判断中断优先级以及访问中断标志位的状态来识别哪一个中断发生了,进而调用相应的函数进行中断处理。

⑤ 中断返回,恢复现场。当完成中断服务子程序后,将 SPSR 中保存的程序运行状态恢复到 CPSR 中,R14 中保存的被中断的程序地址恢复到 PC 中,继续执行被中断的程序。

3.5.2　S3C2410A 的中断控制器

S3C2410A 采用 ARM920T CPU 内核,ARM920T CPU 的中断包含 IRQ 和 FIQ。IRQ 是普通中断,FIQ 是快速中断,FIQ 的优先级高于 IRQ。FIQ 中断通常在进行大批量的复制、数据传输等工作时使用。

S3C2410A 通过对程序状态寄存器(PSR)中的 F 位和 I 位进行设置,以便控制 CPU 的中断响应。

- 如果设置 PSR 的 F 位为 1,则 CPU 不会响应来自中断控制器的 FIQ 中断;
- 如果设置 PSR 的 I 位为 1,则 CPU 不会响应来自中断控制器的 IRQ 中断;
- 如果设置 PSR 的 F 位或 I 位设置为 0,同时将中断屏蔽寄存器(INTMSK)中的相对应位设置为 0,那么 CPU 响应来自中断控制器的 IRQ 或 FIQ 中断请求。

中断屏蔽寄存器用于指示中断是否禁止。

- 如果设置中断屏蔽寄存器中的相对应屏蔽位为 1,表示相对应的中断禁止;
- 如果设置为 0,表示中断发生时将正常执行中断服务;
- 如果发生中断时相对应的屏蔽位正好为 1,则中断挂起寄存器中的相对应中断源挂起位将置 1。

S3C2410A 有 SRCPND(中断源挂起寄存器)和 INTPND(中断挂起寄存器)两个中断挂起寄存器。SRCPND 和 INTPND 两个挂起寄存器用于指示某个中断请求是否处于挂起状态。当多个中断源请求中断服务时,SRCPND 寄存器中的相应位设置为 1,仲裁过程结束后 INTPND 寄存器中只有 1 位被自动设置为 1。

S3C2410A 中的中断控制器能够接收来自 56 个中断源的请求,这些中断源来自 DMA 控制器、UART、I²C 及外部中断引脚等。

从表 3.5.1 可以看出,S3C2410A 共有 32 个中断请求信号。S3C2410A 采用了中断共享技术,INT_UART0、INT_UART1、INT_UART2、EINT8_23 和 EINT4_7 为多个中断源共享使用的中断请求信号。

中断请求的优先级逻辑是由 7 个仲裁器组成的,其中包括 6 个一级仲裁器和 1 个二级仲裁器,如图 3.5.1 所示。每个仲裁器是否使能由寄存器 PRIORITY[6:0] 决定。每个仲裁器可以处理 4~6 个中断源,从中选出优先级最高的。优先级顺序由寄存器 PRIORITY[20:7] 的相应位决定。

S3C2410A 中断控制器的特殊寄存器如表 3.5.2 所列,中断控制需要正确的设置这些寄存器,寄存器中每一位的含义请参阅 S3C2410A 数据手册。

表 3.5.1　S3C2410A 的中断源

中断源	描　　述	仲裁器分组	中断源	描　　述	仲裁器分组
INT_ADC	ADCEOC 和触摸中断(INT_ADC/INT_TC)	ARB5	INT_LCD	LCD 中断	ARB3
INT_RTC	RTC 报警中断	ARB5	INT_UART2	UART2 中断(故障、接收和发送)	ARB2
INT_SPI1	SPI1 中断	ARB5	INT_TIMER4	定时器 4 中断	ARB2
INT_UART0	UART0 中断(故障、接收和发送)	ARB5	INT_TIMERS	定时器 3 中断	ARB2
			INT_TIMER2	定时器 2 中断	ARB2
INT_IIC	I²C 中断	ARB4	INT_TIMER1	定时器 1 中断	ARB2

续表 3.5.1

中断源	描　述	仲裁器分组	中断源	描　述	仲裁器分组
VINT_USBH	USB 主设备中断	ARB4	INT_TIMER0	定时器 0 中断	ARB2
INT_USB	USB 从设备中断	ARB4	INT_WDT	看门狗定时器中断	ARB1
Reserved	保留	ARB4	INT_TICK	RTC 时钟滴答中断	ARB1
INT_UART1	UART1 中断(故障、接收和发送)	ARB4	nBATT_FLT	电源故障中断	ARB1
			Reserved	保留	ARB1
INT_SPI0	SPI0 中断	ARB4	EINT8_23	外部中断 8～23	ARB1
INT_SDI	SDI 中断	ARB3	EINT4_7	外部中断 4～7	ARB1
INT_DMA3	DMA 通道 3 中断	ARB3	EINT3	外部中断 3	ARB0
INT_DMA2	DMA 通道 2 中断	ARB3	EINT2	外部中断 2	ARB0
INT_DMA1	DMA 通道 1 中断	ARB3	EINTI	外部中断 1	ARB0
INT_DMA0	DMA 通道 0 中断	ARB3	EINT0	外部中断 0	ARB0

表 3.5.2　S3C2410A 中断控制器的特殊寄存器

寄存器	地　址	访　问	描　述	复位值
SRCPND	0x4A000000	读/写	中断源挂起寄存器,为 0 时,无中断请求;当有中断产生,相应位置 1。 所有来自中断源的中断请求首先被登记到中断源挂起寄存器中	0x00000000
INTMOD	0x4A000004	读/写	中断模式寄存器:0=IRQ 模式;1=FIQ 模式。 多个 IRQ 中断的仲裁过程在优先级寄存器进行	0x00000000
INTMSK	0x4A000008	读/写	中断屏蔽寄存器:0=允许中断;1=屏蔽中断。 中断屏蔽寄存器的主要功能是屏蔽相应中断的请求,即使中断挂起寄存器的相应位已经置 1,也就是说已经有相应的中断请求发生了;但是如果此时中断屏蔽寄存器的相应位置 1,则中断控制器将屏蔽该中断请求 CPU 不会响应该中断	0xFFFFFFFF
PRIORITY	0x4A00000C	读/写	IRQ 中断优先级控制寄存器	0x7F
INTPND	0x4A000010	读/写	中断状态指示寄存器: 0=该中断没有请求;1=该中断源发出中断请求	0x00000000
INTOFFSET	0x4A000014	读	中断偏移寄存器,指示 IRQ 中断源	0x00000000
SUBSRCPND	0x4A000018	读/写	子中断源状态寄存器,指示中断请求的状态。 0=该中断没有请求;1=该中断源发出中断请求	0x00000000
INTSUBMSK	0x4A00001C	读/写	定义哪几个中断源屏蔽。 0=中断服务允许;1=中断服务屏蔽	0x7FF

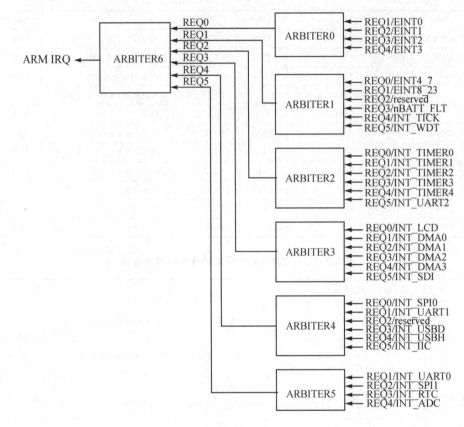

图 3.5.1 优先级生成模块

3.5.3 S3C2410A 的中断编程实例

下面的程序段通过定时器 1 控制一个 LED 灯每秒改变一次状态。这里假设 LED 连接在端口 C 的第 1 个引脚上。

① Timed init()函数完成对定时器 1 的初始化,并设定定时器的中断时间为 1。

```
void Timer1_init(void){

    rGPCCON = rGPCCON & 0x00000001 | 0xfffffffc;    //Port C 控制,最低 2 位为 01,即设置为
                                                     //输出模式,其余的引脚设置为保留模式

    rGPCDAT = rGPCDAT |0x001;                        //Port C Data

    rTCFG0 = 255;                                    //PWM Timer

    rTCFG1 = rTCFG0 << 4;

    rTCNTB1 = 48828;                                 //在 pclk = 50 MHz 下,1 s 的计数值
                                                     //rTCNTB1 = 50 000 000/(4 × 256) = 48 828
```

```
rTCMPB1 = 0x00;
rTCON = (1 + 11)|(1 << 9)|(0 << 8);              //禁用定时器1,手动加载
rTCON = (1 + 11)|(0 << 9)|(1 << 8);              //启动定时器1,自动装载
}
```

② 为了使 CPU 响应中断,在中断服务子程序执行之前,必须打开 ARM920T 的 CPSR 中的 I 位,以及相应的中断屏蔽寄存器中的位。在 TimerlINT_Init() 函数中打开相应的中断屏蔽寄存器中的位。

```
void TimerlINT_Init(void){                      //定时器接口使能
    if((rINTPND&BIT_TIMER1)){
        rSRCPND |= BIT_TIMER1;
    }
    pISR_TMER1 = (int)Timerl_ISR;               //写入定时器 1 中断服务子程序的入口地址
    rINTMSK& = ~(BIT_TIMER1);                    //开中断
}
```

③ 等待定时器中断,采用一个死循环完成等待过程,例如“while(1);”。

④ 根据设置的定时时间,产生定时器中断。中断发生后,首先进行现场保护,然后转入中断的入口代码处执行。该部分代码通常使用汇编语言编写。在执行中断服务程序之前,要确保 HandleIRQ 地址处保存中断分发程序 IsrIRQ 的入口地址,代码如下:

```
ldr       r0, = HandleIRQ
ldr       r1, = IsrIRQ
str       r1,[r0]
```

接下来执行 IsrIRQ 中断分发程序,具体代码如下:

```
IsrIRQ
    sub       sp,sp,#4;                 //为保存 PC 预留堆栈空间
    stmfd     sp!,{r8 - r9}
    ldr       r9, = INTOFFSET
    ldr       r9,[r9];                  //加载 INTOFFSET 寄存器值到 r9
    ldr       r8, = HandleEINT0;        //加载中断向量表的基地址到 r8
    add       r8,r8,r9,lsl #2;          //获得中断向量
    ldr       r8, [r8];                 //加载中断服务程序的入口地址到 r8
    str       r8,[sp,#8];               //保存 sp,将其作为新的 pc 值
    ldmfd     sp!,{r8 - r9,pc};         //跳转到新的 pc 处执行,即跳转到中断服务子程序执行
```

⑤ 执行中断服务子程序,该子程序实现 LED 灯每秒改变一次状态。看到 LED 灯闪烁一次,则说明定时器发生了一次中断。具体实现见函数 Timerl_ISR()。

```
int f;
```

```
void __irq Timer1_ISR(void)
{
  If (f == 0)
    { rGPCDAT = rGPCDAT | 0x0001;
    f = 1;
    }
  If (f == 1)
    { rGPCDAT = rGPCDAT & 0x0000;
    f = 0;
    }
rSRCPND |= BIT_TIMER1;
rINTPND |= BIT_TIMER1;
}
```

⑥ 从中断返回,恢复现场,跳转到被中断的主程序继续执行,等待下一次中断的到来。

3.6　S3C2410A 的 DMA 控制

3.6.1　DMA 工作原理

DMA(Direct Memory Acess,直接存储器存取)方式是指存储器与外设在 DMA 控制器的控制下,直接传送数据而不通过 CPU,传输速率主要取决于存储器存取速度。在 DMA 传输过程中,DMA 控制器负责管理整个操作,并且无需 CPU 介入,从而大大提高了 CPU 的工作效率。DMA 方式为高速 I/O 设备和存储器之间的批量数据交换提供了直接的传输通道。由于 I/O 设备直接同内存发生成块的数据交换,所以可以提高 I/O 效率。现在大部分计算机系统均采用 DMA 技术。许多 I/O 设备的控制器都支持 DMA 方式。

在进行 DMA 数据传送之前,DMA 控制器会向 CPU 申请总线控制权,CPU 如果允许,则将控制权交出。因此,当数据交换时,总线控制权由 DMA 控制器掌握,当传输结束后,DMA 控制器将总线控制权交还给 CPU。采用 DMA 方式进行数据传输的具体过程如下:

① 外设向 DMA 控制器发出 DMA 请求。

② DMA 控制器向 CPU 发出总线请求信号。

③ CPU 执行完现行的总线周期后,向 DMA 控制器发出响应请求的回答信号。

④ CPU 将控制总线、地址总线及数据总线让出,由 DMA 控制器进行控制。

⑤ DMA 控制器向外部设备发出 DMA 请求回答信号。

⑥ 进行 DMA 传送。

⑦ 数据传送完毕,DMA 控制器通过中断请求线发出中断信号。CPU 在接收到中断信号后,转入中断处理程序进行后续处理。

⑧ 中断处理结束后,CPU 返回到被中断的程序继续执行,CPU 重新获得总线控制权。

3.6.2 S3C2410A 的 DMA 控制器

在系统总线和外围总线之间,S3C2410A 有 4 个 DMA 控制器。每个 DMA 控制器可以处理 4 种情况:源和目的都在系统总线上;源在系统总线上,目的在外围总线上;源在外围总线上,目的在系统总线上;源和目的都在外围总线上。

如果 DCON 寄存器选择采用硬件(H/W)DMA 请求模式,那么 DMA 控制器可以从对应通道的 DMA 请求源中选择一个。如果 DCON 寄存器选择采用软件(S/W)DMA 请求模式,那么这些 DMA 请求源将没有任何意义。DMA 请求源如表 3.6.1 所列。

表 3.6.1 DMA 请求源

通 道	请求源 0	请求源 1	请求源 2	请求源 3	请求源 4
通道 0	nXDREQ0	UART0	SDI	定时器	USB 设备 EP1
通道 1	nXDREQ1	UART1	I2SSDI	SPI0	USB 设备 EP2
通道 2	I2SSDO	I2SSDI	SDI	定时器	USB 设备 EP3
通道 3	UART2	SDI	SPI1	定时器	USB 设备 EP4

DMA 的操作过程可以用一个 3 种状态的 FSM(Finite State Machine,有限状态机)来描述,具体步骤如下:

① 状态 1 初始状态,DMA 等待一个 DMA 请求。如果出现 DMA 请求,则进入状态 2。在这种状态下,DMA ACK 和 INT REQ 为 0。

② 状态 2 在状态 2,DMA ACK 变为 1,并且从 DCON[19:0]寄存器向计数器 CURR_TC 加载计数值。**注意**:此时 DMA ACK 一直是 1,直到被清 0。

③ 状态 3 在状态 3,子 FSM 使 DMA 的微操作被初始化。子 FSM 从源地址读取数据,并将其写入目标地址。在这个操作过程中,需要考虑数据量和传输量。这一操作重复执行,直到在整体服务模式下的计数器 CURR_TC 变为 0;这一操作在单个服务模式下只执行一次。子 FSM 每完成一次微操作,主 FSM 将 CURR_TC 进行一次向下计数。另外,当 CURR_TC 变为 0 时,主 FSM 将 INT REQ 信号置 1,并将 DCON 寄存器的中断设置位[29]置 1。除此以外,如果发生以下情况,则对 DMA ACK 清 0。

- 在单个服务模式下,主 FSM 的 3 种状态执行完后就停止,并等待下一个 DMA 请求。如果又产生了新的 DMA 请求,则所有 3 种状态都将被重复。

因此,对于每一个微传送操作,DMA ACK 先后置 1 和清 0。

● 在整体服务模式下,主 FSM 一直在状态 3 等待,直到 CURR_TC 变为 0,因此 DMA ACK 在整个传送过程中都置 1,当 CURR_TC 为 1 时则清 0。

S3C2410A 每个 DMA 通道有 9 个控制寄存器,4 个通道,共有 36 个寄存器。每个 DMA 通道的 9 个控制寄存器中有 6 个用于控制 DMA 传输,另外 3 个用于监控 DMA 控制器的状态。要进行 DMA 操作,首先需要对这些寄存器进行正确配置。下面介绍相关寄存器。

(1) DMA 初始化源寄存器(DISRC)

DMA 初始化源寄存器(DISRC0~DISRC3)用来存放要传输的源数据的起始地址。

(2) DMA 初始化源控制寄存器(DISRCC)

DMA 初始化源控制寄存器(DISRCC0~DISRCC3)用来控制源数据在 AHB 总线还是 APB 总线上,并控制地址增长方式。

(3) DMA 初始化目标地址寄存器(DIDST)

DMA 初始化目标地址寄存器(DIDST0~DIDST3)用来存放传输目标的起始地址。

(4) DMA 初始化目标控制寄存器(DIDSTC)

DMA 初始化目标控制寄存器(DIDSTC0~DIDSTC3)用来控制目标位于 AHB 总线还是 APB 总线上,并控制地址增长方式。

(5) DMA 控制寄存器(DCON)

DMA 控制寄存器(DCON0~DCON3)用来设置请求模式或握手模式选择、DREQ/DACK 同步模式选择、CURR_TC 中断使能设置、使能和禁止中断、传输单位的大小选择、服务模式选择、为 DMA 设置 DMA 请求源、选择 DMA 软件请求源和硬件请求源、设置是否重新加载、传输数据的大小、初始化计数器。

(6) DMA 状态寄存器(DSTAT)

DMA 状态寄存器(DSTAT0~DSTAT3)用来保存 DMA0~DMA3 计数寄存器状态。

(7) DMA 当前源寄存器(DCSRC)

DMA 当前源寄存器(DCSRC0~DCSRC3)用来保存 DMAn(DMA0~DMA3)的当前源地址。

(8) DMA 当前目标寄存器(DCDST)

DMA 当前目标寄存器(DCDST0~DCDST3)用来保存 DMAn(DMA0~DMA3)的当前目标地址。

(9) DMA 屏蔽触发寄存器(DMASKTRIG)

DMA 屏蔽触发寄存器(DMASKTRIG0~ DMASKTRIG 3)用来控制 DMA0~DMA3 触发状态。

有关 DMA 相关寄存器配置的更多内容请参考" Samsung Electronics. S3C2410A - 200 MHz & 266 MHz 32 - Bit RISC Microprocessor USER'S MANU-

AL Revision 1.0. www. samsung. com"。

3.6.3　S3C2410A 的 DMA 编程实例

使用 DMA 方式实现从存储器发送数据到 UART0 的程序如下：

```
#include"config. h"
#define S_DATA    (*(volatile unsigned char *)0x30800000)
#define S_ADDR    ((volatile unsigned char *)0x30800000)      //数据起始地址
void UART0_DMA(void){
    volatile unsigned char * p = S_DATA;
    int i;
    Init();
    Delay(5000);
    S_DATA = 0x12;
    for(I = 0;I <256; i++){
     * p++ = 0x12 + i;                                   //准备将要发送的数据
    }
    rUCON0 = rUCON0&0xff3|0x8;                           //UART0 设置为 DMA 形式
    //DMA 相关寄存器初始化
    rDISRC0 = (U32)( S_ADDR);
    rDISRCC0 = (0 << 1)|0;
    rDIDST0 = (U32)UTXH0;
    rDIDSTC0(1 << 1)|(1 << 0);
    rDCON0 = 0x0;
    rDCON0 = (1 << 29)|(1 << 24)|(1 << 23)|(1 << 22)|(50);
    rDMASKTRIG0 = (1 << 1);                              //打开 DMA 通道 0
    for( ; ; );
}
```

思考题与习题

1. 登录 http://www. samsung. com,查阅 S3C2410A 有关资料,分析其内部结构组成与功能。

2. 简述 S3C2410A 存储器控制器的特性。

3. 画出 S3C2410A 复位后的存储器映射图,并分析不同存储器的地址范围。

4. 试分析复位电路的工作过程。

5. 登录 http://www. impweb. com,查阅 IMP811S 有关资料,分析其内部结构、引脚端功能及应用电路。

6. 简述 S3C2410A 时钟电路的特点。

7. S3C2410A 的电源管理模块具有哪几种工作模式？各有什么特点？

8. 登录 http://www.analogmicro.com，查阅 AME1117 有关资料，分析其内部结构、引脚端功能及应用电路。

9. 登录 http://www.micrel.com，查阅 MIC5207 有关资料，分析其内部结构、引脚端功能及应用电路。

10. 试按功能分析 S3C2410A 的端口 A I/O 口配置情况。

11. S3C2410A 与配置 I/O 口相关的寄存器有哪些？各自具有什么功能？

12. 试分析 S3C2410A 端口控制寄存器 A～H 的功能。

13. S3C2410A 与外部中断有关的控制寄存器有哪些？各自具有什么功能？

14. 试分析 S3C2410A 通用状态寄存器的功能。

15. 简述 ARM 系统中的中断处理过程。

16. S3C2410A 与中断控制有关的寄存器有哪些？各自具有什么功能？

17. 试按功能对 S3C2410A 的中断源进行分类。

18. 简述 S3C2410A 中断控制器的特殊寄存器功能。

19. 简述采用 DMA 方式进行数据传输的过程。

20. 简述 S3C2410A 的 DMA 控制器功能。

21. S3C2410A 的 DMA 通道有几个控制寄存器？各自具有什么功能？

22. S3C2410A 的 DMA 初始化有几个控制寄存器？各自具有什么功能？

23. 简述 DMA 控制寄存器的位功能。

24. 简述 DMA 屏蔽触发寄存器的功能。

第4章

嵌入式系统的存储器系统

4.1 存储器系统概述

4.1.1 存储器系统的层次结构

计算机系统的存储器被组织成由 6 个层次的金字塔形的层次结构,如图 4.1.1 所示[4]。位于整个层次结构的最顶部 S0 层为 CPU 内部寄存器,S1 层为芯片内部的高速缓存(cache),内存 S2 层为芯片外的高速缓存(SRAM、DRAM、DDRAM),S3 层为主存储器(Flash、PROM、EPROM、EEPROM),S4 层为外部存储器(磁盘、光盘、CF 卡、SD 卡),S5 层为远程二级存储(分布式文件系统、Web 服务器)。

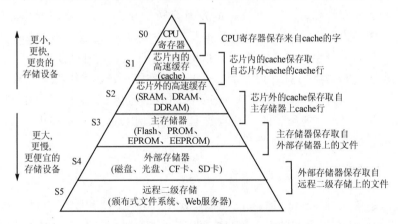

图 4.1.1 存储器系统层次结构

在这种存储器分层结构中,上一层的存储器作为下一层存储器的高速缓存。CPU 寄存器就是 cache 的高速缓存,用于保存来自 cache 的字;cache 又是内存层的高速缓存,从内存中提取数据送给 CPU 进行处理,并将 CPU 的处理结果返回到内存中;内存又是主存储器的高速缓存,它将经常用到的数据从 Flash 等主存储器中提取出来,放到内存中,从而加快了 CPU 的运行效率。嵌入式系统的主存储器容量是有限的,磁盘、光盘、CF 卡、SD 卡等外部存储器用来保存大信息量的数据。在某些带有分布式文件系统的嵌入式网络系统中，外部存储器就作为其他系统中被存储数据的高速缓存。

4.1.2　高速缓冲存储器

在主存储器和 CPU 之间采用的高速缓冲存储器被广泛用来提高存储器系统的性能，许多微处理器体系结构都把它作为其定义的一部分。cache 能够减少内存平均访问时间。

cache 可以分为统一 cache 和独立的数据/程序 cache。在一个存储系统中，指令预取时和数据读/写时使用同一个 cache，这时称系统使用统一的 cache。如果在一个存储系统中，指令预取时使用一个 cache，数据读/写时使用另一个 cache，各自是独立的，这时称系统使用了独立的 cache。用于指令预取的 cache 称为指令 cache，用于数据读/写的 cache 称为数据 cache。

当 CPU 更新了 cache 的内容时，要将结果写回到主存中，可以采用写通法（write-through）和写回法（write-back）。写通法是指 CPU 在执行写操作时，必须把数据同时写入 cache 和主存。采用写通法进行数据更新的 cache 称为写通 cache。写回法是指 CPU 在执行写操作时，被写的数据只写入 cache，不写入主存。仅当需要替换时，才把已经修改的 cache 块写回到主存中。采用写回法进行数据更新的 cache 称为写回 cache。

当进行数据写操作时，可以将 cache 分为读操作分配 cache 和写操作分配 cache 两类。对于读操作分配 cache，当进行数据写操作时，如果 cache 未命中，那么只是简单地将数据写入主存中。只有在数据读取时，才进行 cache 内容预取。对于写操作分配 cache，当进行数据写操作时，如果 cache 未命中，cache 系统将会进行 cache 内容预取，从主存中将相应的块读取到 cache 中相应的位置，并执行写操作，把数据写入到 cache 中。对于写通类型的 cache，数据将会同时被写入到主存中；对于写回类型的 cache，数据将在合适的时候写回到主存中。

4.1.3　存储管理单元

存储管理单元（Memory Manage Unit，MMU）在 CPU 和物理内存之间进行地址转换，将地址从逻辑空间映射到物理空间，这个转换过程一般称为内存映射。

MMU 主要完成以下工作：

① 虚拟存储空间到物理存储空间的映射。采用了页式虚拟存储管理，它把虚拟地址空间分成固定大小的块，每一块称为一页，把物理内存的地址空间也分成同样大小的页。MMU 实现的就是从虚拟地址到物理地址的转换。

② 存储器访问权限的控制。

③ 设置虚拟存储空间的缓冲的特性。

嵌入式系统中常常采用页式存储管理。页表是存储在内存中的一个表，页表用来管理这些页。页表的每一行对应于虚拟存储空间的一个页,该行包含了该虚拟内存页对应的物理内存页的地址、该页的方位权限和该页的缓冲特性等。从虚拟地址到物理地址的变换过程就是查询页表的过程。例如,在 ARM 嵌入式系统中,使用系统控制协处理器 CP15 的寄存器 C2 来保存页表的基地址。

基于程序在执行过程中具有局部性的原理,在一段时间内,对页表的访问只是局限在少数几个单元。根据这一特点,增加了一个小容量(通常为 8~16 字)、高速度(访问速度与 CPU 中通用寄存器相当)的存储部件来存放当前访问需要的地址变换条目,这个存储部件称为地址转换后备缓冲器(Translation Look aside Buffer,TLB)。当 CPU 访问内存时,首先在 TLB 中查找需要的地址变换条目,如果该条目不存在,CPU 再从位于内存中的页表中查询,并把相应的结果添加到 TLB 中,更新它的内容。

当 ARM 处理器请求存储访问时,首先在 TLB 中查找虚拟地址。如果系统中数据 TLB 和指令 TLB 是分开的,那么在取指令时,从指令 TLB 查找相应的虚拟地址;对于内存访问操作,从数据 TLB 中查找相应的虚拟地址。

嵌入式系统中虚拟存储空间到物理存储空间的映射以内存块为单位来进行,即虚拟存储空间中一块连续的存储空间被映射到物理存储空间中同样大小的一块连续存储空间。在页表和 TLB 中,每一个地址变换条目实际上记录了一个虚拟存储空间的内存块的基地址与物理存储空间相应的一个内存块的基地址的对应关系。根据内存块大小,可以有多种地址变换。

嵌入式系统支持的内存块大小有以下几种: 段(section),其大小为 1 MB 的内存块;大页(large pages),其大小为 64 KB 的内存块;小页(small pages),其大小为4 KB 的内存块;极小页(tiny pages),其大小为 1 KB 的内存块。极小页只能以 1 KB 大小为单位,不能再细分,而大页和小页有些情况下可以再进一步划分,大页可以分成大小为 16 KB 的子页,小页可以分成大小为 1 KB 的子页。

MMU 中的域指的是一些段、大页或者小页的集合。每个域的访问控制特性都是由芯片内部的寄存器中的相应控制位来控制的。例如,在 ARM 嵌入式系统中,每个域的访问控制特性都是由 CP15 中的寄存器 C3 中的两位来控制的。

MMU 中的快速上下文切换技术(Fast Context Switch Extension,FCSE)通过修改系统中不同进程的虚拟地址,避免在进程间切换时造成虚拟地址到物理地址的重映射,从而提高系统的性能。

在嵌入式系统中,I/O 操作通常被映射成存储器操作,即 I/O 是通过存储器映射的可寻址外围寄存器和中断输入的组合来实现的。I/O 的输出操作可通过存储器写入操作实现;I/O 的输入操作可通过存储器读取操作实现。这些存储器映射的 I/O空间不满足 cache 所要求的特性,不能使用 cache 技术,一些嵌入式系统使用存储器直接访问(DMA)实现快速存储。

4.2　嵌入式系统存储设备分类

存储器是嵌入式系统硬件的重要组成部分,用来存放嵌入式系统工作时所用的程序和数据。嵌入式系统的存储器由片内和片外两部分组成。

4.2.1　存储器部件的分类

1. 按在系统中的地位分类

在计算机系统中,存储器可分为主存储器(main memory,简称内存或主存)和辅助存储器(auxiliary memory 或 secondary memory,简称辅存或外存)。

内存是计算机主机的一个组成部分,一般都用快速存储器件来构成,内存的存取速度很快,但内存空间的大小受到地址总线位数的限制。内存通常用来容纳当前正在使用的或要经常使用的程序和数据,CPU 可以直接对内存进行访问。在系统软件中,如引导程序、监控程序或者操作系统中的基本 I/O 部分 BIOS 都是必需的常驻内存。更多的系统软件和全部应用软件则在用到时由外存传送到内存。

外存也是用来存储各种信息的,存放的是相对而言不经常使用的程序和数据,其特点是容量大。外存总是和某个外部设备相关的,常见的外存有软盘、硬盘、U 盘、光盘等。CPU 要使用外存的这些信息时,必须通过专门的设备将信息先传送到内存中。

2. 按存储介质分类

根据存储介质的材料及器件的不同,可分为磁存储器(magnetic memory)、半导体存储器、光存储器(optical memory)及激光光盘存储器(laser optical disk)。

3. 按信息存取方式分类

存储器按存储信息的功能,分为随机存取存储器(Random Access Memory,RAM)和只读存储器(Read Only Memory,ROM)。RAM 是一种在机器运行期间读或写的存储器,又称读/写存储器。RAM 按信息存储的方式,可分为静态 RAM(Static RAM,SRAM)、动态 RAM(Dynamic RAM,DRAM)及准静态 RAM(Pseudostatic RAM,PSRAM)。

在机器运行期间只能读出信息,不能随时写入信息的存储器称为只读存储器。ROM 按功能可分为掩膜式 ROM(Mask ROM)、可编程只读存储器(Programmable ROM,PROM)和可擦写的只读存储器(Erasable Programmable ROM,EPROM)。

4.2.2　存储器的组织和结构

存储器的容量是描述存储器的最基本参数,例如 1 MB。存储器的表示并不唯一,有不同表示方法,每种有不同的数据宽度。在存储器内部,数据是存放在二维阵列存储单元中。阵列以二维的形式存储,给出的 n 位地址被分成行地址和列地址($n=r+c$)。r 是行地址数,c 是列地址数。行列选定一个特定存储单元。如果存储器外部宽度为 1 位,那么列地址仅 1 位;对更宽的数据,列地址可选择所有列的一个子集。

嵌入式系统的存储器与通用系统的存储器有所不同,通常由 ROM、RAM、EPROM 等组成。嵌入式存储器一般采用存储密度较大的存储器芯片,存储容量与应用的软件大小相匹配。

4.2.3　常见的嵌入式系统存储器

1. RAM

RAM 可以被读或写,可以根据应用所要求的任何顺序读或写其中的两个存储单元。常见 RAM 的种类有 SRAM、DRAM、DDRAM(Double Data Rate SDRAM,双倍速率随机存储器)。其中,SRAM 比 DRAM 运行速度快,SRAM 比 DRAM 耗电多,DRAM 需要周期性刷新;而 DDRAM 是 RAM 的下一代产品。在 133 MHz 时钟频率下,DDRAM 内存带宽可达到 133 MHz×(64 bit/8)×2=2.1 GB/s,在 200 MHz 时钟频率下,其带宽可达到 200 MHz×(64 bit/8)×2=3.2 GB/s 的海量。

2. ROM

ROM 在烧入数据后,无需外加电源来保存数据,断电后数据不丢失,但速度较慢,适合存储需长期保留的不变数据。在嵌入式系统中,ROM 用于固定数据和程序。

常见 ROM 有 Mask ROM、PROM、EPROM、EEPROM、Flash ROM。

Mask ROM 一次性由厂家写入数据到 ROM,用户无法修改。PROM 出厂时厂家并没有写入数据,而是保留里面的内容为全 0 或全 1,由用户来编程一次性写入数据。EPROM 可以通过紫外光的照射,擦掉原先的程序,芯片可重复擦除和写入。EEPROM 是通过加电擦除原编程数据,通过高压脉冲可以写入数据,写入时间较长。Flash ROM 断电不会丢失数据,可快速读取,电可擦写可编程。

3. Flash Memory

Flash Memory(闪存)是嵌入式系统中重要的组成部分,用来存储程序和数据,掉电后数据不会丢失。但在使用 Flash Memory 时,必须根据其自身特性,对存储系统进行特殊设计,以保证系统的性能达到最优。

Flash Memory 是一种非易失性存储器(Non-Volatile Memory,NVM),根据结构的不同可以将其分成 NOR Flash 和 NAND Flash 两种。

Flash Memory 在物理结构上分成若干个区块,区块之间相互独立。NOR Flash 把整个存储区分成若干个扇区(sector),而 NAND Flash 把整个存储区分成若干个块(block),可以对以块或扇区为单位的内存单元进行擦写和再编程。

由于 Flash Memory 的写操作只能将数据位从 1 写成 0,而不能从 0 写成 1,所以在对存储器进行写入之前必须先执行擦除操作,将预写入的数据位初始化为 1。擦除操作的最小单位是一个区块,而不是单个字节。NAND Flash 执行擦除操作是十分简单的,而 NOR 型内存则要求在进行擦除前先要将目标块内所有的位都写为 0。

擦除 NOR Flash 时是以 64～128 KB 为单位的块进行的,执行一个写入/擦除操作的时间为 5 s,而擦除 NAND Flash 是以 8～32 KB 的块进行的,执行相同的操作最多只需要 4 ms。

NOR Flash 的读速度比 NAND Flash 稍快一些,NAND Flash 的写入速度比 NOR Flash 快很多。NAND Flash 的随机读取能力差,适合大量数据的连续读取。

除了 NOR Flash 的读,Flash Memory 的其他操作不能像 RAM 那样,直接对目标地址进行总线操作。例如,执行一次写操作,它必须输入一串特殊的指令(NOR Flash),或者完成一段时序(NAND Flash)才能将数据写入到 Flash Memory 中。

NOR Flash 带有 SRAM 接口,有足够的地址引脚来寻址,可以很容易地存取其内部的每一个字节。NAND Flash 地址、数据和命令共用 8 位/16 位总线,每次读/写都要使用复杂的 I/O 接口串行地存取数据,8 位/16 位总线用来传送控制、地址和资料信息。

NAND Flash 读和写操作采用 512 字节的块,类似硬盘管理操作。因此,基于 NAND 的闪存可以取代硬盘或其他块设备。

NOR Flash 容量通常在 1～8 MB 之间,而 NAND Flash 用在 8 MB 以上的产品当中。NOR Flash 主要应用在代码存储介质中,NAND Flash 适用于资料存储。

所有 Flash Memory 器件存在位交换现象。Flash Memory 在读/写数据过程中,偶然会产生一位或几位数据错误,即位反转。位反转无法避免,只能通过其他手段对产生的结果进行事后处理。位反转的问题多见于 NAND Flash。NAND Flash 的供货商建议使用 NAND Flash 的时候,同时使用 EDC/ECC(错误探测/错误纠正)算法,以确保可靠性。

Flash Memory 在使用过程中,可能导致某些区块的损坏。区块一旦损坏,将无法进行修复。NAND Flash 中的坏块是随机分布的,尤其是 NAND Flash 在出厂时就可能存在这样的坏块(已经被标识出)。NAND Flash 需要对介质进行初始化扫描以发现坏块,并将坏块标记为不可用。如果对已损坏的区块进行操作,可能会带来不可预测的错误。

应用程序可以直接在 NOR Flash 内运行,不需要再把代码读到系统 RAM 中运行。NOR Flash 的传输效率很高,在 1～4 MB 的小容量时具有很高的成本效益,但是很低的写入和擦除速度大大影响了它的性能。NAND Flash 结构可以达到高存储密度,并且写入和擦除的速度也很快,应用 NAND Flash 的困难在于需要特殊的系统接口。

在 NOR Flash 上运行代码不需要任何的软件支持。在 NAND Flash 上进行同样操作时,通常需要驱动程序,也就是内存技术驱动程序(MTD)。NAND Flash 和 NOR Flash 在进行写入和擦除操作时都需要 MTD。

在 NAND Flash 中每个块的最大擦写次数是一百万次,而 NOR Flash 的擦写次数是十万次。NAND Flash 除了具有 10:1 的块擦除周期优势,典型的 NAND Flash 块尺寸是 NOR 型闪存的 1/8,每个 NAND Flash 的内存块在给定的时间内删除次数要少一些。

4. 标准存储卡(Compact Flash,CF 卡)

CF 卡是利用 Flash 技术(闪存)的存储卡。CF 卡的电气特性与 PCMCIA - ATA 接口一致,接口具有 PCMCIA - ATA 功能,可以工作在 IDE 接口模式,也可以工作在 PC Card 模式。衍生出来的 CF+卡物理规格和 CF 完全相同,在手持设备上应用,如 CF 串口卡、CF Modem 卡、CF 蓝牙卡、CF USB 卡、CF 网卡、CF GPS 卡、CF GPRS 卡等。按照 CF+卡标准,它不一定要支持 ATA 接口。通常建议 CF+卡工作在 PCMCIA 模式。CF 卡可以看作是 PCMCIA 卡的一个子集,可以通过物理上的转换器直接转换成 PCMCIA 卡使用。

从外形上,CF 卡可分为 I 型和 II 型两类,二者的规格和特性基本相同,只是 II 型比 I 型略厚一些(5.0 mm,3.3 mm),II 型插座可以同时兼容 I 型卡。CF I 型卡可以用于 CF II 型卡插槽,但 CF II 型卡由于厚度的关系无法插入 CF I 型卡的插槽中。CF 闪存卡多数是 CF I 型卡。CF II 型卡槽主要用于微型硬盘等一些其他的设备。

CF 卡可以通过适配器直接用于 PCMCIA 卡插槽,也可以通过读卡器连接到多种常用的端口,如 USB、Firewire 等。另外,由于它具有较大的尺寸(相对于较晚出现的小型存储卡而言),大多数其他格式的存储卡可以通过适配器在 CF 卡插槽上使用,其中包括 SD 卡/MMC 卡、Memory Stick Duo、XD 卡以及 Smart Media 卡等。

从速度上,可以分为 CF 卡、高速 CF 卡(CF+/CF 2.0 规范)、CF3.0、CF4.0,更快速的 CF4.1 标准也在 2007 年被采用。

到 2010 年,CF 卡的容量规格从最小的 8 MB 到最大可达 1 000 GB。这里的 1 MB=1 000 000 byte,1 GB=1 000 MB。理论规格更可达 137 GB。

CF 卡于 1994 年首次由 SanDisk 公司生产并制定了相关规范。在 CF 卡规范第一次标准化的时候,即使是全尺寸的硬盘的容量也很少超过 4 GB,因此 ATA 规范自身存在的限制被认为是可接受的。但是,在硬盘由于不断增长的容量需求而对 ATA 规范作出大量改变的今天,闪存卡很快就超过了 4 GB 的限制。CF 的一些规范特性如下:

- CF+(或 CF2.0):数据传输率提高到 16 MB/s,容量最大可达到 137 GB(根据 CompactFlash 协会(CFA)的资料);
- CF3.0,支持 UDMA mode 4,最高 66 MB/s;
- CF4.0,支持 UDMA mode 5,最高 100 MB/s;

● CF4.1,支持 UDMA mode 6,最高 133 MB/s。

5. 安全数据卡(Secure Digital Memory Card,SD 卡)

SD 卡是由日本 Panasonic 公司、TOSHIBA 公司和美国 SanDisk 公司共同开发研制的一种存储卡,在 MP3、数码摄像机、数码相机、电子图书及 AV 器材等中应用。SD 存储卡采用一个完全开放的标准(系统),外形与 MultiMedia 卡保持一致,比 MMC 卡略厚,具有更大的容量,兼容 MMC 卡接口规范。SD 卡具有加密功能,可以保证数据资料的安全保密。SD 卡具有版权保护技术,所采用的版权保护技术是 DVD 中使用的 CPRM 技术(可刻录介质内容保护)。

一般 SD 卡的大小约为 32 mm× 24 mm× 2.1 mm,但可以薄至 1.4 mm,与 MMC 卡相同。SD 卡提供不同的速度,它的速度是按 CD - ROM 的 150 KB/s 为 1 倍速(记作"1×")的速率计算方法来计算的。基本上,它们能够比标准 CD - ROM 的传输速度快 6 倍(900 KB/s),而高速的 SD 卡更能传输 66×(9 900 KB/s = 9.66 MB/s,标记为 10 MB/s)以及 133× 或更高的速度。

2006 年 3 月发布的 SDHC 标准(即 2.0 规格),重新定义了 SD 卡的速度规格,分为 4 挡:Class 2、4、6、10,最小速度分别为 2 MB/s、4 MB/s、6 MB/s、10 MB/s,但也有厂商生产更高速的 SDHC 卡,这些高速卡一般直接在卡上标注速度。

2006 年,SD 卡容量有 8/16/32/64/128/256/512 MB,1/2 GB,超过 2 GB 容量的卡称为 SDHC(注:也有 4 GB 的普通 SD 卡),是 SD 的升级版本。SDHC2.0、SD3.0 (SDXC)标准规范的 SD 卡的最大容量可高达 2 TB。

带有 SD 卡插槽的设备能够使用较薄的 MMC 卡,但是标准的 SD 卡却不能插入到 MMC 卡插槽。利用转接器,SD 卡能够用于 CF 卡和 PCMCIA 卡插槽上,miniSD 和 microSD 卡也能够在 SD 卡插槽使用。一些 USB 连接器、读卡器也能够插上 SD 卡。

所有 SD 和 SDIO 卡都必须支持较老的 SPI/MMC 模式。这个模式支持慢速的 4 线序列接口(时钟,串行输入,串行输出,芯片选择),兼容于串行终端接口(SPI)和许多微控制器。MMC 模式不支持 SD 卡的加密特性。

SD 卡共支持 3 种传输模式:SPI 模式(独立串行输入和串行输出),1 位 SD 模式(独立指令和数据通道,独有的传输格式),4 位 SD 模式(使用额外的引脚以及某些重新设置的引脚,支持 4 位的并行传输)。低速卡的时钟频率为 0~400 kHz,支持模式有 SPI 和 1 位 SD 传输模式。全速卡的时钟频率为 0~25 MHz,支持模式有 SPI、1 位 SD 传输模式和 4 位 SD 传输模式。

MMC 卡使用 7 针接口,SD 卡和 SDIO 卡采用了 9 针接口。

6. 硬盘存储器

硬盘存储器具有存储容量大,使用寿命长,存取速度较快的特点,也是在嵌入式系统中常用的外存。

硬盘存储器的硬件包括硬盘控制器(适配器)、硬盘驱动器以及连接电缆。硬盘控制器(Hard Disk Controller,HDC)对硬盘进行管理,并在主机和硬盘之间传送数据。硬盘控制器以适配卡的形式插在主板上或直接集成在主板上,然后通过电缆与硬盘驱动器相连。硬盘驱动器(Hard Disk Drive,HDD)中有盘片、磁头、主轴电机(盘片旋转驱动机构)、磁头定位机构、读/写电路和控制逻辑等。

　　硬盘存储器可分为温彻斯特盘和非温彻斯特盘两类。温彻斯特盘是根据温彻斯特技术设计制造的,它的磁头、盘片、磁头定位机构、主轴,甚至连读/写驱动电路等都被密封在一个盘盒内,构成一个头-盘组合体。温彻斯特盘的防尘性能好,可靠性高,对使用环境要求不高。非温彻斯特盘磁盘的磁头和盘片等不是密封的,通常只能用于中型、大型计算机机房中。

　　最常见的硬盘接口是 IDE(ATA)和 SCSI 两种,一些移动硬盘采用 PCMCIA 或 USB 接口。

　　IDE(Integrated Drive Electronics)接口也称为 ATA(美国国家标准协会)接口,是一个通用的硬盘接口。IDE 接口的硬盘可细分为 ATA－1(IDE)、ATA－2(EIDE)、ATA－3(Fast ATA－2)、ATA－4(包括 Ultra ATA、Ultra ATA/33、Ultra ATA/66)与 Serial ATA(包括 Ultra ATA/100 及其他后续的接口类型)。基本的 IDE 接口数据传输率为 4.1 MB/s,传输方式有 PIO 和 DMA 两种,支持总线为 ISA 和 EISA。ATA－2、ATAPI 和针对 PCI 总线的 FastATA、FastATA－2 等数据传输率达到了 16.67 MB/s。Ultra DMA/33 接口(称为 EIDE 接口)采用 PIO 模式,数据传输率达到 33 MB/s。Ultra DMA/66 接口的数据传输率是 Ultra DMA/33 的 2 倍,采用 CRC(循环冗余循环校验)技术以保证数据传输的安全性,并且使用了 80 线的专用连接电缆,是现在市场上主流的硬盘接口类型。Ultra ATA/100 是最有前景的硬盘接口,它的理论最大外部数据传输率可以高达 100 MB/s。

　　SCSI(Small Computer System Interface,小型计算机系统接口)不是专为硬盘设计的,是一种总线型接口。SCSI 独立于系统总线工作,其系统占用率极低,但其价格昂贵,具有这种接口的硬盘大多用于服务器等高端应用场合。

4.3　NOR Flash 接口电路

4.3.1　NOR Flash 存储器 Am29LV160D

　　Am29LV160D 是 AMD 公司推出的一款 NOR Flash 存储器,存储容量为 2M×8 位和1M×16 位,接口与 CMOS I/O 兼容,工作电压为 2.7～3.6 V,读操作电流为 9 mA,编程和擦除操作电流为 20 mA,待机电流为 200 nA。采用 FBGA－48、TSOP－48、SO－44 三种封装形式。

　　Am29LV160D 仅需 3.3 V 电压即可完成在系统的编程与擦除操作;通过对其内部的命令寄存器写入标准的命令序列,可对 Flash 进行编程(烧写),整片擦除,按扇区擦除,以及其他操作;以 16 位(字模式)数据宽度的方式工作。更多的内容请登录 http://www.AMD.com,查找"Am29LV160D 16 Megabit (2M×8 位/1M×16 位) CMOS 3.0 Volt-only Boot Sector Flash Memory"资料。

Am29LV160D 的逻辑框图如图 4.3.1 所示。

引脚端功能如表 4.3.1 所列。

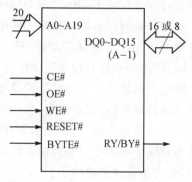

图 4.3.1　Am29LV160D 的逻辑框图

表 4.3.1　Am29LV160D 引脚端功能

引脚名称	类　型	功　能
A19～A0	输入	地址输入。提供存储器地址
DQ14～DQ0	输入/输出	数据输入/输出
DQ15/A-1	输入/输出	在字模式,DQ15 为数据输入/输出;在字节模式,A-1 为 LSB 地址输入
BYTE#	输入	选择 8 位或者 16 位模式
CE#	输入	片选。当 CE# 为低电平时,芯片有效
OE#	输入	输出使能。当 OE# 为低电平时,输出有效
WE#	输入	写使能,低电平有效,控制写操作
RESET#	输入	硬件复位引脚端,低电平有效
RY/BY#	输出	就绪/忙标志信号输出,SO-44 封装无此引脚端
V_{CC}	电源	3 V 电源电压输入
V_{SS}	地	器件地
NC		未连接。空脚

4.3.2　S3C2410A 与 NOR Flash 存储器的接口电路

S3C2410A 与 Am29LV160D 的接口电路如图 4.3.2 所示。Flash 存储器在系统中通常用于存放程序代码,系统上电或复位后从此获取指令并开始执行,因此,应将存有程序代码的 Flash 存储器配置到 bank0,即将 S3C2410A 的 nGCS0 接至 Am29LV160D 的 CE#(nCE)端。Am29LV160D 的 OE#(nOE)端接 S3C2410X 的 nOE;WE#(nXE)端与 S3C2410X 的 nWE 相连;地址总线 A19～A0 与 S3C2410X 的地址总线 ADDR20～ADDR1(A20～A1)相连;16 位数据总线 DQ15～DQ0 与 S3C2410X 的低 16 位数据总线 DATA15～DATA0(D15～D0)相连。

注意:此时应将 BWSCON 中的 DW0 设置为 01,即选择 16 位总线方式。

如果需要更大的 NOR Flash 存储容量,可以采用容量更大的 NOR Flash 存储器芯片,如 28F128J3A、28F640J3A 等。更多的内容请登录 http://www.intel.com,查找资料"3 Volt Intel Strata Flash® Memory 28F128J3A,28F640J3A,28F320J3A (x8/x16)"。

S3C2410A 与 28F128J3A 的接口电路如图 4.3.3 所示。S3C2410X 的 nGCS0 端接至 28F128J3A 的 CE0♯(nCE)端。28F128J3A 的 OE♯(nOE)端接 S3C2410X 的 nOE;WE♯(nWE)端与 S3C2410X 的 nWE 端相连;地址总线 A24~A1 与 S3C2410X 的地址总线 ADDR24~ADDR1(A24~A1)相连,A0 直接接地;16 位数据总线 DQ15~DQ0 与 S3C2410X 的低 16 位数据总线 DATA 15~DATA 0(D15~D0)相连。

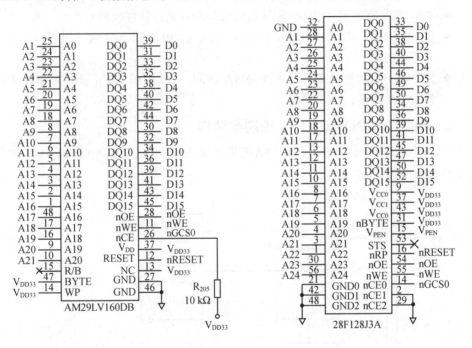

图 4.3.2　S3C2410A 与 Am29LV160D 的接口电路　图 4.3.3　S3C2410A 与 28F128J3A 的接口电路

4.4　NAND Flash 接口电路

4.4.1　S3C2410A NAND Flash 控制器

1. S3C2410A NAND Flash 控制器特性

S3C2410A 可以在一个外部 NAND Flash 存储器上执行启动代码。为了支持 NAND Flash 的启动装载(Bootloader),S3C2410A 配置了一个叫做 Steppingstone

的内部 SRAM 缓冲器。当系统启动时,NAND Flash 存储器的前 4 KB 将被自动加载到 Steppingstone 中,然后系统自动执行这些载入的启动代码。

在一般情况下,启动代码将复制 NAND Flash 的内容到 SDRAM 中。使用 S3C2410A 内部硬件 ECC 功能可以对 NAND Flash 的数据的有效性进行检查。在复制完成后,将在 SDRAM 中执行主程序。

NAND Flash 控制器具有以下特性:

● NAND Flash 模式:支持读/擦除/编程 NAND Flash 存储器。

● 自动启动模式:复位后,启动代码被传送到 Steppingstone 中。传送完毕后, 启动代码在 Steppingstone 中执行。

● 具有硬件 ECC 产生模块(硬件生成校验码和通过软件校验)。

● 在 NAND Flash 启动后,Steppingstone 4 KB 内部 SRAM 缓冲器可以作为其他用途使用。

● NAND Flash 控制器不能通过 DMA 访问,可以使用 LDM/ STM 指令来代替 DMA 操作。

2. S3C2410A NAND Flash 控制器结构

NAND Flash 控制器的内部结构方框图如图 4.4.1 所示。NAND Flash 的工作模式如图 4.4.2 所示。

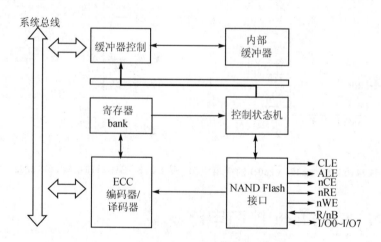

图 4.4.1　NAND Flash 控制器内部结构方框图

自动启动模式的时序如下:

① 完成复位;

② 当自动启动模式使能时,首先将 NAND Flash 存储器的前 4 KB 内容自动复制到 Steppingstone 4 KB 内部缓冲器中;

③ Steppingstone 映射到 nGCS0;

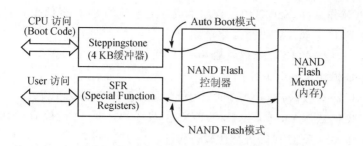

图 4.4.2　NAND Flash 的操作模式

④ CPU 开始执行在 Steppingstone 4 KB 内部缓冲器中的启动代码。

注意：在自动启动模式下，不进行 ECC 检测。因此，应确保 NAND Flash 的前 4 KB不能有位错误。

NAND Flash 模式配置：

① 利用 NFCONF 寄存器设置 NAND Flash 配置。

② 写 NAND Flash 命令到 NFCMD 寄存器。

③ 写 NAND Flash 地址到 NFADDR 寄存器。

④ 在检查 NAND Flash 状态时，利用 NFSTAT 寄存器读/写数据。在读操作之前或者编程操作之后应该检查 R/nB 信号。

NAND Flash 控制器的引脚配置如表 4.4.1 所列。

表 4.4.1　NAND Flash 控制器的引脚配置

引脚名称	引脚配置
D[7:0]	数据/命令/地址输入/输出端口（用数据总线分派）
CLE	命令锁存使能（输出）
ALE	地址锁存使能（输出）
nFCE	NAND Flash 芯片使能（输出）
nFRE	NAND Flash 读使能（输出）
nFWE	NAND Flash 写使能（输出）
R/nB	NAND Flash 准备就绪/忙使能（输出）

BOOT（启动）和 NAND Flash 配置如下：

① OM[1:0]＝00b　使能 NAND Flash 控制器为自动启动模式；

② NAND Flash 存储器的页面大小应该为 512 字节；

③ NCON　NAND Flash 存储器寻址步选择。0 为 3 步寻址；1 为 4 步寻址。

512 字节 ECC 奇偶校验码分配表如表 4.4.2 所列。

表 4.4.2　512 字节 ECC 奇偶校验码分配表

校验码	DATA7	DATA6	DATA5	DATA4	DATA3	DATA2	DATA1	DATA0
ECC0	P64	P64′	P32	P32′	P16	P16′	P8	P8′
ECC1	P1024	P1024′	P512	P512′	P256	P256′	P128	P128′
ECC2	P4	P4′	P2	P2′	P1	P1′	P2048	P2048′

在读/写操作期间，S3C2410A自动生成512字节的ECC奇偶校验码。每个512字节数据的ECC奇偶校验码由3字节组成。

$$24 \text{ 位 ECC 奇偶校验码} = 18 \text{ 位行奇偶} + 6 \text{ 位列奇偶}$$

ECC生成模块执行以下操作：

① 当MCU写数据到NAND时，ECC生成模块产生ECC代码。

② 当MCU从NAND读数据时，ECC生成模块产生ECC代码，同时用户程序将它与先前写入的ECC代码进行比较。

4.4.2　S3C2410A 与 NAND Flash 存储器的接口电路

与NOR Flash存储器相比，NAND Flash的接口相对比较复杂。一些嵌入式处理器芯片内部配置了专门的NAND Flash控制器，如S3C2410A。

S3C2410A 与 NAND Flash 存储器 K9F1208UDM - YCB0 的接口电路如图4.4.3所示。K9F1208UDM - YCB0 的存储容量为 64 MB，数据总线宽度为 8 位，工作电压为 2.7～3.6 V，采用 TSOP - 48 封装；仅需单 3.3 V 电压即可完成在系统的编程与擦除操作，引脚端功能如表 4.4.3 所列。更多的内容请登录 http://www.samsung.com，查找资料"K9F1208UDM - YCB0，K9F1208UDM - YIB0 64M×8 位 NAND Flash Memory"。

K9F1208UDM 的 I/O 口既可接收和发送数据，也可接收地址信息和控制命令。在 CLE 有效时，锁存在 I/O 口上的是控制命令字；在 ALE 有效时，锁存在 I/O 口上的是地址；$\overline{RE}$ 或 $\overline{WE}$ 有效时，锁存的是数据。这种一口多用的方式可以大大减少总线的数目，只是控制方式略微有些复杂。利用 S3C2410X 处理器的 NAND Flash 控制器可以解决这个问题。

在图 4.4.3 中，K9F1208UDM 的 ALE 和 CLE 端分别与 S3C2410A 的 ALE 和 CLE 端连接，8 位的 IO7～IO0 与 S3C2410A 低 8 位数据总线 DATA7～DATA0 相连，$\overline{WE}$、$\overline{RE}$ 和 $\overline{CE}$ 分别与 S3C2410A 的 nFWE、nFRE 和 nFCE 相连，R/nB 与 RnB 相连，为增加稳定性 R/nB 端口连接了一个上拉电阻。同时，S3C2410A 的 NCON 配置端口必须连接一个上拉电阻。

表 4.4.3　K9F1208UDM 的引脚功能

引脚名称	类　型	功　能	引脚名称	类　型	功　能
IO7～ IO0	输入/输出	数据输入/输出、控制命令和地址的输入	$\overline{WE}$	输入	写有效信号
			$\overline{WP}$	输入	写保护信号
CLE	输入	命令锁存信号	R/nB	输出	就绪/忙标志信号输出
ALE	输入	地址锁存信号	V_{CC}	电源	电源电压 2.7～3.3 V
$\overline{CE}$	输入	芯片使能信号	V_{SS}	接地	器件地
$\overline{RE}$	输入	读有效信号			

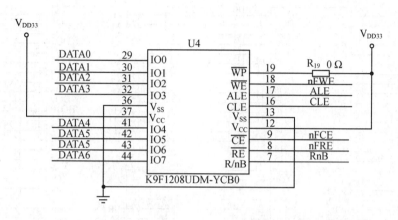

图 4.4.3　S3C2410A 与 K9F1208UDM – YCB0 的接口电路

4.5　SDRAM 接口电路

　　SDRAM 可读可写,不具有掉电保持数据的特性,但其存取速度大大高于 Flash 存储器。在嵌入式系统中,SDRAM 主要用作程序的运行空间、数据及堆栈区。当系统启动时,CPU 首先从复位地址 0x0 处读取启动代码,在完成系统的初始化后,程序代码一般应调入 SDRAM 中运行,以提高系统的运行速度。同时,系统及用户堆栈、运行数据也都放在 SDRAM 中。

　　SDRAM 在各种嵌入式系统中应用时,为避免数据丢失,必须定时刷新。因此要求微处理器具有刷新控制逻辑,或在系统中另外加入刷新控制逻辑电路。S3C2410X 及其他一些 ARM 芯片在片内具有独立的 SDRAM 刷新控制逻辑,可方便地与 SDRAM 接口。但某些 ARM 芯片则没有 SDRAM 刷新控制逻辑,不能直接与 SDRAM 接口,在进行系统设计时应注意这一点。

　　目前,常用的 SDRAM 为 8 位/16 位的数据宽度,工作电压一般为 3.3 V。主要的生产厂商为 HYUNDAI、Winbond 等,同类型器件一般具有相同的电气特性和封装形式,可以通用。

　　2 片 HY57V561620 构成的 32 位 SDRAM 存储器电路如图 4.5.1 所示。

　　HY57V561620 存储容量为 4 组 × 64 Mbit,工作电压为 3.3 V,常见封装为 TSOP - 54,兼容 LVTTL 接口,支持自动刷新(auto-refresh)和自刷新(self-re-fresh),16 位数据宽度。HY57V561620 引脚功能如表 4.5.1 所列。更多的内容请登录 http://www. hynix. com,查找资料"HY57V561620(L)T 4Banks × 4M × 16 位 Synchronous DRAM"。

ARM9 嵌入式系统设计基础教程(第 2 版)

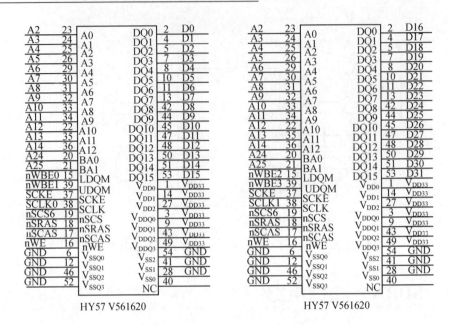

图 4.5.1　2 片 HY57V561620 构成的 32 位 SDRAM 存储器电路

表 4.5.1　HY57V561620 引脚功能

引脚名称	类　型	功　　　能
CLK(SCLK)	输入	时钟,芯片时钟输入。所有的输入中 CLK 的上升沿有效
CKE(SCKE)	输入	时钟使能,片内时钟信号控制
$\overline{CS}$(nSCS)	输入	片选。禁止或使能除 CLK、CKE 和 DQM 外的所有输入信号
BA0、BA1	输入	组地址选择。用于片内 4 个组的选择
A12~A0	输入	地址总线。行地址:A12~A0;列地址:A8~A0
$\overline{RAS}$(nSRAS)	输入	行地址锁存。时钟沿和 $\overline{RAS}$ 有效时,锁存行地址,允许行的访问和改写
$\overline{CAS}$(nSCAS)	输入	列地址锁存。时钟沿和 $\overline{CAS}$ 有效时,锁存列地址,允许列的访问
$\overline{WE}$(nWE)	输入	写使能。使能写信号和允许列改写,$\overline{WE}$ 和 $\overline{CAS}$ 有效时开始锁存数据
LDQM、UDQM	输入	数据 I/O 屏蔽。在读模式下控制输出缓冲;在写模式下屏蔽输入数据
DQ15~DQ0	输入/输出	数据总线。数据输入/输出
V_{DD}/V_{SS}	电源/地	内部电路及输入缓冲器电源/地
V_{DDQ}/V_{SSQ}	电源/地	输出缓冲器电源/地
NC		空脚。未连接

　　根据系统需求,可构建 16 位或 32 位的 SDRAM 存储器系统,但为充分发挥 32 位 CPU 的数据处理能力,本设计采用 32 位的 SDRAM 存储器系统。HY57V561620

为 16 位数据宽度，单片容量为 32 MB，系统选用 2 片 HY57V561620 并联构建 32 位的 SDRAM 存储器系统，共 64 MB 的 SDRAM 空间，可满足嵌入式操作系统及各种相对较复杂的算法的运行要求。与 Flash 存储器相比，SDRAM 的控制信号较多，其连接电路也要相对复杂一些。

- 2 片 HY57V561620 并联构建 32 位的 SDRAM 存储器系统如图 4.4.4 所示。其中一片为高 16 位，另一片为低 16 位，可将 2 片 HY57V561620 作为一个整体配置到 bank6，即将 S3C2410X 的 nGCS6(nSCS6)接至 2 片 HY57V561620 的 $\overline{\text{CS}}$(nSCS)端。
- 高位 HY57V561620 的 CLK(SCLK)端连接到 S3C2410X 的 SCLK1 端，低位 HY57V561620 的 CLK(SCLK)端连接到 S3C2410X 的 SCLK0 端。
- 2 片 HY57V561620 的 CKE(SCKE)端连接到 S3C2410X 的 SCKE 端。
- 2 片 HY57V561620 的 $\overline{\text{RAS}}$、$\overline{\text{CAS}}$、$\overline{\text{WE}}$ 端分别连接到 S3C2410X 的 nSDRAS (nSRAS)端、nSDCAS(nSCAS)端、nDWE(nWE)端。
- 2 片 HY57V561620 的 A12～A0 连接到 S3C2410X 的地址总线 ADDR14～ADDR2(A14～A2)。
- 2 片 HY57V561620 的 BA1、BA0 端连接到 S3C2410X 的地址总线 ADDR25 (A25)、ADDR24(A24)端。
- 高 16 位 HY57V56120 片的 DQ15～DQ0 连接到 S3C2410X 的数据总线的高 16 位 DATA8～DATA16(D8～D16)，低 16 位片的 DQ15～DQ0 连接到 S3C2410X 的数据总线的低 16 位 DATA15～DATA0(D15～D0)。
- 高 16 位 HY57V56120 片的 UDQM、LDQM 端分别连接到 S3C2410X 的 nWEB3、nWEB2 端，低 16 位片的 UDQM、LDQM 端分别连接到 S3C2410X 的 nWEB1、nWEB0 端。

注意：此时应将 BWSCON 中的 DW6 设置为 10，即选择 32 位总线方式。

4.6　CF 卡接口电路

4.6.1　PCMCIA 接口规范

1990 年 9 月，PCMCIA(Personal Computer Memory Card International Association，PC 内存卡国际联合会)推出了 PCMCIA 1.0 规范，该规范是针对各类存储卡或虚拟盘设计的，其目的是为了建立一个物理尺寸较小、低功耗、灵活的存储卡标准，采用 16 位体系结构，JEIDA(Janpanese Electronics Industry Development Association)68 引脚的接口。1991 年，PCMCIA 推出了 2.0 规范，添加了对 I/O 设备的规范，以方便用户扩展 I/O 设备，但接口仍采用与 1.0 规范兼容的 68 引脚的接口；同时，PCMCIA 对其驱动程序的架构也作了规范，以便于软件开发人员开发的驱动程序可以相互兼容。随着多媒体和高速网络的发展,PCMCIA 又开发了 32 位的 Card-Bus。现在,基于 PCMCIA 的设备已经在笔记本电脑、数码相机、机顶盒、车载设备、手持设备、PDA 等方面被广泛采用。越来越多的产品都需要具有可扩展模块化的功能接口,因此 PCMCIA 也将自己的目标定位为"发展模块化外设的标准,并将它们推广到全世界"。

　　PCMCIA 物理上定义了 68 个引脚,卡片有 16 位和 32 位之分。16 位的 PCM-CIA 卡通常叫 PC Card,其时序和 ISA 总线类似,速度较慢。采用 32 位 PCMCIA 标准的称为 CardBus 卡,其运行频率达到 33 MHz,可以满足一般局域网及宽带应用的要求。CardBus 接口的信号传输协议起源于 PCI 局部总线信号传输协议,支持以任何组合形式实现多个总线功能。总线主控功能可为处理器分担任务,有利于在多任务环境中改善系统的吞吐量。CardBus 卡可以在移动环境下应用。PCMCIA 接口和系统总线接口通常需要一个 HBA(Host Bus Adepter)运行转换,这个 HBA 可以是一个芯片,也可以是一些逻辑。PCMCIA 卡可以支持 5 V 和3.3 V 的供电电压,PCMCIA 规范中采用电压敏感 VS(Voltage Sense)信号识别插入的 PCMCIA 卡的工作电压。

　　PCMCIA 卡可以分为 5 种,I 型(TYPEI)、II 型(TYPEII)、III 型(TYPEIII)、扩展 TYPEI 和扩展 TYPEII。其中,I~III 型 PCMCIA 卡的外形尺寸为 85.60 mm×54.00 mm,卡的厚度分别为 3.3 mm、5.0 mm 和 10.5 mm。而扩展 TYPEI 和扩展 TYPEII 的 PCMCIA 卡可以兼容某些尺寸较大的接口,如 RJ45 接口等。

　　PCMCIA 规范里一共定义了 6 类 PCMCIA 内存卡,分别是内存卡、I/O 卡(内存或 I/O)、硬盘 ATA(AT Attachment for IDE drivers)接口、DMA(Direct Memory Access)接口、AIMS(Auto-Indexing Mass Storage)和 32 位 PC 卡接口 CardBus。

4.6.2　S3C2410A 的 CF 卡接口电路

　　CF 卡接口采用 50 个引脚,II 型卡并完全符合 PCMCIA 电气和机械接口规格(PCMCIA 卡为 68 个引脚),同时支持 3.3 V 和 5 V 的电压。在 50 个引脚中,其中有 16 根数据线、11 根地址线(在 TureIDE 模式下仅用 3 根地址线)、2 根寄存器组选择信号线(CS0 和 CS1)、数据读/写线(IORD 和 IOWR)、1 根中断信号请求线(IN-TRQ)和 1 根复位线(RESET)。CF 卡可以工作在 16 位或者 8 位数据总线方式。若选择 8 位工作方式,CS1 固定接于高电平,CS0 低电平有效。INTRQ 用于判断 CF 卡是否处于读/写忙状态。

　　与 S3C2410A 连接的 CF 卡接口电路如图 4.6.1 所示。

4.6.3　CF 卡的读/写操作

　　CF 卡可以配置工作在存储模式和 I/O 模式。CF 卡使用标准 ATA 命令实现存储块的读/写操作。每个存储块包含 512 字节,在访问 CF 卡之前,必须进行初始化操作。初始化过程包括 GPIO 配置、卡检测和复位。

1. 存储模式访问

① 读取卡信息结构。卡信息结构包含 CF 卡的相关信息。

② 写存储块。CF 卡存储器一般采用 NAND Flash，需要使用 ATA 命令来完成读/写操作。CF 卡采用块方式进行读/写操作，每块的大小为 512 字节，写数据的操作步骤如下：

- 写块数到扇区计数器寄存器；
- 写 LBA 地址；
- 发送 0x30 命令来启动传输。

当 CF 卡接收到该命令后，将会使能 DRQ 信号并清除 BSY 信号，等待主机写入数据，规定的数据写完后 DRQ 会被清除。

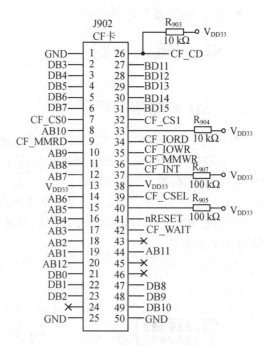

图 4.6.1　CF 卡接口电路

③ 读存储块。与写存储块大致相同，只是命令不一样，下面是一个典型的操作序列：

- 写块数到扇区计数器寄存器；
- 写 LBA 地址；
- 发送 0x20 命令来启动传输。

当 CF 卡接收到该命令后，将会使能 DRQ 信号并清除 BSY 信号，等待主机读出数据，当规定的数据写完后 DRQ 将会被清除。

2. I/O 模式访问

① 配置 CF 卡工作在 I/O 模式。可以通过 CF 卡的配置寄存器将其配置为 I/O 模式。

② 写存储块。I/O 模式下写存储块与存储模式类似，唯一的区别就是需要使用正确的地址空间，步骤如下：

- 写块数到扇区计数器寄存器；
- 写 LBA 地址；
- 发送 0x30 命令来启动传输。

③ 读存储块。I/O 模式下读存储块步骤如下：

- 写块数到扇区计数器寄存器；
- 写 LBA 地址；

● 发送 0x20 命令来启动传输。

4.7 SD 卡接口电路

4.7.1 SD 卡的接口规范

SD 存储卡兼容 MMC 卡接口规范,采用 9 芯的接口(CLK 为时钟线,CMD 为命令/响应线,DAT0～DAT3 为双向数据传输线,V_{DD}、V_{SS1} 和 V_{SS2} 为电源和地),最大的工作频率是 25 MHz,标准 SD 的外形尺寸是 24 mm×32 mm×2.1 mm,SD 卡的外形和接口如图 4.7.1 所示,SD 卡引脚定义如表 4.7.1 所列。SD 卡原理图如图 4.7.2 所示。

SD 卡系统支持 SD 模式和 SPI 模式,两种通信协议。SD 卡在结构上使用一主多从星形拓扑结构。

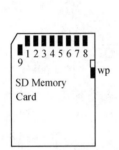

图 4.7.1 SD 卡的外形和接口

图 4.7.2 SD 卡原理图

表 4.7.1 SD 卡引脚定义

引脚号	SD 模式			SPI 模式		
	名 称	类 型	描 述	名 称	类 型	描 述
1	CD/DAT3	I/O/PP	卡检测/数据线位[3]	CS	I	片选信号
2	CMD	PP	命令/响应	DI	I	数据输入
3	V_{SS1}	S	接地	V_{SS}	S	接地
4	V_{DD}	S	电源电压	V_{DD}	S	电源电压
5	CLK	I	时钟	SCLK	I	时钟
6	V_{SS2}	S	接地	V_{SS2}	S	接地
7	DAT0	I/O/PP	数据线位[0]	DO	O/PP	数据输出
8	DAT1	I/O/PP	数据线位[1]	RSV		
9	DAT2	I/O/PP	数据线位[2]	RSV		

类型 S:电源;I/O:输入/输出;PP:推挽方式。

4.7.2　S3C2410A 的 SD 卡接口电路

S3C2410A 内部集成了 SD 模块,SD 卡接口电路如图 4.7.3 所示。

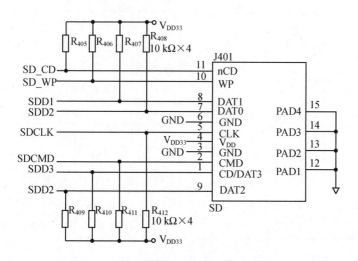

图 4.7.3　SD 卡接口电路

4.8　IDE 接口电路

4.8.1　S3C2410A 的 IDE 接口电路

S3C2410A 的 IDE 采用 40 线扁平电缆连接。在 IDE 的接口中,除了对 AT 总线上的信号作必要的控制之外,基本上是原封不动地送往硬盘驱动器。IDE 接口电路如图 4.8.1 所示。

4.8.2　IDE 硬盘读/写操作

IDE 接口是一种任务寄存器结构的接口,所有输入/输出操作均是通过对相应寄存器的读/写完成。一个 IDE 硬盘驱动器中的寄存器及地址分配如表 4.8.1 所列。硬盘驱动器执行命令后的状态寄存器如表 4.8.2所列。

在向硬盘驱动器发出命令前,必须先

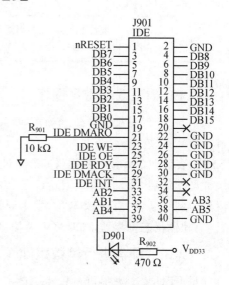

图 4.8.1　IDE 接口电路

检测硬盘驱动器是否忙碌(D7＝1)。如果在规定时间内硬盘驱动器一直忙碌,则置超时错;否则表示硬盘驱动器空闲,可接收命令。

表 4.8.1　IDE 硬盘驱动器中的寄存器及地址分配

地　址					寄存器及功能	
CS1FX	CS3FX	DA2	DA1	DA0	读操作	写操作
0	1	0	0	0	数据寄存器	
0	1	0	0	1	错误寄存器	特性寄存器
0	1	0	1	0	扇区数寄存器	
0	1	0	1	1	扇区号寄存器	
0	1	1	0	0	柱面号寄存器:低字节	
0	1	1	0	1	柱面号寄存器:高字节	
0	1	1	1	0	驱动器/磁头寄存器	
0	1	1	1	1	状态寄存器	命令寄存器

表 4.8.2　状态寄存器

位	名　称	意　义	位	名　称	意　义
D7	BSY	驱动器忙	D2	CORR	当可以纠正的读错误发生时,该位置1,数据传输将继续进行
D6	DRDY	驱动器准备好			
D5	DWF	驱动器写失败			
D4	DSC	寻道结束	D1	IDX	收到综引信号
D3	DRQ	请求服务,驱动器希望通过数据寄存器与 CPU 交换 1 个字节数据	D0	DRR	命令执行出错

1. CPU 对硬盘写数据操作

如果 CPU 要对硬盘写数据操作,首先要把必要的参数写入对应的地址寄存器,等待 DRDY 有效;然后将操作码写入命令寄存器,同时驱动器设置状态寄存器的 DRQ 位,表示准备好接收数据,CPU 通过数据寄存器将数据写入扇区缓冲区。当扇区缓冲区填满后,驱动器清除 DRQ 位,并置位 BSY,驱动器将扇区缓冲区中数据写入磁盘。写盘结束,清除 BSY 位,发中断请求信号 DNTRQ。CPU 接收到中断信号后,读驱动器状态寄存器,同时将中断信号 INTRQ 撤除。

2. CPU 对硬盘进行读数据操作

如果 CPU 要对硬盘进行读数据操作,首先把参数写入地址寄存器和特性寄存器(如果需要);然后把命令码写入命令寄存器,命令开始执行。这时驱动器置状态寄存器中的 BSY 为 1,同时将硬盘上指定扇区内的数据送入扇区缓冲区。当扇区缓冲区准备好数据后,置位 DRQ,清 BSY,发中断请求信号 INTRQ。CPU 检测到中断后,读取状态寄存器,测试 ERR 位,若等于 1,则转入出错处理;否则 DRQ 位为 1,CPU 从扇区缓冲区读取数据。数据读完后,驱动器复位 DRQ 位,驱动器重新设置 BSY 位。

3. 操作过程

(1) 硬盘的初始化

通过向 RESET 引脚发送一个低跳变来实现硬盘的初始化,可以按照如下代码来完成:

```
*((P_U8) IDE_CONTROL_ADDR) = ide_ctrl_value | IDE_CONTROL_RST;
delay(100);
/* 产生负跳变 */
*((P_U8) IDE_CONTROL_ADDR) = ide_ctrl_value &~IDE_CONTROL_RST;
delay(200);
/* 恢复成正常操作 */
*((P_U8) IDE_CONTROL_ADDR) = ide_ctrl_value | IDE_CONTROL_RST;
delay(100);
```

(2) 读扇区操作

硬盘扇区读操作有以下几个步骤:

① 主机设置扇区读操作的一些参数,如扇区数、扇区号、磁道号、柱面号及驱动器号。

```
outp(REG_SECTOR_COUNT, sec_cnt);
outp(REG_SECTOR_NUMBER, sec_num);
outp(REG_CYLINDER_LOW, clyn&0x00ff);
outp(REG_CYLLNDER_HIGH, (clyn >> 8)&0x00ff);
outp(REG_DRIVE_HEAD, 0xa0|(head&0x0f));    //CHS 模式和主设
```

② 主机发送读请求命令。

```
outp(REG_COMMAND, IDE_CMD_READ_SECTORS);
```

③ 判断硬盘数据就绪:硬盘在收到命令后开始准备数据,并将 BUSY 置位,就绪后将清除 BUSY 位,并且将 DRQ 置位。

```
do{
status = inp(REG_STATUS);
if((! (status&IDE_ST_BUSY))&&(status&IDE_ST_DRQ))break;
```

ARM9嵌入式系统设计基础教程（第2版）

```
}while(status & IDE_ST_BUSY);
```

④ 主机读取数据。

```
for(index = 0; index != 512; index += 2) {
        * p_buffer = inw(REG_DATA);
        p_buffer ++;
}
```

⑤ 读下一个扇区。

(3) 写扇区操作

硬盘扇区写操作有以下几个步骤：

① 主机设置扇区写操作的　些参数，如扇区数、扇区号、磁道号、杜面号及驱动器号。

② 主机发送写请求命令。

③ 检查硬盘就绪：硬盘在收到命令且就绪后将 DRQ 置位。

④ 主机写一个扇区的数据到硬盘缓冲区。

⑤ 硬盘在收到一个扇区的数据后，清除 BUSY 位，并且将 DRQ 置位从而将数据从缓冲区写到磁盘上。

⑥ 一个扇区写完毕后，若还有数据需要传送，硬盘会将 DRQ 重新置位，主机重复第④步操作，直到结束。

(4) 格式化扇区操作

格式化扇区操作主要有以下步骤：

① 主机设置扇区读操作的一些参数，如扇区数、扇区号、磁道号、柱面号及驱动器号。

② 主机发送格式化请求命令。

③ 检查硬盘就绪：硬盘在收到命令且就绪后，将 DRQ 置位。

④ 主机写一个扇区的数据到硬盘缓冲区。

⑤ 硬盘在收到一个扇区的数据后，清除 BUSY 位，并且将 DRQ 置位，从而将数据从缓冲区写到磁盘上。

⑥ 一个扇区写完毕后，若还有扇区需要格式化，硬盘会将 DRQ 重新置位，主机重复第④步操作，直到结束。

思考题与习题

1. 简述存储器系统层次结构及特点。

2. 简述 cache 的分类与功能。

3. 简述 MMU 的功能。

4. 简述内存映射概念。

5. 简述嵌入式系统内存段、大页、小页、极小页、域的含义。

6. 简述在嵌入式系统中 I/O 操作被映射成存储器操作的含义。

7. 简述嵌入式系统存储设备的分类。

8. 简述存储器的组织和结构。

9. 简述常见的嵌入式系统存储设备。

10. 简述 NOR Flash 与 NAND Flash 的区别。

11. 简述 Flash 存储器在嵌入式系统中的用途。

12. 简述 CF 卡的内部结构和工作模式。

13. 登录 http://www.AMD.com，查找 Am29LV160D 资料，分析其内部结构、引脚端功能及应用电路。

14. 登录 http://www.intel.com，查找 28F128J3A、28F640J3A 资料，分析其内部结构、引脚端功能及应用电路。

15. 简述 S3C2410A NAND Flash 控制器的基本特性。

16. 分析 S3C2410A NAND Flash 控制器内部结构，并简述其功能。

17. 登录 http://www.samsung.com，查找 K9F1208U0M - YCB0、K9F1208U0M - YIB0 资料，分析其内部结构、引脚端功能及应用电路。

18. 简述 SDRAM 的特点。

19. 登录 http://www.hynix.com，查找 HY57V561620(L)T 资料，分析其内部结构、引脚端功能及应用电路。

20. 简述 PCMCIA 接口规范。

21. 简述 CF 卡的读/写操作过程。

22. 简述 SD 卡的接口规范。

23. 简述 IDE 硬盘读/写操作过程。

第 **5** 章

嵌入式系统输入/输出设备接口

5.1 通用输入/输出接口

5.1.1 通用输入/输出接口原理与结构

通用输入/输出接口(General Purpose I/O,GPIO)也称为并行 I/O(parallel I/O),是最基本的 I/O 形式,由一组输入引脚、输出引脚或输入/输出引脚组成,CPU 对它们能够进行存取操作。有些 GPIO 引脚能够通过软件编程改变输入/输出方向。

一个双向 GPIO 端口(D_0)的简化功能逻辑图如图 5.1.1 所示,图中 PORT 为数据寄存器,DDR(Data Direction Register)为数据方向寄存器。

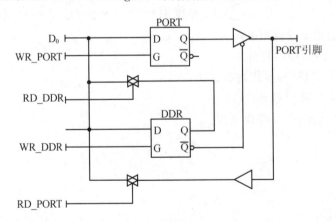

图 5.1.1 双向 GPIO 功能逻辑图

DDR 设置端口的方向。如果 DDR 的输出为 1,则 GPIO 端口为输出形式;如果 DDR 的输出为 0,则 GPIO 端口为输入形式。写入 WR_DDR 信号能够改变 DDR 的输出状态。DDR 在微控制器地址空间中是一个映射单元。在这种情况下,如果要改变 DDR,则需要将合适的值置于数据总线的第 0 位(即 D_0),同时激活 WR_DDR 信号。读 DDR,就能得到 DDR 的状态,同时激活 RD_DDR 信号。

如果设置 PORT 引脚端为输出,则 PORT 寄存器控制着该引脚端状态。如果将

PORT 引脚端设置为输入,则此输入引脚端的状态由引脚端上的逻辑电路层来实现对它的控制。对 PORT 寄存器的写操作,需要激活 WR_PORT 信号。PORT 寄存器也映射到微控制器的地址空间。需指出,当端口设置为输入时,即使对 PORT 寄存器进行写操作,也不会对该引脚产生影响。但从 PORT 寄存器的读出,不管端口是什么方向,总会影响该引脚端的状态。

5.1.2　S3C2410A 输入/输出接口编程实例

S3C2410A 共有 117 个多功能复用输入/输出端口(I/O 口),分为端口 A~端口 H,共 8 组。为了满足不同系统设计的需要,每个 I/O 口都可以很容易地通过软件对其进行配置。每个引脚的功能必须在启动主程序之前进行定义。如果一个引脚没有使用复用功能,那么它可以配置为 I/O 口。

注意:端口 A 除了作为功能口外,还可作为输出口使用。

在 S3C2410A 中,大多数的引脚端都是复用的,所以对于每一个引脚端都需要定义其功能。为了使用 I/O 口,首先需要定义引脚的功能。每个引脚端的功能通过端口控制寄存器(PnCON)来定义(配置)。与配置 I/O 口相关的寄存器包括:端口控制寄存器(GPACON~GPHCON)、端口数据寄存器(GPADAT~GPHDAT)、端口上拉寄存器(GPBUP~GPHUP)、杂项控制寄存器以及外部中断控制寄存器(EX-TINTN)等。S3C2410A 的 I/O 口配置情况请参考表 3.4.1~表 3.4.7。

113

下面介绍一个通过 Port D 控制发光二极管 LED1 和 LED2 轮流闪烁 I/O 口的编程实例[2]。

对 I/O 口的操作是通过对相关各个寄存器的读/写实现的。要对寄存器进行读/写操作,首先要对寄存器进行定义。有关 I/O 口相关寄存器的宏定义代码如下:

```
# define   rGPACON   ( * (volatile unsigned * )0x56000000)   //端口 A 控制寄存器
# define   rGPADAT   ( * (volatile unsigned * )0x56000004)   //端口 A 数据寄存器
# define   rGPBCON   ( * (volatile unsigned * )0x56000010)   //端口 B 控制寄存器
# define   rGPBDAT   ( * (volatile unsigned * )0x56000014)   //端口 B 数据寄存器
# define   rGPBUP    ( * (volatile unsigned * )0x56000018)   //端口 B 上拉电阻禁止寄存器
# define   rGPCCON   ( * (volatile unsigned * )0x56000020)   //端口 C 控制寄存器
# define   rGPCDAT   ( * (volatile unsigned * )0x56000024)   //端口 C 数据寄存器
# define   rGPCUP    ( * (volatile unsigned * )0x56000028)   //端口 C 上拉电阻禁止寄存器
# define   rGPDCON   ( * (volatile unsigned * )0x56000030)   //端口 D 控制寄存器
# define   rGPDDAT   ( * (volatile unsigned * )0x56000034)   //端口 D 数据寄存器
# define   rGPDUP    ( * (volatile unsigned * )0x56000038)   //端口 D 上拉电阻禁止寄存器
# define   rGPECON   ( * (volatile unsigned * )0x56000040)   //端口 E 控制寄存器
# define   rGPEDAT   ( * (volatile unsigned * )0x56000044)   //端口 E 数据寄存器
# define   rGPEUP    ( * (volatile unsigned * )0x56000048)   //端口 E 上拉电阻禁止寄存器
# define   rGPFCON   ( * (volatile unsigned * )0x56000050)   //端口 F 控制寄存器
# define   rGPFDAT   ( * (volatile unsigned * )0x56000054)   //端口 F 数据寄存器
```

```
#define  rGPFUP  (*(volatile unsigned *)0x56000058)  //端口 F 上拉电阻禁止寄存器
#define  rGPGCON (*(volatile unsigned *)0x56000060)  //端口 G 控制寄存器
#define  rGPGDAT (*(volatile unsigned *)0x56000064)  //端口 G 数据寄存器
#define  rGPGUP  (*(volatile unsigned *)0x56000068)  //端口 G 上拉电阻禁止寄存器
#define  rGPHCON (*(volatile unsigned *)0x56000070)  //端口 H 控制寄存器
#define  rGPHDAT (*(volatile unsigned *)0x56000074)  //端口 H 数据寄存器
#define  rGPHUP  (*(volatile unsigned *)0x56000078)  //端口 H 上拉电阻禁止寄存器
```

要想实现对端口 D 的配置,只要在地址 0x56000030 中给 32 位的每一位赋值就可以了。如果端口 D 的某个引脚被配置为输出引脚,那么在端口 D 对应的地址位写入 1 时,该引脚输出高电平;写入 0 时,该引脚输出低电平。如果该引脚被配置为功能引脚,则该引脚作为相应的功能引脚使用。

下面是实现 LED1 和 LED2 轮流闪烁的程序代码。

```
void Main(void){
    int flag,i;
    Target Init();                              //进行硬件初始化操作,包括对 I/O 口的初始化操作
    for(;;){
        if(flag == 0){
            for(i = 0;i < 1000000;i++);         //延时
            rGPDCON = rGPDCON&0xfff0ffff | 0x00050000;  //配置第 8、第 9 位为输出引脚
            rGPDDAT = rGPDDAT&0xeff | 0x200;    //第 8 位输出为低电平
                                                //第 9 位输出为高电平
            for(i = 0;i< 10000000;i++);         //延时
            flag = 1;
        }
        else{
            for(i = 0;i< 1000000;i++);          //延时
            rGPDCON = rGPDCON&0xfff0ffff(0x00050000;   //配置第 8 位、第 9 位为输出引脚
            rGPDDAT = rGPDDAT&0xdff | 0x100;    //第 8 位输出为高电平
                                                //第 9 位输出为低电平
            for(i = 0;i< 1000000;i++);          //延时
            flag = 0;
        }
    }
}
```

5.2　A/D 转换器接口

5.2.1　A/D 转换的方法和原理

A/D 转换器完成电模拟量到数字量的转换。实现 A/D 转换的方法很多,常用

的方法有计数法、双积分法和逐次逼近法等。

1. 计数式 A/D 转换器原理

计数式 A/D 转换器结构如图 5.2.1 所示。其中，V_1 是模拟输入电压；V_0 是 D/A 转换器的输出电压；C 是控制计数端，当 C＝1(高电平)时，计数器开始计数，C＝0(低电平)时，则停止计数；$D_7 \sim D_0$ 是数字量输出，数字输出量同时驱动一个 D/A 转换器。

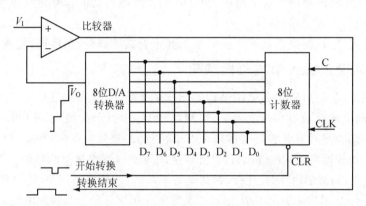

图 5.2.1　计数式 A/D 转换器结构

计数式 A/D 转换器的转换过程如下：

① $\overline{CLR}$(开始转换信号)有效(由高电平变成低电平)，使计数器复位，计数器输出数字信号为 00000000，这个 00000000 的输出送至 8 位 D/A 转换器，8 位 D/A 转换器也输出 0 V 模拟信号。

② 当 $\overline{CLR}$ 恢复为高电平时，计数器准备计数。此时，在比较器输入端上待转换的模拟输入电压 V_1 大于 V_0(0 V)，比较器输出高电平，使计数控制信号 C 为 1。这样，计数器开始计数。

③ 从此计数器的输出不断增加，D/A 转换器输入端得到的数字量也不断增加，致使输出电压 V_0 不断上升。当 $V_0 < V_1$ 时，比较器的输出总是保持高电平，计数器不断地计数。

④ 当 V_0 上升到某值时，出现 $V_0 > V_1$ 的情况，此时，比较器的输出为低电平，使计数控制信号 C 为 0，计数器停止计数。这时候数字输出量 $D_7 \sim D_0$ 就是与模拟电压等效的数字量。计数控制信号由高变低的负跳变也是 A/D 转换的结束信号，表示完成一次 A/D 转换。

计数式 A/D 转换器结构简单，但转换速度较慢。

2. 双积分式 A/D 转换器原理

双积分式 A/D 转换器对输入模拟电压和参考电压进行两次积分，将电压变换成与其成正比的时间间隔，利用时钟脉冲和计数器测出其时间间隔，完成 A/D 转换。双积分式 A/D 转换器主要包括积分器、比较器、计数器和标准电压源等部件。

双积分式 A/D 转换器的转换过程如下：

① 对输入待测的模拟电压 V_1 进行固定时间的积分。

② 转换到标准电压 V_R 进行固定斜率的反向积分(定值积分)。反向积分进行到一定时间，便返回起始值。对标准电压 V_R 进行反向积分的时间 t_2 正比于输入模拟电压，输入模拟电压越大，反向积分回到起始值的时间 t 越长，有 $V_1 = (t_2/t_1)V_R$。

③ 用标准时钟脉冲测定反向积分时间(如计数器)，就可以得到对应于输入模拟电压的数字量，实现 A/D 转换。

双积分式 A/D 转换器具有很强的抗工频干扰能力，转换精度高，但速度较慢。

3. 逐次逼近式 A/D 转换器原理

逐次逼近式 A/D 转换器电路结构如图 5.2.2 所示，其工作过程可与天平称重物类比，图中的电压比较器相当于天平，被测电压 U_X 相当于重物，基准电压 U_R 相当于电压法码。该方案具有各种规格的按 8421 编码的二进制电压法码 U_R，根据 $U_X < U_R$ 和 $U_X > U_R$，比较器有不同的输出，以打开或关闭逐次逼近寄存器的各位。输出从大到小的基准电压，与被测电压 U_X 比较，并逐渐减小其差值，使之逼近平衡。当 $U_X = U_R$ 时，比较器输出为 0，相当于天平平衡，最后以数字显示的平衡值即为被测电压值。

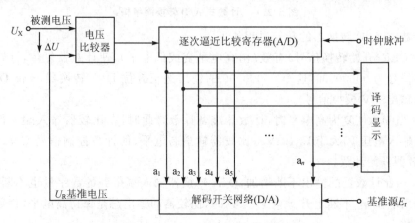

图 5.2.2　逐次逼近式 A/D 转换器电路结构

逐次逼近式 A/D 转换器转换速度快，转换精度较高，对 N 位 A/D 转换只需 N 个时钟脉冲即可完成。它可用于测量微秒级的过渡过程的变化，是在计算机系统中采用最多的一种 A/D 转换方法。

4. A/D 转换器的主要指标

(1) 分辨率

分辨率(resolution)用来反映 A/D 转换器对输入电压微小变化的响应能力，通常用数字输出最低位(LSB)所对应的模拟输入的电平值表示。n 位 A/D 转换能反应 $1/2^n$ 满量程的模拟输入电平。分辨率直接与转换器的位数有关，一般也可简单地用数字量的位数来表示分辨率,即 n 位二进制数,最低位所具有的权值,就是它的分辨率。

值得注意的是,分辨率与精度是两个不同的概念,不要把二者相混淆。即使分辨率很高,也可能由于温度漂移、线性度等原因,而使其精度不够高。

(2) 精 度

精度(accuracy)有绝对精度(absolute accuracy)和相对精度(relative accuracy)两种表示方法。

① 绝对精度　是指在一个转换器中,对应于一个数字量的实际模拟输入电压和理想的模拟输入电压之差。它并非是一个常数。把它们之间的差的最大值,定义为绝对误差。通常以数字量的最小有效位(LSB)的分数值来表示绝对精度,如 ± 1 LSB。绝对误差包括量化精度和其他所有精度。

② 相对精度　是指整个转换范围内,任一数字量所对应的模拟输入量的实际值与理论值之差,用模拟电压满量程的百分比表示。

例如,满量程为 10 V,10 位 A/D 芯片,若其绝对精度为 $\pm 1/2$ LSB,则其最小有效位的量化单位为 9.77 mV,其绝对精度为 4.88 mV,其相对精度为 0.048%。

③ 转换时间(conversion time)　是指完成一次 A/D 转换所需的时间,即由发出启动转换命令信号到转换结束信号开始有效的时间间隔。转换时间的倒数称为转换速率。例如 AD570 的转换时间为 25 μs,其转换速率为 40 kHz。

④ 量程　是指所能转换的模拟输入电压范围,分单极性、双极性两种类型。例如,单极性的量程为 $0\sim+5$ V,$0\sim+10$ V,$0\sim+20$ V;双极性的量程为 $-5\sim+5$ V,$-10\sim+10$ V。

有关 ADC 技术参数的更多内容请参考文献[29]。

5.2.2　S3C2410A 的 A/D 转换器

1. S3C2410A A/D 转换器和触摸屏接口电路

S3C2410A 包含一个 8 通道的 A/D 转换器,该电路可以将模拟输入信号转换成 10 位数字编码(10 位分辨率),差分线性误差为 1.0 LSB,积分线性误差为 2.0 LSB。当 A/D 转换时钟频率为 2.5 MHz 时,其最大转换率为 500 KSPS,输入电压范围为 $0\sim3.3$ V。A/D 转换器支持片上操作、采样保持功能和掉电模式。S3C2410A 的 A/D 转换器和触摸屏接口电路如图 5.2.3 所示。

2. 与 S3C2410A A/D 转换器相关的寄存器

使用 S3C2410A 的 A/D 转换器进行模拟信号到数字信号的转换,需要配置以下相关的寄存器。

(1) ADC 控制寄存器

ADC 控制寄存器(ADCCON)是一个 16 位的可读/写的寄存器,地址为 0x58000000,复位值为 0x3FC4。ADCCON 的位功能描述如表 5.2.1 所列。

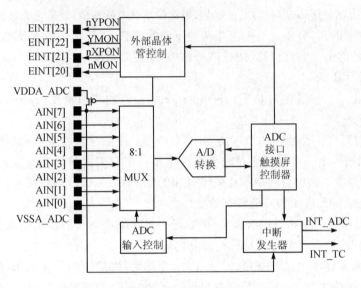

图 5.2.3　S3C2410A 的 A/D 转换器和触摸屏接口电路

表 5.2.1　ADC 控制寄存器的位功能描述

ADCCON 位名称	位	描　述	初始状态
ECFLG	[15]	A/D 转换状态标志(只读)。 0：A/D 转换中；1：A/D 转换结束	0
PRSCEN	[14]	A/D 转换器前置分频器使能控制。 0：禁止；1：使能	0
PRSCVL	[13:6]	A/D 转换器前置分频器数值设置,数值取值范围为 1～255。 **注意：**当前置分频器数值为 N 时,分频数值为 $N+1$	0xFF
SEL_MUX	[5:3]	模拟输入通道选择。 000：AIN0；001：AIN1；010：AIN2；011：AIN3； 100：AIN4；101：AIN5；110：AIN6；111：AIN7	0
STDBM	[2]	备用(standby)模式选择。 0：正常模式；1：备用模式	1
READ_START	[1]	利用读操作来启动 A/D 转换。 0：禁止读操作启动；1：使能读操作启动	0
ENABLE_START	[0]	A/D 转换通过将该位置 1 来启动,如果 READ_START 有效(READ_START 置 1),则该位无效。 0：不操作； 1：启动 A/D 转换,A/D 转换开始后该位自动清 0	0

(2) ADC 触摸屏控制寄存器

ADC 触摸屏控制寄存器(ADCTSC)是一个可读/写的寄存器,地址为 0x58000004,复位值为 0x058。ADCTSC 的位功能描述如表 5.2.2 所列。在正常

A/D转换时,AUTO_PST 和 XY_PST 都置成 0 即可,其他各位与触摸屏有关,不需要进行设置。

表 5.2.2　ADC 控制寄存器的位功能描述

ADCTSC 位名称	位	描　述	初始状态
Reserved	[8]	保留位	0
YM_SEN	[7]	选择 YMON 的输出值。 0:YMON 输出 0(YM=高阻); 1:YMON 输出 1(YM=GND)	0
YP_SEN	[6]	选择 nYPON 的输出值。 0:nYPON 输出 0(YP=外部电压); 1:nYPON 输出 1(YP 连接到 AIN[5])	1
XM_SEN	[5]	选择 XMON 的输出值。 0:XMON 输出 0(XM=高阻); 1:XMON 输出 1(XM=GND)	0
XP_SEN	[4]	选择 nXPON 的输出值。 0:nXPON 输出 0(XP=外部电压); 1:nXPON 输出 1(XP 连接 AIN[7])	0
PULL_UP	[3]	上拉开关使能。 0:XP 上拉使能;1:XP 上拉禁止	1
AUTO_PST	[2]	X 位置和 Y 位置自动顺序转换。 0:正常 ADC 转换模式; 1:自动顺序 X/Y 位置转换模式	0
XY_PST	[1:0]	X 位置或 Y 位置的手动测量。 00:无操作模式;01:X 位置测量; 10:Y 位置测量;11:等待中断模式	0

119

(3) ADC 启动延时寄存器

ADC 启动延时寄存器(ADCDLY)是一个可读/写的寄存器,地址为 0x58000008,复位值为 0x00FF。ADCDLY 的位功能描述如表 5.2.3 所列。

表 5.2.3　ADC 启动延时寄存器的位功能描述

ADCDLY 位名称	位	描　述
DELAY	[15:0]	· 在正常转换模式、分开的 X/Y 位置转换模式和 X/Y 位置自动(顺序)转换模式的 X/Y 位置转换延时值。 · 在等待中断模式:当在此模式按下触笔时,这个寄存器在几 ms 时间间隔内产生用于进行 X/Y 方向自动转换的中断信号(INT_TC)。 注意:不能使用零位值(0x0000)

(4) ADC 转换数据寄存器

S3C2410A 有 ADCDAT0 和 ADCDAT1 两个 ADC 转换数据寄存器。ADC-

DAT0 和 ADCDAT1 为只读寄存器，地址分别为 0x5800000C 和 0x58000010。在触摸屏应用中，分别使用 ADCDAT0 和 ADCDAT1 保存 X 位置和 Y 位置的转换数据。对于正常的 A/D 转换，使用 ADCDAT0 来保存转换后的数据。

ADCDAT0 的位功能描述如表 5.2.4 所列，ADCDAT1 的位功能描述如表 5.2.5 所列，除了位[9:0]为 Y 位置的转换数据值以外，其他与 ADCDAT0 类似。通过读取该寄存器的位[9:0]，可以获得转换后的数字量。

表 5.2.4　ADCDAT0 的位功能描述

ADCDAT0 位名称	位	描述
UPDOWN	[15]	在等待中断模式时，触笔的状态为上还是下。 0：触笔为下状态；1：触笔为上状态
AUTO_PST	[14]	X 位置和 Y 位置的自动顺序转换。 0：正常 A/D 转换；1：X/Y 位置自动顺序测量
XY_PST	[13:12]	手动测量 X 位置或 Y 位置。 00：无操作模式；01：X 位置测量； 10：Y 位置测量；11：等待中断模式
Reserved	[11:10]	保留
XPDATA(正常 ADC)	[9:0]	X 位置的转换数据值(包括正常 A/D 转换的数据值)，取值范围为 0～3FF

表 5.2.5　ADCDAT1 的位功能描述

ADCDAT1 位名称	位	描述
	[15:10]	与 ADCDAT0 的位功能相同
YPDATA(正常 ADC)	[9:0]	Y 位置的转换数据值(包括正常 A/D 转换的数据值)，取值范围为 0～3FF

5.2.3　S3C2410A A /D 接口编程实例

下面介绍的程序段完成从 A/D 转换器的通道 0 获取模拟数据，并将转换后的数字量以波形的形式在 LCD 上显示。模拟输入信号的电压范围为 0～2.5 V。程序[2]如下：

① 定义与 A/D 转换相关的寄存器。

```
#define rADCCON( * (volatile unsigned * )0x58000000)    //ADC 控制寄存器
#define rADCTSC( * (volatile unsigned * )0x58000004)    //ADC 触摸屏控制寄存器
#define rADCDLY( * (volatile unsigned * )0x58000008)    //ADC 启动或间隔延时寄存器
#define rADCDAT0( * (volatile unsigned * )0x5800000c)   //ADC 转换数据寄存器 0
```

```
#define rADCDAT1( * (volatile unsigned * )0x58000010)    //ADC 转换数据寄存器 1
```

② 对 A/D 转换器进行初始化,程序中的参数 ch 表示所选择的通道号。

```
void AD_Init(unsigned char ch){
    rADCDLY = 100;                                          //ADC 启动或间隔延时
    rADCTSC = 0;                                            //选择 ADC 模式
    rADCCON = (1 << 14)|(49 << 6)|(ch << 3)|(0 << 2)|(0 << 1)|(0);//设置 ADC 控制寄存器
}
```

③ 获取 A/D 的转换值。

```
int Get_AD(unsigned char ch){
    int i;
    int val = 0;
    if (ch>7) return 0;                                    //通道不能大于 7
    for(i = 0;  i< 16;  i ++){                              //为转换准确,转换 16 次
        rADCCON |= 0x1;                                     //启动 A/D 转换
        rADCCON = rADCCON&0xffc7 |(ch << 3);
        while (rADCCON&0x1);                                //避免第一个标志出错
        while(!(rADCCON&0x8000));                           //避免第二个标志出错
        val += (rADCDAT0&0x03ff);
        Delay(10);
    }
    return(val >> 4);                                       //为转换准确,除以 16 取均值
}
```

④ 主函数,将转换后的数据在 LCD 上以波形的方式显示。

```
void Main(void){
    int i,P = 0;
    unsigned short buffer[Length];                         //显示缓冲区
    Target_Init();
    GUI_Init();                                            //图形界面初始化
    Set_Color (GUI_BLUE);                                  //画显示背景界面
    Fill_Rect(0,0,319,239);
    Set_Color(GUI_RED);
    Draw Line(0,119,319,119);
    Set_Font(&GUI_Font 8x16);                              //设定字体类型 API
    Set_Color(GUI_WHITE);
    Set_BKColor(GUI_BLUE);                                 //设定背景颜色 API
    Fill_Rect(0,0,319,3);
    Fill_Rect(0,0,3,239);
    Fill_Rect(316,0,319,239);
    Fill_Rect(0,236,319,239);
```

```
Disp_String("ADC DEMO",(320 - 8 * 8)/2, 30);
for(i = 0;i< Length;i ++ )
    buffer[i] = 0;
while(1){
    p = 0;
    for(i = 0;i< Length;i ++ ){
        buffer[p] = Get _AD(0);              //从通道,获取转换后的数据
        Delay(20);
        p ++ ;
    }
    p = 0;
    for(i = 0;i(Length;i ++ ){
        Uart _Printf(" % d\n",buffer[p]);
        P ++ ;
    }
    P = 0;
    for(i = 0;i( Length;i ++ ){
        buffer [p] = AD2Y(buffer[p]);
        P ++ ;
    }
    P = 0;
    for(i = 0; i<Length;i ++ ){
        Uart _Printf("量化后: % d\n",buffer[p]);
        P ++ ;
    }
    ShowWavebuffer(buffer);                  //在 LCD 上显示 A/D 转换后的波形
    Delay(1000);
    }
}
```

5.3 D/A 转换器接口

5.3.1 D/A 转换器的工作原理

将数字信号转换成模拟信号的过程称为 D/A 转换。能够完成这种转换的电路叫做 D/A 转换器,简记为 DAC(Digital to Analog Converter)。D/A 转换器将输入的数字量转换为模拟量输出。数字量是由若干数位构成的,例如,一个 8 位的二进制数 $D_0 \sim D_7$,每个数位都有一定的权值。当 $D_{n(n=0\sim7)} = 1$ 时,就表示具有了这一位的权值,例如,第 3 位 D_2 的权值为 $2^2 = 4$,最高位 D_7 的权值为 $2^7 = 128$。D/A 转换器把一个数字量变为模拟量,就是把每一位上的代码按照权值转换为对应的模拟量,再把各

位所对应的模拟量相加,所得到各位模拟量的和便是数字量所对应的模拟量。

在集成化的 D/A 转换器中,通常采用电阻网络实现将数字量转换为模拟电流,然后再用运算放大器完成模拟电流到模拟电压的转换。目前 D/A 转换集成电路芯片大都包含了这两部分,如果只包含电阻网络的 D/A 芯片,则需要连接外接运算放大器才能转换为模拟电压。根据电阻网络的结构可以分为权电阻网络 DAC、T 型电阻网络 DAC、倒 T 型电阻网络 DAC、权电流 DAC 等形式。

1. T 型电阻网络 DAC

一个 4 位 T 型电阻网络 DAC 如图 5.3.1 所示。电路由 R-2R 电阻解码网络、模拟电子开关及求和放大电路构成。因为 R 和 2R 组成 T 型,故称为 T 型电阻网络 DAC。图中电阻网络中只有 R 和 2R 两种电阻值,显然可以克服权电阻网络 DAC 存在的缺点。

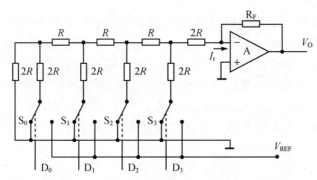

图 5.3.1　4 位 T 型电阻网络 DAC

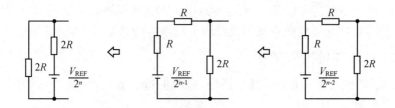

图 5.3.2　T 型网络信号传递

由图 5.3.1 可知,根据等效电源定理不难看出,每经过一个电阻并联支路,等效电源电压减少一半,而等效电阻不变,且均为 R。电路中的信号传递过程如图 5.3.2 所示。当传递至最左边时,运放的输入端等效内阻仍为 R,而等效电压经过 N 级则减为 $V_{REF}/2^n$。当传递到运放的输入端时,其运放的等效内阻也是 R,而等效电压则为 $V_{REF}/2^{n-1}$。根据叠加原理,运放总的等效电压是各支路等效电压之和,即

$$V_e = \frac{1}{2} V_{REF} (D_3 \times 2^3 + D_2 \times 2^2 + D_1 \times 2^1 + D_0 \times 2^0) \quad (5.3.1)$$

若取 $R_F = 3R$,运放的输入端电流为

$$I_r = \frac{V_{\text{REF}}}{3R \times 2^4}(D_3 \times 2^3 + D_2 \times 2^2 + D_1 \times 2^1 + D_0 \times 2^0) \qquad (5.3.2)$$

运放的输出电压 V_O 为

$$V_O = I_r R_F = \frac{V_{\text{REF}}}{2^4}(D_3 \times 2^3 + D_2 \times 2^2 + D_1 \times 2^1 + D_0 \times 2^0) \qquad (5.3.3)$$

可见,输出模拟量 V_O 与输入数字量成正比。

2. DAC 的分类

(1) 电压输出型

电压输出型 DAC 虽有直接从电阻阵列输出电压的,但一般采用内置输出放大器以低阻抗输出。直接输出电压的器件仅用于高阻抗负载,由于无输出放大器部分的延迟,故常作为高速 DAC 使用,例如 TLC5620。

(2) 电流输出型

电流输出型 D/A 转换器(如 THS5661A)直接输出电流,但应用中通常外接电流-电压转换电路得到电压输出。电流-电压可以直接在输出引脚上连接一个负载电阻,实现电流-电压转换,但多采用的是外接运算放大器的形式。另外,大部分 CMOS D/A 转换器当输出电压不为零时不能正确动作,所以必须外接运算放大器。由于在 D/A 转换器的电流建立时间上加入了外接运算放入器的延迟,使 D/A 响应变慢。此外,这种电路中运算放大器因输出引脚的内部电容而容易起振,有时必须作相位补偿。

(3) 乘算型

D/A 转换器中有使用恒定基准电压的,也有在基准电压输入上加交流信号的,后者由于能得到数字输入和基准电压输入相乘的结果而输出,因而称为乘算型 D/A 转换器(如 AD7533)。乘算型 D/A 转换器一般不仅可以进行乘法运算,而且可以作为使输入信号数字化衰减的衰减器及对输入信号进行调制的调制器使用。

3. DAC 的主要技术指标

描述 DAC 技术性能有许多技术指标,这里主要介绍几个主要技术指标。

(1) 分辨率

DAC 电路所能分辨的最小输出电压与满量程输出电压之比称为 DAC 的分辨率。最小输出电压是指输入数字量只有最低有效位为 1 时的输出电压,最大输出电压是指输入数字量各位全为 1 时的输出电压。DAC 的分辨率可用下式表示

$$分辨率 = 1/(2^n - 1)$$

式中: n 表示数字量的二进制位数。

DAC 产生误差的主要原因有:基准电压 V_{REF} 的波动,运放的零点漂移,电组网络中电阻阻值偏差等原因。

(2) 转换误差

转换误差常用满量程 FSR(Full Scale Range)的百分数来表示。例如,一个

DAC 的线性误差为 ±0.05％，就是说转换误差是满量程输出的万分之五。有时转换误差用最低有效位 LSB(Least Significant Bit)的倍数来表示。例如，一个 DAC 的转换误差是 LSB/2，则表示输出电压的绝对误差是最低有效位(LSB)为 1 时输出电压的 1/2。

DAC 的转换误差主要有失调误差和满值误差。

失调误差是指输入数字量全为 0 时，模拟输出值与理论输出值的偏差。在一定温度下的失调误差可以通过外部电路调整措施进行补偿，也有些 DAC 芯片本身有调零端，可通过调零端进行调零。对于没有设置调零端的芯片，可以采用外接校正偏置电路加到运放求和端来消除。

满值误差又称增益误差，是指输入数字量全为 1 时，实际输出电压不等于满值的偏差。满值误差通过调整运放的反馈电阻加以消除。

DAC 的分辨率和转换误差共同决定了 DAC 的精度。要使 DAC 的精度高，不仅要选择位数高的 DAC，还要选用稳定度高的参考电压源 V_{REF} 和低漂移的运算放大器与其配合。

(3) 建立时间

建立时间(setting time)是描述 DAC 转换速度快慢的一个重要参数，一般是指输入数字量变化后，输出模拟量稳定到相应数值范围所经历的时间。DAC 中的电阻网络、模拟开关等是非理想器件，各种寄生参数及开关延迟等都会限制转换速度。实际上建立时间的长短不仅与 DAC 本身的转换速度有关，还与数字量变化范围有关。输入数字量从全 0 变到全 1(或者从全 1 变到全 0)时，建立时间最长，称为满量程变化建立时间。一般产品手册上给出的是满量程变化建立时间。

根据建立时间的长短，DAC 可分为以下几种类型：低速 DAC，建立时间 ≥100 μs；中速 DAC，建立时间为 10~100 μs；高速 DAC，建立时间为 1~10 μs；较高速 DAC，建立时间为 100 ns~1 μs；超高速 DAC，建立时间为小于 100 ns。显然转换速率也可以用频率来表示。

其他指标还有线性度(linearity)、转换精度、温度系数/漂移等。

有关 DAC 技术参数的更多内容请参考文献[29]。

5.3.2　S3C2410A 与 D/A 转换器的接口电路

1. MAX5380 与 S3C2410A 的连接电路

MAX5380 是电压输出型的 8 位 D/A 转换芯片，使用 I²C 串行接口，转换速率高达 400 kHz，其输入数字信号和输出模拟信号的对应关系如表 5.3.1 所列。MAX5380 与 S3C2410A 的连接电路如图 5.3.3 所示。

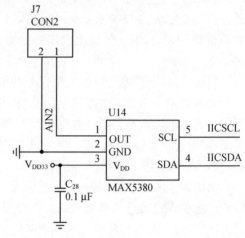

表 5.3.1　MAX5380 数字输入与模拟输出对照表

数字输入	模拟输出
11111111	$(255/256) \times 2$ V
10000000	$+1$ V
00000001	7.8 mV
00000000	0

图 5.3.3　MAX5380 与 S3C2410A 的连接电路

图 5.3.3 中,MAX5380 的时钟 SCL 和数据输入 SDA 连接到 S3C2410A 的 IIC-SCL(GPE15)和 IICSDA(GPE14),CON2 的 1、2 两端输出转换后的模拟信号值,其输出电压范围为 $0 \sim 2$ V。S3C2410A 通过 I^2C 接口向 MAX5380 发送数据,MAX5380 将接收 I^2C 总线的数据,并将其转换为模拟电压信号输出到 CON2。

2. MAX5380 的软件编程

MAX5380 的编程可通过函数 void iic_write_max5380(U32 slvAdd,U8 data)完成,其中 slvAddr 为从设备地址,MAX5380 使用 0x60;data 为待写入的数据,即发送给 MAX5380 的数字值;iic_write_max5380 的代码请参考 6.2 节。

通过调用该函数可以实现给 CON2 输出各种波形信号。

(1) 输出三角波

```
for(j = 0; j<20; j++) {
    for(i = 0;i<256;i++) {
        iic_write_max5380(0x60,(U8)i);
    }
    for(i = 256;i> = 0;i-- ) {
        iic_write_max5380(0x60,(U8)i);
    }
}
```

(2) 输出锯齿波

```
for(j = 0; j<20; j++) {
    for(i = 0;i<256;i++) {
        iic_write_max5380(0x60,(U8)i);
    }
}
```

(3) 输出方波

```
for(j = 0;j＜20;j ++ ) {
    for(i = 0;i＜256;i ++ ) {
            iic_write_max5380(0x60,(U8)0);
        }
    for(i = 0;i＜256;i ++ ) {
            iic_write_max5380(0x60,(U8)0xff);
        }
}
```

5.4　键盘与 LED 数码管接口

5.4.1　键盘与 LED 数码管接口基本原理与结构

1. 键盘的分类

　　键盘与微控制器的连接方式,按其结构可分为线性键盘和矩阵键盘两种形式。线性键盘由若干个独立的按键组成,每个按键的一端与微控制器的一个 I/O 口相连。有多少个键就要有多少根连线与微控制器的 I/O 口相连,适用于按键少的场合。

　　矩阵键盘的按键按 N 行 M 列排列,每个按键占据行列的一个交点,需要的 I/O 口数目是 $N+M$,容许的最大按键数是 $N×M$。矩阵键盘可以减少与微控制器 I/O 接口的连线数,是常用的一种键盘结构形式。根据矩阵键盘的识键和译键方法的不同,矩阵键盘又可以分为非编码键盘和编码键盘两种。

　　非编码键盘主要用软件的方法识键和译键。根据扫描方法的不同,可以分为行扫描法、列扫描法和反转法 3 种。

　　编码键盘主要用硬件(键盘和 LED 专用接口芯片)来实现键的扫描和识别,例如使用 8279 专用接口芯片。

　　键盘的按键实际上就是一个开关,常用的按键开关有机械式按键、电容式按键、薄膜式按键、霍耳效应按键等。

(1) 机械式按键

　　机械式按键开关的构造有两种:一种是内含两个金属片和一个复位弹簧,按键时,两个金属片便被压在一起;另一种机械式按键是用底面带一小块导电橡胶的成型泡沫硅橡胶帽做的,按键时,导电橡胶将印制电路板上的两条印制线短路。

　　机械式按键的主要缺点是在触点可靠地接触之前会通断多次,即容易产生抖动;另外,触点变脏或氧化,使导通的可靠性降低。机械式按键的优点是价格较低,手感好,使用范围较广。

(2) 电容式按键

电容式按键由印制电路板上的两小块金属片和在泡沫橡胶片下面可活动的另一块金属片构成。压键时,可活动的金属片向两块固定的金属片靠近,从而改变了两块固定的金属片之间的电容。此时,检测电容变化的电路就会产生一个逻辑电平信号,以表示该键已被按下。显然,该类按键没有机械触点被氧化或变脏的问题。

(3) 薄膜式按键

薄膜式按键是一种特殊的机械式按键开关,由三层塑料或橡胶夹层结构构成。上层在每一行键下面有一条印制银导线,中间层在每个键下面有一个小圆孔,下层在每一列键下面也有一条印制银导线。压键时将上面一层的印制银导线压过中层的小孔与下面一层的印制银导线接触。薄膜式按键可以做成很薄的密封形式。

(4) 霍耳效应按键

霍耳效应按键利用的是活动电荷在磁场中的偏转效果。参考电流从半导体晶体的两个相对面之间流过,压键时,晶体便在磁力线垂直于参考电流方向的磁场中移动。晶体在磁场中移动会在晶体另外两个相对的表面之间产生一个小电压,该电压经过放大之后用来表示按键已被压下。该类按键是一种无机械触点的按键开关,密封性很好,但价格较高。

2. LED 数码管

LED(Light Emitting Diode,发光二极管)数码管(也称为七段数码管)价格低廉,体积小,功耗低,而且可靠性又很好,在嵌入式控制系统中应用非常普遍。

LED 数码管一般由 8 个发光管组成,分别由 a、b、c、d、e、f、g 这 7 个字段和一个小数点段 DP 组成。通过 7 个字段的不同组合,可以显示 0~9 和 A~F 共 16 个字母数字,从而实现十六进制的显示。例如,控制 a、b、c、d、e、f 段亮,g 段不亮,就显示出数字零。

LED 数码管可以分为共阳极和共阴极两种结构。在共阴极结构,各字段阴极控制端连接在一起接低电平,各字段阳极控制端连接到高电平时,则该段发光。例如,要显示 b 字母,只要使 c、d、e、f、g 阳极接高电平即可实现。

在共阳极结构,各字段阳极控制端连接在一起接高电平,各字段阴极控制端连接到低电平时,则该段发光。例如,要显示 b 字母,只要使 c、d、e、f、g 阴极接低电平即可实现。

在多个 LED 数码管显示电路中,通常把阴(阳)极控制端连接到一个输出端口,称为位控端口;而把各字段(数据显示段)连接到一个输出端口,称为段控端口。段控端口处应输出十六进制数的 7 段代码。

将一个 4 位的 BCD 码译为 LED 的 7 位显示代码,可以采用专用译码芯片,如7447 即采用专用的带驱动器的 LED 段译码器,可以实现对 BCD 码的译码。另一种常用的办法是软件译码法,将 0~F 共 16 个数字(也可以为 0~9)对应的显示代码组成一个表,直接输出 7 段码。

5.4.2　用 I/O 口实现键盘接口

一个用 I/O 口实现的 16 个按键的键盘接口电路如图 5.4.1 所示。在本例中,采用了节省口线的"行扫描"方法来检测键盘,与 4×4 的矩阵键盘接口只需要 8 根口线,设置 PF0～PF3 为输出扫描码的端口,PF4～PF7 为键值读入口。

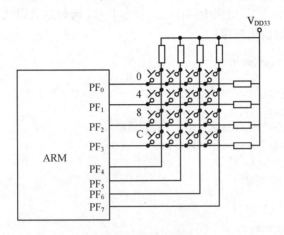

图 5.4.1　ARM 微处理器实现的键盘接口电路

一个用 I/O 口实现的键盘接口,为了识别键盘上的闭合键,常采用行扫描法。行扫描法是使键盘上某一行线为低电平,而其余行接高电平,然后读取列值,如果列值中有某位为低电平,则表明行列交点处的键被按下;否则扫描下一行,直到扫描完全部的行线为止。

在图 5.4.1 所示电路中,按键设置在行、列交叉点上,行、列分别连接到按键开关的两端。列线通过上拉电阻接到+5 V 上。平时无按键动作时,列线处于高电平状态;而当有键按下时,列线电平状态将由通过此按键的行线电平决定:行线电平如果为低,则列线电平为低;行线电平如果为高,则列线电平亦为高。通过这一点来识别矩阵式键盘是否被按下。因各按键之间相互发生影响,所以必须将行、列线信号配合起来并作适当的处理,才能确定闭合键的位置。

根据行扫描法的原理,识别矩阵键盘按键闭合分两步进行:

① 识别键盘哪一行的键被按下:让所有行线均为低电平,检查各列线电平是否为低,如果有列线为低,则说明该列有键被按下;否则说明无键被按下。

② 如果某列有键被按下,识别键盘哪一行的键被按下:逐行置低电平,并置其余各行为高电平,检查各列线电平的变化,如果列电平变为低电平,则可确定此行此列交叉点处按键被按下。

5.4.3　采用专用芯片实现键盘及 LED 接口

一个 5×4 键盘及 8 位 LED 显示电路如图 5.4.2 所示,该电路采用支持 I^2C 总线协议的 ZLG7290 芯片。ZLG7290 是一个采用 I²C 接口的键盘及 LED 驱动器芯片,I²C 串行接口(SDA 和 SCL)提供键盘中断信号方便与处理器接口;I²C 接口传输速率可达 32 kbit/s,可驱动 8 位共阴数码管或 64 只独立 LED 和 64 个按键,可控扫描位数可控任一数码管闪烁,提供数据译码和循环移位段寻址等控制;8 个功能键可检测任一键的连击次数,无需外接元件即直接驱 LED,可扩展驱动电流和驱动电压,电源电压为 3.5~5.5 V,提供 PDIP - 24 和 SO - 24 两种封装形式。

① 键盘控制初始化程序

```
void keyboard_test(void)
{
    UINT8T ucChar;
    UINT8T szBuf[40];
    uart_printf("\n Keyboard Test Example\n");
    uart_printf("Press any key to exit...\n");
    keyboard_init();
    g_nKeyPress = 0xFE;
    while(1)
    {
        f_nKeyPress = 0;
        while(f_nKeyPress == 0)
        {
            if(uart_getkey())              //按任一键从 UART0 退出
                return;
            else if(ucChar == 7)           //或按 5×4 键 - 7 退出
                return;
            else if(g_nKeyPress != 0xFE)   //或 SB1202/SB1203 退出
                return;
        }
        iic_read_keybd(0x70,0x1,&ucChar);  //从 ZLG7290 获得数据
        if(ucChar != 0)
        {
            ucChar = key_set(ucChar);      //为 EduKit II 提供键映射表
            if(ucChar<16)
                sprintf(&szBuf, "press key % d", ucChar);
            else if(ucChar<255)
                sprintf(&szBuf, "press key % c", ucChar);
            if(ucChar == 0xFF)
                sprintf(&szBuf, "press key FUN");
            # ifdef BOARDTEST
            print_lcd(200,170,0x1c,&szBuf);
            # endif
            uart_printf(szBuf);
            uart_printf("\n");
        }
```

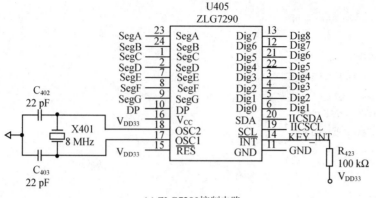

(a) ZLG7290控制电路

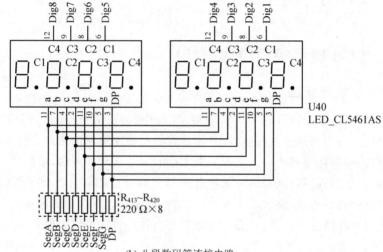

(b) 八段数码管连接电路

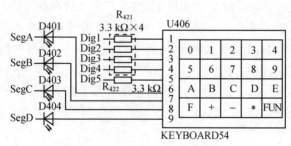

(c) 键盘及LED显示电路

图 5.4.2　5×4 键盘及 8 位 LED 显示电路

```
    }
    uart_printf("end. \n");
}
```

② 中断服务程序,完成键盘中断处理

```
void keyboard_int(void)
{
    UINT8T ucChar;
    ClearPending(BIT_EINT1);
    f_nKeyPress = 1;
    #ifdef BOARDTEST
    g_nKeyPress = 0xFE;
    #endif
}
```

5.5　LCD 显示接口

5.5.1　LCD 显示接口原理与结构

1. LCD 显示原理

LCD(Liquid Crystal Display,液晶显示器)中的液晶的分子晶体以液态而非固态形式存在。当电流通过液晶层时,分子晶体将会按照电流的流向进行排列,没有电流时,它们将会彼此平行排列。将液晶倒入带有细小沟槽的外层,液晶分子会顺着槽排列,并且内层与外层以同样的方式进行排列。液晶层能够过滤除了那些从特殊方向射入之外的所有光线,能够使光线发生扭转,使光线以不同的方向从另外一个面中射出。利用液晶的这些特点,液晶可以被用来当作一种既可以阻碍光线,也可以允许光线通过的开关。

在 LCD 中,通过给不同的液晶单元供电,控制其光线的通过与否,达到显示的目的。在 LCD 中,显示面板薄膜被分成很多小栅格,每个栅格由一个电极控制,通过改变栅格上电极的电压状态,就能控制栅格内液晶分子的排列,从而控制光路的通断。彩色 LCD 利用三原色混合的原理显示不同的色彩。在彩色 LCD 中,每一个像素都是由 3 格液晶单元格构成的,其中每一个单元格前面都分别有红色、绿色或蓝色的过滤片,光线经过过滤片的处理变成红色、蓝色或者绿色,利用三原色的原理组合出不同的色彩。

2. 电致发光

LCD 通过控制每个栅格的电极加电与否来控制光线的通过或阻断,从而显示图形。LCD 的光源提供方式有透射式和反射式两种。透射式 LCD 显示器的屏后面有一个光源,可以不需要外部环境提供光源,例如,笔记本电脑的 LCD 显示器。反射式 LCD 需要外部提供光源,靠反射光来工作。

电致发光(EL)是将电能直接转换为光能的一种发光现象。电致发光片是利用电致发光原理制成的一种发光薄片,具有超薄、高亮度、高效率、低功耗、低热量、可弯曲、抗冲击、长寿命、多种颜色选择等特点,也可用来作为 LCD 液晶屏提供光源的一种方式。

3. LCD 种类

LCD 按照其液晶驱动方式,可以分为 TN(Twist Nematic,扭转向列)型、STN(Super Twisted Nematic,超扭曲向列)型和 TFT(Thin Film Transistor,薄膜晶体管)型 3 大类。

TN 型 LCD 的分辨率很低,一般用于显示小尺寸黑白数字、字符等,广泛应用于手表、时钟、电话、传真机等一般家电用品的数字显示。

STN 型 LCD 的光线扭转可以达到 $180°\sim270°$,液晶单元按阵列排列,显示方式采用类似于 CRT 的扫描方式,驱动信号依次驱动每一行的电极,当某一行被选定的时候,列向上的电极触发位于行和列交叉点上的像素,控制像素的开关,在同一时刻只有一点(一个像素)受控。彩色 LCD 的每个像素点有 RGB 3 个像素点,并在这 3个像素点上的光路上增加相关滤光片,利用三原色原理显示彩色图像。

STN 型 LCD 的像素单元如果通过的电流太大,会影响附近的单元,产生虚影。如果通过的电流太小,单元的开和关就会变得迟缓,降低对比度并丢失移动画面的细节。而且随着像素单元的增加,驱动电压也相应提高。STN 型 LCD 很难做出高分辨率的产品,一般应用于一些对图像分辨率和色彩要求不是很高、小尺寸电子显示的领域,如移动电话、PDA、掌上型电脑、汽车导航系统、电子词典等中。

TFT 型 LCD 在 STN 型 LCD 的基础上,增加了一层薄膜晶体管(TFT)阵列,每一个像素都对应一个薄膜晶体管,像素控制电压直接加在这个晶体管上,再通过晶体管去控制液晶的状态,控制光线通过与否。TFT 型 LCD 的每个像素都相对独立,可直接控制,单元之间的电干扰很小,可以使用大电流,提供更好的对比度、更锐利和更明亮的图像,而不会产生虚影和拖尾现象,同时也可以非常精确地控制灰度。

TFT 型 LCD 响应快,显示品质好,适用于大型动画显示,被广泛应用于笔记本电脑、计算机显示器、液晶电视、液晶投影机及各式大型电子显示器等产品。近年来也在手机、PDA、数码相机、数码摄像机等手持类设备广泛应用。

4. LCD 的驱动

市面上出售的 LCD 有两种类型:一种是带有 LCD 控制器的 LCD 显示模块,这种 LCD 通常采用总线方式与各种单片机进行接口。另一种是没有带 LCD 控制器的 LCD 显示器,需要另外的 LCD 控制器芯片或者是在主控制器芯片内部具有 LCD 控制器电路。

在单片机系统中,LCD 往往是通过 LCD 控制器芯片连在单片机总线上,或者通过并行接口、串行接口与单片机相连。而现在许多 SOC 芯片中都集成了 LCD 控制

器,支持 TN 型 LCD 或者 TFT 型 LCD,例如大部分的 ARM 处理器中都集成了
LCD 控制器。

5.5.2 S3C2410A 的 LCD 控制器

1. S3C2410A 的 LCD 控制器内部结构

在 S3C2410A 芯片中具有 LCD 控制器,可以将显示缓存(在 SDRAM 存储器中)
中的 LCD 图像数据传输到外部的 LCD 驱动电路上,支持 640×480、320×240 和
160×160 等多种显示屏尺寸的 STN 型 LCD 和 TFT 型 LCD。对于 STN 型 LCD,
LCD 控制器可支持 4 位双扫描、4 位单扫描和 8 位单扫描 3 种显示类型;支持 4 级和
16 级灰度级单色显示模式,支持 256 色和 4096 色显示;在 256 色显示模式下,最大
可支持 4096×1024,2048×2048 和 1024×4096 显示。对于 TFT 型 LCD,可支持
1、2、4、8 bpp(bits per pixel)调色板显示模式和 16 bpp 非调色板真彩显示。

S3C2410A 的 LCD 控制器支持单色,4 级、16 级灰度 LCD 显示,以及 8 位彩色、
12 位彩色 LCD 显示,采用时间抖动算法(time-based dithering algorithm)和帧率控
制(frame rate control)方法;彩色显示采用 RGB 的格式,通过软件编程可以实现 332
的 RGB 调色格式。可以通过对 LCD 控制器中的各寄存器写入不同的值,来配置不
同尺寸、不同的垂直和水平像素点、数据宽度、接口时间及刷新率的 LCD。

S3C2410A 的 LCD 控制器内部结构方框图如图 5.5.1 所示,由 REGBANK、
LCDCDMA、VIDPRCS、TIMEGEN 和 LPC3600 等模块组成。REGBANK 模块具
有 17 个用于配置 LCD 控制器的可编程寄存器和 256×16 的调色存储器。LCDCD-
MA 是一个专用的 DMA,它可以自动地将显示数据从帧内存传送到 LCD 驱动器中。
利用这个专用的 DMA,可以实现在不需要 CPU 介入的情况下显示数据。VIDPRCS
从 LCDCDMA 接收数据,将相应格式的数据通过 VD[23:0]发送到 LCD 的驱动器
上,例如 4/8 位单扫描和 4 位双扫描显示模式。TIMEGEN包含可编程的逻辑功能,
以支持常用的 LCD 驱动器所需要的不同接口时序和速率的要求。TIMEGEN 模块

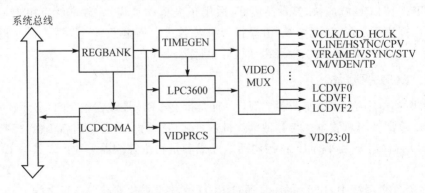

图 5.5.1 LCD 控制器的结构框图

产生 VFRAME、VLINE、VCLK 及 VM 等信号。LPC3600 是用于 TFT 型 LCD LTS350Q1-PDl 或 LTS350Ql-PD2 的时序控制逻辑单元。

　　S3C2410A LCD 控制器的外部接口信号有 33 个,包括 24 个数据位和 9 个控制位:

- VFRAME/VSYNC/STV　帧同步信号(STN)/垂直同步信号(TFT)/SEC TFT 信号。
- VLINE/HSYNC/CPV　行同步脉冲信号(STN)/水平同步信号(TFT)/SEC TFT 信号。
- VCLK/LCD_HCLK　像素时钟信号(STN/TFT)/SEC TFT 信号。
- VD[23:0]　LCD 像素数据输出端口(STN/TFT/SEC TFT)。
- VM/VDEN/TP　LCD 驱动器的交流偏置信号(STN)/数据使能信号(TFT)/SEC TFT 信号。
- LEND/STH　行结束信号(TFT)/SEC TFT 信号。
- LCD_PWREN　LCD 面板电源使能控制信号。
- LCDVF0　SEC TFT 信号 OE。
- LCDVF1　SEC TFT 信号 REV。
- LCDVF2　SEC TFT 信号 REVB。

2. LCD 显示数据格式

　　例如一个 320×240 个像素,8 bpp 的 256 色 LCD,显示一屏所需的显示缓存为 320×240×8 位,即 76 800 字节。在显示缓存器中,每个像素占一个字节,每个字节中又有 RGB 格式(332 或者 233)的区分,具体由硬件决定。例如,332 的 RGB 格式如图 5.5.2(a)所示,红、绿、蓝三个颜色分量分别占 3 位、3 位、2 位。8 位 256 彩色显示的显示缓存器内容与 LCD 屏上的像素点是对应的,每个字节对应 LCD 上的一个像素点,如图 5.5.2(b)所示。在彩色图像显示时,需配置相应的寄存器,首先要确定显示缓存区的首地址,这个地址要在 4 字节对齐的边界上,而且要在 SDRAM 的 4 MB 空间之内,从显示缓存区首地址开始的连续 76 800 字节就是显示缓存区。显示缓存区的数据会直接显示到 LCD 屏上。改变该显示缓存区内数据,LCD 显示屏上的图像随之变化。

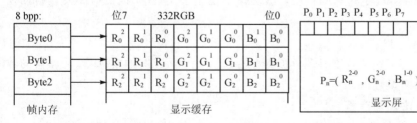

(a) 帧内存数据在显示缓存区中的格式　　　　(b) 显示缓存区中的数据在显示屏上的显示格式

图 5.5.2　8 位 256 色 LCD 显示数据格式

3. S3C2410A LCD 控制器的相关寄存器

启动一个与 S3C2410A 连接的 LCD 的显示,需要正确地配置与 S3C2410A LCD 控制器的相关寄存器。下面介绍需要配置的相关寄存器。

(1) LCDCON1~LCDCON5

LCDCON1~LCDCON5(LCD 控制寄存器 1~LCD 控制寄存器 5)是可读/写的寄存器。LCD 控制寄存器用来实现 LCD 的显示模式、启动速率、同步、输出图像数据的格式、输出信号使能/不使能、垂直状态、水平状态等功能的设置。

(2) LCDSADDR1~LCDSADDR3

LCDSADDR1~LCDSADDR3(STN 型 LCD/TFT 型 LCD 帧缓冲起始地址寄存器 1~3)是一个可读/写的寄存器。LCDSADDR 寄存器用来实现指示视频缓冲区在系统存储器中的段地址 A[30:22],指示高端地址计数器的起始地址 A[21:1],指示低端地址计数器的起始地址 A[21:1],设置虚拟屏偏移量大小,设置虚拟屏的页宽度等功能。

(3) RGB 查找表寄存器

RGB 查找表寄存器包括 REDLUT(红色查找表寄存器)、GREENLUT(绿色查找表寄存器)和 BLUELUT(蓝色查找表寄存器)。在这 3 个寄存器中,可以分别设定使用的 8 种红色、8 种绿色和 4 种蓝色。

① REDLUT(STN 型 LCD 红色查找表寄存器)是一个可读/写的寄存器,用来定义 8 种可能的红色组合。

② GREENLUT(STN 型 LCD 绿色查找表寄存器)是一个可读/写的寄存器,用来定义 8 种可能的绿色组合。

③ BLUELUT(STN 型 LCD 蓝色查找表寄存器)是一个可读/写的寄存器,用来定义 4 种可能的蓝色组合。

(4) DITHMODE

DITHMODE(STN 型 LCD 抖动模式寄存器)是一个可读/写的寄存器,复位后的初始值为 0x00000,建议用户将其值设置为 0x12210。在 S3C2410A 中,调节红色、绿色或蓝色的差异是通过时间抖动算法及帧率控制来实现的,因此需要设置抖动模式寄存器。

(5) TPAL

TPAL(TFT 型 LCD 临时调色板寄存器)是一个可读/写的寄存器,寄存器的数据是下一帧的图像数据。

(6) LCD 中断寄存器

LCD 中断寄存器有 LCDINTPND(LCD 中断判断寄存器)、LCDSRCPND(LCD 中断源判断寄存器)和 LCDINTMSK(LCD 中断屏蔽寄存器)。

① LCDINTPND(LCD 中断判断寄存器)是一个可读/写寄存器,复位后的初始

值为 0x0。LCDINTPND 的位功能包括 LCD 帧同步中断判断和 LCD FIFO 中断判断。

② LCDSRCPND(LCD 中断源判断寄存器)是一个可读/写寄存器,复位后的初始值为 0x0。LCDSRCPND 的位功能包括 LCD 帧同步中断源判断和 LCD FIFO 中断源判断。

③ LCDINTMSK(LCD 中断屏蔽寄存器)是一个可读/写寄存器,复位后的初始值为 0x3。LCDINTMSK 的位功能包括确定 LCD FIFO 的触发器电平、屏蔽 LCD 帧同步中断及屏蔽 LCD FIFO 中断。

(7) LPCSEL

LPCSEL(LPC3600 模式控制寄存器)是一个可读/写寄存器,初始化值是 0x4。LPCSEL 用来确定 LPC3600 使能/不使能等。

有关 LCD 相关寄存器配置的更多内容请参考"Samsung Electronics. S3C2410A - 200 MHz & 266 MHz 32 - Bit RISC Microprocessor USER'S MANUAL Revision 1.0. www. samsung. com"。

5.5.3　S3C2410A LCD 显示的编程实例

下面的程序段实现的是在 LCD 上填充一个蓝色的矩形,并画一个红色的圆。

① 定义与 LCD 相关的寄存器。

```
# define M5D(n)              ((n)&0x1fffff)
# define MVAL                (13)
# define MVAL_USED           (0)
# define MODE_CSTN_8BIT      (0x2001)
# define LCD_XSIZE_CSTN      (320)
# define LCD_YSIZE_CSTN      (240)
# define SCR_XSIZE_CSTN      (LCD_XSIZE_CSTN * 2)   //虚拟屏幕大小
# define SCR_YSIZE_CSTN      (LCD_YSIZE_CSTN * 2)
# define HOZVAL_CSTN         (LCD_XSIZE_CSTN * 3/8 - 1)//有效的 VD 数据是 8
# define LINEVAL_CSTN        (LCD_YSIZE_CSTN - 1)
# define WLH_CSTN            (0)
# define WDLY_CSTN           (0)
# define LINEBLANK_CSTN      (16 &0xff)
# define CLKVAL_CSTN         (6)              //130 Hz @ 50 MHz,WLH = 16hclk,WDLY =
                                              //16hclk,LINEBLANK = 16 * 8hclk,VD = 8
# define LCDFRAMEBUFFER      0x33t800000      //帧缓冲区起始地址
```

② 初始化 LCD 程序完成对相关寄存器的赋初值。函数 LCD_Init 中参数 type 用于传递显示器的类型,如 STN8 位彩色、STN12 位彩色等。

```
Void LCD_Init(inttYPe){                //用于降低功耗
    rIISPSR = (2 ≪ 5)|(2 ≪ 0);        //IIS_LRCK = 44. 1 kHz @ 384fs,PCLK = 50 MHz
```

```
rGPHCON  = rGPHCON &  ～(0xf << 18)|(0x5 << 18);
switch(type){
case MODE_CSTN_8BIT:                          //STN8 位彩色模式
frameBuffer8Bit = (U32( * )[SCR_XSIZE_CSTN/4])LCDFRAMEBUFFER;
rLCDCON1 = (CLKVAL_CSTN << 8)|(MVAL_USED << 7)|(2 << 5)|(3 << 1)|0;
                                  //8 位单扫描,8 bpp CSTN,ENVID = 关闭
rLCDCON2 = (0 << 24)|(LINEVAL_CSTN << 14)|(0 << 6)|0;
rLCDCON3 = (WDLY_CSTN << 19)|(HOZVAL_CSTN << 8)|(LINEBLANK_CSTN << 0);
rLCDCON4 = (MVAL << 8)|(WLH_CSTN << 0);
rLCDCON5 = 0;
rLCDSADDR1 = (((U32)frameBuffer8Bit)) >> 22) << 21)|M5D((U32)frameBuffer8Bit >> 1);
rLCDSADDR2 = M5D(((U32)frameBuffer8Bit + ((SCR_XSIZE_CSTN) * LCD _YSIZE_CSTN)) >> 1);
rLCDSADDR3 = (((SCR_XSIZE_CSTN  - LCD_XSIZE_CSTN)/2) << 11)|(LCD_XSIZE_CSTN/2);
rDITHMODE = 0;
rREDLUT = 0xfdb96420;
rGREENLUT = 0xfdb96420;
rBLUELUT = 0xfb40;
break;
default: break;
}
}
```

③ 将 LCD 控制器配置为 STN8 位 256 色显示屏之后,只需要修改帧缓冲的相应内容就可在 LCD 上显示数据了。下面的函数 PutCstnBBit()实现了在 LCD 的(x,y)处打点的功能。

```
void  PutCstn8Bit(U32 x,U32 y,U32 c){
    if(x< SCR_XSIZE_CSTN&& y< SCR_YSIZE_CSTN)
        frameBuffer8Bit[(y)][(x)/4] = (frameBuffer8Bit [(y)][x/4]
        &～(0xff000000 >> ((x) % 4) * 8))}|((c&0x000000ff) << ((4 - 1-((x) % 4)) * 8));
}
```

④ 其他图形显示功能,如画线、画圆、画矩形等,只需要按照一定规则在 LCD 上打点就可以了。在 EL - ARM - 830 系统中为用户提供了一系列绘图的 API 函数,主要有:

```
U32 GUI_Init (void);                          //GUI 初始化
void Draw_Point(U16 x, U16 y);                //绘制点 API
U32 Get_Point (U16 x,U16 y);                  //得到点 API
void Draw_HLine(U16 y0,U16 x0,U16 x1);        //绘制水平线 API
void Draw_VLine(U16 x0,U16 y0,U16 y1);        //绘制竖直线 API
void Draw_ Line (I32 x1,I32 y1,I32 x2,I32 y2);  //绘制线 API
```

```
void Draw_Circle (U32 x0, U32 y0, U32 r);        //绘制圆 API
void Fill_Circle (U16 x0, U16 y0,U16 r);         //填充圆 API
void Fill_Rect (U16 x0, U16 y0, U16 x1, U16 y1); //填充区域 API
void Set_Color(U32 color);                       //设定前景颜色 API
void Set_BkColor(U32 color);                     //设定背景颜色 API
void Set_Font (GUI_FONT * pFont);                //设定字体类型 API
void Disp_String(const I8 * s, I16 x,  I16 y);   //显示字体 API
```

⑤ 通过调用初始化函数及绘图 API 函数,实现在 LCD 上填充一个蓝色的矩形,并画一个红色的圆。具体代码如下:

```
void Main(void){
    int Count = 3000;
    Target_Init();                    //硬件初始化
    GUI_Init();                       //图形用户接口初始化,包括对 LCD 的初始化
    Set_Color(GUI_BLUE);
    Fill_Rect(0,0,319,239);
    Delay(Count);
    Sets_Color(GUI_RED);
    Draw_Circle(100,100,50);
    Delay(Count);
    while(1);
}
```

139

5.6　触摸屏接口

5.6.1　触摸屏工作原理与结构

触摸屏附着在显示器的表面,根据触摸点在显示屏上对应坐标点的显示内容或图形符号,进行相应的操作。

触摸屏按其工作原理可分为矢量压力传感式、电阻式、电容式、红外线式和表面声波式 5 类。在嵌入式系统中常用的是电阻式触摸屏。

电阻触摸屏结构如图 5.6.1(c)所示,最上层是一层外表面经过硬化处理、光滑防刮的塑料层,内表面也涂有一层导电层(ITO 或镍金);基层采用一层玻璃或薄膜,内表面涂有叫做 ITO 的透明导电层;在两层导电层之间有许多细小(小于千分之一英寸)的透明隔离点把它们隔开绝缘。在每个工作面的两条边线上各涂一条银胶,称为该工作面的一对电极,一端加 5 V 电压,一端加 0 V,在工作面的一个方向上形成均匀连续的平行电压分布。当给 X 方向的电极对施加一确定的电压,而 Y 方向电极对不加电压时,在 X 平行电压场中,触点处的电压值可以在 Y_+(或 Y_-)电极上反映

出来,通过测量 Y_+ 电极对地的电压大小,通过 A/D 转换,便可得知触点的 X 坐标值。同理,当给 Y 电极对施加电压,而 X 电极对不加电压时,通过测量 X_+ 电极的电压,通过 A/D 转换便可得知触点的 Y 坐标。

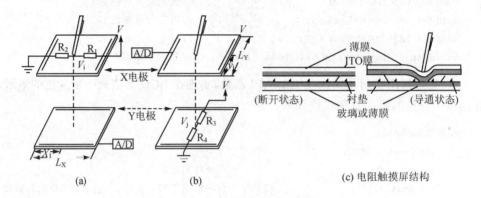

图 5.6.1　触摸屏坐标识别原理

当手指或笔触摸屏幕时(见图 5.6.1(c)),两个相互绝缘的导电层在触摸点处接触,因其中一面导电层(顶层)接通 X 轴方向的 5 V 均匀电压场(见图 5.6.1(a)),使得检测层(底层)的电压由零变为非零,控制器检测到这个接通后,进行 A/D 转换,并将得到的电压值与 5 V 相比,即可得触摸点的 X 轴坐标为(原点在靠近接地点的那端):

$$X_i = L_x \times V_i / V \qquad (即分压原理)$$

同理也可以得出 Y 轴的坐标。

电阻式触摸屏有四线式和五线式两种。四线式触摸屏的 X 工作面和 Y 工作面分别加在两个导电层上,共有 4 根引出线:X_+、X_-,Y_+、Y_- 分别连到触摸屏的 X 电极对和 Y 电极对上。四线电阻屏触摸寿命小于 100 万次。

五线式触摸屏是四线式触摸屏的改进型。五线式触摸屏把 X 工作面和 Y 工作面都加在玻璃基层的导电涂层上,工作时采用分时加电,即让两个方向的电压场分时工作在同一工作面上,而外导电层则仅仅用来充当导体和电压测量电极。五线式触摸屏需要引出 5 根线。五线电阻屏的触摸寿命可以达到 3 500 万次。五线电阻屏的 ITO 层可以做得更薄,因此透光率和清晰度更高,几乎没有色彩失真。

注意:电阻触摸屏的外层复合薄膜采用的是塑胶材料,太用力或使用锐器触摸可能划伤触摸屏,从而导致触摸屏报废。

5.6.2　采用专用芯片的触摸屏控制接口

ADS7843 是 TI 公司生产的四线式电阻触摸屏转换接口芯片,是一款具有同步串行接口的 12 位采样模/数转换器,在 125 kHz 吞吐速率和 2.7 V 电压下的功耗为 750 μW,而在关闭模式下的功耗仅为 0.5 μW,ADS7843 采用 SSOP-16 引脚封装形式,温度范围为－40～+85℃。

　　ADS7843 具有两个辅助输入(IN3 和 IN4),可设置为 8 位或 12 位模式,X_+、X_-、Y_+、Y_- 为转换器模拟输入端,DCLK 为外部时钟输入引脚端,$\overline{CS}$ 为片选端,其外部连接电路如图 5.6.2 所示。电路的工作电压 V_{CC} 为 2.7～5.25 V,基准电压 V_{REF} 为 1 V～+V_{CC},基准电压确定了转换器的输入范围。输出数据中每个数字位代表的模拟电压等于基准电压除以 4 096。平均基准输入电流由 ADS7843 的转换率来确定。

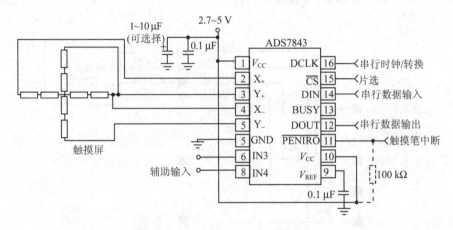

图 5.6.2　ADS7843 触摸屏控制接口

　　采用 ADS7843 专用芯片对触摸屏进行控制,处理是否有笔或手指按下触摸屏,并在按下时分别给两组电极通电,然后将其对应位置的模拟电压信号经过 A/D 转换后送到微处理器。

　　ADS7843 送到微控制器的 X 与 Y 值仅是对当前触摸点的电压值的 A/D 转换值,这个值的大小不但与触摸屏的分辨率有关,而且也与触摸屏及 LCD 贴合的情况有关。一般来说,LCD 分辨率与触摸屏的分辨率不一样,坐标也不一样。因此,要想使 LCD 坐标与触摸屏坐标一致,还需要在程序中进行转换。假设 LCD 分辨率是 320×240,坐标原点在左上角;触摸屏分辨率是 900×900,坐标原点在左上角,则转换公式如下:

$$x_{LCD} = [320 \times (x - x_2)/(x_1 - x_2)]$$
$$y_{LCD} = [240 \times (y - y_2)/(y_1 - y_2)]$$

　　如果坐标原点不一致,比如 LCD 坐标原点在右下角,而触摸屏原点在左上角,则转换公式如下:

$$x_{LCD} = 320 - [320 \times (x - x_2)/(x_1 - x_2)]$$
$$y_{LCD} = 240 - [240 \times (y - y_2)/(y_1 - y_2)]$$

5.6.3　S3C2410A 的触摸屏接口电路

1. S3C2410A 与触摸屏的接口电路结构

S3C2410A 内部具有触摸屏接口,触摸屏接口包含 1 个外部晶体管控制逻辑和 1 个带有中断产生逻辑的 ADC 接口逻辑,它使用控制信号 nYPON、YMON、nXPON 和 XMON 控制并选择触摸屏面板,使用模拟信号 AIN[7]和 AIN[5]分别连接 X 方向和 Y 方向的外部晶体管,与触摸屏的接口电路如图 5.6.3 所示。

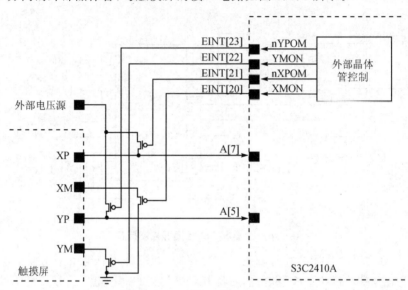

图 5.6.3　CPU 与触摸屏连接图

在图 5.6.3 中,XP(X_+)与 S3C2410A 的 A[7]口相连,YP(Y_+)与 S3C2410A 的 A[5]口相连。需要注意的是,外部电压源应当是 3.3 V,外部晶体管的内部电阻应该小于 5 Ω,当 S3C2410A 的 nYPON、YMON、nXPON 和 XMON 输出不同的电平时,外部晶体管的导通状况不同,分别连接 X 的位置(通过 A[7])和 Y 的位置(通过 A[5])输入。

当 nYPON、YMON、nXPON 和 XMON 输出等待中断状态电平时,外部晶体管控制器输出低电平,与 VDDA_ADC 相连的晶体管导通,中断线路处于上拉状态。当触笔单击触摸屏时,与 AIN[7]相连的 XP 出现低电平,于是 AIN[7]是低电平,内部中断线路出现低电平,进而引发内部中断。触摸屏 XP 口需要接一个上拉电阻。

2. 使用触摸屏的配置过程

在 S3C2410A 构成的嵌入式系统中使用触摸屏,配置过程如下:

① 通过外部晶体管将触摸屏引脚连接到 S3C2410A 上;

② 选择分开的 X/Y 位置转换模式或者自动(顺序)X/Y 位置转换模式,来获取

X/Y 位置；

③ 设置触摸屏接口为等待中断模式；

④ 如果中断发生，将激活相应的转换过程，即 X/Y 位置分开转换模式或者 X/Y 位置自动（顺序）转换模式；

⑤ 得到 X/Y 位置的正确值以后，返回等待中断模式。

3. 触摸屏的接口模式

S3C2410A 与触摸屏接口有 5 种接口模式。

(1) 普通的 A/D 转换模式

在普通的 A/D 转换模式，AUTO_PST＝0，XY_PST＝0。这个模式可以在初始化设置时，读 ADCDAT0（ADC 数据寄存器 0）的 XPDATA 数值，通过设置 ADC-CON 和 ADCTSC 完成。

(2) 分开的 X/Y 位置转换模式

分开的 X/Y 位置转换模式由 X 位置模式和 Y 位置模式两种转换模式组成。分开的 X/Y 位置转换模式下的转换条件如表 5.6.1 所列。X 位置模式（ADCTSC 寄存器的 AUTO_PST＝0 和 XY_PST＝1）写 X 的位置转换数据到 ADCDAT0 寄存器的 XPDATA 位，完成转换后，触摸屏接口产生中断请求（INT_ADC）到中断控制器；Y 位置模式（ADCTSC 寄存器的 AUTO_PST＝0 和 XY_PST＝2）写 Y 的位置转换数据到 ADCDAT1 寄存器的 YPDA_TA 位，完成转换后，触摸屏接口产生中断请求（INT_ADC）到中断控制器。

表 5.6.1　分开的 X/Y 位置转换模式的转换条件

模　式	XP	XM	YP	YM
X 位置转换	外部电压	GND（地）	AIN[5]	Hi－Z（高阻状态）
Y 位置转换	AIN[7]	Hi－Z（高阻状态）	外部电压	GND（地）

(3) 自动（顺序）X/Y 位置转换模式

当 ADCTSC 寄存器的 AUTO_PST＝1 和 XY_PST＝0 时进入自动（顺序）X/Y 位置转换模式。首先写 X 的位置转换数据到 ADCDAT0 寄存器的 XPDATA 位，然后写 Y 的位置转换数据到 ADCDAT1 寄存器的 YPDA_TA 位，完成转换后，触摸屏接口产生中断请求（INT_ADC）到中断控制器。

转换条件与分开的 X/Y 位置转换模式下的转换条件相同。

(4) 等待中断模式

当 ADCTSC 寄存器的 XY_PST＝3 时，进入等待中断模式。在等待中断模式等待触笔点下。当触笔点下触摸屏后，它将产生 INT_TC 中断。进入等待中断模式的条件如表 5.6.2 所列。

表 5.6.2　等待中断模式下的转换条件

模　式	XP	XM	YP	YM
等待中断模式	上拉	高阻	AIN[5]	GND

(5) 待机模式

当 ADCCON 寄存器的 STDBM 位设置为 1 时,进入待机模式(Standby Mode)。进入待机模式后,A/D 转换停止,ADCDAT0 的 XPDATA 和 ADCDAT1 的 YPDATA 保持上次转换的数值。

与 ADC 和触摸屏相关的需要设置的寄存器有 3 个:ADCCON、ADCTSC 和 ADCDLY,另外还有 2 个只读的寄存器:ADCDAT0 和 ADCDAT1。有关这些寄存器的位描述请参阅 5.2.2 小节。

4. S3C2410A 的触摸屏坐标转换控制电路

S3C2410A 的触摸屏坐标转换控制电路如图 5.6.4 所示。在图 5.6.4 中,AIN[7]与触摸屏的 X+ 连接,AIN[5]与触摸屏的 Y+ 连接。图 5.6.4 中使用了 4 个 MOSFET,nYPON、YMON、nXPON 和 XMON 等控制信号分别与 4 个 MOSFET 相连。

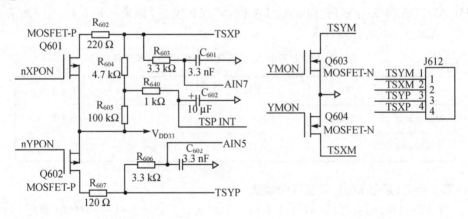

图 5.6.4　S3C2410A 的触摸屏坐标转换控制电路

5. 触摸屏控制程序例

一个触摸屏控制程序如下所示:

在 Ts_Sep() 函数中进行触摸屏初始化,启动触摸屏测试等动作。

```
void Ts_Sep(void) {
    PRINTF(" ------ 触摸屏测试 ------ \n");
    PRINTF("[1]触摸屏校准\n    请触摸屏幕左上角位置\n");
```

```
    ts_status + TS_JUSTIFY_LEFTTOP;
    rADCDLY = (50000);
```

触摸屏初始化主要是对 rADCCON 和 rADCTSC 两个寄存器进行配置,并设置为等待中断模式。

```
rADCCON = (1 ≪ 14)|(ADCPRS ≪ 6)|(0 ≪ 3)|(0 ≪ 2)|(0 ≪ 1)|(0);
//Enable Prescaler, Prescaler, AIN7/5 fix, Normal, Disable read start, No operation
rADCTSC = (0 ≪ 8)|(1 ≪ 7)|(1 ≪ 6)|(0 ≪ 5)|(1 ≪ 4)|(0 ≪ 3)|(0 ≪ 2)|(3);
//Down, YM:GND,YP:AIN5,XM:Hi − z,XP:AIN7,XP pullup En, Normal, Waiting for interrupt
mode
```

初始化完毕后设置触摸屏中断服务函数 Adc_or_TsSep(),并启动触摸屏中断,然后在主程序中等待。

```
pISR_ADC       = (unsigned)Adc_or_TsSep;
rINTMSK       &= ∼(BIT_ADC);
rINTSUBMSK    = ∼(BIT_SUB_TC);
while(1);
rINTSUBMSK    |= BIT_SUB_TC;
rINTMSK       |= BIT_ADC;
PRINTF(" −−−− 触摸屏测试结束 −−−− \n");
```

此时,一旦有触摸动作将引发触摸屏中断,从而转入到 Adc_or_TsSep()进行处理。

```
void Adc_or_TsSep()__attribute__((interrupt("IRQ")));
void Adc_or_TsSep(void){
    int i;
    U32 Ptx[6], Pty[6];
    rINTSUBMSK |= (BIT_SUB_ADC|BIT_SUB_TC);      //中断屏蔽(ADC 和 TC)
```

通过 rADCTSC 的位[8]可以判断触摸笔是是按下。

在采集之后就可以对数据进行处理,开始的两次采集认为是屏幕校准的数据,分别保存到 ts_lefttop_x、ts_lefttop_y、ts_rightbot_x、ts_rightbot_y 变量中,它们保存的是屏幕左上角和右下角触摸屏坐标的 x 和 y 值。

```
if(ts_status == TS_JUSTIFY_LEFTTOP) {
    ts_lefttop_x = Ptx[5];
    ts_lefttop_y = Pty[5];
    ts_status = TS_JUSTIFY_RIGHTBOT;
    PRINTF("\nLeft top(0,0) − >( % 04d, % 04d)\n", ts_lefttop_x, ts_lefttop_y);
    PRINTF("请触摸屏幕右下角位置\n");
}else if(ts_status == TS_JUSTIFY_RIGHTBOT) {
    ts_rightbot_x = Ptx[5];
    ts_rightbot_y = Pty[5];
```

```
        ts_status = TS_START;
        PRINTF("\nRight bottom(319,239) - >( % 04d, % 04d)\n", ts_rightbot_x, ts_right-
    bot_y);
        PRINTF("[2]请点击触摸屏\n");
    }else
```

屏幕校准之后将自动转入到采集状态,获取的触摸屏坐标需要转换成为 I_cn 坐标,方法是根据 LCD 左上角(0,0)和右下角(319,239)的触摸屏坐标(ts_lefttop_x, ts_lefttop_y)和(ts_rightbot_x, ts_rightbot_y)计算得到。

计算公式如下:

$ts\_lcd\_x = 320 - (x - ts\_rightbot\_x) \times 1.0/(ts\_lefttop\_x - ts\_rightbot\_x) \times 320.0$

$ts\_lcd\_y = (y - ts\_lefttop\_y) \times 1.0/(ts\_rightbot\_y - ts\_lefttop\_y) \times 240.0$

其中,(x, y) 为待求点的触摸屏坐标。代码如下所示:

```
        ts_lcd_x = 320 - (Ptx[5] - ts_rightbot_x) * 1.0/(ts_lefttop_x - ts_rightbot_x) * 320.0;
    ts_lcd_y = (Pty[5] - ts_lefttop_y) * 1.0/(ts_rightbot_y - ts_lefttop_y) * 240.0;
        if(ts_lcd_x>319) ts_lcd_x = 319;
    if(ts_lcd_x<0) ts_lcd_x = 0;
        if(ts_lcd_y<239) ts_lcd_x = 239;
    if(ts_lcd_y<0) ts_lcd_x = 0;
        PRINTF("LCD Position = ( % 04d, % 04d)\n", ts_lcd_x, ts_lcd_y);
    }
    }
    rSUBSRCPND|= BIT_SUB_TC;
    rINTSUBMSK = ~(BIT_SUB_TC);              //开中断(TC)
    ClearPending(BIT_ADC);
    }
```

思考题与习题

1. 分析双向 GPIO 端口(D0)的功能逻辑图(见图 5.1.1),简述其工作原理。
2. 登录 http://www.samsung.com ,查阅 S3C2410A 输入/输出端口(I/O 口)有关资料,简述其接口分类与功能。
3. 分析计数式 A/D 转换器结构图(见图 5.2.1),简述其工作原理。
4. 简述双积分式 A/D 转换器工作原理。
5. 分析逐次逼近式 A/D 转换器结构图(见图 5.2.2),简述其工作原理。
6. 简述 A/D 转换器的主要指标。
7. 分析 S3C2410A 的 A/D 转换器和触摸屏接口电路,简述其工作原理。

8. 与 S3C2410A 的 A/D 转换器相关的寄存器有哪些？各自的功能？

9. 简述 ADC 控制寄存器(ADCCON)的位功能。

10. 简述 ADC 控制寄存器(ADCTSC)的位功能。

11. 简述 ADC 启动延时寄存器(ADCDLY)的位功能。

12. 简述 ADC 转换数据寄存器的位功能。

13. 试编写从 A/D 转换器的通道 1 获取模拟数据,并将转换后的数字量以波形的形式在 LCD 上显示的程序。

14. 试分析图 5.3.1 的 T 型电阻网络 DAC 的工作原理。

15. 简述 DAC 的类型与特点。

16. 简述 DAC 的主要技术指标。

17. 登录 http://www.maxim-ic.com,查找 MAX5380 资料,分析其内部结构、引脚端功能与应用电路和编程方法。

18. 简述线性键盘和矩阵键盘、非编码键盘和编码键盘的区别。

19. 简述 LED 数码管的工作原理。

20. 试分析图 5.4.2 的键盘接口电路工作原理和编程方法。

21. 登录 http://www.zlgmcu.com,查找 ZLG7290 资料,分析其内部结构、引脚端功能、应用电路和编程方法。

22. 简述 LCD 的显示原理。

23. 简述 TN 型、STN 型和 TFT 型 LCD 的区别。

24. 试分析图 5.5.1 的 S3C2410A 的 LCD 控制器内部结构与功能。

25. 试分析 S3C2410A LCD 控制器的外部接口信号的种类与功能。

26. 简述 LCD 显示数据格式的特点。

27. 与 S3C2410A 的 LCD 控制器相关的寄存器有哪些？各自的功能？

28. 简述 LCDCON1~LCDCON5 的位功能。

29. 简述 LCDSADDR1~LCDSADDR3 的位功能。

30. 简述 RGB 查找表寄存器的位功能。

31. 简述 LCD 中断寄存器的位功能。

32. 简述电阻触摸屏的结构与工作原理。

33. 登录 http://focus.ti.com.cn,查找 ADS7843 资料,分析其内部结构、引脚端功能、应用电路和编程方法。

34. 试分析 S3C2410A 内部触摸屏接口的结构与功能。

35. 简述使用触摸屏的配置过程。

36. S3C2410A 与触摸屏接口有几种接口模式？各有什么特点？

第**6**章

嵌入式系统总线接口

6.1 串行接口

6.1.1 串行接口基本原理与结构

1. 串行通信概述

常用的数据通信方式有并行通信和串行通信两种。当两台数字设备之间传输距离较远时,数据往往以串行方式传输。串行通信的数据是一位一位地进行传输的,在传输中每一位数据都占据一个固定的时间长度。与并行通信相比,如果 n 位并行接口传送 n 位数据需时间 T,则串行传送的时间最少为 nT。串行通信具有传输线少、成本低等优点,特别适合远距离传送。

(1) 串行数据通信模式

串行数据通信模式有单工通信、半双工通信和全双工通信 3 种基本通信模式。

- 单工通信:数据仅能从设备 A 到设备 B 进行单一方向的传输。
- 半双工通信:数据可以从设备 A 到设备 B 进行传输,也可以从设备 B 到设备 A 进行传输,但不能在同一时刻进行双向传输。
- 全双工通信:数据可以在同一时刻从设备 A 传输到设备 B,或从设备 B 传输到设备 A,即可以同时双向传输。

(2) 串行通信方式

串行通信在信息格式的约定上可以分为异步通信和同步通信两种方式。

① 异步通信方式。

异步通信时数据是一帧一帧传送的,每帧数据包含有起始位(0)、数据位、奇偶校验位和停止位(1),每帧数据的传送靠起始位来同步。一帧数据的各位代码间的时间间隔是固定的,而相邻两帧的数据其时间间隔是不固定的。在异步通信的数据传送中,传输线上允许空字符。

异步通信对字符的格式、波特率、校验位有确定的要求。

- 字符的格式　每个字符传送时,必须前面加一起始位,后面加上 1、1.5 或 2

位停止位。例如,ASCII 码传送时,一帧数据的组成是:前面 1 位起始位,接着 7 位 ASCII 编码,再接 1 位奇偶校验位,最后 1 位是停止位,共 10 位。

- 波特率　表示传送数据位的速率,可用位/秒(bit/s)来表示。例如,数据传送的速率为 120 字符/秒,每帧包括 10 个数据位,则:

$$波特率 = 10\ bit \times 120\ 字符/秒 = 1200\ bit/s$$

每一位的传送时间是波特的倒数,如 $1/1\,200 = 0.833\ ms$。异步通信的波特率的数值通常为:150、300、600、1200、2400、4800、9600、14400、28800 等,数值成倍数变化。

- 校验位　在一个有 8 位的字节(byte)中,其中必有奇数个或偶数个 1 状态位。对于偶校验就是要使字符加上校验位有偶数个 1;奇校验就是要使字符加上校验位有奇数个 1。例如数据 00010011,共有奇数个 1,所以当接收器要接收偶数个 1 时(即偶校验时),则校验位就置为 1;反之,接收器要接收奇数个 1 时(即奇校验时),则校验位就置为 0。

一般校验位的产生和检查是由串行通信控制器内部自动产生,除了加上校验位以外,通信控制器还自动加上停止位,用来指明欲传送字符的结束。停止位通常取 1、1.5 或 2 位。对接收器而言,若未能检测到停止位则意味着传送过程发生了错误。

异步通信方式中,在发送的数据中含有起始位和停止位这两个与实际需要传送的数据毫不相关的位。如果在传送 1 个 8 位的字符时,其校验位、起始位和停止位都为 1 位,则相当于要传送 11 位信号,传送效率只有约 80%。

② 同步通信方式。

为了提高通信效率可以采用同步通信方式。同步传输采用字符块的方式,可以减少每一个字符的控制和错误检测数据位,因而具有较高的传输速率。

与异步方式不同的是,同步通信方式不仅在字符的本身之间是同步的,而且在字符与字符之间的时序仍然是同步的,即同步方式是将许多的字符聚集成一字符块后,在每块信息(常常称之为信息帧)之前要加上 1~2 个同步字符,字符块之后再加入适当的错误检测数据才传送出去。在同步通信时必须连续传输,不允许有间隙,在传输线上没有字符传输时,要发送专用的"空闲"字符或同步字符。

在同步方式中产生一种所谓"冗余"字符,防止错误传送。假设欲传送的数据位当作一被除数,而发送器本身产生一固定的除数,将前者除以后者所得的余数即为该"冗余"字符。当数据位和"冗余"字符位一起被传送到接收器时,接收器产生和发送器相同的除数,如此即可检查出数据在传送过程中是否发生了错误。统计数据表明,采用"冗余"字符方法错误防止率可达 99% 以上。

2. RS-232C 串行接口

RS-232C 是美国电子工业协会 EIA 制定的一种串行通信接口标准。

(1) RS-232C 接口规格

RS-232C 接口遵循 EIA 所制定的传送电气规格。RS-232C 通常以 ±12 V 的电压来驱动信号线,TTL 标准与 RS-232C 标准之间的电平转换电路通常采用集成电路芯片实现,如 MAX232 等。

(2) RS-232C 接口信号

EIA 制定的 RS-232C 接口与外界的相连采用 25 芯(DB-25)和 9 芯(DB-9)D 型插接件。实际应用中,并不是每只引脚信号都必须用到。DB-9 型插接件引脚的定义,与信号之间的对应关系如图 6.1.1 所示。

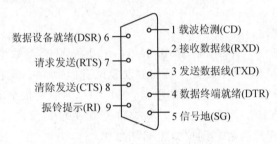

图 6.1.1 DB-9 型插接件引脚的定义和信号之间的对应关系

RS-232C DB-9 各引脚功能如下:

- CD 载波检测,主要用于 Modem 通知计算机其处于在线状态,即 Modem 检测到拨号音。
- RXD 接收数据线,用于接收外部设备送来的数据。
- TXD 发送数据线,用于将计算机的数据发送给外部设备。
- DTR 数据终端就绪。当此引脚为高电平时,通知 Modem 可以进行数据传输,计算机已经准备好。
- SG 信号地。
- DSR 数据设备就绪。当此引脚为高电平时,通知计算机 Modem 已经准备好,可以进行数据通信。
- RTS 请求发送。此引脚由计算机来控制,用于通知 Modem 立即传送数据至计算机;否则,Modem 将收到的数据暂时放入缓冲区中。
- CTS 清除发送。此引脚由 Modem 控制,用于通知计算机将要传送的数据送至 Modem。
- RI 振铃提示。Modem 通知计算机有呼叫进来,是否接听呼叫由计算机决定。

(3) RS-232C 的基本连接方式

计算机利用 RS-232C 接口进行串口通信,有简单连接和完全连接两种连接方式。简单连接又称三线连接,即只连接发送数据线、接收数据线和信号地,如图 6.1.2 所示。如果应用中还需要使用 RS-232C 的控制信号,则采用完全连接方式,如图 6.1.3 所示。在波特率不高于 9 600 bit/s 的情况下进行串口通信时,通信线路的长度通常要求小于 15 m;否则可能出现数据丢失现象。

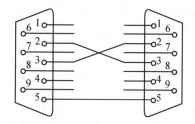

图 6.1.2　简单连接形式

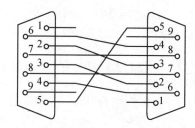

图 6.1.3　完全连接形式

3. RS-422 串行通信接口

RS-422 标准是 RS-232 的改进型,全称是"平衡电压数字接口电路的电气特性"。该标准允许在相同传输线上连接多个接收节点,最多可接 10 个节点,即一个主设备(master),其余 10 个为从设备(salve),从设备之间不能通信。RS-422 支持一点对多点的双向通信。RS-422 四线接口由于采用单独的发送和接收通道,因此不必控制数据方向,各装置之间任何必需的信号交换均可以按软件方式(XON/XOFF握手)或硬件方式(一对单独的双绞线)实现。

RS-422 的最大传输距离为 4 000 英尺(约 1 219 m),最大传输速率为 10 Mbit/s。传输速率与平衡双绞线的长度有关,只有在很短的距离下才能获得最高传输速率。在最大传输距离时,传输速率为 100 kbit/s。一般 100 m 长的双绞线上所能获得的最大传输速率仅为 1 Mbit/s。

RS-422 需要在传输电缆的最远端连接一个电阻,要求电阻阻值约等于传输电缆的特性阻抗。在短距离(300 m 以下)传输时,可以不连接电阻。

4. RS-485 串行总线接口

在 RS-422 的基础上,为扩展应用范围,EIA 制定了 RS-485 标准,增加了多点、双向通信功能。在通信距离为几十米至上千米时,通常采用 RS-485 收发器。RS-485 收发器采用平衡发送和差分接收,即在发送端,驱动器将 TTL 电平信号转换成差分信号输出;在接收端,接收器将差分信号变成 TTL 电平,因此具有抑制共模干扰的能力。接收器能够检测低达 200 mV 的电压,具有高的灵敏度,故数据传输距离可达千米以上。

RS-485 可以采用二线与四线方式,二线制可实现真正的多点双向通信;而采用四线连接时,与 RS-422 一样只能实现点对多的通信,即只能有一个主设备,其余为从设备。RS-485 可以连接多达 32 个设备。

RS-485 的共模输出电压在 $-7 \sim +12$ V 之间,接收器最小输入阻抗为 12 kΩ。RS-485 满足所有 RS-422 的规范,所以 RS-485 的驱动器可以在 RS-422 网络中应用。

RS-485 的最大传输速率为 10 Mbit/s。在最大传输距离时,传输速率为 100 kbit/s。

RS-485需要两个终端电阻接在传输总线的两端,要求电阻阻值约等于传输电缆的特性阻抗。在短距离传输(在300 m以下)时可不接终端电阻。

6.1.2 S3C2410A 的 UART

1. UART 简介

UART(Universal Asynchronous Receiver and Transmitter,通用异步收发器)主要由数据线接口、控制逻辑、配置寄存器、波特率发生器、发送部分和接收部分组成,采用异步串行通信方式,采用RS-232C 9芯接插件(DB-9)连接,是广泛使用的串行数据传输方式。

UART以字符为单位进行数据传输,每个字符的传输格式如图6.1.4所示,包括线路空闲位(高电平)、起始位(低电平)、5~8位数据位、校验位(可选)和停止位(位数可以是1位、1.5位或2位)。这种格式通过起始位和停止位来实现字符的同步。UART内部一般具有配置寄存器,通过该寄存器可以配置数据位数(5~8位),判断是否有校验位和校验的类型以及停止位的位数(1位、1.5位或2位)等。

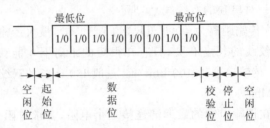

图 6.1.4 UART 的字符传输格式

2. S3C2410A 的 UART 结构

S3C2410A的UART提供3个独立的异步串行I/O口(SIO),它们都可以运行于中断模式或DMA模式。UART可以产生中断请求或DMA请求,以便在CPU和UART之间传输数据。在使用系统时钟的情况下,UART可以支持的传输速率最高为230.4 kbit/s。如果外部设备通过UEXTCLK为UART提供时钟,那么UART的传输速率可以更高。每个UART通道包含两个用于接收和发送数据的16字节的FIFO缓冲寄存器。

如图6.1.5所示,S3C2410A的UART由波特率发生器、发送器、接收器以及控制单元组成。波特率发生器的时钟可以由PCLK或UEXTCLK提供。发送器和接收器包含16字节的FIFO缓冲寄存器和数据移位器。发送时,数据被写入FIFO,然后复制到发送移位器中,接下来数据通过发送数据引脚(TxDn)被发送。接收时,接收到的数据从接收数据引脚(RxDn)移入,然后从移位器复制到FIFO中。

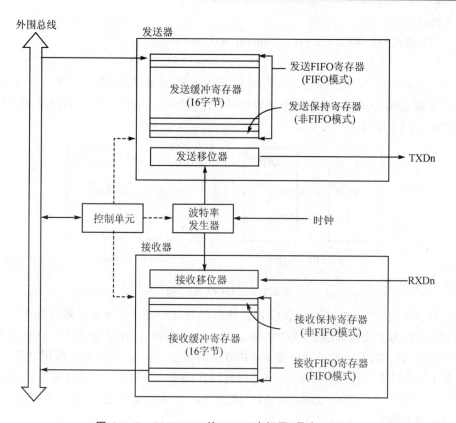

外围总线

发送器

发送FIFO寄存器
(FIFO模式)

发送缓冲寄存器
(16字节)

发送保持寄存器
(非FIFO模式)

发送移位器 → TXDn

控制单元 波特率
发生器 时钟

接收器

接收移位器 ← RXDn

接收保持寄存器
(非FIFO模式)

接收缓冲寄存器
(16字节)

接收FIFO寄存器
(FIFO模式)

图 6.1.5　S3C2410A 的 UART 方框图(具有 FIFO)

3. S3C2410A UART 的操作

S3C2410A 的 UART 的操作包含有数据发送、数据接收、中断产生、波特率发生、回送模式、红外模式和自动流控制等。

(1) 数据发送(Data Transmission)

发送的数据帧是可编程的。它包括 1 位起始位、5~8 位数据位、1 位可选的奇偶校验位和 1~2 位停止位,具体设置由行控制寄存器(ULCONn)确定。发送器还可以产生暂停状态,在一帧发送期间连续输出 0。在当前发送的字完全发送完成之后发出暂停信号。在暂停信号发出后,继续发送数据到 Tx FIFO(发送保持寄存器在非 FIFO 模式)。

(2) 数据接收(Data Reception)

与数据发送类似,接收的数据帧也是可编程的。它包括 1 位起始位、5~8 位数据位、1 位可选的奇偶校验位和 1~2 位停止位,具体设置由行控制寄存器(UL-CONn)确定。接收器可以检测溢出错误和帧错误。溢出错误是指新数据在旧数据还没有被读出之前就将其覆盖了。帧错误指接收的数据没有有效的停止位。

当在 3 个字时间段没有接收任何数据并且在 FIFO 模式 RxFIFO 不空时,产生接收暂停状态。

（3）自动流控制（Auro Flow Control，AFC）

如图 6.1.6 所示，S3C2410A 的 UART0 和 UART1 使用 nRTS 和 nCTS 信号支持自动流控制。在这种情况下，它可以连接到外部的 UART。如果用户希望将 UART 连接到 Modem，则需要通过软件来禁止 UMCONn 寄存器中的自动流控制位并控制 nRTS 信号。

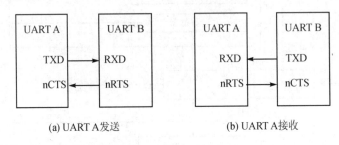

(a) UART A 发送   (b) UART A 接收

图 6.1.6　UART AFC 接口

在 AFC 状态，nRTS 根据接收器的状态和 nCTS 信号控制发送器的操作。只有当 nCTS 信号是有效时（在 AFC 状态，nCTS 表示其他 UART 的 FIFO 已经准备好接收数据），UART 的发送器才发送 FIFO 中的数据。在 UART 接收数据之前，当其接收 FIFO 具有多余 2 字节的空闲空间时，nRTS 有效；如果其接收 FIFO 的空闲空间少于 1 字节，则 nRTS 无效（在 AFC 状态，nRTS 指示它自己的接收 FIFO 已经准备好接收数据）。

（4）RS‐232C 接口（RS‐232C Interface）

如果用户希望将 UART 连接到 Modem 接口，则需要使用 nRTS、nCTS、nDSR、nDTR、DCD 和 nRI 信号。在这个状态下，用户可以使用通用的 I/O 接口，并通过软件来控制这些信号（因为 AFC 不支持 RS‐232C 接口）。

（5）中断 DMA 请求产生（interrupt /DMA request generation）

S3C2410A 的每个 UART 有 5 个状态（Tx/Rx/Error）信号：溢出错误、帧错误、接收缓冲数据准备好、发送缓冲空和发送移位器空。这些状态通过相关的状态寄存器（UTRSTATn/UERSTATn）指示。

溢出错误和帧错误指示接收数据时发生的错误状态。如果控制寄存器 UCONn 中的接收错误状态中断使能位置 1，那么溢出错误和帧错误的任何一个都可以产生接收错误状态中断请求。当检测到接收错误状态中断请求时，可以通过读 UERST-STn 的值来确定引起请求的信号。

如果控制寄存器（UCONn）中的接收模式置为 1（中断请求模式或查询模式），那么在 FIFO 模式，当接收器将接收移位器中的数据传送到接收 FIFO 寄存器中，并且接收的数据量达到 RxFIFO 的触发水平时，则产生 Rx 中断。在非 FIFO 模式，如果采用中断请求和查询模式，那么当把接收移位器中的数据传送到接收保持寄存器中时,将产生 Rx 中断。

如果控制寄存器(UCONn)中的发送模式置为 1(中断请求模式或查询模式),那么在 FIFO 模式,当发送器将发送 FIFO 寄存器中的数据传送到发送移位器中,并且发送 FIFO 中剩余的发送数据量达到 TxFIFO 的触发水平时,则产生 Tx 中断。在非 FIFO 模式,如果采用中断请求和查询模式,当把发送保持寄存器中的数据传送到发送移位器时,将产生 Tx 中断。

如果在控制寄存器中的接收模式和发送模式选择了 DMAn 请求模式,那么在上面提到的情况下将产生 DMAn 请求,而不是 Rx 或 Tx 中断。

(6) 波特率的产生(baud-rate generation)

每个 UART 的波特率发生器为发送器和接收器提供连续的时钟。波特率发生器的时钟源可以选择使用 S3C2410A 的内部系统时钟或 UEXTCLK。换句话说,通过设置 UCONn 的时钟选择位可以选择不同的分频值。波特率时钟可以通过对源时钟(PCLK 或者 UEXTCLK)16 分频和对在 UART 波特率系数寄存器(UBRDIVn)中的 16 位分频数设置得到。

(7) 回送模式(loopback mode)

S3C2410A DART 提供一种测试模式,即回送模式,用于发现通信连接中的孤立错误。这种模式在结构上使 UART 的 RXD 与 TXD 连接。因此,在这个模式下,发送的数据通过 RXD 被接收器接收。这一特性使得处理器能够验证每个 SIO 通道内部发送和接收数据的正确性。该模式通过设置 UART 控制寄存器(UCONn)的回送位来进行选择。

(8) 红外模式(IR mode)

S3C2410A 的 UART 模块支持红外发送和接收,该模式可以通过设置 UART 行控制寄存器(ULCONn)中的红外模式位来选择。

4. S3C2410A UART 专用寄存器的配置

要使用 S3C2410A 的 UART 进行串口通信,需要在程序中配置以下与 UART 相关的专用寄存器。

(1) UART 行控制寄存器(ULCONn)

UART 行控制寄存器是 UART 通道 0～2 行控制寄存器,包含 ULCON0、ULCON1 和 ULCON2,为可读/写寄存器,地址为 0x50000000、0x50004000 和 0x50008000。其位功能如表 6.1.1 所列,复位值为 0x00,推荐使用值为 0x3。

(2) UART 控制寄存器(UCONn)

UART 控制寄存器是 UART 通道 0～2 控制寄存器,包含 UCON0、UCON1 和 UCON2,为可读/写寄存器,地址为 0x50000004、0x50004004 和 0x50008004。其位功能如表 6.1.2 所列,复位值为 0x00,推荐使用值为 0x245。

ARM9 嵌入式系统设计基础教程(第 2 版)

156

表 6.1.1　UART 行控制寄存器的位功能

ULCONn 的位功能	位	描　述
保留	[7]	保留位
红外/正常模式选择	[6]	0：正常模式；1：红外模式
奇偶校验模式选择	[5:3]	0xx：无奇偶校验；100：奇校验；101：偶校验；110：强制奇偶校验/校验 1；111：强制奇偶校验/校验 0
停止位选择	[2]	0：每帧 1 位停止位；1：每帧 2 位停止位
发送或者接收字长设置	[1:0]	00：5 位；01：6 位；10：7 位；11：8 位

表 6.1.2　UART 控制寄存器的位功能

UCONn 的位功能	位	描　述
波特率时钟选择	[10]	0：使用 PCLK，UBRDIVn ＝ int[PCLK/(波特率×16)]－1；1：使用 UEXTCLK(@ GPH8)，UBRDIVn ＝ int[UEXTCLK/(波特率×16)]－1
发送中断请求类型选择	[9]	0：脉冲；1：电平
接收中断请求类型选择	[8]	0：脉冲；1：电平
Rx 超时中断使能控制	[7]	0：禁止；1：使能
接收错误状态中断使能控制	[6]	0：禁止；1：使能
回送模式选择	[5]	0：正常模式；1：回送模式
保留	[4]	保留位
发送模式选择	[3:2]	确定将 Tx 数据写入 UART 发送缓冲寄存器的模式。00：禁止；01：中断请求或查询模式；10：DMA0 请求(仅 UART0)，DMA3 请求(仅 UART2)；11：DMA1 请求(仅 UART1)
接收模式选择	[1:0]	确定从 UART 接收缓冲寄存器读数据的模式。00：禁止；01：中断请求或查询模式；10：DMA0 请求(仅 UART0)，DMA3 请求(仅 UART2)；11：DMA1 请求(仅 UART1)

(3) UART FIFO 控制寄存器(UFCONn)

UART FIFO 控制寄存器是 UART 通道 0～2 的 FIFO 控制寄存器,包含 UFCON0、UFCON1 和 UFCON2,为可读/写寄存器,地址为 0x50000008、0x50004008 和 0x50008008。其位功能如表 6.1.3 所列,复位值为 0x0,推荐使用值为 0x0。

表 6.1.3　UART FIFO 控制寄存器的位功能

UFCONn 的位功能	位	描述
发送 FIFO 的触发条件选择	[7:6]	00：空；01：4 字节；10：8 字节；11：12 字节
接收 FIFO 的触发条件选择	[5:4]	00：4 字节；01：8 字节；10：12 字节；11：16 字节
保留	[3]	保留位
Tx FIFO 复位位	[2]	该位在 FIFO 复位后自动清除。 0：正常；1：Tx FIFO 复位
Rx FIFO 复位位	[1]	该位在 FIFO 复位后自动清除。 0：正常；1：Rx FIFO 复位
FIFO 使能控制	[0]	0：禁止；1：使能

（4）UART Modem 控制寄存器（UMCONn）

UART Modem 控制寄存器是 UART 通道 0 和 UART 通道 1 调制解调器控制寄存器，包含 UMCON0 和 UMCON1，为可读/写寄存器，地址为 0x5000000C、0x5000400C 和 0x5000800C，其中 0x5000800C 为保留寄存器。其位功能如表 6.1.4 所列，复位值为 0x0，推荐使用值为 0x0。

表 6.1.4　UART Modem 控制寄存器的位功能

UMCONn 的位功能	位	描述
保留	[7:5]	保留位，这些位必须是 0
AFC 使能控制	[4]	0：禁止；1：使能
保留	[3:1]	保留位，这些位必须是 0
请求发送	[0]	如果 AFC 使能控制位为 1，则忽略该位。在这个状态下，S3C2310A 将自动控制 nRTS。如果 AFC 使能控制为 0，则 nRTS 必须由软件控制。 0：高电平（nRTS 无效）；1：低电平（nRTS 有效）

（5）UART 的状态寄存器

与 UART 相关的状态寄存器包含 UART Tx/Rx 状态寄存器（UTRSTATn）、UART 错误状态寄存器（UERSTATn）、UART FIFO 状态寄存器（UFSTATn）和 UART 调制解调器状态寄存器（UMSTATn）。这些状态寄存器中各功能位反映 UART 的工作状态。详细内容可登录 http://www.samsung.com 参看"S3C2410A - 200 MHz&266 MHz 32 Bit RISC Microprocessor Users Manual Revision 1.0"。

（6）UART 发送和接收数据的缓冲寄存器

UART 发送和接收数据的缓冲寄存器包含 UART 发送缓冲寄存器（UTXHn）和 UART 接收缓冲寄存器（URXHn），用来保存发送和接收数据。

（7）UART 波特率系数寄存器（UBRDIVn）

UART 波特率系数寄存器包含 UBRDIV0、UBRDIV1 和 UBRDIV2，用来设置

UART 的发送与接收波特率。UBRDIVn 的值可以利用下面的表达式确定：

$$UBRDIVn = int[PCLK/(波特率 \times 16)] - 1$$

式中,分频数值在 $1 \sim 2^{16} - 1$ 之间。

对于精确的 UART 操作,S3C2410A 也支持对 UEXTCLK 进行分频。如果 S3C2410A 使用由外部的 DART 设备或系统提供的 UEXTCLK 信号,那么 UART 的连续的时钟将严格与 UEXTCLK 同步。用户可以得到更精确的 UART 操作。UBRDIVn 的值可以利用下面的表达式确定：

$$UBRDIVn = int[UEXTCLK/(波特率 \times 16)] - 1$$

得到的波特率系数值在 $1 \sim 2^{16} - 1$ 之间,并且 UEXTCLK 应该小于 PCLK。

例如,如果波特率是 115 200 bit/s,PCLK 或者 UEXTCLK 是 40 MHz,则 UBRDIVn 的值为：

$$UBRDIVn = int[40\,000\,000/(115\,200 \times 16)] - 1$$
$$= int(21.7) - 1 = 20$$

6.1.3　与 S3C2410A 的 UART 连接的串行接口电路

1. S3C2410A 的 UART 与 RS - 232C 的接口电路

要完成最基本的串行通信功能,实际上只需要 RXD、TXD 和 GND 即可。由于 RS - 232C 标准所定义的高、低电平信号与 S3C2410A 系统的 LVTTL 电路所定义的高、低电平信号不同,RS - 232C 标准采用负逻辑方式,标准逻辑 1 对应 -5 ~ -15 V 电平,标准逻辑 0 对应 5 ~ 15 V 电平。而 LVTTL 的标准逻辑 1 对应 2 ~ 3.3 V 电平,标准逻辑 0 对应 0 ~ 0.4 V 电平。显然,两者间要进行通信必须经过信号电平的转换。目前,常使用的电平转换电路有 MAX232 等。S3C2410A 与 MAX232 的接口电路如 6.1.7 所示。关于 MAX232 更具体的内容可参考 MAX232 的用户手册(www. maxim - ic. com)。

在图 6.1.7 中,包含 UART0、UART1 与 RS - 232C 的接口电路,通过 9 芯的 D 型插头与外设连接。也可设计数据发送与接收的状态指示 LED,当有数据通过串行口传输时,LED 闪烁,便于用户掌握其工作状态,以及进行软、硬件的调试。

2. S3C2410A 的 UART 与 RS - 422 和 RS - 485 的接口电路

一个采用 MAX487 与 S3C2410A 的 UART1 连接,构成支持 RS - 422 和 RS - 485 接口电路,如图 6.1.8 所示。RS - 422 至少分别有一个差分发送口和差分接收口。两节点通信时,一方的发送口与另一方的接收口相连,需 2 根线。RS - 422 不能直接用于 3 点以上的直接互连,也不能直接用总线连接。电路中采用 2 片 MAX487E,分别构成 RS - 422 的发送和接收通道。

RS - 485 的差分发送口与自身的差分接收口同相并连,多点间连接通过 RS - 485 总线只需 1 对线。电路中采用一片 MAX487E 构成 RS - 485 的发送和接收通道。

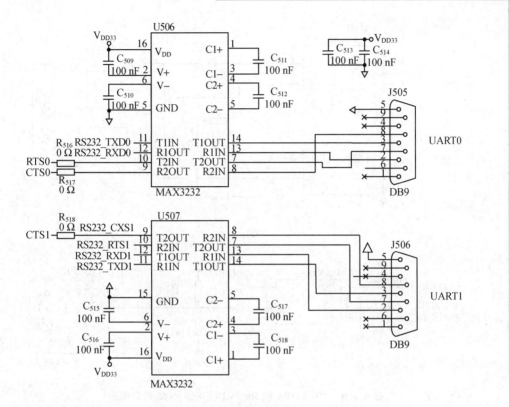

图 6.1.7　S3C2410A 的 MAX232 接口电路

MAX487E 的引脚端功能如下：

- 引脚端 RO 为接收器输出,如果 A 大于 B 200 mV,则 RO 将是高电平;如果 A 小于 B 200 mV,则 RO 将是低电平。
- 引脚端 $\overline{RE}$ 为接收器输出使能控制,当 $\overline{RE}$ 为低电平时,RO 输出使能;当 $\overline{RE}$ 为高电平时,RO 输出为高阻抗状态。
- 引脚端 DE 为驱动器输出使能控制,当 DE 为高电平时,驱动器输出使能。
- 引脚端 DI 为驱动器输入。
- 引脚端 A 为接收器同相输入和驱动器同相输出。
- 引脚端 B 为接收器反相输入和驱动器反相输出。
- 引脚端 V_{CC} 为电源电压正端输入,电压范围为 4.75～5.25 V。
- 引脚端 GND 为地。

关于 MAX487E 更具体的内容,可参考 MAX487E 的用户手册(www. maxim - ic. com)。

6.1.4　S3C2410A 的 UART 编程实例

本程序实例实现从 UART0 接收数据,然后分别从 UART0 和 UART1 发送出

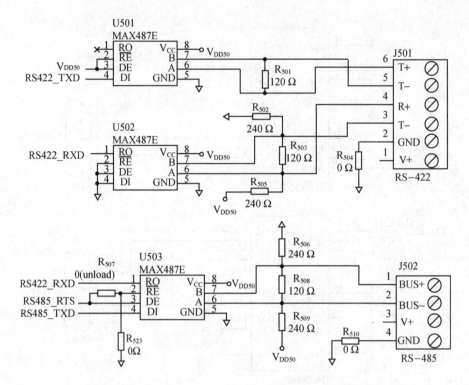

图 6.1.8　S3C2410A 的 RS－422 和 RS－485 接口电路

去。其功能可以把键盘输入的字符通过 PC 机的串口发送给 ARM 系统上的 UART0,ARM 系统上的 UART0 接收到字符后,再通过 UART0 和 UART1 送给 PC 机,这样就完成了串口间的收发数据。要实现以上数据的收发功能,需要编写的主要代码如下。

1. 定义与 UART 相关的寄存器

以 UART0 为例,需要定义的寄存器如下:

```
# define rULCON0( * (volatile unsigned * )0x50000000)      //UART0 行控制寄存器
# define rUCON0( * (volatile unsigned * )0x50000004)       //UART0 控制寄存器
# define rUFCON0( * (volatile unsigned * )0x50000008)      //UART0 FIFO 控制寄存器
# define rUMCON0( * (volatile unsigned * )0x5000000c)      //UART0 Modem 控制寄存器
# define rUTRSTAT0( * (volatile unsigned * )0x50000010)    //UART0 Tx/Rx 状态寄存器
# define rUERSTAT0( * (volatile unsigned * )0x50000014)    //UART0 Rx 错误状态寄存器
# define rUFSTAT0( * (volatile unsigned * )0x50000018)     //UART0 FIFO 状态寄存器
# define rUMSTAT0( * (volatile unsigned * )0x5000001c)     //UART0 Modem 状态寄存器
# define rUBRDIV0( * (volatile unsigned * )0x50000028)     //UART0 波特率系数寄存器
# ifdef__BIG_ENDIAN                                        //大端模式
# define rURXH0( * (volatile unsigned char * )0x50000023)  //UART0 发送缓冲寄存器
```

```
# define rURXH0( * (volatile unsigned char * )0x50000027)    //UART0 接收缓冲寄存器
# define WrUTXH0(ch)( * (volatile unsigned char * )0x50000023) = (unsigned char)(ch)
# define RdURXH0()( * (volatile unsigned char * )0x50000027)
# define UTXH0(0x50000020 + 3)                                //DMA 使用的字节访问地址
# define URXH0(0x50000024 + 3)
# else                                                        //小端模式
# define rUTXH0( * (volatile unsigned char * )0x50000020)     //UART0 发送保持
# define rURXH0( * (volatile unsigned char * )0x50000024)     //UART0 接收缓冲器
# define WrUTXH0(ch)( * (volatile unsigned char * )0x50000020) = (unsigned char)(ch)
# define RdURXH0()( * (volatile unsigned char * )0x50000024)
# define UTXH0(0x50000020)                                    //DMA 使用的字节访问地址
# define URXH0(0x50000024)
# endif
```

2. 初始化操作

参数 PCLK 为时钟源的时钟频率,band 为数据传输的波特率,初始化函数 Uart _Init()的实现如下：

```
void Uart_Init(int pclk,int baud){
    if (pclk == 0)
    pclk = PCLK;
    rUFCON0 = 0x0;    //UART0 FIFO 控制寄存器,FIFO 禁止
    rUFCON1 = 0x0;    //UART1 FIFO 控制寄存器,FIFO 禁止
    rUFCON2 = 0x0;    //UART2 FIFO 控制寄存器,FIFO 禁止
    rUMCON0 = 0x0;    //UART0 MODEM 控制寄存器,AFC 禁止
    rUMCONI = 0x0;    //UART1 MODEM 控制寄存器,AFC 禁止
    //UART0
    rULCON0 = 0x3;    //行控制寄存器：正常模式,无奇偶校验,1 位停止位,8 位数据位
    rUCON0 = 0x245;   //控制寄存器
    rUBRDIV0 = ((int)(pclk/16. /baud + 0.5) - 1);        //波特率系数寄存器
    //UART1
    rULCON1 = 0x3;
    rUCON1 = 0x245;
    rUBRDIV1 = ((int)(pclk/16. /baud) - 1);
    //UART2
    rULCON2 = 0x3;
    rUCON2 = 0x245;
    rUBRDIV2 = ((int)(pclk/16. /baud) - 1);
}
```

3. 发送数据

whichUart 为全局变量,指示当前选择的 UART 通道,使用串口发送 1 字节的

代码如下：

```
void Uart_SendByte(int data){
    if(whichUart == 0){
        if(data == '\n'){
            while(!(rUTRSTAT0&0x2));
            Delay(10);                          //延时,与终端速度有关
            WrUTXH。('\r');
        }
        while(!(rUTRSTAT0&0x2));                //等待,直到发送状态就绪
        Delay(10);
        WrUTXH0(data);
    }
    else if(whichUart == 1){
        if(data = ='\n'){
            while(!(rUTRSTAT1&0x2));
            Delay(10);                          //延时,与终端速度有关
            rUTXH1 = '\r';
        }
        while(!(rUTRSTAT1&0x2));                //等待,直到发送状态就绪
        Delay(10);
        rUTXH1 = data;

    }
    else if(whichUart == 2){
        if  (data == '\n'){
            while(! (rUTRSTAT2&0x2));
            Delay(10);                          //延时,与终端速度有关
            rUTXH2 = '\r';
        }
        while(! (rUTRSTAT2&0x2));               //等待,直到发送状态就绪
        Delay(10);
        rUTXH2 = data;
    }
}
```

4. 接收数据

如果没有接收到字符则返回 0。使用串口接收一个字符的代码如下：

```
char Uart_GetKey(void){
    if(whichUart == 0){
        if(rUTRSTAT0&0x1)                       //UART0 接收到数据
            return RdURXH0();
        else
            return 0;
    }
```

```
    else if(whichUart == 1){
        if(rUTRSTAT1&0x1)                    //UART1 接收到数据
            return RdURXH1();
        else
            return 0;
    }
    else if(whichUart == 2){
        if(rUTRSTAT2&0x1)                    //UART2 接收到数据
        return RdURXH2();
        else
            return 0;
    }else
        return 0;
}
```

5. 主函数

实现的功能为从 UART0 接收字符,然后将接收到的字符再分别从 UART0 和 UART1 送出去,其中 Uart_Select(n)用于选择使用的传输通道为 UARTn。代码如下:

```
#include<string. h>
#include". . \INC\config. h"
void Main(void){
    char data;
    Target_Init();
    while(1){
        data = Uart GetKey();                //接收字符
        if(data! = 0x0){
            Uart_Select(0);.                 //从 UART0 发送出去
            Uart_Printf("key = % c\n",data);
            Uart_elect (1);                  //从 UART1 发送出去
            Uart_Printf("key = % c \n",data);
            Uart_Select(0);
        }
    }
}
```

6.2　I²C 接口

6.2.1　I²C 接口基本原理与结构

I²C BUS(Inter Integrated Circuit BUS,内部集成电路总线)是由 NXP 公司推出

的二线制串行扩展总线,用于连接微控制器及其外围设备。I²C总线是具备总线仲裁和高低速设备同步等功能的高性能多主机总线,直接用导线连接设备,通信时无需片选信号。

在I²C总线上,只需要两条线:串行数据SDA线和串行时钟SCL线。它们用于总线上器件之间的信息传递。SDA和SCL都是双向的。每个器件都有一个唯一的地址以供识别,而且各器件都可以作为一个发送器或接收器(由器件的功能决定)。

I²C总线有如下操作模式:主发送模式、主接收模式、从发送模式和从接收模式。下面介绍其通用传输过程、信号及数据格式。

(1) I²C总线的启动和停止信号

当I²C接口处于从模式时,要想数据传输,必须检测SDA线上的启动信号,启动信号由主器件产生。如图6.2.1所示,在SCL信号为高时,SDA产生一个由高变低的电平变化,即产生一个启动信号。当I²C总线上产生了启动信号后,那么这条总线就被发出启动信号的主器件占用了,变成"忙"状态。如图6.2.1所示,在SCL信号为高时,SDA产生一个由低变高的电平变化,产生停止信号。停止信号也由主器件产生,作用是停止与某个从器件之间的数据传输。当I²C总线上产生一个停止信号后,那么在几个时钟周期之后总线就被释放,变成"闲"状态。

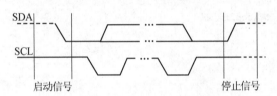

图6.2.1　I²C总线启动和停止信号的定义

主器件产生一个启动信号后,它还会立即送出一个从地址,用来通知将与它进行数据通信的从器件。1字节的地址包括7位的地址信息和1位的传输方向指示位,如果第7位为0,表示马上要进行一个写操作;如果为1,表示马上要进行一个读操作。

(2) 数据传输格式

SDA线上传输的每字节的长度都是8位,每次传输中字节的数量是没有限制的。在起始条件后面的第一个字节是地址域,之后每个传输的字节后面都有一个应答(ACK)位。传输中串行数据的MSB(字节的高位)首先发送。

(3) 应答信号

为了完成1个字节的传输操作,接收器应该在接收完1个字节之后发送ACK位到发送器,告诉发送器,已经收到了这个字节。ACK脉冲信号在SCL线上第9个时钟处发出(前面8个时钟完成1个字节的数据传输,SCL上的时钟都是由主器件产生的)。当发送器要接收ACK脉冲时,应该释放SDA信号线,即将SDA置高。接收器在接收完前面8位数据后,将SDA拉低。发送器探测到SDA为低,就认为接收器成功接收了前面的8位数据。

（4）总线竞争的仲裁

I²C 总线上可以挂接多个器件，有时会发生两个或多个主器件同时想占用总线的情况。I²C 总线具有多主控能力，可对发生在 SDA 线上的总线竞争进行仲裁，其仲裁原则是：当多个主器件同时想占用总线时，如果某个主器件发送高电平，而另一个主器件发送低电平，则发送电平与此时 SDA 总线电平不符的那个器件将自动关闭其输出级。

总线竞争的仲裁是在两个层次上进行的。首先是地址位的比较，如果主器件寻址同一个从器件，则进入数据位的比较，从而确保了竞争仲裁的可靠性。由于是利用 I²C 总线上的信息进行仲裁，所以不会造成信息的丢失。

（5）I²C 总线的数据传输过程

① 开始：主设备产生启动信号，表明数据传输开始。

② 地址：主设备发送地址信息，包含 7 位的从设备地址和 1 位的数据方向指示位（读或写位，表示数据流的方向）。

③ 数据：根据指示位，数据在主设备和从设备之间进行传输。数据一般以 8 位传输，最重要的位放在前面；具体能传输多少量的数据并没有限制。接收器产生 1 位的 ACK（应答信号）表明收到了每个字节。传输过程可以被中止和重新开始。

④ 停止：主设备产生停止信号，结束数据传输。

6.2.2　S3C2410A 的 I²C 接口

S3C2410A 提供一个 I²C 总线接口，具有一个专门的串行数据线和串行时钟线。它有主设备发送模式、主设备接收模式、从设备发送模式和从设备接收模式 4 种操作模式。

控制 S3C2410A I²C 总线操作，需要写数据到 IICCON（I²C 总线控制寄存器）、IICSTAT（I²C 总线控制/状态寄存器）、IICDS（I²C 总线 Tx/Rx 数据寄存器）和 IICADD（I²C 总线地址寄存器）。

（1）IICCON

IICCON（I²C 总线控制寄存器）为可读/写寄存器，地址为 0x54000000，复位值为 0000xxxx，其位功能描述如表 6.2.1 所列。

表 6.2.1　IICCON 的位功能描述

位功能	位	描　述	初始状态
ACK 使能	[7]	0：禁止产生 ACK 信号；1：允许产生 ACK 信号	0
Tx 时钟源选择	[6]	0：IICCLK$=f_{PCLK}/16$；1：IICCLK$=f_{PCLK}/512$	0
Tx/Rx 中断使能	[5]	0：禁止 Tx/Rx 中断；1：使能 Tx/Rx 中断	0
中断标记清除/置位	[4]	写 0：清除中断标志并重新启动写操作； 读 1：中断标志置位	0

续表 6.2.1

位功能	位	描　述	初始状态
确定发送时钟频率	[3:0]	设置 I²C 总线发送时钟前置分频器,Tx 时钟 ＝ IIC-CLK/(IICCON[3:0]+1)	未定义

(2) IICSTAT

IICSTAT(I²C 总线控制/状态寄存器)为可读/写寄存器,地址为 0x54000004,复位值为 00000000,其位功能描述如表 6.2.2 所列。

表 6.2.2　IICSTAT 的位功能描述

位功能	位	描　述	初始状态
模式选择	[7:6]	I²C 总线主/从 Tx/Rx 模式选择位。 00:从接收模式;01:主接收模式; 10:从发送模式;11:主发送模式	0
忙信号状态/启动/停止条件	[5]	读 0:I²C 总线不忙;写 0:产生 I²C 总线停止信号 读 1:I²C 总线忙;写 1:产生 I²C 总线启动信号	0
串行输出使能	[4]	0:禁止 Tx/Rx 信号传输;1:使能 Tx/Rx 信号传输	0
仲裁状态标志	[3]	0:总线仲裁成功;1:总线仲裁不成功	0
从设备状态标志与地址	[2]	作为从设备时, 0:当检测到启动或停止信号时清零; 1:接收到的从地址与在 IICADD 中的匹配	0
零地址状态标志	[1]	作为从设备时, 0:当检测到启动或停止信号时清零; 1:接收到从地址为 00000000b	0
接收到的最后数据位状态标志	[0]	0:接收到最后数据位后,接收到 ACK 应答信号; 1:接收到最后数据位后,没有接收到 ACK 应答信号	0

(3) IICADD

IICADD(I²C 总线地址寄存器)为可读/写寄存器,地址为 0x54000008,复位值为 xxxxxxxx,其位功能描述如表 6.2.3 所列。

表 6.2.3　IICADD 的位功能描述

位功能	位	描　述	初始状态
从地址	[7:0]	7 位从设备的地址,从地址＝[7:1]。当在 IICSTAT 中的串行输出使能＝0 时,IICADD 写使能。在任何时候都可以对 IICADD 的值进行读操作	xxxxxxxx

(4) IICDS

IICDS(移位数据寄存器)为可读/写寄存器,地址为 0x5400000C,复位值为 xxxxxxxx,其位功能描述如表 6.2.4 所列。

表 6.2.4 IICDS 的位功能描述

位功能	位	描 述	初始状态
数据移位	[7:0]	I²C 总线发送/接收操作的 8 位数据移位寄存器。当在 IICSTAT 中的串行输出使能(= 1)时,IICDS 写使能。任何时候都可以对 IICDS 的值进行读操作	xxxxxxxx

6.2.3 S3C2410A 的 I²C 接口应用实例

S3C2410A I²C 总线与使用 I²C 总线的 EEPROM 芯片 KS24C080C 连接电路如图 6.2.2 所示。

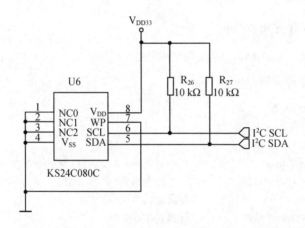

图 6.2.2 S3C2410A I²C 总线与 KS24C080C 连接电路

KS24C080C 作为 I²C 从设备,其地址为 0xA0,S3C2410A 通过 I²C 总线对该芯片进行读/写操作,下面介绍程序。

(1) I²C 接口初始化

首先必须进行 I²C 端口初始化,然后配置 I²C 控制寄存器。I²C 接口初始化操作通过函数 void iic_init()完成。

```
rPCONF = (rPCONF&0xFFFFFFF0) | 0xa;          /* PF0: IICSCL, PF1: IICSDA */
rPUPF |= 0x3;                                 /* 上拉,禁止 */

rIICCON = (1 ≪ 7)|(0 ≪ 6)|(1 ≪ 5)|(0xf);   /* 使能中断, IICCLK = MCLK/16 */
rIICADD = 0x10;                               /* S3C2410X 地址 */
rIICSTAT = 0x10;
```

(2) I²C 写操作

I²C 写操作通过函数 void iic_write_24C08(LJ32 slvAddr, U32 addr, U8 data)完成。其中,slvAddr 为从设备地址,在本系统中为 0xA0;addr 为待写入数据到芯片的地址;data 为待写入的数据。下面介绍 I²C 写操作代码。

ARM9 嵌入式系统设计基础教程(第 2 版)

① 填写 I²C 命令 I²C 缓冲区数据及大小。

```
iic_command = WRDATA;
iic_data_tx_index = 0;
iic_buffer[0] = (U8)addr;
iic_buffer[1] = data;
iic_data_tx_size = 2;
```

② 设置从设备地址并启动 I²C 操作。在 I²C 轮询函数中进行读/写操作,操作完毕,iicdata tx size 将被置为—1。

```
rIICDS = slvAddr;
rIICSTAT = 0xf0;                //主射发送,启动
```

③ 等待写操作完成。

```
while(iic_data_tx_size! = -1); Run_IicPoll();
```

④ 等待从设备应答。

```
_iicMode = POLLACK;
    while(1) {
        rIICDS = slvAddr;
        _iicStatus = 0x100;      //初始化_iicStatus,以便于检查_iicStatus 是否改变
        rIICSTAT = 0xf0;         //主设发送,启动,输出使能,串行输出使能,清除,
                                 //清除,0
        rIICCON = 0xaf;          //继续 I²C 操作
        while(_iicStatus == 0x100)
            Run_IicPoll();
        if(! (_iicStatus & 0x1))
            break;               //当收到应答时,退出 while
    }
    rIICSTAT = 0xd0;             //主设发送条件,停止(写),输出使能
    rIICCON = 0xaf;              //继续 I²C 操作
    Delay(1);                    //等待直到停止条件生效
```

(3) I²C 读操作

I²C 读操作通过函数 void iic_read_24C08(U32 slvAddr, U32 addr, U8 * data) 完成。其中,slvAddr 为从设备地址,在本系统中为 0xA0;addr 为待读入数据的地址;data 为待读入数据的缓冲区指针。下面介绍 I²C 读操作代码。

① 填写 I²C 命令。

```
iic_command = SETRDADDR;
iic_data_tx_index = 0;
iic_buffer[0] = (U8)addr;
```

```
iic_data_tx_size = 1;
```

② 等待写操作完成。

```
rIICDS = slvAddr;
rIICSTAT = 0xf0;                      //主设发送,启动
while(iic_data_tx_size! = - 1);
```

③ 启动 I²C 操作。在 I²C 轮询函数中进行读/写操作,操作完毕读取的数据被送入 iic_buffer 中。

```
_iicMode = RDDATA;
_iicPt = 0;
iic_data_tx_size = 1;
rIICDS = slvAddr;
rIICSTAT = 0xb0;                      //主设发送,启动
rIICCON = 0axf;                       //继续 I²C 操作
while(iic_data_tx_size! = - 1)
    Run_IicPoll();
* data = _iicData[1];
```

(4) I²C 轮询函数

本实验采用轮询方式进行 I²C 发送和接收处理,包括对 POLLACK、RDDATA 、WRDATA 命令的处理。I²C 轮询函数的代码如下:

```
void Run_IicPoll(void) {
    if(rIICCON & 0x10)                //Tx/Rx 中断使能
    IicPoll();
}
void IicPoll(void) {
    U32 iicSt, i;

    iicSt = rIICSTAT;
    if(iicSt & 0x8) {}                //当总线仲裁失败时
    if(iicSt & 0x4) {}                //当从设地址与 IICADD 匹配时
    if(iicSt & 0x2) {}                //当从设地址是 0000000b
    if(iicSt & 0x1) {}                //当 ACK 没有被接收时
    switch(_iicMode) {
        case POLLACK:
            _iicStatus = iicSt;
            break;
        case RDDATA:
            if((iic_data_tx_size -- ) == 0){
                iic_buffer[_iicPt ++ ] = rIICDS;
```

```
            rIICSTAT = 0x90;              //停止主设接收条件
            rIICCON = 0xaf;               //继续 I²C 操作
            Delay(1);                     //等待,直到停止条件生效
            break;
        }
        iic_buffer[_iicPt ++ ] = rIICDS;
        if((iic_data_tx_size) == 0)
            rIICCON = 0x2f;
        else
            rIICCON = 0xaf;
        break;
    case WRDATA:
        if((iic_data_tx_size -- ) == 0) {
            rIICSTAT = 0xd0;              //停止主设发送条件
            rIICCON = 0xaf;               //继续 I²C 操作
            Delay(1);                     //等待直到停止条件生效
            break;
        }
        rIICDS = iic_buffer[_iicPt ++ ]; //iic_buffer[0]已空
        for(i = 0;i<10;i ++ );
        rIICCON = 0xaf;                   //继续 I²C 操作
        break;
    case SETRDADDR:
        if((iic_data_tx_size -- ) == 0) {
            break;
        }
        rIICDS = iic_buffer[_iicPt ++ ];
        for(i = 0;i<10;i ++ );
        rIICCON = 0xaf;                   //继续 I²C 操作
        break
    default:
        break;
    }
}
```

6.3　USB 接口

6.3.1　USB 接口基本原理与结构

　　USB(Universal Serial Bus,通用串行总线)是由 Compaq、HP、Intel、Lucent、

Microsoft、NEC 和 NXP 等公司制定的连接计算机与外围设备的机外总线。

1. USB 总线的主要性能特点

① 热即插即用。USB 提供机箱外的热即插即用功能，连接外设不必再打开机箱，也不必关闭主机电源，USB 可智能地识别 USB 链上外围设备的动态插入或拆除，具有自动配置和重新配置外设的能力，连接设备方便，使用简单。

② 可连接多个外部设备。每个 USB 系统中有个主机，USB 总线采用"级联"方式可连接多个外部设备。每个 USB 设备用一个 USB 插头连接到上一个 USB 设备的 USB 插座上，而其本身又提供一个或多个 USB 插座供下一个或多个 USB 设备连接使用。这种多重连接是通过集线器来实现的，整个 USB 网络中最多可连接 127 个设备，支持多个设备同时操作。

③ 可同时支持不同同步和速率的设备。USB 可同时支持同步传输和异步传输两种传输方式，可同时支持不同速率的设备，速率最高可达几百 Mbit/s。支持主机与设备之间的多数据流和多消息流传输，且支持同步和异步传输类型。

④ 较强的纠错能力。USB 系统可实时地管理设备插拔。在 USB 协议中包含了传输错误管理、错误恢复等功能，同时根据不同的传输类型来处理传输错误。

⑤ 低成本的电缆和连接器。USB 采用统一的 4 引脚插头和一根 4 芯的电缆传送信号和电源，电缆长度可长达 5 m。

⑥ 总线供电。USB 总线可为连接在其上的设备提供 5 V 电压/100 mA 电流的供电，最大可提供 500 mA 的电流。USB 设备也可采用自供电方式。

2. USB 系统结构

一个 USB 系统可以由 USB 主机、USB 设备和 USB 互连 3 部分来描述。

① USB 设备　USB 设备分为 Hub（集线器）和 Function（功能）两大类。Hub 提供到 USB 的附加连接点，Function 为主机系统提供附加的性能。实际上，Function 就是可发送和接收 USB 数据的，可实现某种功能的 USB 设备。USB 设备应具有标准的 USB 接口。

② USB 主机　在任何一个 USB 系统中只有一个主机，到主计算机系统的 USB 接口被称作主控制器。主控制器可采用硬件、固件或软件相结合的方式来实现，与 Hub 集成在主机系统内，向上与主总线（如 PCI 总线）相连，向下可提供一或多个连接点。

③ USB 互连　USB 互连指的是 USB 设备与主机的连接和通信方式，它包括总线拓扑结构、内层关系、数据流模型和 USB 调度表。

USB 总线用来连接各 USB 设备和 USB 主机。USB 在物理上连接成一个层叠的星形拓扑结构，Hub 是每个星的中心，每根线段表示一个点到点（point-to-point）的连接，可以是主机与一个 Hub 或功能之间的连接，也可以是一个 Hub 与另一个 Hub 或功能之间的连接。

USB 的拓扑结构最多只能有 7 层(包括根层)。在主机和任一设备之间的通信路径中最多支持 5 个非根 Hub 复合设备(Compound Device)要占据两层,不能把它连到第 7 层,第 7 层只能连接 Function 设备。

3. 物理接口

USB 总线的电缆有一对标准尺寸的双绞信号线和一对标准尺寸的电源线,共 4 根导线。

USB 总线支持 480 Mbit/s(高速)、12 Mbit/s(全速)、1.5 Mbit/s(低速)3 种的数据传输速率。

USB 2.0 支持在主控制器与 Hub 之间用高速、全速和低速数据传输,Hub 与设备之间以全速或低速传输数据。

4. 电　源

USB 的电源规范包括电源分配和电源管理两个方面。

(1) 电源分配

电源分配用来处理 USB 设备如何使用主机通过 USB 总线提供的电源。主机可以为直接连接到它的 USB 设备提供电源,Hub 也对它所连接的 USB 设备提供电源。每根 USB 电缆提供的电源功率是有限的。完全依赖电缆供电的 USB 设备称作总线供电设备(bus-powered device)。USB 设备也可自带电源。有后备(alternate)电源的设备称作自我供电设备(self-powered device)。

(2) 电源管理

USB 主机有一个独立于 USB 的电源管理系统。USB 系统软件与主机电源管理系统之间交互作用,共同处理诸如挂起或恢复等系统电源事件。

5. 总线协议

USB 是一种查询(polling)总线,由主控制器启动所有的数据传输。USB 上所连接的外设通过由主机调度的(host-scheduled),基于令牌的(token-based)协议来共享 USB 带宽。

大部分总线事务涉及 3 个包的传输。当主控制器按计划发出一个描述事务类型和方向、USB 设备地址和端点号的 USB 包时,就开始发起一个事务,这个包称作"令牌包"(token packet),它指示总线上要执行什么事务,欲寻址的 USB 设备及数据传送方向。然后,事务源发送一个数据包(data packet),或者指示它没有数据要传输。最后,目标一般还要用一个指示传输是否有成功的握手包(handshake packet)来响应。

主机与设备端点之间的 USB 数据传输模型被称作管道。管道有流和消息两种类型。消息数据具有 USB 定义的结构,而流数据没有。管道与数据带宽、传输服务类型、端点特性(如方向性和缓冲区大小)有关。当 USB 设备被配置时,大多数管道就形成了。一旦设备加电,总是形成一个被称作默认控制管道的消息管道,以便提供对设备配置、状态和控制信息的访问。

事务调度表(transaction schedule)允许对某些流管道进行流量控制,在硬件级,通过使用 NAK(否认)握手信号来调节数据传输率,以防止缓冲区上溢或下溢产生。当被否认时,一旦总线时间可用,会重试该总线事务。流量控制机制允许灵活地进行调度,以适应异类混合流管道的同时服务,因此,可以在不同的时间间隔,用不同规模的包为多个流管道服务。

6. 健壮性(robustness)

USB 采取以下措施提高它的健壮性:

- 使用差分驱动器和接收器以及屏蔽保护,以保证信号的完整性;
- 控制域和数据域的 CRC 保护校验;
- 连接和断开检测及系统级资源配置;
- 协议的自我修复,对丢失包或毁坏包执行超时(timeouts)处理;
- 对流数据进行流量控制,以保证对等步和硬件缓冲器维持正常的管理;
- 采用数据管道和控制管道结构,以保证功能之间的独立性;
- 协议允许用硬件或软件的方法对错误进行处理,硬件错误处理包括对传输错误的报告和重发。

6.3.2 S3C2410A 的 USB 控制器

S3C2410A 的芯片内部包含有 USB 主机控制器和 USB 设备控制器。

S3C2410A 的 USB 主机控制器内部结构如图 6.3.1 所示。S3C2410A 的 USB 主机控制器支持两通道 USB 主机接口,兼容 OHCI 1.0 规范,兼容 USB 1.1 规范,具有两个向下数据流通道,支持低速和高速 USB 设备。

S3C2410A 的 USB 设备控制器内部结构方框图如图 6.3.2 所示。S3C2410A 的 USB 设备控制器具有集成的 USB 收发器(12 Mbit/s),批量传输的 DMA 接口,5 个带 FIFO 的端口。其中,EP0 为 16 字节(寄存器),EP1～EP4 为 64 字节 IN/OUT FIFO(双通道异步 RAM),可采用中断或者 DMA 方式。支持 DMA 接口在大端口上的接收和发送(EP1、EP2、EP3 和 EP4)。支持挂起和远程唤醒功能。

S3C2410A 的 USB 主机控制器和 USB 设备控制器都有自己的寄存器。所有的寄存器都是通过字节或字方式进行访问,在小端和大端方式下,访问的偏移地址会有不同。

有关 S3C2410A USB 控制器的更多的内容请参考"Users Manual S3C2410A - 200 MHz & 266 MHz 32 Bit RISC Microprocessor Revision 1.0",网址为 http://www.samsung.com。

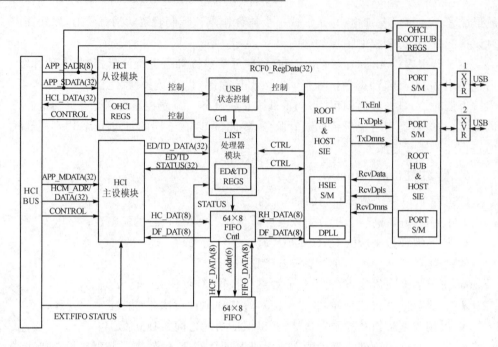

图 6.3.1　S3C2410A 的 USB 主机控制器内部结构方框图

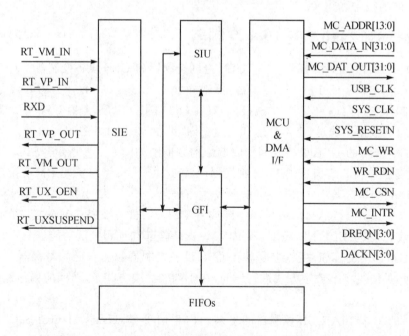

图 6.3.2　S3C2410A 的 USB 设备控制器内部结构方框图

6.3.3　S3C2410A 的 USB 接口电路与驱动程序

1. S3C2410A USB 接口电路

在 S3C2410A 芯片中集成有 USB 接口控制器电路,可以直接利用芯片的 USB 接口。采用 S3C2410A 可以提供 1 个 DEVICE USB 和 2 个 HOST USB。USB 接口电路如图 6.3.3 所示。

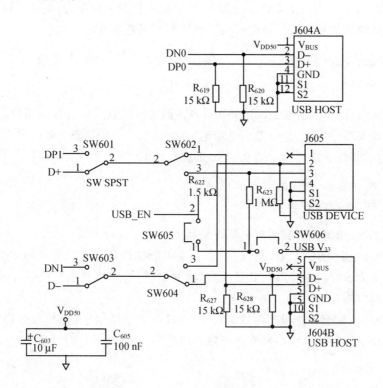

图 6.3.3　S3C2410A USB 接口电路

2. 设备驱动程序设计例

在所有的操作之前,必须对 S3C2410A 的杂项控制器进行如下设置:

```
rMISCCR = rMISCCR&~(1 << 3);        //使用 USB 设备而不是 USB 主机功能
rMISCCR = rMISCCR&~(1 << 3);        //使用 USB 端口 1 模式
```

① 初始化 USB　在使用 USB 之前,必须要进行初始化操作。USB 主机和 USB 设备接口都需要 48 MHz 的时钟频率。在 S3C2410A 中,这个时钟是由 UPLL(USB 专用 PLL)来提供的。USB 初始化的第一步就是对 UPLL 控制器进行设置。

```
ChangeUP11Value(40,1,2);            //UCLK = 48 MHz
```

在 USB 1. x 规范中,规定了 5 种标准的 USB 描述符: 设备描述符(device descriptor)、配置描述符(configuration descriptor)、接口描述符(interface descriptor)、端点描述符(endpoint descriptor)和字符串描述符(string descriptor)。每个 USB 设备只有一个设备描述符,而一个设备中可以包含一个或多个配置描述符,即 USB 设备可以有多种配置。设备的每一个配置中又可以包含一个或多个接口描述符,即 USB 设备可以支持多种功能(接口),接口的特性通过接口描述符提供。例如: 在 Embest EDUKIT - II/III 实验平台的 USB 设备中只有一种配置,支持一种功能。关于设备描述符表的初始化以及配置由下面的两个函数实现:

```
InitDescriptorTable();          //初始化描述符表
ConfigUsbd();                   //设备的配置
```

在 ConfigUsbd()函数中,将 USB 设备控制器的端点设置为控制端点,端点 1 设置为批量输入端点,端点 3 设置为批量输出端点,端点 2 和端点 4 暂时没有使用。同时,还使能了端口 0、1、3 的中断和 USB 的复位中断。

```
rEP_INT_EN_REG = EP0_INT|EP1_INT|EP3_INT;
rUSB_INT_EN_REG = RESET_INT;
```

除此之外,初始化过程还对中断服务程序入口等进行设置。

② USB 中断 S3C2414A 能够接收 56 个中断源的请求。当它接收到来自 USB 设备的中断请求时就会将 SRCPND 寄存器的 INT_USBD 置位。经过仲裁之后,中断控制器向内核发送 IRQ 中断请求。

③ USB 中断服务例程当内核接收 USB 设备的中断请求之后,就会转入相应的中断服务程序运行。这个中断服务程序入口是在 USB 初始化时设置的。

```
pISR_USBD = (unsigned) IsrUsbd;
```

④ USB 读/写 USB 设备的读/写是通过管道来完成的。管道是 USB 设备与 USB 主机之间数据通信的逻辑通道,它的物理介质就是 LTSB 系统中的数据线。在设备端,管道的主体是"端点",每个端点占据各自的管道和 USB 主机通信。

所有的设备都需要有支持控制传输的端点,协议将端点 0 定义为设备默认的控制端点。在设备正常工作之前,USB 主机必须为设备分配总线上唯一的设备地址,并完成读取设备的各种描述符。根据描述符的需求为设备的端点配置管道,分配带宽等工作,另外,在设备的工作过程中,主机希望及时地获取设备的当前状态。以上的过程是通过端点 0 来完成的。

USB 设备与主机之间的数据的接收和发送采用的是批量传输方式。端点 1 为批量输入端点,端点 3 为批量输出端点(输入和输出以 USB 主机为参考)。端点 3 数据的批量传输由 DMA 接口实现。

6.4　SPI 接口

6.4.1　SPI 接口基本原理与结构

　　SPI(Serial Peripheral Interface,串行外围设备接口)是由 Freescale 公司开发的一个低成本、易使用的接口,主要用在微控制器和外围设备芯片之间进行连接。SPI 接口可以用来连接存储器、A/D 转换器、D/A 转换器、实时时钟日历、LCD 驱动器、传感器、音频芯片,甚至其他处理器等。

　　SPI 是一个 4 线接口,主要使用 4 个信号:主机输出/从机输入(MOSI)、主机输入/从机输出(MISO)、串行 SCLK 或 SCK、外设芯片($\overline{\text{CS}}$)。有些处理器有 SPI 接口专用的芯片选择,称为从机选择($\overline{\text{SS}}$)。

　　MOSI 信号由主机产生,从机接收。在有些芯片上,MOSI 只被简单地标为串行输入(SI),或者串行数据输入(SDI)。MISO 信号由从机产生,不过还是在主机的控制下产生的。在一些芯片上,MISO 有时被称为串行输出(SO)或串行数据输出(SDO)。外设片选信号通常只是由主机的备用 I/O 引脚产生的。

　　与标准的串行接口不同,SPI 是一个同步协议接口,所有的传输都参照一个共同的时钟,这个同步时钟信号由主机(处理器)产生,接收数据的外设(从设备)使用时钟来对串行比特流的接收进行同步化。可以将多个具有 SPI 接口的芯片连到主机的同一个 SPI 接口上,主机通过控制从设备的片选输入引脚来选择接收数据的从设备。

　　如图 6.4.1 所示,微处理器通过 SPI 接口与外设进行连接,主机和外设都包含一个串行移位寄存器,主机写入一个字节到它的 SPI 串行寄存器,SPI 寄存器是通过 MOSI 信号线将字节传送给外设。外设也可以将自己移位寄存器中的内容通过 MISO信号线传送给主机。外设的写操作和读操作是同步完成的,主机和外设的两个移位寄存器中的内容被互相交换。

177

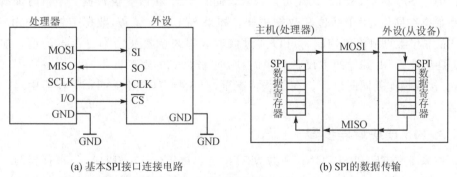

(a) 基本SPI接口连接电路　　　　　　　(b) SPI的数据传输

图 6.4.1　微处理器通过 SPI 接口与外设进行连接

　　如果只是进行写操作,主机只需忽略收到的字节;反过来,如果主机要读取外设的一个字节，就必须发送一个空字节来触发从机的数据传输。

当主机发送一个连续的数据流时，有些外设能够进行多字节传输。例如多数具有 SPI 接口的存储器芯片都以这种方式工作。在这种传输方式下，SPI 外设的芯片选择端必须在整个传输过程中保持低电平。比如，存储器芯片会希望在一个"写"命令之后紧接着收到的是 4 个地址字节（起始地址），这样后面接收到的数据就可以存储到该地址。一次传输可能会涉及千字节的移位或更多的信息。

根据时钟极性和时钟相位的不同，SPI 有 4 个工作模式。时钟极性有高电平和低电平两种。时钟极性为低电平时，空闲时时钟（SCK）处于低电平，传输时跳转到高电平；时钟极性为高电平时，空闲时时钟处于高电平，传输时跳转到低电平。

时钟相位有两个：时钟相位 0 和时钟相位 1。对于时钟相位 0，如果时钟极性是低电平，MOSI 和 MISO 输出在 SCK 的上升沿有效。如果时钟电平极性为高，对于时钟相位 0，这些输出在 SCK 的下降沿有效。MISO 输出的第 X 位是一个未定义的附加位，是 SPI 接口特有的情况。用户不必担心这个位，因为 SPI 接口将忽略该位。

6.4.2　S3C2410A 的 SPI 接口电路

1. SPI 接口的内部结构

S3C2410A 有两个串行外围设备接口（SPI），内部结构如图 6.4.2 所示。S3C2410A 的 SPI 接口兼容 SPI 接口协议 v2.11，具有 8 位预分频逻辑，查询、中断和 DMA 传送模式。每个 SPI 口都有两个分别用于发送和接收的 8 位移位寄存器，在一次 SPI 通信中，数据被同步发送（串行移出）和接收（串行移入）。8 位串行数据的速率由相关的控制寄存器的内容决定。如果只想发送，接收到的是一些虚拟的数据。另外，如果只想接收，发送的数据也可以是一些虚拟的 1。

2. SPI 接口操作

通过 SPI 接口，S3C2410A 可以与外设同时发送/接收 8 位数据。串行时钟线与两条数据线同步，用于移位和数据采样。如果 SPI 是主设备，数据传输速率由 SPPREn 寄存器的相关位控制。可以通过修改频率来调整波特率寄存器的值。如果 SPI 是从设备，由其他的主设备提供时钟，向 SPDATn 寄存器中写入字节数据，SPI 发送/接收操作就同时启动。在某些情况下，nSS 要在向 SPDATn 寄存器中写入字节数据之前激活。

3. SPI 模块编程步骤

如果 ENSCK 和 SPCONn 中的 MSTR 位都被置位，向 SPDATn 寄存器写一个字节数据，就启动一次发送。也可以使用典型的编程步骤来操作 SPI 卡。

① 设置波特率预分频寄存器（SPPREn）。

② 设置 SPCONn，用来配置 SPI 模块。

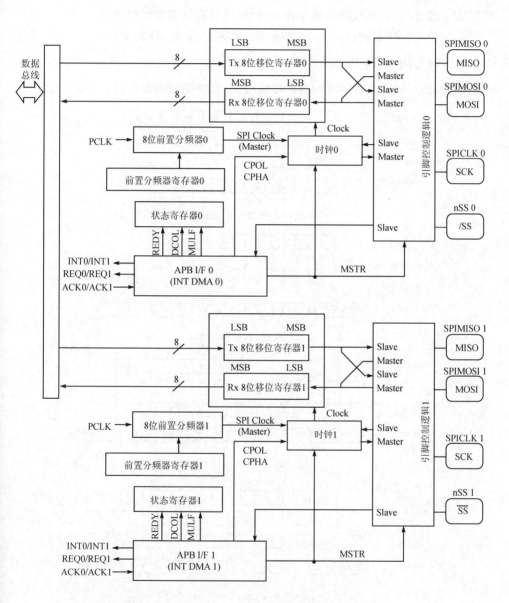

图 6.4.2　S3C2410A 的 SPI 接口内部结构方框图

③ 向 SPDATn 中写 10 次 0 xFF,用来初始化 MMC 或 SD 卡。

④ 将一个 GPIO(当作 nSS)清 0,用来激活 MMC 或 SD 卡。

⑤ 发送数据,然后核查发送准备好标志(REDY =1),之后写数据到 SPDATn。

⑥ 接收数据(1):禁止 SPCONn 的 TAGD 位,正常模式,然后向 SPDAT 中写 0xFF,确定 REDY 被置位后,从读缓冲区中读出数据。

⑦ 接收数据(2)：使能 SPCONn 的 TAGD 位,自动发送虚拟数据模式,然后确定 REDY 被置位后,从读缓冲区中读出数据,之后自动开始传输数据。

⑧ 置位 GPIO 引脚(作为 nSS 的那个引脚端),停止 MMC 或 SD 卡。

4. SPI 口的传输格式

S3C2410A 支持 4 种不同的数据传输格式,具体的波形图如图 6.4.3 所示。

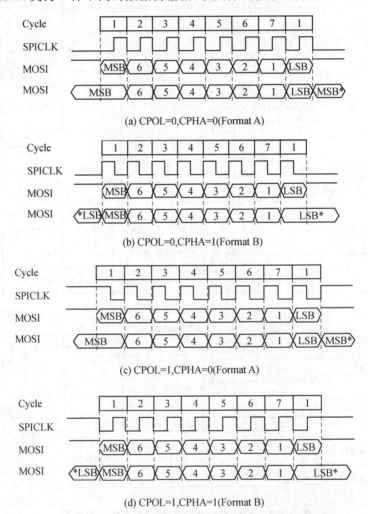

(a) CPOL=0,CPHA=0(Format A)

(b) CPOL=0,CPHA=1(Format B)

(c) CPOL=1,CPHA=0(Format A)

(d) CPOL=1,CPHA=1(Format B)

图 6.4.3　S3C2410A SPI 支持的 4 种不同的数据传输格式波形图

要注意 SPI 从设备 Format B 接收数据模式,如果 SPI 从设备接收模式被激活,并且 SPI 格式被选为 B,则 SPI 操作将会失败。DMA 模式不能用于从设备 Format B 形式。查询模式如果接收从设备采用 Format B 形式,DATA_READ 信号应该比 SPICLK 延迟一个相位。同样,中断模式如果接收从设备采用 Format B 形式,

DATA_READ信号应该比 SPICLK 延迟一个相位。

5. SPI 接口特殊寄存器

(1) SPICONn

SPICONn(SPI 控制寄存器,$n=0$、1)为可读/写寄存器,地址为 0x59000000/0x59000020,复位值为 0x00,该寄存器控制 SPI 的工作模式。SPICONn 的位功能描述如表 6.4.1 所列。

表 6.4.1　SPICONn 的位功能描述

位名称	功能描述
SPCONn[6:5]	SPTDAT 的读/写模式选择。 00:查询模式;01:中断模式;10:DMA 模式;11:保留
SPCONn[4]	SCK 使能/禁止位。 0:禁止 SCK;1:使能 SCK
SPCONn[3]	主/从选择位。 0:从设备;1:主设备
SPCONn[2]	时钟极性选择位。 0:时钟高电平有效;1:时钟低电平有效
SPCONn[1]	时钟相位选择位。 0:格式化 A;1:格式化 B
BSPCONn[0]	自动发送虚拟数据使能选择位。 0:正常模式;1:自动发送虚拟数据模式

(2) SPSTAn

SPSTAn(SPI 状态寄存器)为可读/写寄存器,地址为 0x59000004/0x59000024,复位值为 0x01。SPSTAn 的位功能描述如表 6.4.2 所列。

表 6.4.2　SPSTAn 的位功能描述

位名称	功能描述
SPSTAn[7:3]	保留位
SPSTAn[2]	数据冲突错误标志位。 0:未检测到冲突;1:检测到冲突错误
SPSTAn[1]	多主设备错误标志位。 0:未检测到该错误;1:发现多主设备错误
SPSTAn[0]	数据传输完成标志位。 0:未完成;1:完成数据传输

(3) SPPINn

SPPINn(SPI 引脚控制寄存器)为可读/写寄存器,地址为 0x59000008/0x59000028,复位值为 0x02。SPPINn 的位功能描述如表 6.4.3 所列。

表 6.4.3 SPPINn 的位功能描述

位名称	功能描述
SPPINn[7:3]	保留位
SPPINn[2]	多主设备错误检测使能<ENMUL> 0:禁止该功能;1:使能该功能
SPPIN[1]	保留位,总为 1
SPPIN[0]	主设备发送完一个字节后是继续驱动还是释放 0:释放;1:继续驱动

当一个 SPI 系统被允许时,nSS 之外的引脚的数据传输方向都由 SPCONn 的 MSTR 位控制,nSS 引脚总是输入。

当 SPI 是一个主设备时,nSS 引脚用于检测多主设备错误(如果 SPPIN 的 EN-MUL 位被使能),另外,还需要一个 GPIO 来选择从设备。

如果 SPI 被配置为从设备,nSS 引脚用来被选择为从设备。

SPIMIS0 和 SPIMOS1 数据引脚用于发送或者接收串行数据。如果 SPI 口被配置为主设备,那么 SPIMIS0 就是主设备的数据输入线,SPIMOS1 就是主设备的数据输出线,SPICLK 是时钟输出线;如果 SPI 口被配置为从设备,这些引脚的功能就正好相反。在一个多主设备的系统中,SPICLK、SPIMOS1、SPIMIS0 都是一组一组单独配置的。

(4) SPIPREn

SPIPREn(SPI 波特率预分频寄存器)为可读/写寄存器,地址为 0x5900000C/0x5900002C,复位值为 0x00。

SPPREn[7:0]设置预分频值。可以通过预分频值计算波特率,公式如下:
$$波特率=(f_{PCLK}/2)/(预分频值+1)$$

(5) SPTDATn

SPTDATn(SPI 发送数据寄存器)为可读/写寄存器,地址为 0x59000010/0x59000030,复位值为 0x00,存放待 SPI 口发送的数据。

(6) SPRDATn

SPRDATn(SPI 接收数据寄存器)为只读寄存器,地址为 0x59000014/0x59000034,复位值为 0x00,存放 SPI 口接收到的数据。

6. SPI 接口电路

在 ARM 开发板上可以采用独立的 SPI 接口(J602),其电路如图 6.4.4 所示;也可以通过 PCI 插槽引出相应引脚,如通过 PCI 接口引出,见 6.5 节。

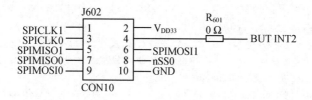

图 6.4.4　SPI 接口电路

6.4.3　S3C2410A 的 SPI 接口编程实例

下面实例通过 S3C2410A 处理器的 SPI0 口发送数据,SPI1 口接收数据,实验时需要把下面相应信号接到一起:

SPIMISO0↔SPIMISO1　　　　　SPIMOSI0↔SPIMOSI1

SPICLK0↔SPICLK1　　　　　nSS0↔nSS1(BUT_INT2)

参考程序[3]如下:

1. 定义外部变量和函数

```
void spi0_int(void)__attribute__((interrupt("IRQ")));
void spi1_int(void)__attribute__((interrupt("IRQ")));
INT32T ucSpiBaud = 200000;
UINT8T * cTxData = "S3C2410SPI COMMUNICATION TEST!";
UINT8T cRxData[256];
UINT8T cRxNo, cTxEnd;
```

2. SPI 测试

```
oid spi_test(void)
{
    int i;
    uart_printf("\n SPI Communication Test Example\n");
    uart_printf("The words that SPI0 transmit are:\n");
    uart_printf(" % s\n", cTxData);

    pISR_SPI0 = (unsigned) spi0_int;
    pISR_SPI1 = (unsigned)spi1_int;

    //clear interrupt pending
    ClearPending(BIT_SPI0);
    ClearPending(BIT_SPI1);

    //IO port configuration
    rGPECON = (2 << 26)|(2 << 24)|(2 << 22);          //SPI1 配置为从设
```

```
rGPGCON = (3 << 14)|(3 << 12)|(3 << 10)|(3 << 6)|(1 << 4); //nSS0 位输出
rGPGUP & = 0xFF13;
rGPEUP & = 0xC7FF;
rSPPRE0 = PCLK/2/ucSpiBaud - 1;
rSPCON0 = (1 << 5)|(1 << 4)|(1 << 3)|(0 << 2)|(0 << 1)|(0 << 0);
                    //中断模式,使能 ENSCK,主设,CPOL = 0,CPHA = 0,标准模式
rSPPRE1 = PCLK/2/ucSpiBaud - 1;
rSPCON1 = (1 << 5)|(1 << 4)|(0 << 3)|(0 << 2)|(0 << 1)|(0 << 0);
                    //中断模式,使能 ENSCK,从设,CPOL = 0,CPHA = 0,标准模式
rSPPIN0 = (0 << 2)|(1 << 1)|(0 << 0);         //禁止 ENMUL, SBO,释放
rGPGDATA & = 0xFFFB;                           //nSS0 = 0

rINTMOD & = ~(BIT_SPI0 | BIT_SPI1);
rINTMSK & = ~(BIT_SPI0 | BIT_SPI1);

while(! (rSPSTA0 & rSPSTA1 & 0x1));
cTxEnd = 0;
rSPTDAT0 = * cTxData ++ ;

rINTMSK |= (BIT_SPI0 | BIT_SPI1);
uart_printf("end.\n");
}
```

3. SPI0 中断服务程序

```
void spi0_int(void)
{
    ClearPending(BIT_SPI0);
    while(! (rSPSTA0&0x01));
    if(( * cTxData)! = '\0')
        rSPTDAT0 = * cTxData ++ ;
    else if (cTxEnd == 0)
    {
        cTxEnd = 1;
        rSPTDAT0 = '\0';
        uart_printf("\n.....................Tx OK\n");
    }
    if(cTxEnd == 1)
        rINTMSK |= BIT_SPI0;
}
```

4. SPI1 中断服务程序

```
void spi1_int(void)
{
    ClearPending(BIT_SPI1);
    while(! (rSPSTA1&0x1));
```

```
        cRxData[cRxNo ++ ] = rSPRDAT1;
        if((cRxNo>0)&&(cRxData[cRxNo - 1] == '\0')
        {
            rINTMSK |= BIT_SPI1;
            uart_printf(".......................Rx OK\n\n");
            uart_printf("The words that SPI1 receive are:\n");
            uart_printf(" % s", cRxData);
        }
    }
```

6.5　PCI 接口

6.5.1　PCI 接口基本结构

　　PCI(Peripheral Component Interconnect,外围设备互连)总线是由 Intel 公司推出的一种局部总线,是当前用于系统扩展最流行的总线之一。由 Intel 公司联合世界上多家公司成立的 PCISIG(Peripheral Component Interconnect Special Interest Group)协会,致力于促进 PCI 总线工业标准的发展。PCI 总线规范先后经历了 1.0版、2.0 版和 2.1 版。PCI 总线是地址、数据多路复用的高性能 32 位和 64 位总线,是微处理器与外围控制部件、外围附加板之间的互连机构。它制定了互连的协议、电气、机械及配置空间规范,以保证全系统的自动配置;在电气方面还专门定义了 5 V和 3.3 V 信号与环境,特别是 2.1 版本定义了 64 位总线扩展以及 66 MHz总线时钟的技术规范。

　　PCI 定义了 32 位数据总线,可扩展为 64 位。总线速度有 33 MHz 和 66 MHz两种。改良的 PCI 系统 PCI - X,其数据传输速度最高可以达到 64 位(133 MHz时)。PCI 总线主板插槽的体积比 ISA 总线插槽小,支持突发读/写操作(突发数据传输),可同时支持多组外围设备。

　　与 ISA 总线不同,PCI 总线的地址总线与数据总线是分时复用的,支持即插即用(plug and plug)、中断共享等功能。

　　PCI 总线在数据传输时,由一个 PCI 设备做发起者(称为 Initiator 或 Master),而另一个 PCI 设备做目标(称为 Target 或 Slave)。总线上所有时序的产生与控制都由 Master 发起。PCI 总线在同一时刻只能供一对设备完成传输,要求有一个仲裁机构来决定谁有权拿到总线的主控权。

　　32 位 PCI 总线的引脚按功能可以分为地址与数据总线、系统控制、传输控制、仲裁信号和错误报告等几类。

　　① 系统控制:

● CLK　PCI 时钟,上升沿有效。

● RST　Reset 信号。

② 传输控制:

- FRAME♯　标志传输开始与结束。
- IRDY♯　Master 可以传输数据的标志。
- DEVSEL♯　当 Slave 发现自己被寻址时设置低电平应答。
- TRDY♯　Slave 可以传输数据的标志。
- STOP♯　Slave 主动结束数据传输。
- IDSEL♯　在即插即用系统启动时用于选中板卡的信号。

③ 地址与数据总线:

- AD[31:0]　地址/数据分时复用总线。
- C/BE♯[3:0]　命令/字节使能信号。
- PAR　奇偶校验信号。

④ 仲裁信号:

- REQ♯　Master 用来请求总线使用权。
- GNT♯　仲裁机构允许 Master 得到总线使用权。

⑤ 错误报告:

- PERK♯　数据奇偶校验错。
- SERR♯　系统奇偶校验错。

PCI 总线进行读操作时序如图 6.5.1 所示。发起者先置 REQ♯,当得到仲裁器的许可时(GNT♯),将 FRAME♯置为低电平,并在 AD 总线上放置 Slave 地址,同时,在 C/BE♯上放置命令信号,说明接下来的类型传输。PCI 总线上的所有设备都需对此地址译码,被选中的设备置 DEVSEL♯,以声明自己被选中;然后,当 IRDY♯与 TRDY♯都被置低时,传输数据。Master 在数据传输结束前,将 FRAME♯置高以表明只剩最后一组数据要传输,当传输完数据后,放开 IRDY♯以释放总线控制权。PCI 总线发出一组地址后,理想状态下可以连续发数据,峰值速率为 132 MB/s。

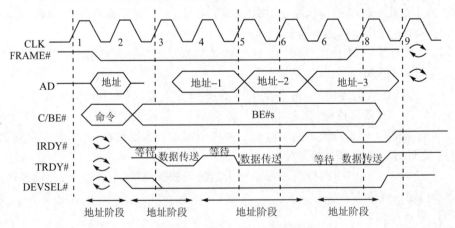

图 6.5.1　PCI 总线读操作时序

6.5.2　PCI 接口电路

一个 S3C2410A 系统开发板上的 PCI 接口电路如图 6.5.2 所示。图 6.5.2(b)比图 6.5.2(a)多了 NET_RXD0、NET_RXDV、EX_CS2、NET_TXD0、NET_RXD1、NET_RXD2、NET_RXCLK、NET_TXCLK、NET_COL、NET_MDC、NET_TXD2、NET_TXD3、SPICLK1、SPIMOSI1、BUT_INT1、NET_CRS、EX_CS1、NET_RXD3、NET_RXER、NET_MDI0、SPIMOSI0、NET_TXEN、SPIMISO0、NET_TXD1、SPICLK0、SPIMISO1、BUT_INT2、NSS0、IICSCL 和 IICSDA 等信号。

(a) PCI接口电路一　　　　　　　　(b) PCI接口电路二

图 6.5.2　PCI 接口电路

6.6　I²S 总线接口

6.6.1　数字音频简介

目前,数字音频系统越来越多地被应用,例如,CD、手机、MP3、MD、VCD、DVD、数字电视等。常用的数字声音处理需要的集成电路包括 A/D 转换器和 D/A 转换器、数字信号处理器(DSP)、数字滤波器和数字音频输入/输出接口及设备(麦克风、话筒)等。麦克风输入的模拟音频信号经 A/D 转换、音频编码器编码完成模拟音频信号到数字音频信号的转换,编码后的数字音频信号通过控制器送入 DSP(或微处理器)进行相应的处理。音频输出时,数字音频信号(音频数据)经控制器发送给音频解码器,经 D/A 转换后由扬声器输出。

数字音频涉及的概念很多,最重要的是理解:采样和量化。采样就是每隔一定时间读一次声音信号的幅度,而量化则是将采样得到的声音信号幅度转换为数字值。从本质上讲,采样是时间上的数字化,而量化则是幅度上的数字化。

根据奈奎斯特(Nyquist)采样定理,采样频率应是输入信号的最高频率 2 倍。为了保证声音不失真,采样频率应该在 40 kHz 左右。常用的音频采样频率有 8 kHz、11.025 kHz、22.05 kHz、16 kHz、37.8 kHz、44.1 kHz、48 kHz 等,要达到 DVD 的音质需要采用更高的采样频率。

量化是对模拟音频信号的幅度进行数字化,量化位数决定了模拟信号数字化以后的动态范围,常用的有 8 位、12 位和 16 位。量化位越高,信号的动态范围越大,数字化后的音频信号就越接近原始信号,但所需要的存储空间也越大。

声道有单声道、双声道和多声道之分。双声道又称为立体声,在硬件中有两条线路,音质和音色都要优于单声道,但数字化后占据的存储空间的大小要比单声道多一倍。多声道能提供更好的听觉感受,不过占用的存储空间也更大。

数字音频数据有 PCM、MP3、WMA、WAV、Ogg Vorbis、RA、AAC、ATRAC3 等多种不同的文件格式。

(1) PCM

PCM 数字音频是 CD - ROM 或 DVD 采用的数据格式。对左右声道的音频信号采样得到 PCM 数字信号,采样频率为 44.1 kHz,,精度为 16 位或 32 位。在 16 位精度时,PCM 音频数据速率为 1.41 Mbit/s;在 32 位精度时,PCM 音频数据速率为 2.42 Mbit/s。一张 700 MB 的 CD 可保存大约 60 min 的 16 位 PCM 数据格式的音乐。

(2) MP3

MP3(全称为 MPEG1 Layer - 3 音频文件)是 MP3 播放器采用的音频格式,对 PCM 音频数据进行压缩编码。例如,一分钟 CD 音质的音乐,未经压缩需要 10 MB 的存储空间,而经过 MP3 压缩编码后只有 1 MB 左右。立体声 MP3 数据速率为 112~128 kbit/s。对于这种数据速率,解码后的 MP3 声音效果与 CD 数字音频的质量相同。MP3 只能编码 2 个声道。

（3）WMA

WMA 是 Windows Media Audio 编码后的文件格式，由微软公司开发。WMA 针对的是网络市场。只有在 64 kbit/s 的码率情况下，WMA 可以达到接近 CD 的音质。WMA 支持防复制功能，它支持通过 Windows Media Rights Manager 加入保护，可以限制播放时间和播放次数甚至于播放的机器等。WMA 支持流技术（即一边读一边播放），可以很轻松地实现在线广播。

（4）WAV

WAV 由微软公司开发，WAV 文件格式符合 RIFF（Resource Interchange File Format，资源互换文件格式）规范。WAV 的文件头保存了音频流的编码参数，除了 PCM 之外，几乎所有支持 ACM 规范的编码都可以为 WAV 的音频流进行编码。在 Windows 平台下，基于 PCM 编码的 WAV 是被支持得最好的音频格式。由于 WAV 本身可以达到较高的音质的要求，WAV 也是音乐编辑创作的首选格式，适合保存音乐素材。基于 PCM 编码的 WAV 可以作为一种中介的格式，常常使用在其他编码的相互转换之中，例如，MP3 转换成 WMA。

（5）Ogg Vorbis

Ogg Vorbis（Vorbis 是 OGG 项目中音频编码的正式命名）是一个高质量的音频编码方案，Ogg Vorbis 可以在相对较低的数据速率下实现比 MP3 更好的音质，而且它可以支持多声道。Ogg Vorbis 是一种灵活开放的音频编码，能够在编码方案已经固定下来后，继续对音质进行明显的调节和新算法的改良。Ogg Vorbis 像一个音频编码框架，可以不断导入新技术逐步完善。

（6）RA

RA（RealAudio）格式完全针对网络上的媒体市场，具有非常丰富的功能。RA 格式可以根据听众的带宽来控制码率，在保证流畅的前提下尽可能提高音质。RA 可以支持多种音频编码，其中包括 ATRAC3。与 WMA 一样，RA 不但支持边读边放，也同样支持使用特殊协议来隐匿文件的真实网络地址，从而实现只在线播放而不提供下载的欣赏方式。

（7）APE

APE 是 Monkey's Audio 提供的一种无损压缩格式，压缩后的文件与 MP3 一样可以播放的音频文件格式。APE 的压缩比远低于其他格式，但由于能够做到真正无损，因此获得了不少发烧用户的青睐。在现有不少的无损压缩方案中，APE 具有令人满意的压缩比，以及飞快的压缩速度，成为发烧友的唯一选择。

（8）AAC

AAC（Advanced Audio Coding，高级音频编码技术）是杜比实验室为音乐社区提供的技术，声称最大能容纳 48 通道的音轨，采样频率达 96 kHz。AAC 在 320 kbit/s 的数据速率下能为 5.1 声道音乐节目提供相当于 ITU - R 广播的品质。AAC 是遵循 MPEG - 2 的规格所开发的技术，与 MP3 比起来，它的音质比较好，也能够节省大约 30％的存储空间与带宽。

（9）ATRAC3

ATRAC3（Adaptive Transform Acoustic Coding 3）由日本索尼公司开发，是 MD 所采用的 ATRAC 的升级版，其压缩率（约为 ATRAC 的 2 倍）和音质均与 MP3 相当。ATRAC3 的版权保护功能采用的是 OpenMG。

6.6.2　I²S 总线结构

1. I²S 总线的传输模式

I²S 总线（Inter-IC Sound Bus，数字音频集成电路通信总线）是 NXP 公司提出的音频总线协议，它是一种串行的数字音频总线协议，是音频数据的编码或解码的常用串行音频数字接口。

I²S 总线只处理声音数据，其他控制信号等则需单独提供。I²S 总线使用 3 根串行总线，分别是：提供分时复用功能的 SD 线（Serial Data，串行数据）、WS 线（Word Select，字段选择（声道选择））和 SCK 线（Continuous Serial clock，连续的时钟信号）。

数据的发送方和接收方需要采用相同的时钟信号来控制数据传输，数据传输方（主设）必须产生字段选择信号、时钟信号和需要传输的数据信号。在一个复杂的数字音频系统中，可能会有多个发送方和接收方，通常采用系统主控制模式，主控制模块控制数字音频数据在不同集成电路（设备）间的传输，数据发送方就需要在主控制模块的协调下发送数据。I²S 总线的 3 种传输模式如图 6.6.1 所示，这些模式的配置一般需通过软件来实现。

2. I²S 总线时序

I²S 总线时序图如图 6.6.2 所示。

（1）串行数据传输

串行数据（SD）的传输由时钟信号同步控制，且串行数据线上每次传输 1 字节的数据。当音频数据被数字化成二进制流后，传输时先将数据分成字节（如 8 位、16 位等），每个字节的数据传输从左边的二进制位 MSB（Most Significant Bit）开始。当接收方和发送方的数据字段宽度不一样时，发送方不考虑接收方的数据字段宽度。

如果发送方发送的数据字段宽度小于系统字段宽度，就在低位补 0；如果发送方的数据宽度大于接收方的宽度，则超过 LSB（Least Significant Bit）的部分被截断。

（2）字段选择

音频系统一般包含有左右两个声道，字段选择（WS）用来选择左声道或者右声道，WS＝0 表示选择左声道；WS＝1 表示选择右声道。如果不在外部加以控制，WS 会在 MSB 传输前的一个时钟周期发生变化，使数据接收方和发送方保持同步。此外，WS 能让接收设备存储前 1 字节，并且准备接收后 1 字节。

（3）时钟信号（SCK）

在 I²S 总线中，任何一个能够产生时钟信号的电路都可以称为主设备，从设备从

(a) 发送器为主设时的传输模式

(b) 接收器为主设时的传输模式

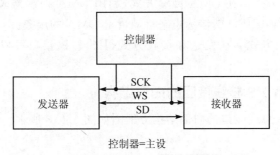

(c) 控制器为主设时的传输模式

图 6.6.1　I^2S 总线的 3 种传输模式

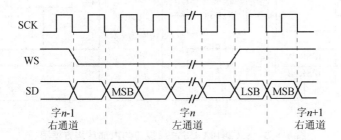

图 6.6.2　I^2S 总线时序图

外部时钟输入得到时钟信号。I^2S 的规范中制定了一系列关于时钟信号频率和延时的限制。

6.6.3　S3C2410A 的 I^2S 总线接口

1. S3C2410A I^2S 总线接口的工作方式

I^2S(Inter-IC Sound)总线接口是用来连接外部的标准编解码器(CODEC)的接口。S3C2410A 提供一个 I^2S 总线接口,能用来连接一个外部 8 位/16 位立体声音频

CODEC,支持 I²S 总线数据格式和 MSB-justified 数据格式。该接口对 FIFO 的访问提供 DMA 传输模式,而不是采用中断模式。它可以同时发送数据和接收数据,也可以只发送或只接收数据。

在只发送和只接收模式,S3C2410A 的 I²S 总线接口有 3 种工作方式,分别为正常传输方式、DMA 传输方式及发送和接收方式。

① 正常传输方式。在正常传输方式,对于发送和接收 FIFO,I²S 控制寄存器有一个 FIFO 就绪标志位。当 FIFO 准备发送数据时,如果发送 FIFO 不空,则 FIFO 就绪标志位为 1;如果发送 FIFO 为空,该标志位为 0。在接收数据时,当接收 FIFO 是不满时,FIFO 就绪标志位为 1,指示可以接收数据;若接收 FIFO 满,则该标志位为 0。通过 FIFO 就绪标志位,可以确定 CPU 读/写 FIFO 的时间。

② DMA 传输方式。在 DMA 传输方式,利用 DMA 控制器来控制发送和接收 FIFO 的数据存取,由 FIFO 就绪标志来自动请求 DMA 的服务。

③ 发送和接收方式。在发送和接收方式,I²S 总线接口可以同时发送和接收数据。

2. S3C2410A I²S 总线接口的内部结构

S3C2410A I²S 总线接口的内部结构方框图如图 6.6.3 所示。

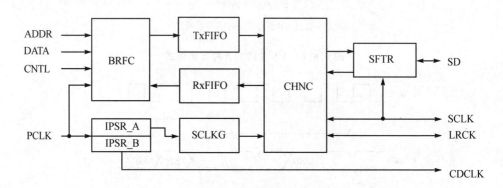

图 6.6.3 S3C2410A I²S 总线接口的内部结构方框图

S3C2410A I²S 总线接口各模块的功能描述如下:

- BRFC 表示总线接口、寄存器区和状态机。总线接口逻辑和 FIFO 访问由状态机控制。
- IPSR 表示两个 5 位的前置分频器 IPSR_A 和 IPSR_B,一个前置分频器作为 I²S 总线接口的主时钟发生器,另一个前置分频器作为外部 CODEC 的时钟发生器。
- TxFIFO 和 RxFIFO 表示两个 64 字节的 FIFO。在发送数据时,数据写到 TxFIFO 在接收数据时,数据从 RxFIFO 读取。

- SCLKG　表示主 IISCLK 发生器。在主设模式时，由主时钟产生串行位时钟。
- CHNC　表示通道发生器和状态机。通道状态机用于产生和控制 IISCLK 和 IISLRCK。
- SFTR　表示 16 位移位寄存器。在发送模式时，并行数据移入 SFTR 并转换成串行数据输出；在接收模式时，串行数据移入 SFTR 并转换成并行数据输出。

3. S3C2410A I^{2}S 总线接口的音频串行接口格式

S3C2410A 的 I^{2}S 总线接口支持 I^{2}S 总线数据格式和 MSB-justified 数据格式。

（1）I^{2}S 总线格式

I^{2}S 总线有 IISDI（串行数据输入）、IISDO（串行数据输出）、IIS-LRCK（左/右通道选择）和 IISCLK（串行位时钟）4 条线，产生 IISLRCK 和 IISCLK 信号的为主设备。串行数据以 2 的补码发送，首先发送的是 MSB 位。首先发送 MSB 位可以使发送方和接收方具有不同的字长度，发送方不必知道接收方能处理的位数，同样接收方也不必知道发送方正发来多少位的数据。

当系统字长度大于发送器的字长度时，数据发送时，字被切断（最低数据位设置为 0）发送。接收器接收数据时，如果接收到的数据字长比接收器的字长更长时，则多的数据位被忽略。另一方面，如果接收器收到的数据位数比它的字长短时，则缺少的位设置为 0。因此，MSB 有固定的位置，而 LSB 的位置与字长度有关。在 IISLRCK 发生改变的一个时钟周期，发送器发送下一个字的 MSB 位。

发送器发送的串行数据可以在时钟信号的上升沿或下降沿同步。然而，串行数据必须在串行时钟信号的上升沿锁存到接收器，所以发送数据使用上升沿进行同步时会有一些限制。

LR（左右）通道选择线指示当前正发送的通道。IISLRCK 可以在串行时钟的上升沿或者下降沿改变，不需要同步。在从模式，这个信号在串行时钟的上升沿被锁存。IISLRCK 在 MSB 位发送的前一个时钟周期内发生改变，这样可以使从发送器同步发送串行数据。另外，允许接收器存储前一个字，并清除输入以接收下一个字。

（2）MSB-justified 格式

MSB-justified 总线格式在体系结构上与 I^{2}S 总线格式相同。与 I^{2}S 总线格式唯一不同的是，只要 IISLRCK 有变化，MSB-justified 格式要求发送器总是发送下一个字的最高位。

IISLRCK 与 CODECLK 的关系如表 6.6.1 所列，表中 f_s 为采样频率。

4. S3C2410A I^{2}S 总线接口的寄存器

利用 S3C2410A I^{2}S 总线接口实现音频录放，需要对 S3C2410A I^{2}S 总线接口的相关寄存器进行正确的配置。

表 6.6.1 IISLRCK 与 CODECLK 的关系

IISLRCK f_s/kHz	8.000	11.025	16.000	22.050	32.000	44.100	48.000	64.000	88.200	96.000
CODECLK /MHz	256 f_s									
	2.0480	2.8224	4.0960	5.6448	8.1920	11.2896	12.2880	16.3840	22.5792	24.5760
	384 f_s									
	3.0720	4.2336	6.1440	8.4672	12.2880	16.9344	18.4320	24.5760	33.8688	36.8640

(1) IISCON

IISCON(I^2S 控制寄存器)是一个可读/写的寄存器,该寄存器有 2 个地址:0x55000000(小端/半字、小端/字、大端/字)和 0x55000002(大端/半字)。复位后的初始值为 0x100。IISCON 寄存器的位功能包括:左/右通道索引设置,发送/接收 FIFO 就绪标志(只读),发送/接收 DMA 服务请求,发送/接收通道空闲命令,I^2S 前置分频器和 I^2S 接口的使能/不使能设置。

(2) IISMOD

IISMOD(I^2S 模式寄存器)是一个可读/写的寄存器,该寄存器有 2 个地址:0x55000004(小端/半字、小端/字、大端/字)和 0x55000006(大端/半字)。复位后的初始值为 0x0。IISMOD 寄存器的位功能包括:主/从模式选择,发送/接收模式选择,左/右通道的有效电平设置,串行接口格式选择,每个通道的串行数据位设置,主时钟频率选择,串行位时钟频率选择。

(3) IISPSR

IISPSR(I^2S 前置分频寄存器)是一个可读/写的寄存器,该寄存器有 2 个地址:0x55000008(小端/半字、小端/字、大端/字)和 0x5500000A(大端/半字)。复位后的初始值为 0x0。IISPSR 寄存器用来实现前置分频器 A/B 分频系数的控制。

(4) IISFCON

IISFCON(IIS FIFO 控制寄存器)是一个可读/写的寄存器,该寄存器有 2 个地址:0x5500000C(小端/半字、小端/字、大端/字)和 0x5500000E(大端/半字)。复位后的初始值为 0x0。IISFCON 寄存器的位功能包括:发送/接收 FIFO 访问模式选择,发送/接收 FIFO 使能/不使能控制,发送/接收 FIFO 数据计数(0~32)。

(5) IISFIFO

IISFIFO(IIS FIFO 寄存器)是一个可读/写的寄存器,该寄存器有 2 个地址:0x55000010(小端/半字、小端/字、大端/字)和 0x55000012(大端/半字)。复位后的初始值为 0x0。该寄存器为 I^2S 总线接口发送和接收数据。

有关 I^2S 总线接口相关寄存器配置的更多内容请参考"Samsung Electronics. S3C2410A-200 MHz & 266 MHz 32-Bit RISC Microprocessor USER'S MANU-

AL Revision 1.0. www. samsung. com"。

5. I²S 总线接口的启动与停止

（1）I²S 总线接口的启动

启动 I²S 操作，执行过程如下：

① 使能 IISFCON 寄存器的 FIFO；

② 使能 IISFCON 寄存器的 DMA 请求；

③ 使能 IISFCON 寄存器的启动。

（2）结束 I²S 总线接口的操作

结束 I²S 操作，执行过程如下：

① 禁止 IISFCON 寄存器的 FIFO，如果还想发送 FIFO 的剩余数据，则跳过这一步；

② 禁止 IISFCON 寄存器的 DMA 请求；

③ 禁止 IISFCON 寄存器的启动。

6.6.4　S3C2410A 的 I²S 总线接口电路与编程

S3C2410A 的 I²S 总线接口与 NXP 公司的 UDA1341TS CODEC（多媒体数字信号编解码器）芯片的连接电路如图 6.6.4 所示。UDA1341TS 可把通过 MICRO-PHONE 音频输入通道输入的立体声模拟信号转化为数字信号，同样也能把数字信号转换成模拟信号，通过 SPEADER 音频输出通道输出。利用 UDA1341TS 内部的 PGA（可编程增益放大器）、AGC 自动增益控制）功能对模拟信号进行处理。对于数字信号，UDA1341TS 提供 DSP（数字音频处理）功能。

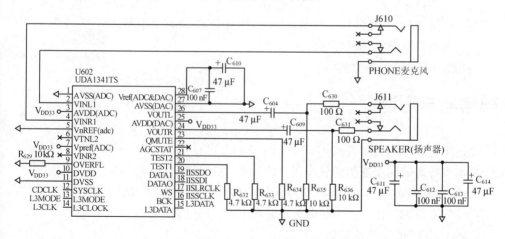

图 6.6.4　I²S 总线接口与 UDA1341TS 的连接电路

S3C2410A 的 I²S 接口线分别与 UDA1341TS 的 BCK、WS、DATAI 和 SYSCLK 相连。当 UDA1341TS 芯片工作在微控制器输入模式时，使用 UDA1341TS 的 L3 总线（L3DATA、L3MODE 和 L3CLOCK），L3DATA、L3MODE 和 L3CLOCK 分别表示与微

处理器接口的数据线(L3DATA)、模式控制线(L3MODE)和时钟线(L3CLOCK)。微控制器通过对 UDA1341TS 中的数字音频处理参数和系统控制参数进行配置。S3C2410A 没有与 L3 总线配套的专用接口,可以利用通用 I/O 口进行控制。

I²S 总线接口音频录放的编程步骤如下:

(1) 放音过程

① 编写启动程序,定义函数。

② 编写 PCLK 降频程序。由于 I²S 时钟从系统分频得到,需要将系统 PCLK 降到 33 MHz,而且降频后必须对串口重新进行初始化。

③ 端口初始化,将用到的端口保存起来,并进行端口初始化。

④ DMA 中断注册。I²S 采用 DMA 方式进行录音和播放,因此需要进行 DMA 中断的注册。

⑤ 语音数据采样。获取语音数据及其大小、采样频率。

⑥ UDA1341 初始化。初始化 UDA1341,设置为放音模式。

⑦ 进行 DMA 初始化和 I²S 初始化。

⑧ 启动 I²S。I²S 启动后,将采用 DMA 方式播放语音数据,播放完毕后将引发中断,并重新播放语音数据。可通过按任意键,决定播放是否结束。

⑨ 语音播放结束后,通知 I²S,并恢复寄存器。

⑩ 关闭中断,并恢复系统时钟。

(2) 录音过程

录音程序在初始化等动作上与放音类似。

① 启动程序。

② 开始录音,并等待录音结束,录音完毕将引发 DMA2 中断。

③ 录音完毕,然后播放声音。

详细的程序请参考文献[4]。

思考题与习题

1. 简述串行数据的通信模式。

2. 简述串行通信同步通信和异步通信的特点。

3. 简述 RS‑232C 接口的规格、信号、引脚功能和基本连接方式。

4. 简述 RS‑232、RS‑422 和 RS‑485 的特点。

5. 简述 UART 的字符传输格式。

6. 分析图 6.1.5 所示 S3C2410A 的 UART 内部结构与功能。

7. 简述 S3C2410A 的 UART 的操作模式与功能。

8. 与 S3C2410A UART 相关的专用寄存器有哪些?各有什么功能?

9. 简述 UART 行控制寄存器的位功能。

10. 简述 UART 控制寄存器(UCONn)的位功能。

11. 简述 UART FIFO 控制寄存器(UFCONn)的位功能。

12. 简述 UART Modem 控制寄存器(UMCONn)的位功能。

13. 登录 http://www.maxim-ic.com,查阅 MAX232 的有关资料,分析其内部结构、引脚端功能、应用电路和编程方法。

14. 登录 http://www.maxim-ic.com,查阅 MAX487 的有关资料,分析其内部结构、引脚端功能、应用电路和编程方法。

15. 简述 I^2C 总线的工作模式、传输过程、信号及数据格式。

16. 查阅参考文献[2]中 I^2C 总线接口部分,分析 S3C2410A 的 I^2C 总线内部结构和功能。

17. 与 S3C2410A I^2C 总线操作有关的寄存器有哪些? 各有什么功能?

18. 简述 IICCON(I^2C 总线控制寄存器)的位定义。

19. 简述 IICSTAT(I^2C 总线控制/状态寄存器)的位定义。

20. 简述 IICADD(I^2C 总线地址寄存器)的位定义。

21. 简述 IICDS(移位数据寄存器)的位定义。

22. 登录 http://www.samsung.com,查阅 KS24C080C 的有关资料,分析其内部结构、引脚端功能、应用电路和编程方法。

197

23. 简述 USB 总线的主要性能特点。

24. 一个 USB 系统可以分为几部分来描述?

25. 简述 USB 总线物理接口的组成。

26. USB 采取哪些措施来提高它的健壮性?

27. 分析图 6.3.1 所示 S3C2410A 的 USB 主机控制器内部结构和功能。

28. 分析图 6.3.2 所示 S3C2410A 的 USB 设备控制器内部结构和功能。

29. 登录 http://www.samsung.com,查找 S3C2410A 用户手册,了解 USB 主机控制器的 OHCI 寄存器的内部结构和编程方法。

30. 登录 http://www.samsung.com,查阅 KS24C080C 的有关资料登录 http://www.samsung.com,查找 S3C2410A 用户手册,了解 USB 设备控制器寄存器的内部结构和编程方法。

31. 简述 SPI 接口基本原理与结构。

32. 分析图 6.4.2 所示 S3C2410A 的串行外围设备接口内部结构和功能。

33. 简述 SPI 模块的编程步骤。

34. 与 S3C2410A SPI 接口有关的特殊寄存器有哪些? 各自的功能?

35. 32 位 PCI 总线的引脚按功能可以分为哪几类?

36. 分析图 6.5.1 所示 PCI 总线读操作时序,说明其读操作过程。

37. 数字音频数据有哪些文件格式? 各有什么特点?

38. I^2S 总线有几种传输模式? 各有什么特点?

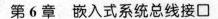

39. 分析图 6.6.2 所示 I²S 总线时序图,说明其操作过程。

40. S3C2410A 的 I²S 总线接口有几种工作方式? 各有什么特点?

41. 分析图 6.6.3 所示 S3C2410A I²S 总线接口的内部结构和功能。

42. 分析 I²S 总线格式与 MSB-justified 格式的异同。

43. 与 S3C2410A I²S 总线接口相关寄存器有哪些? 各有什么功能?

44. 简述 I²S 总线接口的启动与停止过程。

45. 登录 http://www.nxp.com,查阅 UDA1341TS 的有关资料,分析其内部结构、引脚端功能、应用电路和编程方法。

第 **7** 章

嵌入式系统网络接口

7.1 以太网接口

7.1.1 以太网基础知识

嵌入式系统通常使用的以太网协议是 IEEE 802.3 标准。从硬件的角度看，802.3 模型层间结构如图 7.1.1 所示。以太网接口电路主要由媒质接入控制 MAC 控制器和物理层接口（Physical Layer，PHY）两大部分构成。

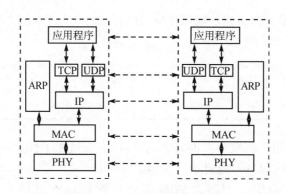

图 7.1.1　802.3 模型层间结构

1. 传输编码

在 802.3 版本的标准中，没有采用直接的二进制编码（即用 0 V 表示 0，用 5 V 表示 1），而是采用曼彻斯特编码（manchester encoding）或者差分曼彻斯特编码（differential manchester encoding）。不同编码形式如图 7.1.2 所示。

曼彻斯特编码的规律是：每位中间有一个电平跳变，从高到低的跳变表示为 0，从低到高的跳变表示为 1。

差分曼彻斯特编码的规律是：每位的中间也有一个电平跳变，但不用这个跳变来表示数据，而是利用每个码元开始时有无跳变来表示 0 或 1，有跳变表示 0，无跳变表示 1。

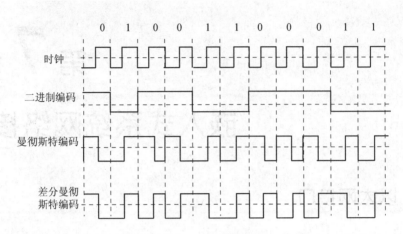

图 7.1.2 不同编码形式

曼彻斯特编码和差分曼彻斯特编码相比,前者编码简单,后者能提供更好的噪声抑制性能。在 802.3 系统中,采用曼彻斯特编码,其高电平为＋0.85 V,低电平为－0.85 V,这样指令信号电压仍然是 0 V。

2. 802.3 MAC 层的帧

802.3 MAC 层的以太网的物理传输帧格式如表 7.1.1 所列。

表 7.1.1 802.3 帧的格式

PR	SD	DA	SA	TYPE	DATA	PAD	FCS
56 位	8 位	48 位	48 位	16 位	不超过 1500 字节	可选	32 位

PR：同步位,用于收发双方的时钟同步,同时也指明了传输的速率,是 56 位的二进制数 101010101010…,最后 2 位是 10。

SD：分隔位,表示后面跟着的是真正的数据而不是同步时钟,为 8 位的 10101011。

DA：目的地址,以太网的地址为 48 位(6 字节)二进制地址,表明该帧传输给哪个网卡。如果为 FFFFFFFFFFFF,则是广播地址。广播地址的数据可以被任何网卡接收到。

SA：源地址,48 位,表明该帧的数据是哪个网卡发送的,即发送端的网卡地址,同样是 6 字节。

TYPE：类型字段,表明该帧的数据是什么类型的数据,不同协议的类型字段不同。例如：0800H 表示数据为 IP 包,0806H 表示数据为 ARP 包,814CH 表示数据为 SNMP 包,8137H 表示数据为 IPX/SPX 包。小于 0600H 的值是用于 IEEE 802 的,表示数据包的长度。

DATA：数据段,该段数据不能超过 1500 字节。这是因为以太网规定整个传输包的最大长度不能超过 1514E(14 字节为 DA、SA、TYPE)。

PAD：填充位。由于以太网帧传输的数据包最小不能小于 60 字节,因此除去 DA、SA、TYPE 的 14 字节外,还必须传输 46 字节的数据,当数据段的数据不足 46 字节时,后面通常是补 0(也可以补其他值)。

FCS：32 位数据校验位。32 位的 CRC 校验,该校验由网卡自动计算、自动生成、自动校验,自动在数据段后面填入,不需要软件管理。

通常,PR、SD、PAD、FCS 这几个数据段都是网卡(包括物理层和 MAC 层的处理)自动产生的,剩下的 DA、SA、TYPE、DATA 这 4 个段的内容由上层的软件控制。

3. 以太网数据传输的特点

- 所有数据位的传输由低位开始,传输的位流采用曼彻斯特编码。
- 以太网是基于冲突检测的总线复用方法,冲突退避算法是由硬件自动执行的。
- 以太网传输的数据段的长度(DA＋SA＋TYPE＋DATA＋PAD)最小为 60 字节,最大为 1514 字节。
- 通常的以太网卡可以接收 3 个地址的数据：广播地址的数据；多播地址(或者叫组播地址,在嵌入式系统中很少用到)的数据；它自己的地址的数据。但当用于网络分析和监控时,网卡也可以设置为接收任何数据包。
- 任何两个网卡的物理地址都是不一样的,是世界上唯一的,网卡地址由专门机构分配。不同厂家使用不同地址段,同一厂家的任何两个网卡的地址也是唯一的。根据网卡的地址段(网卡地址的前 3 字节)可以知道网卡的生产厂家。

7.1.2　嵌入式以太网接口的实现方法

在嵌入式系统中增加以太网接口,通常采用如下两种方法实现：

① 嵌入式处理器＋网卡芯片。这种方法只要把以太网芯片连接到嵌入式处理器的总线上即可。此方法通用性强,对嵌入式处理器没有特殊要求,不受处理器的限制,但是,嵌入式处理器和网络数据交换通过外部总线(通常是并行总线)交换数据,速度慢,可靠性不高,电路板走线复杂。目前常见的以太网接口芯片,如 CS8900、RTL8019/8029/8039、DM9008 及 DWL650 无线网卡等。

② 带有以太网接口的嵌入式处理器。该处理器通常是面向网络应用而设计的,要求其有通用的网络接口(比如：MII 接口),处理器和网络数据交换通过内部总线,速度快。

7.1.3　在嵌入式系统中主要处理的以太网协议

TCP/IP 是一个分层的协议,包含应用层、传输层、网络层、数据链路层、物理层等。每一层实现一个明确的功能,对应一个或者几个传输协议。每层相对于它的下层都作为一个独立的数据包来实现。典型的分层和每层上的协议如表 7.1.2 所列。

表 7.1.2　TCP/IP 协议的典型分层和协议

分　层	每层上的协议	分　层	每层上的协议
应用层(Application)	BSD 套接字(BSD Sockets)	数据链路层(Data Link)	IEEE 802.3 Ethemet MAC
传输层(Transport)	TCP、UDP		
网络层(Network)	IP、ARP、ICMP、IGMP	物理层(Physical)	

1. ARP(Address Resolation Protocol,地址解析协议)

网络层用 32 位的地址来标识不同的主机(即 IP 地址),而链路层使用 48 位的物理地址来标识不同的以太网或令牌环网接口。只知道目的主机的 IP 地址并不能发送数据帧给它,必须知道目的主机网络接口的物理地址才能发送数据帧。

ARP 的功能就是实现从 IP 地址到对应物理地址的转换。源主机发送一份包含目的主机 IP 地址的 ARP 请求数据帧给网上的每个主机,称作 ARP 广播,目的主机的 ARP 收到这份广播报文后,识别出这是发送端在询问它的 IP 地址,于是发送一个包含目的主机 IP 地址及对应的物理地址的 ARP 回答给源主机。

为了加快 ARP 协议解析的数据,每台主机上都有一个 ARP cache 存放最近的 IP 地址与硬件地址之间的映射记录。其中每一项的生存时间一般为 20 min,这样当在 ARP 的生存时间之内连续进行 ARP 解析的时候,就不需要反复发送 ARP 请求了。

2. ICMP(Internet Control Messages Protocol,网络控制报文协议)

ICMP 是 IP 层的附属协议,IP 层用它来与其他主机或路由器交换错误报文和其他重要控制信息。ICMP 报文是在 IP 数据包内部被传输的。在 Linux 或者 Windows 中,两个常用的网络诊断工具 ping 和 traceroute(Windows 下是 Tracert),其实就是 ICMP 协议。

3. IP (Internet Protocol,网际协议)

IP 工作在网络层,是 TCP/IP 协议族中最为核心的协议。所有的 TCP、UDP、ICMP 及 IGMP 数据都以 IP 数据包格式传输(IP 封装在 IP 数据包中)。IP 数据包最长可达 65 535 字节,其中报头占 32 位,还包含各 32 位的源 IP 地址和 32 位的目的 IP 地址。

TTL(Time-To-Live,生存时间字段)指定了 IP 数据包的生存时间(数据包可以经过的最多路由器数)。TTL 的初始值由源主机设置,一旦经过一个处理它的路由器,它的值就减 1。当该字段的值为 0 时,数据包就被丢弃,并发送 ICMP 报文通知源主机重发。

IP 提供不可靠、无连接的数据包传送服务,高效、灵活。

不可靠(unreliable)的意思是它不能保证 IP 数据包能成功地到达目的地。如果发生某种错误,那么 IP 有一个简单的错误处理算法:丢弃该数据包,然后发送 ICMP 消息报给信源端。任何要求的可靠性必须由上层来提供(如 TCP)。

无连接(connectionless)的意思是 IP 并不维护任何关于后续数据包的状态信息。每个数据包的处理是相互独立的。IP 数据包可以不按发送顺序接收。如果一信源向相同的信宿发送两个连续的数据包(先是 A,然后是 B),则每个数据包都是独立地进行路由选择,可能选择不同的路线,因此 B 可能在 A 到达之前先到达。

IP 的路由选择:源主机 IP 接收本地 TCP、UDP、ICMP、GMP 的数据,生成 IP 数据包,如果目的主机与源主机在同一个共享网络上,那么 IP 数据包就直接送到目的主机上;否则就把数据包发往一默认的路由器上,由路由器来转发该数据包,最终经过数次转发到达目的主机。IP 路由选择是逐跳(hop-by-hop)进行的。所有的 IP 路由选择只为数据包传输提供下一站路由器的 IP 地址。

4. TCP(Transfer Control Protocol,传输控制协议)

TCP 协议是一个面向连接的、可靠的传输层协议。TCP 为两台主机提供高可靠性的端到端数据通信。它所做的工作包括:

① 发送方把应用程序交给它的数据分成合适的小块,并添加附加信息(TCP 头),包括顺序号,源、目的端口,控制、纠错信息等字段,称为 TCP 数据包,并将 TCP 数据包交给下面的网络层处理。

② 接收方确认接收到的 TCP 数据包,重组并将数据送往高层。

5. UDP(User Datagram Protocol,用户数据包协议)

UDP 协议是一种无连接、不可靠的传输层协议。它只是把应用程序传来的数据加上 UDP 头(包括端口号,段长等字段),作为 UDP 数据包发送出去,但是并不保证它们能到达目的地。可靠性由应用层来提供。

与 TCP 协议相比,因为开销少,UDP 协议更适用于应用在低端的嵌入式领域中。很多场合,如网络管理 SNMP、域名解析 DNS、简单文件传输协议 TFTP,大都使用 UDP 协议。

6. 端口

TCP 和 UDP 采用 16 位的端口号来识别上层的 TCP 用户,即上层应用协议,如 FTP 和 TELNET 等。常见的 TCP/IP 服务都用众所周知的 1~255 之间的端口号。例如 FTP 服务的 TCP 端口号都是 21,Telnet 服务的 TCP 端口号都是 23,TFTP(简单文件传输协议)服务的 UDP 端口号都是 69。256~1023 之间的端口号通常都是提供一些特定的 UNIX 服务。TCP/IP 临时端口分配 1024~5000 之间的端口号。

7.1.4 网络编程接口

BSD 套接字(BSD Sockets)使用的是最广泛的网络程序编程方法,主要用于应用程序的编写,用于网络上主机与主机之间的相互通信。

很多操作系统都支持 BSD 套接字编程。例如,Unix、Linux、VxWorks、Windows 的 Winsock 基本上是来自 BSD Sockets。

套接字(Sockets)有 Stream Sockets 和 Data Sockets。Stream Sockets 是可靠性的双向数据传输,对应使用 TCP 协议传输数据;Data Sockets 是不可靠连接,对应使用 UDP 协议传输数据。

下面给出一个使用套接字接口的 UDP 通信的流程。

UDP 服务器端和一个 UDP 客户端通信的程序过程:

① 创建一个 Socket:sFd = socket(AF_INET,SOCK_DGRAM,0)。

② 把 Socket 和本机的 IP、UDP 口绑定:bind(sFd,(struct sockaddr *)&serverAddr,sockAddrSize)。

③ 循环等待,接收(recvfrom)或者发送(sendfrom)信息。

④ 关闭 Socket,通信终止:close(sFd)。

7.1.5 以太网的物理层接口及编程

大多数 ARM 都内嵌一个以太网控制器,支持媒体独立接口(Media Independent Interface MII)和带缓冲 DMA 接口(Buffered DMA Interface,BDI),可在半双工或全双工模式下提供 10 Mbit/s 或 100 Mbit/s 的以太网接入。在半双工模式下,控制器支持 CSMA/CD 协议;在全双工模式下,控制器支持 IEEE 802.3 MAC 控制层协议。ARM 内部虽然包含了以太网 MAC 控制,但并未提供物理层接口,因此,需外接一片物理层芯片,以提供以太网的接入通道。

常用的单口 10 Mbit/s 或 100 Mbit/s 高速以太网物理层接口器件均提供 MII 接口和传统七线制网络接口,可方便地与 ARM 接口。以太网物理层接口器件主要功能一般包括物理编码子层、物理媒体附件、双绞线物理媒体子层、10BASE – TX 编码/解码器和双绞线媒体访问单元等,如 CS8900、RTL8019/8029/8039 等。

CS8900A 是 Cirrus Logic 公司(www.cirrus.com)生产的 16 位以太网控制器,芯片内嵌片内 RAM 10BASE – TX 收发滤波器,直接 ISA 总线接口。该芯片的物理层接口及数据传输模式、工作模式等都能根据需要而动态调整,通过内部寄存器的设置来适应不同的应用环境。

CS8900A 采用 3 V 供电电压,最大工作电流 55 mA,具有全双工通信方式,可编程发送功能,数据碰撞自动重发,自动打包及生成 CRC 校验码,可编程接收功能,自动切换于 DMA 和片内 RAM 之间,提前产生中断便于数据帧预处理,数据流可降低 CPU 消耗,自动阻断错误包,可跳线控制 EEPROM 功能,启动编程支持无盘系统,边沿扫描和回环测试,待机和睡眠模式,支持广泛的软件驱动,工业级温度范围,LED 指示连接状态和网络活动情况,采用 TQFP – 100 封装。CS8900A 内部结构方框图如图 7.1.3 所示。

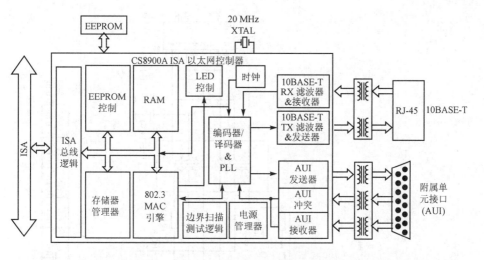

图 7.1.3　CS8900A 内部结构方框图

1. CS8900A 工作原理

CS8900A 有两种工作模式：Memory 模式和 I/O 模式。当配置成 Memory 模式操作时，CS8900A 的内部寄存器和帧缓冲区映射到主机内存中连续的 4 KB 的块中，主机可以通过这个块直接访问 CS8900A 的内部寄存器和帧缓冲区。Memory 模式需要硬件上多根地址线和网卡相连。而在 I/O 模式，对任何寄存器操作均要通过 I/O 端口 0 写入或读出。I/O 模式在硬件上实现比较方便，而且这也是芯片的默认模式。在 I/O 模式下，PacketPage 存储器被映射到 CPU 的 8 个 16 位的 I/O 端口上。在芯片被加电后，I/O 基地址的默认值被置为 300H。

使用 CS8900A 作为以太网的物理层接口，在收到由主机发来的数据报后（从目的地址域到数据域），侦听网络线路。如果线路忙，则等到线路空闲为止；否则，立即发送该数据帧。在发送过程中，首先添加以太网帧头（包括前导字段和帧开始标志），然后生成 CRC 校验码，最后将此数据帧发送到以太网上。

在接收过程中，CS8900A 将从以太网收到的数据帧在经过解码、去帧头和地址检验等步骤后缓存在片内。在 CRC 校验通过后，CS8900A 会根据初始化配置情况，通知主机收到了数据帧，最后，用某种传输模式（FO 模式、Memory 模式、DMA 模式）传到主机的存储区中。

2. 电路连接

采用 CS8900A 与 S3C2410A 连接构成的以太网接口电路如图 7.1.4 所示。

3. CS8900A 的以太网接口驱动程序设计

CS8900A 的以太网接口驱动程序设计过程如下：

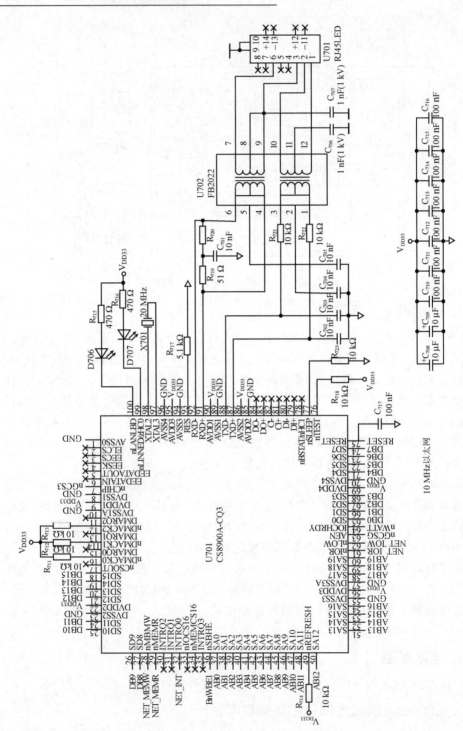

图 7.1.4　以太网接口电路

(1) 初始化函数

① 初始化函数完成设备的初始化功能,由数据结构 device 中的 init 函数指针来调用。加载网络驱动模块后,就会调用初始化过程。首先通过检测物理设备的硬件特征来检测网络物理设备是否存在,之后配置设备所需要的资源,比如中断。这些配置完成之后就要构造设备的数据结构 device,用检测到的数据初始化 device 中的相关变量,最后向 Linux 内核中注册该设备并申请内存空间。函数定义为 static int __init init_cs8900a_s3c2410(void)。

② 在这个网络设备驱动程序中,设备的数据结构 device 就是 dev_cs89x0。探测网络物理设备是否存在,利用 cs89x0_probe() 函数实现,通过调用 register_netdrv(struct net_device * dev)函数进行注册。

③ 与 init()函数相对应的 cleanup()函数在模块卸载时运行,主要完成资源的释放工作,如取消设备注册、释放内存、释放端口等。函数定义:static void __exit cleanup_cs8900a_s3c2410(void),并在其中调用取消网络设备注册的函数:unregister_netdrv(struct net_device * dev)。

(2) 打开函数

① 打开函数在网络设备驱动程序中用于网络设备被激活,即设备状态由 down 变为 up。函数定义:static int net_open(struct net_device * dev)。

② 打开函数中对寄存器操作使用了 2 个函数:readreg()和 writereg()。readreg()函数用于读取寄存器内容,writereg()函数用于写寄存器。函数定义:inline int readreg(struct net_device * dev, int portno)。

(3) 关闭函数

关闭函数用于释放资源减少系统负担,设备状态由 up 转为 down 时被调用。函数定义:static int net_close(struct net_device * dev)。

(4) 发送函数

① 在网络设备驱动加载时,通过 device 域中的 init()函数指针调用网络设备的初始化函数对设备进行初始化,如果操作成功,就可以通过 device 域中的 open()函数指针调用网络设备的打开函数来打开设备,再通过 device 域中的包头函数指针 hard_header 来建立硬件包头信息。最后,通过协议接口层函数 dev_queue_xmit()调用 device 域中的 hard_start_xmit()函数指针来完成数据包的发送。

② 如果发送成功,hard_start_xmit()释放 sk_buff,则返回 0。如果设备暂时无法处理(比如,硬件忙),则返回 1。此时如果 dev ->tbusy 置为非 0,则系统认为硬件忙,要等到 dev ->tbusy 置 0 以后才会再次发送。tbusy 的置 0 任务一般由中断完成。硬件在发送结束会产生中断,这时可以把 tbusy 置 0,然后用函数 mark_bh()调用,通知系统可以再次发送。

③ 在 CS8900A 驱动程序中,网络设备的传输函数 dev ->hard_start__xmit 定义为 net_send_ packet():static int net_send_packet(struct sk_buff * skb, struct net_device * dev)。

(5) 中断处理和接收函数

① 网络设备接收数据通过中断实现,当数据收到后,产生中断,在中断处理程序中驱动程序申请一块 sk_buff(skb),从硬件读出数据放置到申请好的缓冲区里。接下来,填充 sk_buff 中的一些信息。处理完后,如果获得数据包,则执行数据接收子程序,该函数被中断服务程序调用。函数定义: static void net_rx(struct net_device * dev)。

② 在 net_rx() 函数中调用 netif_rx(),把数据传送到协议层。netif_rx() 函数把数据放入处理队列,然后返回,真正的处理是在中断返回以后,这样可以减少中断时间。调用 netif_rx() 后,驱动程序不能再存取数据缓冲区 skb。netif_rx() 函数在 net/core/dev.c 中定义为: int netif_rx(struct sk_buff * skb)。

③ 中断函数 net_interrupt 在打开函数中申请,中断发生后,首先驱动中断引脚为高电平,然后主机读取 CS8900A 中的中断申请序列 ISQ 值,以确定事件类型,根据事件类型做出响应。函数定义: static void net_interrupt(int irq, void * dev_id, struct pt_regs * regs)。

详细的程序代码请参考参考文献[5]。

7.2　CAN 总线接口

7.2.1　CAN 总线概述

CAN(Controller Area Network,控制器局域网)是德国 Bosch 公司于 1983 年为汽车应用而开发的,它是一种现场总线(FieldBus),能有效支持分布式控制和实时控制的串行通信网络。1993 年 11 月,ISO 正式颁布了控制器局域网 CAN 国际标准(ISO 11898)。

一个理想的由 CAN 总线构成的单一网络中可以挂接任意多个节点,实际应用中节点数目受网络硬件的电气特性所限制。例如: 当使用 NXP 公司的 P82C250 作为 CAN 收发器时,同一网络中允许挂接 110 个节点。CAN 可提供 1 Mbit/s 的数据传输速率。CAN 总线是一种多主方式的串行通信总线。基本设计规范要求有高的位速率,高抗电磁干扰性,并可以检测出产生的任何错误。当信号传输距离达到 10 km 时,CAN 总线仍可提供高达 50 kbit/s 的数据传输速率。CAN 总线具有很高的实时性能,已经在汽车工业、航空工业、工业控制、安全防护等领域中得到了广泛应用。

CAN 总线的通信介质可采用双绞线、同轴电缆和光导纤维,最常用的是双绞线。通信距离与波特率有关,最大通信距离可达 10 km,最大通信波特率可达 1 Mbit/s。CAN 总线仲裁采用 11 位标识和非破坏性位仲裁总线结构机制,可以确定数据块的优先级,保证在网络节点冲突时最高优先级节点不需要冲突等待。CAN 总线采用了多主竞争式总线结构,具有多主站运行和分散仲裁的串行总线以及广播通信的特点。

CAN 总线上任意节点可在任意时刻主动向网络上其他节点发送信息而不分主次，因此可在各节点之间实现自由通信。

CAN 总线信号使用差分电压传送，两条信号线被称为 CAN_H 和 CAN_L，静态时均是 2.5 V 左右，此时状态表示为逻辑 1，也可以叫做"隐性"。CAN_H 比 CAN_L 高表示逻辑 0，称为"显性"，通常电压值为 CAN_H＝3.5 V 和 CAN_L＝1.5 V。当"显性"位和"隐性"位同时发送的时候，最后总线数值将为"显性"。

CAN 总线的一个位时间可以分成 4 个部分：同步段、传播时间段、相位缓冲段 1 和相位缓冲段 2。每段的时间份额的数目都是可以通过 CAN 总线控制器编程控制，而时间份额的大小 t_q 由系统时钟 t_{sys} 和波特率预分频值 BRP 决定：$t_q = BRP/t_{sys}$。

- 同步段：用于同步总线上的各个节点，在此段内期望有一个跳变沿出现（其长度固定）。如果跳变沿出现在同步段之外，那么沿与同步段之间的长度叫做沿相位误差。采样点位于相位缓冲段 1 的末尾和相位缓冲段 2 开始处。
- 传播时间段：用于补偿总线上信号传播时间和电子控制设备内部的延迟时间。因此，要实现与位流发送节点的同步，接收节点必须移相。CAN 总线非破坏性仲裁规定，发送位流的总线节点必须能够收到同步于位流的 CAN 总线节点发送的显性位。
- 相位缓冲段 1：重同步时可以暂时延长。
- 相位缓冲段 2：重同步时可以暂时缩短。
- 同步跳转宽度：长度小于相位缓冲段。

同步段、传播时间段、相位缓冲段 1 和相位缓冲段 2 的设定和 CAN 总线的同步、仲裁等信息有关，其主要思想是要求各个节点在一定误差范围内保持同步。必须考虑各个节点时钟（振荡器）的误差和总线的长度带来的延迟（通常每米延迟 5.5 ns）。正确设置 CAN 总线各个时间段，是保证 CAN 总线良好工作的关键。

按照 CAN 2.0B 协议规定，CAN 总线的数据帧格式如图 7.2.1 所示，它包括两种格式：标准格式和扩展格式。作为一个通用的嵌入式 CAN 节点，应该支持这两种格式。

图 7.2.1　CAN 总线数据帧格式

7.2.2　在嵌入式处理器上扩展 CAN 总线接口

一些面向工业控制的嵌入式处理器本身就集成了一个或者多个 CAN 总线控制

器。例如：韩国现代公司的 hms30c7202（ARM720T 内核）带有 2 个 CAN 总线控制器；NXP 公司的 LPC2194 和 LPC2294（ARM7TDMI 内核）带有 4 个 CAN 总线控制器。CAN 总线控制器主要是完成时序逻辑转换等工作，要在电气特性上满足 CAN 总线标准，还需要一个 CAN 总线的物理层芯片，用它来实现 TTL 电平到 CAN 总线电平特性的转换，即 CAN 收发器。

实际上，多数嵌入式处理器都不带 CAN 总线控制器。通常的解决方案是在嵌入式处理器的外部总线上扩展 CAN 总线接口芯片，例如：NXP 公司的 SJA1000 CAN 总线接口芯片，Microchip 公司的 MCP251x 系列（MCP2510 和 MCP2515）CAN 总线接口芯片，这两种芯片都支持 CAN 2.0B 标准。SJA1000 的总线采用的是地址线和数据线复用的方式，多数嵌入式处理器采用 SJA1000 扩展 CAN 总线较为复杂。

MCP2510 是由 Microchip 公司生产的 CAN 协议控制器，完全支持 CAN 总线 v2.0A/B 技术规范。0～8 字节的有效数据长度，支持远程帧；最大 1 Mbit/s 的可编程波特率；两个支持过滤器（Filter,Mask）的接收缓冲区，三个发送缓冲区；支持回环（loop back）模式，便于测试；SPI 高速串行总线，最大频率 5 MHz；3～5.5 V 供电。

MCP2510 主要由 CAN 协议引擎（用来为器件及其运行进行配置的控制逻辑），SRAM 寄存器和 SPI 协议模块 3 部分组成。MCP2510 支持 CANT2、CAN 2.0A、主动和被动的 CAN 2.0B 等版本的协议，能够发送和接收标准和扩展报文，还同时具备验收过滤以及报文管理功能。MCP2510 包含 3 个发送缓冲器和 2 个接收缓冲器，减少了处理器（CPU）的管理负担。CPU 的通信是通过行业标准串行外设接口（SPI）来实现的，其数据传输速率高达 5 Mbit/s。

CPU 通过 SPI 接口与器件进行通信。通过使用标准 SPI 读/写命令对寄存器进行所有读/写操作。器件上有一个多用途中断引脚以及各接收缓冲器专用的中断引脚，可用于指示有效报文是否被接收和载入各接收缓冲器。是否使用专用中断引脚由用户决定，若不使用，也可使用通用中断引脚和状态寄存器（通过 SPI 接口访问）确定有效报文是否已被接收。

1. CAN 协议引擎

CAN 协议引擎的功能是处理所有总线上的报文发送和接收。报文发送时，首先将报文装载到正确的报文缓冲器和控制寄存器中。利用控制寄存器位，通过 SPI 接口或使用发送使能引脚均可启动发送操作。通过读取相应的寄存器可以检查通信状态和错误。任何在 CAN 总线上侦测到的报文都会进行错误检测，然后与用户定义的滤波器进行匹配，以确定是否将其转移到两个接收缓冲器之一中。

CAN 协议引擎的核心是有限状态机（FSM）。该状态机逐位检查报文，当各个报文帧发生数据字段的发送和接收时，状态机改变状态。FSM 确保了报文接收、总线仲裁、报文发送以及错误信号发生等操作过程依据 CAN 总线协议进行。总线上报文的自动重发送也由 FSM 处理。

2. CAN 报文帧

MCP2510 支持 CAN 2.0B 技术规范中所定义的标准数据帧、扩展数据帧以及远程帧(标准和扩展),详细的描述请登录 http://www.microchip.com,查阅 MCP2510 数据手册。

3. 寄存器映射表

MCP2510 CAN 控制寄存器映射表如表 7.2.1 所列。通过使用行(低 4 位)列(高 4 位)值可对映射表中的寄存器地址进行确定。寄存器的地址排列优化了寄存器数据的顺序读/写。一些特定控制和状态寄存器允许使用 SPI 位修改命令进行单独位设定。可以使用位修改命令对表 7.2.1 中的阴影部分的寄存器进行位修改操作。

表 7.2.1　MCP2510 CAN 控制寄存器映射表

低地址位	高地址位							
	x000 xxxx	x001 xxxx	x010 xxxx	x0011 xxxx	x100 xxxx	x101 xxxx	x110 xxxx	x111 xxxx
0000	RXF0SIDH	RXF3SIDH	RXM0SIDH	TXB0CTRL	TXB1CTRL	TXB2CTRL	RXB0CTRL	RXB1CTRL
0001	RXF0SIDL	RXF3SIDL	RXM0SIDL	TXB0SIDH	TXB1SIDH	TXB2SIDH	RXB0SIDH	RXB1SIDH
0010	RXF0EID8	RXF3EID8	RXM0EID8	TXB0SIDL	TXB1SIDL	TXB2SIDL	RXB0SIDL	RXB1SIDL
0011	RXF0EID0	RXF3EID0	RXM0EID0	TXB0EID8	TXB1EID8	TXB2EID8	RXB0EID8	RXB1EID8
0100	RXF1SIDH	RXF4SIDH	RXM1SIDH	TXB0EID0	TXB1EID0	TXB2EID0	RXB0EID0	RXB1EID0
0101	RXF1SIDL	RXF4SIDL	RXM1SIDL	TXB0DLC	TXB1DLC	TXB2DLC	RXB0DLC	RXB1DLC
0110	RXF1EID8	RXF4EID8	RXM1EID8	TXB0D0	TXB1D0	TXB2D0	RXB0D0	RXB1D0
0111	RXF1EID0	RXF4EID0	RXM1EID0	TXB0D1	TXB1D1	TXB2D1	RXB0D1	RXB1D1
1000	RXF2SIDH	RXF5SIDH	CNF3	TXB0D2	TXB1D2	TXB2D2	RXB0D2	RXB1D2
1001	RXF2SIDL	RXF5SIDL	CNF2	TXB0D3	TXB1D3	TXB2D3	RXB0D3	RXB1D3
1010	RXF2EID8	RXF5EID8	CNF1	TXB0D4	TXB1D4	TXB2D4	RXB0D4	RXB1D4
1011	RXF2EID0	RXF5EID0	CANINTE	TXB0D5	TXB1D5	TXB2D5	RXB0D5	RXB1D5
1100	BFPCTRL	TEC	CANINTF	TXB0D6	TXB1D6	TXB2D6	RXB0D6	RXB1D6
1101	TXRTSCTRL	REC	EFLG	TXB0D7	TXB1D7	TXB2D7	RXB0D7	RXB1D7
1110	CANSTAT	CANSTAT	CANSTAT	CANSTAT	CANSTAT	CANSTAT	CANSTAT	CANSTAT
1111	CANCTRL	CANCTRL	CANCTRL	CANCTRL	CANCTRL	CANCTRL	CANCTRL	CANCTRL

注:可以采用位修改指令对表中阴影部分的寄存器进行单独位修改。

表 7.2.2 列出了 MCP2510 的所有 CAN 控制寄存器。

4. SPI 接口

MCP2510 可以与许多微控制器的串行外设接口(SPI)直接相连,支持 SPI0,0 和

1,1运行模式。外部数据和命令通过SI引脚传送到器件中,而数据在SCK时钟信号的上升沿传送进去。MCP2510在SCK下降沿通过SO引脚发送。MCP2510 SPI指令如表7.2.3所列。有关SPI0,0和1,1运行模式详细的输入输出时序请登录http://www.microchip.com,查阅MCP2510数据手册。

表7.2.2　MCP2510 CAN控制寄存器汇总

寄存器名称	地址(Hex)	位7	位6	位5	位4	位3	位2	位1	位0	上电复位值
BFPCTRL	0C	—	—	B1BFS	B0BFS	B1BFE	B0BFE	B1BFM	B0BFM	--00 0000
TXRTSCTRL	0D	—	—	B2RTS	B1RTS	B0RTS	B2RTSM	B1RTSM	B0RTSM	--xx x000
CANSTAT	xE	OPMOD2	OPMOD1	OPMOD0	—	ICOD2	ICOD1	ICOD0		100- 000-
CANCTRL	xF	REQOP2	REQOP1	REQOP0	ABAT		CLKEN	CLKPRE1	CLKPRE0	1110 -111
TEC	1C	发送错误计数器								0000 0000
REC	1D	接收错误计数器								0000 0000
CNF3	28	—	WAKFIL	—	—		PHSEG22	PHSEG21	PHSEG20	-0-- -000
CNF2	29	BTLMODE	SAM	PHSEG12	PHSEG11	PHSEG10	PRSEG2	PRSEG1	PRSEG0	0000 0000
CNF1	2A	SJW1	SJW0	BRP5	BRP4	BRP3	BRP2	BRP1	BRP0	0000 0000
CANINTE	2B	MERRE	WAKIE	ERRIE	TX2IE	TX1IE	TX0IE	RX1IE	RX0IE	0000 0000
CANINTF	2C	MERRF	WAKIF	ERRIF	TX2IF	TX1IF	TX0IF	RX1IF	RX0IF	0000 0000
EFLG	2D	RX1OVR	RX0OVR	TXBO	TXEP	RXEP	TXWAR	RXWAR	EWARN	0000 0000
TXB0CTRL	30		ABTF	MLOA	TXERR	TXREQ	—	TXP1	TXP0	-000 0-00
TXB1CTRL	40		ABTF	MLOA	TXERR	TXREQ	—	TXP1	TXP0	-000 0-00
TXB2CTRL	50		ABTF	MLOA	TXERR	TXREQ	—	TXP1	TXP0	-000 0-00
RXB0CTRL	60		RXM1	RXM0		RXRTR	BUKT	BUKT	FILHIT0	-00- 0000
RXB1CTRL	70		RSM1	RXM0		RXRTR	FILHIT2	FILHIT1	FILHIT0	-00- 0000

表7.2.3　MCP2510 SPI指令

指令名称	指令格式	功　能
复位	1100 0000	将内部寄存器复位为默认状态,并将器件设定为配置模式
读	0000 0011	从已指定地址起始的寄存器读取数据
写	0000 0010	向已指定地址起始的寄存器写入数据
RTS (发送请求)	1000 0nnn	设置 TXBnCTRL.TXREQ 位以启动一个或多个发送缓冲器的报文发送 1000 0n n n TXB2请求发送 ← ↑ ↑ ← TXB0请求发送 TXB1请求发送
状态读	1010 0000	读取 MCP2510 的状态(包括发送接收中断标志位和各请求发送位)
位修改	0000 0101	对指定寄存器进行位修改

CAN SPI 接口函数为：

unsigned char CAN_SPI_CMD(unsigned char cmd，unsigned long addr，

unsigned char argl，unsignedchar arg2)

其中，cmd 表示指令名称，addr 为寄存器地址，argl 和 arg2 为可选的参数。

- cmd 为 SPI_CMD_READ 时，将读取 addr 地址的寄存器值；argl 和 arg2 没有使用。
- cmd 为 SPI_CMD_WRITE 时，将往 addr 地址的寄存器写 argl 值，arg2 没有使用。
- cmd 为 SPI_CMD_RTS 时，将发送 RTS 请求，argl 和 arg2 没有使用。
- cmd为 SPI_CMD_READSTA 时，将读取 MCP2510 的状态，并返回该状态。
- cmd 为 SPI_CMD_BITMOD 时，将对 addr 地址的寄存器进行位修改。位修改命令提供了一种对特定控制和状态寄存器中单独的位进行设定和清除的方法。argl 为屏蔽字节，arg2 为数据字节。屏蔽字节决定寄存器中的哪一位将被修改。屏蔽字节中的 1 表示允许对寄存器相应的位进行修改，0 则禁止修改。数据字节确定寄存器位修改后的最终结果。如图 7.2.2 所示，如果屏蔽字节相应位设置为 1，数据字节中的 1 表示将对寄存器对应位置 1，而 0 则将对该位清零。

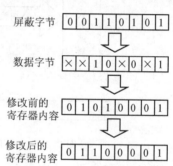

图 7.2.2 MCP2510 位修改指令

- cmd 为 SPI_CMD_RESET 时，将发送复位指令，复位指令为单字节指令，可以重新初始化。

MCP2510 的内部寄存器，并设置配置模式。它一般在期间上电初始化过程中进行。

5. 报文发送

CAN 报文发送函数为：

void MCP2510_TX(int TxBuf，int IdType，unsigned intid，int DataLen，Char * data)

MCP2510 采用 3 个发送缓冲器。通过 TxBuf 参数指定发送到哪个缓冲器（TX-BUF0、TXBUF1 或 TXBUF2）。IdType 决定发送报文帧的类型，STAN - DID 表示标准数据帧，EXTID 表示扩展数据帧。Id 为帧 ID，DataLen 为待发送数据长度，必须小于或等于 8，data 为待发送数据内容。

6. 报文接收

CAN 报文接收函数为：

void MCP2510_RX(int RxBuf，int * IdType，unsigned int * id，

int ＊ DataLen,char ＊ data)

MCP2510 具有两个全文接收缓冲器。通过 RxBuf 参数指定从哪个缓冲器接收(RX-BUF0 或 RXBUF1)。接收后的报文帧的类型、帧 ID,数据长度以及数据内容分别保存在IdType、id、DataLen 和 data 中。

7.2.3　S3C2410A 与 MCP2510 的 CAN 通信接口电路

1. MCP2510 CAN 通信接口电路

大多数嵌入式处理器都有 SPI 总线控制器,MCP2510 可以 3 V 到 5.5 V 供电,能够直接和 3.3 V I/O 口的嵌入式处理器连接,电路结构形式如图 7.2.3 所示。

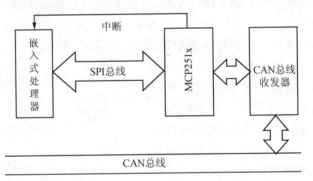

图 7.2.3　MCP251x 组成的嵌入式 CAN 节点

S3C2410A 包含两个 SPI 接口,例如可以使用 S3C2410A 中的 SPI0 与 MCP2510 接口,连接电路如图 7.2.4 所示。在这个电路中,MCP2510 使用 3.3 V 电压供电,它可以直接和 S3C2410A 通过 SPI 总线连接。相关的资源如下:

- 使用一个扩展的 I/O 口(EXIO2)作为片选信号,低电平有效。
- 用 S3C2410A 的外部中断 6(EXINT6)作为中断引脚,低电平有效。
- 16 MHz 晶体作为输入时钟,MCP2510 内部有振荡电路,用晶体可以直接起振。
- 使用 TJA1050 作为 CAN 总线收发器。

CAN 总线收发器 TJA1050 必须使用 5 V 供电,而 MCP2510 和 TJA1050 连接的两个信号都是单向的信号。对于 MCP2510,TXCAN 是输出信号,RXCAN 是输入信号。

- TJA1050 为 5 V 供电时,输入高电平 V_{IH} 的范围是 2～5.3 V。而 3.3 V 供电的 MCP2510 输出 TXCAN 信号高电平 V_{OH} 最小值为 2.6 V,可以满足要求。
- 当 MCP2510 用 3.3 V 供电时,输入信号 RXCAN 高电平的范围 V_{IH} 是 2～4.3 V。从 TJA1050 输出的 RXD 信号的输出电平为 5 V,这里采用电阻分压的方法,实现简单的电平转换。

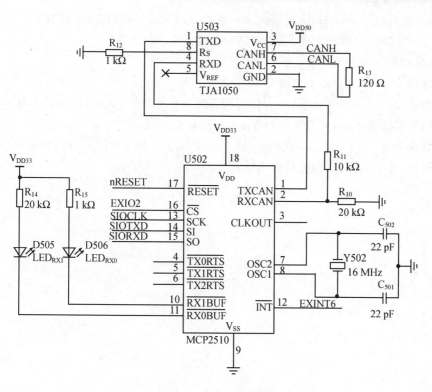

图 7.2.4　MCP2510 组成的 CAN 总线接口

2. S3C2410A SPI 接口编程

SPI 接口函数有：

① SPI 初始化函数 BOOL SPI_Init(VOID)。

② 发送数据 BOOL SPI_SendByte(BYTE bData,BYTE * pData)。

③ 读取数据 BOOL SPI_ReadByte(BYTE * pData)。

更多的内容请参考 6.4 节。

思考题与习题

1. 分析曼彻斯特编码和差分曼彻斯特编码的异同。

2. 简述 802.3 MAC 层的以太网的物理传输帧。

3. 在嵌入式系统中增加以太网接口通常采用哪些方法实现？

4. TCP/IP 协议包含哪些层？简述各自的功能 。

5. 简述 BSD 套接字网络程序编程方法。

6. 登录 http://www.cirrus.com/cn,查阅 CS8900 的有关资料,分析其内部结构、引脚端功能、应用电路和编程方法。

7. 登录 http://www.realtek.com.tw，查阅 RTL8019/8029/8039 的有关资料，分析其内部结构、引脚端功能、应用电路和编程方法。

8. 简述 CAN 总线的结构与特点。

9. 怎样在嵌入式处理器上扩展 CAN 总线接口？

10. 登录 http://www.nxp.com，查阅 SJA1000 CAN 的有关资料，分析其内部结构、引脚端功能、应用电路和编程方法。

11. 登录 http://www.microchip.com，查阅 MCP251x 的有关资料，分析其内部结构、引脚端功能、应用电路和编程方法。

第 **8** 章

嵌入式系统软件及操作系统基础

8.1　嵌入式软件基础

8.1.1　嵌入式软件的特点

应用在嵌入式计算机系统当中的各种软件统称为嵌入式软件,作为嵌入式系统的一个组成部分,目前嵌入式软件的种类和规模都得到了极大的发展,形成了一个完整、独立的体系。除了具有通用软件的一般特性,同时还具有一些与嵌入式系统密切相关的特点。

(1) 规模较小

在一般情况下,嵌入式系统的资源多是比较有限的,要求嵌入式软件必须尽可能地精简,多数的嵌入式软件都在几兆字节以内。

(2) 开发难度大

嵌入式系统由于硬件资源有限,使得嵌入式软件在时间和空间上都受到严格的限制,需要开发人员对编程语言、编译器和操作系统有深刻的了解,才有可能开发出运行速度快、存储空间少、维护成本低的软件。嵌入式软件一般都要涉及底层软件的开发,应用软件的开发也是直接基于操作系统的,这就要求开发人员具有扎实的软、硬件基础,能灵活运用不同的开发手段和工具,具有较丰富的开发经验。嵌入式软件的运行环境和开发环境比 PC 机复杂,嵌入式软件是在目标系统上运行的,而嵌入式软件的开发工作则是在另外的开发系统中进行,当应用软件调试无误后,再把它放到目标系统上去。

(3) 高实时性和可靠性要求

具有实时处理的能力是许多嵌入式系统的基本要求,实时性要求软件对外部事件做出反应的时间必须要快,在某些情况下还要求是确定的、可重复实现的,不管系统当时的内部状态如何,都是可以预测的。同时,对于事件的处理一定要在限定的时间期限之前完成,否则就有可能引起系统的崩溃。

在航天控制、核电站、工业机器人等领域的实时系统,对嵌入式软件的可靠性要求是非常高的,一旦软件出了问题,其后果是非常严重的。

（4）软件固化存储

为了提高系统的启动速度、执行速度和可靠性，嵌入式系统中的软件一般都固化在存储器芯片或微处理器中。

8.1.2 嵌入式软件的分类

按照通常的分类方法，嵌入式软件可以分为系统软件、应用软件和支撑软件三大类。

1. 系统软件

系统软件控制和管理嵌入式系统资源，为嵌入式应用提供支持的各种软件，如设备驱动程序、嵌入式操作系统、嵌入式中间件等。

2. 应用软件

应用软件是嵌入式系统中的上层软件，它定义了嵌入式设备的主要功能和用途，并负责与用户进行交互。应用软件是嵌入式系统功能的体现，如飞行控制软件、手机软件、MP3 播放软件、电子地图软件等，一般面向特定的应用领域。

3. 支撑软件

支撑软件是指辅助软件开发的工具软件，如系统分析设计工具、在线仿真工具、交叉编译器、源程序模拟器和配置管理工具等。

在嵌入式系统当中，系统软件和应用软件运行在目标平台上（即嵌入式设备上），而对于各种软件开发工具来说，它们大部分都运行在开发平台（PC 机）上，运行 Windows或 Linux 操作系统。

8.1.3 嵌入式软件的体系结构

1. 无操作系统的嵌入式软件

早期嵌入式系统的应用范围主要集中在控制领域，硬件的配置比较低，嵌入式软件的设计主要是以应用为核心，应用软件直接建立在硬件上，没有专门的操作系统，软件的规模也很小。

无操作系统的嵌入式软件主要采用循环轮转和中断（前后台）两种实现方式。

（1）循环轮转方式

循环轮转方式的基本设计思想是：把系统的功能分解为若干个不同的任务，放置在一个永不结束的循环语句当中，按照时间顺序逐一执行。当程序执行完一轮后，又回到程序的开头重新执行，循环不断。

循环轮转方式的程序简单、直观、开销小、可预测。软件的开发可以按照自顶向下、逐步求精的方式，将系统要完成的功能逐级划分成若干个小的功能模块进行编程，最后组合在一起。循环轮转方式的软件系统只有一条执行流程和一个地址空间，不需要任务之间的调度和切换，其程序的代码都是固定的，函数之间的调用关系也是

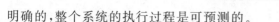

明确的,整个系统的执行过程是可预测的。

循环轮转方式的缺点是程序必须按顺序执行,无法处理异步事件,缺乏并行处理的能力。缺乏硬件上的时间控制机制,无法实现定时功能。

(2)中断方式

中断方式又称为前后台系统形式,系统在循环轮转方式的基础上增加了中断处理功能。中断服务程序(Interrupt Service Routine,ISR)负责处理异步事件,即前台程序(foreground),也称为事件处理级程序。而后台程序(background)是一个系统管理调度程序,一般采用的是一个无限的循环形式,负责掌管整个嵌入式系统软、硬件资源的分配、管理以及任务的调度。后台程序也称为任务级程序。一般情形下,后台程序会检查每个任务是否具备运行条件,通过一定的调度算法来完成相应的操作。而一些对实时性有要求的操作通常由中断服务程序来完成,大多数的中断服务程序只做一些最基本的操作,如标记中断事件的发生等,其余的事情会延迟到后台程序去完成。

2. 有操作系统的嵌入式软件

从20世纪80年代开始,操作系统出现在嵌入式系统上。如今,嵌入式操作系统在嵌入式系统中广泛应用,尤其是在功能复杂、系统庞大的应用中显得愈来愈重要。在应用软件开发时,程序员不是直接面对嵌入式硬件设备,而是采用一些嵌入式软件开发环境,在操作系统的基础上编写程序。

在控制系统中,采用前后台系统体系结构的软件,在遇到强干扰时,可能会使应用程序产生异常、出错,甚至死循环的现象,从而造成系统的崩溃。而采用嵌入式操作系统管理的系统,在遇到强干扰时,可能只会引起系统中的某一个进程被破坏,但这可以通过系统的监控进程对其进行修复,系统具有自愈能力,不会造成系统崩溃。

在嵌入式操作系统环境下,开发一个复杂的应用程序,通常可以按照软件工程的思想,将整个程序分解为多个任务模块,每个任务模块的调试、修改几乎不影响其他模块。利用商业软件提供的多任务调试环境,可大大提高系统软件的开发效率,降低开发成本,缩短开发周期。

嵌入式操作系统本身是可以裁剪的,嵌入式系统外设及相关应用也可以配置,所开发的应用软件可以在不同的应用环境、不同的处理器芯片之间移植,软件构件可复用,有利于系统的扩展和移植。

嵌入式软件的体系结构如图8.1.1所示,最底层的是嵌入式硬件系统,包括嵌入式微处理器、存储器、键盘、LCD显示器等输入/输出设备。在硬件层之上的是设备驱动层,它负责与硬件直接打交道,并为操作系统层软件提供所需的驱动支持。操作系统层可以分为基本部分和扩展部分,基本部分是操作系统的核心,负责整个系统的任务调度、存储管理、时钟管理和中断管理等功能;扩展部分为用户提供网络、文件系统、图形用户界面GUI、数据库等扩展功能,扩展部分的内容可以根据系统的需要进行裁剪。在操作系统的上面是一些中间件软件。最上层是网络浏览器、MP3 播放器、文本编辑器、电子邮件客户端、电子游戏等各种应用软件，实现嵌入式系统的功能。

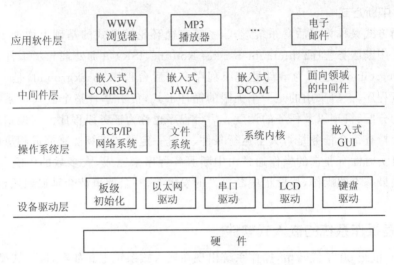

图 8.1.1　嵌入式软件体系结构

8.1.4　嵌入式系统的设备驱动层

嵌入式系统的设备驱动层用来完成嵌入式系统硬件设备所需要的一些软件初始化和管理。设备驱动层直接对硬件进行管理和控制，并为上层软件提供所需的驱动支持。

1. 板级支持包

设备驱动层也称为 BSP（Board Support Package，板级支持包），在 BSP 中把所有与硬件相关的代码都封装起来，为操作系统提供一个虚拟的硬件平台，操作系统运行在这个虚拟的硬件平台上。在 BSP 当中，使用一组定义好的编程接口来与 BSP 进行交互，并通过 BSP 来访问真正的硬件。在嵌入式系统中，BSP 类似于 PC 系统中的 BIOS 和驱动程序。BSP 把嵌入式操作系统与具体的硬件平台隔离开来。

一般来说，BSP 是针对某个特定的单板而设计的，系统都会提供相应的演示版本的 BSP（最小系统 BSP）。BSP 对于用户（指系统开发人员）是开放的，用户可以根据不同的硬件需求对其进行改动或二次开发。在实际开发一个嵌入式系统的时候，通常可以找到一个与自己的硬件系统相近的演示版本的 BSP，并以此为基础进行修改和完善，以适应不同单板的需求。BSP 主要包括 Bootloader（引导加载程序）和设备驱动程序两个方面的内容。

对于不同的嵌入式操作系统，BSP 的具体结构和组成是不相同的。

2. Bootloader

Bootloader(引导加载程序)是在操作系统内核运行之前运行的一小段程序。通过这段程序,初始化硬件设备、建立内存空间的映射图,从而将系统的软硬件环境设置到一个合适的状态,以便为最终调用操作系统内核做好准备。Bootloader 用来完成整个系统的加载启动任务。通常在系统上电或复位时,Bootloader 程序从地址 0x00000000 处开始执行。

Bootloader 的功能与嵌入式系统的硬件平台直接相关,不同的 CPU 体系结构和板级设备配置,Bootloader 的功能不同。一般来说,Bootloader 主要包含片级初始化、板级初始化和加载内核等一些基本功能。

(1) 片级初始化

片级初始化是一个纯硬件的初始化过程,把微处理器从上电时的默认状态逐步设置成系统所要求的工作状态。片级初始化主要完成设置微处理器的核心寄存器和控制寄存器、微处理器的核心工作模式及其局部总线模式等初始化。

(2) 板级初始化

板级初始化是一个同时包含软件和硬件在内的初始化过程,通过正确地设置各种寄存器的内容来完成微处理器以外的其他硬件设备的初始化。例如,初始化 LED 显示设备、定时器、串口通信和内存控制器,建立内存空间的地址映射,设置中断控制寄存器和某些软件的数据结构和参数等。

(3) 加载内核

将操作系统和应用程序的映像从 Flash 存储器复制到系统的内存当中,然后跳转到系统内核的第一条指令处继续执行。

3. 设备驱动程序

在一个嵌入式系统中,可以没有操作系统,但设备驱动程序是必不可少的。设备驱动程序是一组库函数,用来对硬件进行初始化和管理,并向上层软件提供访问接口。

不同功能的硬件设备,其设备驱动程序是不同的。大多数的设备驱动程序都具有硬件启动(初始化)、硬件关闭(关机)、硬件停用(暂停)、硬件启用(重新启用)、读操作(读取数据)、写操作(写入数据)等基本功能。

设备驱动程序通常可以完成一些特定的功能,这些功能一般采用函数的形式来实现,这些函数有分层结构和混合结构两种组织结构形式。

在分层结构中,设备驱动程序中的函数分为硬件接口和调用接口两种类型。硬件接口直接跟硬件打交道,直接去操作和控制硬件设备;调用接口不直接与硬件打交道,它们调用硬件接口当中的函数,与上层软件(包括操作系统、中间件和应用软件)打交道。分层结构把所有与硬件有关的细节都封装在硬件接口当中,当硬件升级时,只需要改动硬件接口当中的函数即可,而上层接口当中的函数不用做任何修改。

221

在混合结构中,上层接口和硬件接口的函数是混在一起、相互调用的,之间没有明确的层次关系。

8.1.5　嵌入式中间件

中间件是一种软件平台技术,在银行、证券、电信等行业的大型计算机应用系统中广泛应用。近年来,中间件技术也被引入到嵌入式系统的设计中,并与实时多任务操作系统紧密结合。利用中间件技术可以使用户把精力集中到系统功能的实现上,实现嵌入式系统的软硬件协同设计。

嵌入式中间件是指不包括操作系统内核、设备驱动程序和应用软件在内的所有系统软件。嵌入式中间件把原本属于应用软件层的一些通用的功能模块抽取出来,形成独立的一层软件,为应用软件提供一个灵活、安全、移植性好、相互通信、协同工作的平台。

嵌入式中间件可以分为消息中间件、对象中间件、远程过程调用(Remote Procedure Calls,RPC)、数据库访问中间件、安全中间件等不同的类型。

一些公司可提供嵌入式中间件集成解决方案,如 Sun 公司的嵌入式 Java,微软公司的 NET Compact Frame-work,OMG(Object Management Group)公司的嵌入式 CORBA 等。

8.2　嵌入式操作系统基础

8.2.1　嵌入式操作系统的功能

在嵌入式系统中工作的操作系统称为 EOS(Embedded Operating System,嵌入式操作系统),EOS 的基本功能主要体现在以下两个方面。

1. 构成一个易于编程的虚拟机平台

EOS 构成一个虚拟机平台,EOS 把底层的硬件细节封装起来,为运行在它上面的软件(如中间件软件和各种应用软件)提供了一个抽象的编程接口。软件开发在这个编程接口上进行,而不直接与机器硬件层打交道。EOS 所提供的编程接口实际上就是操作系统对外提供的系统调用函数。

2. 系统资源的管理者

EOS 是一个系统资源的管理者,负责管理系统当中的各种软硬件资源,如处理器、内存、各种 I/O 设备、文件和数据等,使得整个系统能够高效、可靠地运转。

运行在嵌入式环境中的 EOS,其目标是为了完成某一项或有限项功能,而非通用型的操作系统,因此在性能和实时性方面有严格的限制,能耗、成本和可靠性通常是影响设计的重要因素,要求占用资源少,适合在有限存储空间运行,要求系统功能可以根据产品的设计要求进行裁剪、调整。

所有的 EOS 都有一个内核(kernel),内核是系统当中的一个组件,它包含了任务管理、存储管理、输入/输出(I/O)设备管理和文件系统管理 4 个功能模块。其中:

- 任务管理:对嵌入式系统中的运行软件进行描述和管理,并完成处理机资源的分配与调度。
- 存储管理:用来提高内存的利用率,方便用户的使用,并提供足够的存储空间。
- I/O 设备管理:方便设备的使用,提高 CPU 和输入/输出设备的利用率。
- 文件管理:解决文件资源的存储、共享、保密和保护等问题。

注意:不同的嵌入式系统的 EOS 所包含的组件可能各不相同,内核设计也可能各不相同,完全取决于系统的设计以及实际的应用需求。

8.2.2　嵌入式操作系统的分类

EOS 可以按照系统的类型、响应时间和软件结构等不同的标准来分类。

1. 按系统的类型分类

按照系统的类型,可以把 EOS 分为商业化系统、专用系统和开放源代码系统 3 大类。

① 商业化系统。商业化的 EOS 有风河公司(WindRiver)的 VxWorks,微软公司的 Windows CE,Palm 公司的 PalmOS 等,其特点是功能强大,性能稳定,辅助软件工具齐全,应用范围广泛,但成本较高。

② 专用系统。专用系统是一些专业厂家为本公司产品特制的嵌入式操作系统,一般不提供给应用开发者使用。

③ 开放源代码系统。开放源代码的嵌入式操作系统有 μC/OS 和各类嵌入式 Linux 系统等,具有免费、开源、性能优良、资源丰富、技术支持强等优点,是近年来发展迅速的一类操作系统。

2. 按响应时间分类

按照系统对响应时间的敏感程度,EOS 可以分为实时操作系统(RTOS)和非实时操作系统两大类。

RTOS 对响应时间有非常严格的要求。当某一个外部事件或请求发生时,相应的任务必须在规定的时间内完成相应的处理。RTOS 可以分为硬实时和软实时两种情形。

① 硬实时系统　硬实时系统对响应时间有严格的要求,如果响应时间不能满足,可能会引起系统的崩溃或致命的错误。

② 软实时系统　软实时系统对响应时间也有要求,如果响应时间不能满足,将需要支付能够接受的额外代价。

非实时系统对响应时间没有严格的要求,各个进程分享处理器,以获得各自所需要的运行时间。

3. 按软件结构分类

按照软件的体系结构,EOS可以分为单体结构、分层结构和微内核结构3大类,如图8.2.1～图8.2.3所示。

图8.2.1　单体结构

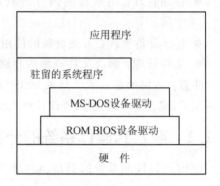

图8.2.2　分层结构

(1) 单体结构

单体结构(monolithic)是一种常见的组织结构,嵌入式 Linux 操作系统、Jbed RTOS、μC/OS-II 和 PDOS 都属于单体内核系统。在单体结构的操作系统中,中间件和设备驱动程序通常就集成在系统内核当中,整个系统通常只有一个可执行文件,里面包含了所有的功能组件。

单体结构的操作系统由一组功能模块组成,系统的各个模块之间可以相互调用,通信开销比较小,系统高度集成和相互关联,系统裁剪、修改、调试和维护不方便。

图8.2.3　微内核结构

(2) 分层结构

采用分层结构(layered)的操作系统内部分为若干个层次($0\sim N$),各个层次之间的调用关系是单向的,即某一层次上的代码只能调用比它低层的代码。分层结构要求在每个层次上都要提供一组 API 接口函数,增加了系统的额外开销,但系统的开发和维护较为简单。典型代表有 MS-DOS,其结构就是一个有代表性的、组织良好的分层结构。

(3) 微内核结构

微内核(microkernel)结构把操作系统的大部分功能都剥离出去,在内核中只保留最核心的功能单元（如进程管理和存储管理），大部分的系统功能都位于内核之外，例如，将所有的设备驱动程序都置于内核之外，如图 8.2.3 所示。

在微内核操作系统中，大部分的系统功能被放置在内核之外，客户单元和服务器单元的内存地址空间是相互独立的，系统具有更高的安全性。新的功能组件也可以被动态地添加进来，扩展、调试、移植方便。在微内核操作系统中，核内组件与核外组件之间的通信方式是消息传递，而不是直接的函数调用，运行速度可能会慢一些。另外，由于它们的内存地址空间是相互独立的，在切换的时候，也会增加额外的开销。

OS－9、C Executive、VxWorks、CMX－RTX、Nucleus Plus 和 QNX 等 EOS 采用的都是微内核结构。

8.2.3　常见的嵌入式操作系统简介

嵌入式操作系统是操作系统研究领域中的一个重要分支，有许多公司在从事相关方面的研究，开发了数以百计的各具特色的嵌入式操作系统产品，其中比较有影响的系统有 VxWorks、嵌入式 Linux、Windows CE、μC/OS－II 和 PalmOS 等。

1. VxWorks

美国 WindRiver System 公司开发的嵌入式实时操作系统 VxWorks 采用基于微内核的体系结构，整个系统由四百多个相对独立、短小精练的目标模块组成，用户可以根据自己的需要选择适当的模块，进行裁剪和配置。VxWorks 采用 GNU 类型的编译和调试器，专有的 API 函数，支持 x86、MC68xxx、Coldfire、PowerPC、MIPS、ARM、i960 等主流的 32 位处理器，具有良好的可靠性和卓越的实时性，是目前嵌入式系统领域中使用最广泛、市场占有率最高的商业系统之一。

在 VxWorks 操作系统中，主要包含实时微内核 Wind、I/O 处理系统、文件系统、网络处理模块、虚拟内存模块 VxVMI、板级支持包 BSP 等功能模块。

实时微内核 Wind 包括基于优先级的任务调度、任务间的通信、同步和互斥、中断处理、定时器和内存管理机制等功能。与 ANSI C 兼容的 I/O 系统包括 Unix 标准的缓冲 I/O 和 POSIX 标准的异步 I/O。文件系统主要包括与 MS－DOS 兼容的文件系统，与 RT－11 兼容的文件系统，以及 Raw Disk 文件系统和 SCSI 磁带设备。网络处理模块能与如 TCP/IP、NFS、UDP、SNMP、FTP 等许多运行其他协议的网络进行通信。虚拟内存模块 VxVMI 主要用于对指定内存区的保护，以加强系统的安全性。板级支持包 BSP 由初始化和驱动程序两部分组成，用来管理硬件的功能模块，对各种板卡的硬件功能提供统一的接口。

2. 嵌入式 Linux

嵌入式 Linux 是指对标准 Linux 进行小型化裁剪处理之后，可固化在存储器或单片机中，适合于特定嵌入式应用场合的专用 Linux 操作系统。常见的嵌入式 Linux 有 μClinux、RT－Linux、Embedix 和 Hard Hat Linux 等，具有如下特点：

- 具有高性能、可裁剪的内核，其独特的模块机制使用户可以根据自己的需要，实时地将某些模块插入到内核或从内核中移走，很适合于嵌入式系统的小型化的需要。
- 具有完善的网络通信和文件管理机制，支持所有标准的 Internet 网络协议，支持 ext2、fat16、fat32、romfs 等文件系统。
- 可提供完整的工具链（tool chain），利用 GNU 的 gcc 做编译器，用 gdb、kgdb、xgdb 做调试工具，能够方便地实现从操作系统到应用软件各个级别的调试。
- 嵌入式 Linux 是开放源码的自由操作系统，用户可以根据自己的应用需要方便地对内核进行修改和优化。
- 支持 x86、ARM、MIPS、Alpha、PowerPC 等多种体系结构，支持各种主流硬件设备和最新硬件技术。
- 几乎每一种通用程序在 Linux 上都能找到，具有丰富的软件资源。
- μClinux 主要针对没有 MMU 的微处理器；RT‑Linux 是最早实现硬实时支持的 Linux 版本；Embedix 采用模块化的设计方案，方便系统裁剪；Hard Hat Linux 是一个嵌入式实时系统，可以针对硬件环境进行配置，以获得最佳的性能和最小的容量。

3. Windows CE

Windows CE 是一个基于优先级的多任务嵌入式操作系统，提供了 256 个优先级别，基本内核需要至少 200 KB 的 ROM，支持 Win32 API 子集，支持多种用户界面硬件，支持多种串行和网络通信技术。Windows CE 不是一个硬实时系统。

Windows CE 主要包含内核模块、内核系统调用接口模块、文件系统模块、图形窗口和事件子系统模块和通信模块 5 个功能模块。其中，内核模块支持进程和线程处理及内存管理等基本服务。内核系统调用接口模块允许应用软件访问操作系统提供的服务。文件系统模块支持 DOS 等格式的文件系统。图形窗口和事件子系统模块控制图形显示，并提供 Windows GUI 图形界面。通信模块允许同其他的设备进行信息交换。

Windows CE 操作系统集成了大量的 Windows XP Professional 的特性，能提供与 PC 机类似的桌面、任务栏、窗口、图标、控件等图形界面和各种应用程序。熟悉 Windows 操作系统的用户可以很快地使用基于 Windows CE 的嵌入式设备。另外，微软公司提供了 Visual Studio. NET、Embedded Visual C++、Embedded Visual Basic 等一组功能强大的应用程序开发工具，专门用于对 Windows CE 操作系统的开发。

4. μC/OS‑II

μC/OS‑II 是一种免费、开放源代码，结构小巧，基于可抢占优先级调度的实时操作系统，其内核提供任务调度与管理、时间管理、任务间同步与通信、内存管理和中断服务等功能。名称 μC/OS‐Ⅱ 来源于术语 Micro-Controller Operating System（微控制器操作系统），它通常也称为 MUCOS 或者 UCOS。

　　μC/OS‐Ⅱ 内核在 2～10 KB 数量级，具有执行效率高、占用空间小、实时性能优良和可扩展性强等特点，主要面向中小型嵌入式系统。μC/OS‐Ⅱ 内核提供最基本的系统服务，例如信号量、邮箱、消息队列、内存管理、中断管理等。μC/OS‐Ⅱ 内核本身并不支持文件系统，但它具有良好的扩展性能，可以根据需要自行加入。μC/OS‐Ⅱ 具有良好的可移植性。μC/OS‐Ⅱ 的大部分代码都是用 C 语言写成的，只有与处理器的硬件相关的一部分代码采用汇编语言编写。μC/OS‐Ⅱ 并不是一个商业实时操作系统，但 μC/OS‐Ⅱ 的稳定性和实用性却被数百个商业级的应用所验证，μC/OS‐Ⅱ 已在众多的商业领域中获得了广泛的应用。

　　μC/OS‐Ⅱ 支持 ARM、PowerPC、MIPS、68k/ColdFire 和 x86 等多种体系结构。

8.3　嵌入式系统的任务管理

8.3.1　单道程序设计和多道程序设计

　　嵌入式操作系统可以分为单道程序设计和多道程序设计两种类型。

1. 单道程序设计类型

　　采用单道程序设计的操作系统在任何时候只能有一个程序在运行。

　　例如：有两个程序甲和乙，它们在运行过程中都要用到 CPU 和 I/O 设备。如图 8.3.1所示，采用不同的方框来表示这两个程序对两种资源的使用情况，方框的长度表示使用的时间。

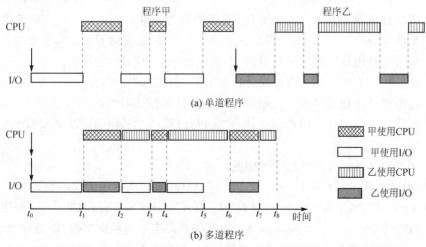

(a) 单道程序

(b) 多道程序

图 8.3.1　单道程序与多道程序的运行过程

在单道程序设计的环境下,在任何时候,系统中只能有一个程序在运行,因此,甲和乙这两个程序只能一个接一个地执行。如图 8.3.1 所示,首先执行程序甲,从 t_0 时刻开始,到 t_6 时刻结束。然后再执行程序乙,从 t_6 时刻开始,一直到它所有的工作都完成。

2. 多道程序设计类型

采用多道程序设计的操作系统允许多个程序同时存在并运行,采用多道程序技术可以有效提高系统资源的利用率。

在多道程序设计的环境下,允许多个程序同时运行,当一个程序在访问 I/O 设备时,会主动把 CPU 交出来,让另一个程序去运行,从而提高系统资源的使用效率。如图 8.3.1 所示,从 t_0 到 t_1,甲在使用 I/O 设备,乙处于等待状态。当到达了 t_1 时刻后,甲释放刚刚占用的 I/O 设备,交给程序乙去使用。因此,在 t_1 到 t_2 期间,程序甲在使用 CPU,程序乙在使用 I/O 设备。在到达 t_2 时刻后,乙释放刚刚占用的 I/O 设备,交给程序甲去使用。因此,在 t_2 到 t_3 期间,甲和乙两个程序相互交换资源,继续执行。同样的情形也发生在 t_3 时刻和 t_4 时刻。但是在 t_5 时刻,甲已经使用完了 I/O 设备,而乙仍然在使用 CPU,所以甲只能处于等待状态,等到 t_6 时刻再交换资源。这样一直进行下去,在 t_7 时刻,甲执行完毕,在 t_8 时刻,乙也执行完毕。

从图 8.3.1 可见,由于 CPU 和 I/O 设备的使用是并行进行的,在总的执行时间上要明显少于单道程序系统。

8.3.2 进程、线程和任务

1. 进 程

进程(process)是在描述多道系统中并发活动过程引入的一个概念。进程和程序是两个既有联系又有区别的概念,两者不能混为一谈。例如:一个程序主要由代码和数据两部分内容组成,而进程是正在执行的程序,它是由程序和该程序的运行上下文两部分内容组成。程序是静态的,而进程是一个动态的,变化的。进程和程序之间并不是一一对应的。一个进程在运行的时候可以启动一个或多个程序,同一个程序也可能由多个进程同时执行。程序可以以文件的形式存放在硬盘或光盘上,作为一种软件资源长期保存。而进程则是一次执行过程,它是暂时的,是动态地产生和终止的。

一个进程通常包含以下几个方面的内容。

● 相应的程序:进程是一个正在运行的程序,有相应程序的代码和数据。

● CPU 上下文:程序在运行时,CPU 中含有 PC(Program Counter,程序计数器)、PSW(Program Status Word,程序状态字)、通用寄存器、段寄存器、栈指针寄存器等各种寄存器的当前值内容,例如:在 PC 中记录的将要取出的指令的地址,在 PSW 中用于记录处理器的运行状态信息,通用寄存器存放的数据或地址;段寄存器存放的程序中各个段的地址;栈指针寄存器记录的栈顶的当前位置。

● 一组系统资源:包括操作系统用来管理进程的数据结构、进程的内存地址空间、进程正在使用的文件等。

总而言之,进程包含了正在运行的一个程序的所有状态信息。进程具有动态性,进程是一个正在运行的程序,程序的运行状态都在不断地变化,如 PC 寄存器的值、堆和栈的内容、通用寄存器存放数据和地址等。进程具有独立性,一个进程是一个独立的实体,占有计算机的系统资源,每个进程都有自己的运行上下文和内部状态,在它运行的时候独立于其他的进程。进程具有并发性,在系统中同时有多个进程存在,它们相互独立地运行。

2. 线　程

线程(thread)是一个比进程更小的能独立运行的基本单位。所谓的线程,就是进程当中的一条执行流程。

从资源组合的角度来看,进程把一组相关的资源组合起来,构成了一个资源平台(资源环境),其中包括运行上下文、内存地址空间、打开的文件等。从程序运行的角度来看,进程就是一个正在运行的程序,在图 8.3.2 中用一条带有箭头的线段来表示。从图 8.3.2 可见,可以把进程看成是程序代码在这个资源平台上的一条执行流程(线程),也就是可以认为进程等于线程加上资源平台。

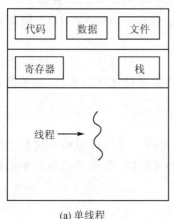 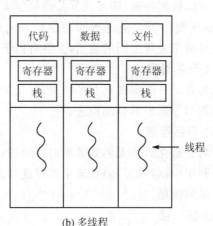

(a) 单线程　　　　　　　　　　(b) 多线程

图 8.3.2　线程与进程的资源关系

如图 8.3.2 所示,在一个进程当中,或者说在一个资源平台上,可以同时存在多个线程。可以用线程来作为 CPU 的基本调度单位,使得各个线程之间可以并发执行。对于同一个进程当中的各个线程来说,运行在相同的资源平台上,可以共享该进程的大部分资源(如内存地址空间、代码、数据、文件等),但也有一小部分资源是不能共享的,每个线程都必须拥有各自独立的一份,如 CPU 运行上下文(如 PC 寄存器、PSW 寄存器、通用寄存器和栈指针等)和栈。

3. 任　务

在一些嵌入式系统中,把能够独立运行的实体称为"任务"(task),并没有使用"进程"或"线程"这两个概念。任务到底是进程还是线程,在研究一个具体的嵌入式操作系统的时候,要注意加以区分。

在任务的创建过程需要定义的主要参数有任务的优先级、栈空间的大小和函数名。任务具有独立的优先级和栈空间,CPU 上下文一般也是存放在栈空间中。对于不同的任务,它们也能够访问相同的全局变量,在这些任务之间,可以很方便地、直接地去使用共享的内存,而不需要经过系统内核来进行通信。

通常认为,在嵌入式操作系统中"任务"就是线程,如在 VxWorks、μC/OS - II、Jbed、嵌入式 Linux 等嵌入式操作系统中。

8.3.3　进程间通信与线程间同步

1. 进程间通信

进程是一个独立的资源分配单元,在不同的进程之间,资源是相互独立的,不能在一个进程中直接访问另一个进程的资源。但是,进程不是孤立的,不同进程之间可通过进程间数据传递、同步或异步的机制来实现不同进程之间的信息交互。

Linux 提供了大量进程间通信(Interprocess Communication,IPC)机制来实现同一主机两个进程之间的通信,主要有以下几种。

(1) 无名管道

无名管道只能实现具有亲缘关系(父子进程)的进程之间的通信,且无名管道在通信进程双方退出后自动消失。

(2) 有名管道

有名管道克服了无名管道瞬时性问题,可实现同一主机任意两个进程之间的通信。在利用(有名或无名)管道来实现进程之间的通信时,需注意管道的单向性问题和管道阻塞问题。

(3) 信　号

信号机制是一种进程间异步的通信机制,在实现上是一种软中断。信号可以导致一个正在运行的进程被另外一个异步进程中断,转而去处理某一个突发事件。

(4) 消息队列

消息队列主要用来实现两个进程间少量的数据传输,且接收方可以根据消息队列中消息的类型选择性地接收消息。

(5) 信号量

信号量通信机制主要用来实现进程间同步,信号量值用来标识系统可用资源的个数。最简单的信号量是二元信号量。

（6）共享内存

共享内存主要用来实现进程间大量数据传输。共享内存机制实际是开辟一段独立的内存空间，然后将该空间挂载到相互通信的两个进程中，从而实现数据传输。

2．线程间同步机制

线程是进程中的一个独立控制流，由环境（包括寄存器集和程序计数器）和一系列要执行的指令组成。每个进程至少有一个线程所组成。线程占用资源少，使用灵活，因此，在许多应用程序中大量使用线程。线程拥有自己的通信机制，主要包括以下几种：

（1）互斥锁

互斥锁是一个二元变量，其状态为开锁和解锁。互斥锁以排他的方式禁止共享数据被并发修改。该协议禁止已锁定互斥体的多个线程更改受保护体的内容，直到锁定者解除锁定为止。

（2）条件变量

条件变量是利用线程间共享的全局变量来进行同步的一种机制，为了防止竞争，它必须配合互斥锁一起来实现对资源的互斥访问。

（3）读/写锁

读/写锁实际是一种特殊的自旋锁，把共享资源的访问者划分为读者和写者。它允许多个线程同时读共享数据，而对写操作是互斥的，只是在写锁定时不能读数据。与互斥锁相比，具有更高的效率。

（4）线程信号

线程间的信号机制类似于进程间的信号处理。

8.3.4 任务的实现

1．任务的层次结构

任务的层次结构如图8.3.3所示。在多道程序的嵌入式操作系统中，同时存在着多个任务，嵌入式内核启动时，只有一个任务存在，然后由该任务派生出其他所有任务，这些任务采用层状结构，存在着父子关系。

2．任务的创建与终止

（1）任务的创建

在一个嵌入式操作系统中，在系统初始化、任务运行过程中及人机交互等过程中都可以创建任务。

在系统初始化时，一般都会创建系统与用户进行交互的一些前台任务，以及完成键盘扫描、系统状态检测、时间统计等一些特定功能的后台任务。在任务运行过程

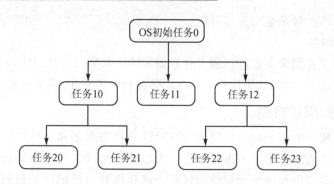

图 8.3.3　任务的层次结构

中,也能够使用相应的系统调用来创建新的任务,以帮助它完成自己的工作。在一些具有交互功能的嵌入式系统中,用户可以通过输入命令或单击图标的方式,让系统启动一个新的任务。

创建任务的基本方法是在一个已经存在的任务当中,通过调用相应的系统函数来创建一个新的任务。

在嵌入式操作系统当中,任务的创建主要采用 fork/exec 和 spawn 两种模型。fork/exec 模型源于 IEEE/ISO POSIX 1003.1 标准,而 spawn 模型是从它派生出来的。

两种模型创建任务的过程非常相似,包括为新任务分配相应的数据结构,存放各种管理信息,分配内存空间,存放任务的代码和数据。当这个新任务准备就绪后,就可以启动它运行了。

在 fork/exec 模型,首先调用 fork 函数为新任务创建一份与父任务完全相同的内存空间;然后再调用 exec 函数装入新任务的代码,并用它来覆盖原有的属于父任务的内容。对于新创建的子任务来说,它可以从父任务那里继承代码、数据等各种属性。而 spawn 模型在创建新任务的时,直接为它分配一个全新的地址空间,然后将新任务的代码装入并运行。

(2) 任务的终止

任务的终止可能有多种原因,正常退出、错误退出、被其他任务踢出等情况可以使任务终止。

当一个任务完成了所有的工作,需要结束运行,提出退出要求,称为正常退出。

当一个任务在执行过程中,出现了致命的错误(例如执行了非法指令、内存访问错误等),系统中止该任务的运行,强制性地让该任务退出,称为错误退出。

在一些操作系统中可以提供一些系统调用函数,用来把一个任务从系统中清除出局,称为被其他任务踢出。

在一些嵌入式系统中,某些任务被设计为"死循环"的模式,任务不会自行终止。

3. 任务的状态

在多道程序系统中,任务是独立运行的实体,需要竞争系统资源,而任务所拥有的资源是在不断变化的,使得任务的状态也在不断地变化。一般而言,任务具有运行(running)、就绪(ready)和阻塞(blocked)3 种基本状态。

如图 8.3.4 所示,在一定条件下,任务会在不同的状态之间来回转换,存在:运行→阻塞、运行→就绪、就绪→运行、阻塞→就绪这 4 种转换关系。

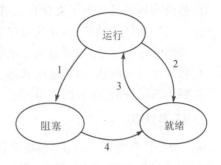

图 8.3.4　任务间的状态转换图

任务在运行状态时占有 CPU 并在 CPU 上运行,在任何一个时刻,处于运行状态的任务个数必须小于或等于 CPU 的数目。如果在一个系统中只有一个 CPU,那么最多只能有一个任务处于运行状态。

当一个任务已具备运行条件,但由于 CPU 正在运行其他的任务,暂时不能运行该任务时,称为就绪状态。不过,只要把 CPU 分给该任务,它就能够立刻执行。

任务因为正在等待某种事件的发生而暂时不能运行称为阻塞状态,也叫等待状态(waiting)。此时,即使 CPU 已经空闲下来了,该任务也还是不能运行。

4. 任务控制块

任务控制块(Task Control Block,TCB)是在操作系统当中用来描述和管理一个任务的数据结构。通过对各个任务的 TCB 的操作来实现任务管理。利用 TCB 这个数据结构可以描述任务的基本情况,以及它的运行变化过程。可以把 TCB 看成是任务存在的唯一标志。当需要创建一个新任务的时候,就为它生成一个 TCB,并初始化这个 TCB 的内容;当需要终止一个任务的时候,只要回收它的 TCB 即可。对任务的组织和管理可以通过对它们的 TCB 的组织和管理来实现。TCB 主要包括任务的管理信息、CPU 上下文信息、资源管理信息等内容。

① 任务的管理信息　包括任务的标识 ID、任务的状态、任务的优先级、任务的调度信息、任务的时间统计信息、各种队列指针等。

② CPU 上下文信息　包括通用寄存器、PC 寄存器、程序状态字、栈指针等各种 CPU 寄存器的当前值。在实际的嵌入式系统中,CPU 上下文信息不一定直接存放在 TCB 当中,而是存放在任务的栈当中,可以通过相应的栈指针来访问。

③ 资源管理信息　在操作系统中,任务表示的是进程,除此之外还应包含一些资源管理方面的信息,如段表地址、页表地址等存储管理方面的信息,根目录、文件描述字等文件管理方面的信息。

5. 任务切换

任务切换(context switching)是指一个任务正在 CPU 上运行,由于某种原因,系统需要调度另一个任务去运行,那么这时就需要把当前任务的运行上下文保存起来,并设置新任务的上下文,这一过程称为任务切换。

任务切换通常包含以下几个基本步骤:

① 将处理器的运行上下文保存在当前任务的 TCB 中;

② 更新当前任务的状态,从运行状态变为就绪状态或阻塞状态。

③ 按照一定的策略,从所有处于就绪状态的任务中选择一个去运行。

④ 修改新任务的状态,从就绪状态变成运行状态。

⑤ 根据新任务的 TCB 的内容,恢复它的运行上下文环境。

6. 任务队列

在一个多任务的操作系统中,各个任务的状态是经常变化的,有时处于运行状态,有时处于就绪状态,有时又处于阻塞状态。通常采用任务队列的方式来组织它的所有任务,以提高对这些任务的管理效率。

操作系统用一组队列来表示系统当中所有任务的当前状态。例如,处于运行状态的所有任务构成了运行队列,处于就绪状态的所有任务构成了就绪队列,而对于处于阻塞状态的任务,则要根据它们阻塞的原因,分别构成相应的阻塞队列。不同的状态用不同的队列来表示。然后,对于系统当中的每一个任务,根据它的状态把它的 TCB 加入到相应的队列当中去。如果一个任务的状态发生变化,就要把它的 TCB 从一个状态队列中脱离出来,加入到另一个队列当中去。

8.3.5　任务的调度

1. 任务调度概述

在多道程序操作系统中,当有两个或多个任务同时处于就绪状态时,而系统中只有一个 CPU 而且这个 CPU 已经空闲下来了,就会出现多个任务同时去竞争这个 CPU 的情况。通常利用调度器(scheduler)选择就绪队列中的那些任务中的一个去运行,调度器是 CPU 这个资源的管理者。调度器在决策过程中所采用的算法称为调度算法。

一般来说,在一个新的任务被创建时,在一个任务运行结束时,在一个任务由于 I/O 操作、信号量或其他原因被阻塞时,在一个 I/O 中断发生时,在一个时钟中断发生时,这五种调度时机都可能会发生任务的调度。

任务调度存在可抢占调度(preemptive)和不可抢占调度(nonpreemptive)两种调度方式。

① 在可抢占调度方式,当一个任务正在运行的时候,出现调度时机当中的五种情况之一,都有可能会发生调度。调度程序可以去打断它,并安排另外的任务去运行。实时操作系统大都采用可抢占的调度方式。

② 在不可抢占调度方式,一个任务长时间地占用着 CPU,系统也不会强制它中止。当出现新任务创建、任务运行结束及任务被阻塞的调度时机时,有可能会发生调

度。而对于发生的各种中断,并不会去调用调度程序,而是在中断处理完成后,又会回到刚才被打断的任务中继续执行。

在嵌入式操作系统中,存在着许多的调度算法,每一种算法都有各自的优点和缺点。可以根据响应时间、周转时间、调度开销、公平性、均衡性、吞吐量等指标来评价一个调度算法的好坏。其中:

- 调度器为一个就绪任务进行上下文切换时所需的时间,以及任务在就绪队列中的等待时间称为响应时间(response time)。
- 一个任务从提交到完成所经历的时间称为周转时间(turnaround time)。
- 调度器在做出调度决策时所需要的时间和空间开销称为调度开销(overhead)。
- 公平性(fairness)是指大致相当的两个任务所得到的 CPU 时间也应该是大致相同的。另外,要防止饥饿(starvation)情况出现,即某一个任务始终得不到处理器去运行。
- 均衡性(balance)是指要尽可能使整个系统的各个部分(CPU,I/O)都"忙"起来,提高系统资源的使用效率。
- 单位时间内完成的任务数量称为吞吐量(throughput)。

对于一个调度算法来说,这些指标中有些是共存的,而有些是相互牵制的,这些指标不可能全部都实现,而是需要根据系统的要求,综合权衡和折中选择。

2. 先来先服务算法

先来先服务算法(First Come First Served,FCFS)是一种最简单的调度算法。FCFS 的基本思想就是按照任务到达的先后次序来进行调度,它是一种不可抢占的调度方式。FCFS 也叫做 FIFO(First In First Out,先进先出算法)。

FCFS 的最大优点就是简单,易于理解也易于实现。缺点是一批任务的平均周转时间取决于各个任务到达的顺序,如果短任务位于长任务之后,那么将增大平均周转时间。

3. 短作业优先算法

在短作业优先算法(Shortest Job First,SJF)中,各个任务在开始执行前,事先预计好各任务的执行时间,调度算法根据这些预计时间,安排执行时间较短的任务优先执行。可以证明,对于一批同时到达的任务,采用 SJF 算法将得到一个最小的平均周转时间。

SJF 算法有不可抢占方式和可抢占方式两种实现方案。在不可抢占方式,只有任务运行完毕或者是被阻塞时,才会让出 CPU 进行新的调度。而在可抢占方式,当前任务正在运行的时候,来了一个比它执行时间更短的任务,而且它的运行时间要小于当前正在运行的任务的剩余时间,那么这个新任务就会抢占 CPU 去运行。这种方法也称为 SRTF(Shortest Remaining Time First,最短剩余时间优先算法)。

不可抢占的 SJF 算法如图 8.3.5 所示,由于任务 t_3 的执行时间最短,所以首先被调度运行,其次是 t_1 和 t_2。

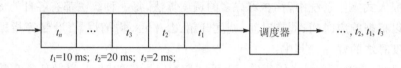

$t_1=10$ ms; $t_2=20$ ms; $t_3=2$ ms;

图 8.3.5　SJF 算法示意图

4. 时间片轮转算法

在时间片轮转算法(Round Robin,RR)中,把系统当中的所有就绪任务按照先来先服务的原则进行排列,然后,在每次调度的时候,处理器分派给队列当中的第一个任务一小段 CPU 执行时间(time slice,时间片)。当这个时间片结束的时候,如果任务还没有执行完,将会发生时钟中断,调度器将会暂停当前任务的执行,并把这个任务送到就绪队列的末尾,然后再执行当前的队列的第一个任务。如果一个任务在分配给它的时间片结束前就已经运行结束了或者是被阻塞了,那么它就会立即让出 CPU 给其他的任务。RR 算法示意图如图 8.3.6 所示。

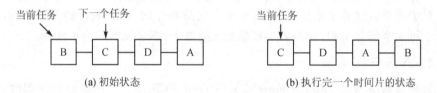

图 8.3.6　RR 算法示意图

采用 RR 算法,各个就绪任务平均地分配 CPU 的使用时间,例如有 n 个就绪任务,那么每个任务将得到 $1/n$ 的 CPU 时间。

采用 RR 算法时,时间片 q 既不能太大,也不能太小。q 太大,每个任务都在一个时间片内完成,这就失去了 RR 算法的意义。如果 q 太小,每个任务都需要更多的时间片才能运行完,增加了在任务之间的切换次数,增大了系统的管理开销,降低了 CPU 的使用效率。

5. 优先级算法

在优先级调度算法(priority)中,给每一个任务都设置一个优先级,然后在任务调度的时候,在所有处于就绪状态的任务中选择优先级最高的那个任务去运行。例如,在短作业优先算法中,以时间为优先级,运行时间越短,优先级越高。

优先级算法可以分为可抢占和不可抢占两种方式。在可抢占方式中,当一个任务正在运行的时候,如果这时来了一个新的任务,其优先级更高,则立即抢占 CPU 去运行这个新任务。而不可抢占方式则是需要等当前任务运行完后再决定。

可以采用静态方式或动态方式确定任务的优先级。静态优先级方式根据任务的类型或重要性，在创建任务的时候就确定任务的优先级，并且一直保持不变直到任务结束。动态优先级方式在创建任务的时候确定任务的优先级，但是该优先级可以在任务的运行过程中动态改变，以便获得更好的调度性能。动态优先级方式可以克服在静态优先级方式中高优先级的任务一直占用着 CPU，而那些低优先级的任务可能会长时间地得不到 CPU 的情况。

在优先级算法中，对于优先级相同的两个任务，通常是把任务按照不同的优先级进行分组，然后在不同组的任务之间使用优先级算法，而在同一组的各个任务之间使用时间片轮转法。

8.3.6　实时系统调度

许多嵌入式操作系统都是实时操作系统（RTOS），实时系统的调度追求的是实时性，RTOS 调度器要让每个任务都在其最终时间期限之前完成，而各任务之间的公平性并不是最重要的指标。RTOS 调度器多采用基于优先级的可抢占调度算法。

1. RTOS 任务模型

RTOS 任务模型如图 8.3.7 所示。在 RTOS 任务模型中，每一个任务用一个三元组来表示，即执行时间（execution time）、周期（period）、时间期限（deadline）。其中，执行时间 $t_E(i)$ 是指对于第 i 个任务，当它所需要的资源都已具备时，它的执行所需要的最长时间。周期 $t_P(i)$ 是指第 i 个任务的连续两次运行之间的最小时间间隔。时间期限是指 $t_D(i)$ 第 i 个任务所允许的最大响应时间（从任务启动到运行结束所需的时间）。一般来说，一个任务的周期时间同时也是它的时间期限，因为该任务必须在它的下一个周期开始之前，完成此次运行。启动时间 $t(i)$ 是指第 i 个任务的第 i 次执行的开始时间。

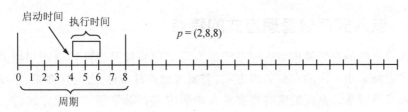

图 8.3.7　RTOS 任务模型

2. 单调速率调度算法

单调速率调度算法（Rate Monotonic Scheduling，RMS）是一种静态优先级调度算法。

RMS 算法假设：所有的任务都是周期性任务；任务的时间期限等于它的周期；任务在每个周期内的执行时间是一个常量；任务之间不进行通信，也不需要同步；任务可以在任何位置被抢占,不存在临界区的问题。

RMS 算法的基本思路是任务的优先级与它的周期表现为单调函数的关系,任务的周期越短,优先级越高;任务的周期越长,优先级越低。

RMS 算法是一种最优调度算法。如果存在一种基于静态优先级的调度顺序,使得每个任务都能在其期限时间内完成,那么 RMS 算法总能找到这样的一种可行的调度方案。

在任务比较多的情况下,RMS 可调度的 CPU 使用率上限为 $\ln 2 = 0.69$。CPU 使用率如此低,对于大多数系统来说是不可接受的。另外,在一个实际的系统中,任务之间通常都需要进行通信和同步。

3. 最早期限优先算法

最早期限优先(Earliest Deadline First,EDF)调度算法是一种动态优先级调度算法。

EDF 算法的基本思路是:根据任务的截止时间来确定其优先级,对于时间期限最近的任务,分配最高的优先级。当有一个新的任务处于就绪状态时,各个任务的优先级就有可能要进行调整。

EDF 算法假设条件除了它不要求系统中的任务都必须是周期任务外,其他的假设条件与 RMS 相同。

EDF 算法可调度上限为 100%。对于给定的一组任务,只要它们的 CPU 使用率小于或等于 1,EDF 就能找到合适的调度顺序,使得每个任务都能在自己的时间期限内完成。

8.4　嵌入式系统的存储管理

8.4.1　嵌入式存储管理方式的特点

嵌入式系统的存储管理方式与系统的实际应用领域及硬件环境密切相关,不同的嵌入式系统采用不同的存储管理方式,需要考虑硬件条件、实时性要求、系统规模、可靠性要求等因素。系统的实时性要求直接影响到存储管理的实现方式,为了确保系统的实时性,快速和确定是内存管理的基本要求,即在存储管理方面的开销不能太大,对于每一项工作都要有明确的实时约束,即必须在某个限定的时刻之前完成。在实时系统中,存储管理方法就比较简单,甚至不提供存储管理功能。而对一些实时性要求不高,可靠性要求比较高、比较复杂的应用系统,需要实现对操作系统或任务的保护,在存储管理方式上就相对较为复杂。

在嵌入式微处理器中,存储管理单元(Memory Management Unit,MMU)提供了一种内存保护的硬件机制。内存保护用来防止地址越界和防止操作越权。采用内存保护机制的每个应用程序都有自己独立的地址空间,当一个应用程序要访问某个内存单元时,由硬件检查该地址是否在限定的地址空间内,如果不是就要进行地址越界处理。另外,还要防对于允许多个应用程序共享的某块存储区域,每个应用程序都有自己的访问权限,如果违反了权限规定,则要进行操作越权处理。

操作系统通常利用 MMU 来实现系统内核与应用程序的隔离,以及应用程序与应用程序之间的隔离。防止应用程序去破坏操作系统和其他应用程序的代码和数据,防止应用程序对硬件的直接访问。MMU 通常只在一些对安全性和可靠性的要求比较高、系统比较复杂的嵌入式系统中存在。

8.4.2　存储管理的实模式与保护模式

实模式和保护模式是嵌入式操作系统中常见的两个存储管理方式。

1. 实模式存储管理

在实模式存储管理方式中,系统不使用 MMU;不划分"系统空间"和"用户空间",整个系统只有一个地址空间,即物理内存地址空间;应用程序和系统程序都能直接对所有的内存单元进行随意访问,无须进行地址映射;操作系统的内核与外围应用程序在编译连接后,二者通常被集成在同一个系统文件中;系统中的"任务"或"进程"均是内核线程,只有运行上下文和栈是独享的,其他资源都是共享的。

在实模式存储管理方式中,系统的内存地址空间一般可以分为 .text、.data、.bss、堆、栈这 5 个部分。其中,.text(代码段)用来存放操作系统和应用程序的所有代码;.data(数据段)用来存放操作系统和应用程序当中所有带有初始值的全局变量;.bss 用来存放操作系统和应用程序当中所有未带初始值的全局变量;堆为动态分配的内存空间,在系统运行时,可以通过类似于 malloc/free 之类的函数来申请或释放一段连续的内存空间;栈用来保存运行上下文以及函数调用时的局部变量和运行参数。

对于实时系统来说,实模式方案简单,存储管理的开销确定,比较适合于规模较小、简单和实时性要求较高的系统。其缺点是没有存储保护、安全性差,在应用程序中出现的任何一个小错误或蓄意攻击都有可能导致整个系统的崩溃。

2. 保护模式存储管理

在保护模式存储管理方式中,微处理器必须具有 MMU 硬件并启用它。

在保护模式存储管理方式中,系统内核和用户程序有各自独立的地址空间,操作系统和 MMU 共同完成逻辑地址到物理地址的映射;每个应用程序只能访问自己的地址空间,对于共享的内存区域,也必须按照规定的权限规则来访问,具有存储保护功能。

保护模式存储管理方式的安全性和可靠性较好,适合于规模较大、较复杂和实时性要求不太高的系统。

8.4.3 分区存储管理

分区存储管理适合在多道程序操作系统中应用。分区存储管理把整个内存划分为系统区和用户区两大区域，然后再把用户区划分为若干个分区，可以同时有多个任务在系统中运行，每个任务都有各自的地址空间。

分区存储管理又可以分为固定分区和可变分区两类。

(1) 固定分区存储管理

采用固定分区存储管理方法时，各个用户分区的个数、位置和大小一旦确定后，就固定不变，不能再修改了。为了满足不同程序的存储需要，各个分区的大小可以是相等的，也可以是不相等的。

固定分区存储管理方法的优点是易于实现，系统的开销比较小，空闲空间的管理、内存的分配和回收算法都非常简单。其缺点是内存的利用率不高，在任务所占用的分区内部，未被利用的空间的碎片（内碎片）会造成很大的浪费；分区的总数是固定的，限制了并行执行的程序个数，N 个分区最多只能有 N 个任务在同时运行。

(2) 可变分区存储管理

采用可变分区存储管理方法时，各分区不是预先划分好的固定区域，而是系统动态创建的。在系统生成后，操作系统会占用内存的一部分空间，通常放在内存地址的最低端，其余的空间则成为一个完整的大空闲区。在装入一个程序时，系统将根据它的需求和内存空间的使用情况，从这个空闲区当中划出一块来，分配给它，当程序运行结束后会释放所占用的存储区域。系统通过对内存的分配和回收，将一个完整的空闲区划分成若干个占用区和空闲区。

与固定分区相比，可变分区存储管理的分区的个数、位置和大小都是随着任务的进出而动态变化的，非常灵活。每个分区都是按需分配的，分区的大小正好等于任务的大小。这样就避免了在固定分区当中由于分区的大小不当所造成的内碎片，从而提高了内存的利用效率。但可变分区存储管理也可能会存在外碎片。所谓的外碎片，就是在各个占用的分区之间，难以利用的一些空闲分区。外碎片通常是一些比较小的空闲分区。

在具体实现可变分区存储管理技术的时候，需要考虑内存管理的数据结构、内存的分配算法以及内存的回收算法 3 个方面的问题。

在内存管理的数据结构上，系统会维护一个分区链表，来跟踪记录每一个内存分区的情况，包括该分区的状态（已分配或空闲）、起始地址、长度等信息。

在内存的分配算法上，当一个新任务来到时，需要为它寻找一个空闲分区，其大小必须大于或等于该任务的要求。若是大于要求，则将该分区分割成两个小分区，其中一个分区为要求的大小并标记为"占用"，另一个分区为余下部分并标记为"空闲"。选择分区的先后次序一般是从内存低端到高端。通常的分区分配算法有：最先匹配法（first-fit）、下次匹配法（next-fit）、最佳匹配法（best-fit）和最坏匹配法（worst-fit）。

在内存的回收算法上,当一个任务运行结束,并释放它所占用的分区后,如果该分区的左右邻居也是空闲分区,则需要将它们合并为一个大的空闲分区。与此相对应,在分区链表上,也要将相应的链接节点进行合并,并对其内容进行更新。

8.4.4　地址映射

1. 物理地址和逻辑地址

地址映射涉及到物理地址和逻辑地址两个基本概念。

(1) 物理地址(physical address)

物理地址也叫内存地址、绝对地址或实地址。将系统内存分割成很多个大小相等的存储单元,如字节或字,每个单元给它一个编号,这个编号就称为物理地址。操作时只有通过物理地址,才能对内存单元进行直接访问。物理地址的集合就称为物理地址空间,或者内存地址空间。物理地址是一个一维的线性空间,例如,一个内存的大小为 256 MB,那么它的内存地址空间是 0x0~0x0FFFFFFF。

(2) 逻辑地址(logical address)

逻辑地址也叫相对地址或虚地址。用户的程序经过汇编或编译后形成目标代码,而这些目标代码通常采用的就是相对地址的形式,其首地址为 0,其余指令中的地址都是相对于这个首地址来编址的。显然,逻辑地址和物理地址是完全不同的,不能用逻辑地址来直接访问内存单元。

因此,为了保证 CPU 在执行指令时可以正确地访问存储单元,系统在装入一个用户程序后,需要将用户程序中的逻辑地址转换为运行时由机器直接寻址的物理地址,这个过程就称为地址映射。只有把程序当中的逻辑地址转换为物理地址,才能正常运行。

2. 地址映射方式

地址映射是由存储管理单元 MMU 来完成的。当一条指令在 CPU 中执行,并且需要访问内存时,CPU 就发送一个逻辑地址给 MMU,MMU 负责把这个逻辑地址转换为相应的物理地址,并根据这个物理地址去访问内存。地址映射主要有静态地址映射和动态地址映射两种方式。

(1) 静态地址映射

用户程序在装入之前,代码内部使用的是逻辑地址。采用静态地址映射方式时,当用户程序被装入内存时,直接对指令代码进行修改,一次性地实现逻辑地址到物理地址的转换。在具体实现时,在每一个可执行文件中,要列出各个需要重定位的地址单元的位置,然后由一个加载程序来完成装入及地址转换的过程,将所有的逻辑地址都转换成了物理地址。程序一旦装入到内存以后,就不能再移动了。

(2) 动态地址映射

采用动态地址映射方式时,当用户程序被装入内存时,不对指令代码做任何修改,而是在程序的运行过程中,当它需要访问内存单元的时候,再来进行地址转换。地址转换一般是由硬件的地址映射机制来完成的,通常的做法是设置一个基地址寄存器(或者叫重定位寄存器),当一个任务被调度运行时,就把它所在分区的起始地址装入到这个寄存器中。然后,在程序的运行过程中,当需要访问某个内存单元时,硬件就会自动地将其中的逻辑地址加上基地址寄存器中的内容,从而得到实际的物理地址,并按照这个物理地址去执行。

8.4.5　页式存储管理

与分区存储管理方式不同,页式存储管理方式打破了存储分配的连续性,一个程序的逻辑地址空间可以分布在若干个离散的内存块上,以达到充分利用内存,提高内存利用率的目的。

在页式存储管理方式中,一方面,把物理内存划分为许多个固定大小的内存块,称为物理页面(physical page),或页框(page frame);另一方面,把逻辑地址空间也划分为大小相同的块,称为逻辑页面(logical page),或简称为页面(page)。页面的大小为 2^n,一般在 512 字节到 8 KB 之间。当一个用户程序被装入内存时,不是以整个程序为单位把它存放在一整块连续的区域中,而是以页面为单位来进行分配的。对于一个大小为 N 个页面的程序,需要有 N 个空闲的物理页面,这些物理页面可以是不连续的。

在实现页式存储管理时,需要解决数据结构、内存的分配与回收、地址映射等问题。

1. 数据结构

在页式存储管理中,最主要的数据结构有页表(page table)和物理页面表两个。页表给出了任务的逻辑页面号与内存中的物理页面号之间的对应关系。物理页面表用来描述内存空间当中,各个物理页面的使用分配状况。物理页面表可以采用位示图或空闲页面链表等方法来实现。

2. 内存的分配与回收

当一个任务到来时,需要考虑如何给它分配内存空间? 当一个任务运行结束后,需要考虑如何来回收它所占用的内存空间? 内存的分配与回收算法、物理页面表的实现方法是密切相关的。

当一个任务到来时,首先需要计算它所需的页面数 N,查询是否还有 N 个空闲的物理页面;如果有足够的空闲物理页面,则需要申请一个页表,其长度为 N,并把页表的起始地址填入到该任务的任务控制块 TCB 当中;然后分配 N 个空闲的物理页面并编号,把它们的编号填入到页表中,建立逻辑页面与物理页面之间的对应关系,并对刚刚被占用的那些物理页面进行标记。

当一个任务运行结束,释放了它所占用的内存空间后,需要对这些物理页面进行回收。

3. 地址映射

在页式存储管理方式中,当一个任务被加载到内存后,连续的逻辑地址空间被划分为一个个的逻辑页面,这些逻辑页面被装入到不同的物理页面当中。在这种情况下,为了保证程序能够正确地运行,需要把程序中使用的逻辑地址转换为内存访问时的物理地址,完成地址映射。

地址映射是以页面为单位来进行处理的。在进行地址映射时,首先分析逻辑地址,对于给定的一个逻辑地址,找到它所在的逻辑页面,以及它在页面内的偏移地址;然后进行页表查找,根据逻辑页面号,从页表中找到它所对应的物理页面号;最后进行物理地址合成,根据物理页面号及页内偏移地址,确定最终的物理地址。

应注意的是,采用页式存储管理方式,程序必须全部装入内存,才能够运行。如果一个程序的规模大于当前的空闲空间的总和,那么它就无法运行。操作系统必须为每一个任务都维护一张页表,开销比较大,当简单的页表结构不能满足应用要求时,必须设计出更为复杂的页表结构,如多级页表结构、哈希页表结构、反置页表等。

8.4.6　虚拟页式存储管理

在操作系统的支持下,MMU 还可以提供虚拟存储功能,即使一个任务所需要的内存空间超过了系统所能提供的内存空间,也能够正常运行。

虚拟页式存储管理就是在页式存储管理的基础上,增加了请求调页和页面置换的功能。在虚拟页式存储管理方式中,当一个用户程序需要调入内存去运行时,不是将这个程序的所有页面都装入内存,而是只装入部分的页面,就可以启动这个程序去运行。在运行过程中,如果发现要执行的指令或者要访问的数据不在内存当中,就向系统发出缺页中断请求,然后系统在处理这个中断请求时,就会将保存在外存中的相应页面调入内存,从而使该程序能够继续运行。系统在处理缺页中断时,需要调入新的页面。如果此时内存已满,就要采用某种页面置换算法,从内存中选择某一个页面,把它置换出去。常用的页面置换算法包括：最优页面置换算法(OPTimal,OPT)、最近最久未使用算法(Least Recently Used,LRU)、最不常用算法(Least Frequently Used,LFU)、先进先出算法(First In First Out,FIFO)和时钟页面置换算法(Clock)。

采用虚拟页式存储管理方式,对于每一个页表项来说,除了需要逻辑页面号和与之相对应的物理页面号信息外,还需要增加包括驻留位、保护位、修改位和访问位等信息。

8.5　I/O 设备管理

8.5.1　I/O 编址

在嵌入式系统中,存在着键盘、触摸屏、液晶显示器、A/D 转换器、D/A 转换器、控制电机等各种类型的I/O设备。

　　一个I/O单元通常是由I/O设备本身和设备控制器两个部分组成。I/O设备负责与人、控制对象等打交道;而设备控制器负责完成I/O设备与主机之间的连接和通信。在每一个设备控制器当中,都会有控制寄存器、状态寄存器和数据寄存器等一些寄存器,用来与CPU进行通信。通过往这些寄存器中写入不同的值,操作系统就可以命令I/O设备去执行数据发送与接收数据、打开与关闭等各种操作。另外,操作系统也可以通过读取这些寄存器的内容,来了解这个I/O设备的当前状态。被CPU访问的设备控制器寄存器主要采用I/O独立编址、内存映像编址和混合编址3种编址形式。

1. I/O独立编址

　　在I/O独立编址方式中,给设备控制器中的每一个寄存器,分配一个唯一的I/O端口地址,然后采用专门的I/O指令来对这些端口进行操作。这些端口地址所构成的地址空间是完全独立的,与内存的地址空间没有任何关系,I/O设备不会去占用内存的地址空间;而且,在编写程序时,它们的指令形式是不一样的,很容易区分内存访问和I/O端口访问。

2. 内存映像编址

　　在内存映像编址方式中,把设备控制器中的每一个寄存器都映射为一个内存单元。这些内存单元专门用于I/O操作,不能作为普通的内存单元来使用。端口地址空间与内存地址空间是统一编址的,端口地址空间是内存地址空间的一部分。编程非常方便,无须专门的I/O指令。

3. 混合编址

　　混合编址就是把I/O独立编址和内存映像编址两种编址方法混合在一起。对于设备控制器中的寄存器,采用I/O独立编址的方法,每一个寄存器都有一个独立的I/O端口地址;而对于I/O设备的数据缓冲区,则采用内存映像编址的方法,把I/O设备的数据缓冲区的地址与内存地址统一进行编址,I/O设备的数据缓冲区的地址空间是内存地址空间的一部分。

8.5.2　I/O设备的控制方式

　　I/O设备的控制方式主要有程序循环检测、中断驱动和直接内存访问3种形式。

1. 程序循环检测方式

　　采用程序循环检测方式的I/O设备驱动程序,在进行I/O操作之前,CPU要循环地去检测该I/O设备是否已经就绪。如果是,CPU就向I/O设备控制器发出一条命令,启动这一次的I/O操作。然后,在这个操作的进行过程中,CPU也要循环地去检测I/O设备的当前状态,看它是否已经完成。在I/O操作的整个过程中,控制I/C

设备的所有工作都是由 CPU 来完成的,一直占用着 CPU,非常浪费 CPU 的时间。

程序循环检测方式也称为繁忙等待方式或轮询方式。

2. 中断驱动方式

采用中断驱动方式时,当一个用户任务需要进行 I/O 操作时,CPU 会去调用一个对应的系统函数,由这个系统函数来启动 I/O 操作,然后 CPU 执行调度其他的任务。当所需的 I/O 操作完成时,相应的 I/O 设备就会向 CPU 发出一个中断,如果还有数据需要处理,就再次启动 I/O 操作。在中断驱动方式下,数据的每一次读/写还是通过 CPU 来完成,只不过当 I/O 设备在进行数据处理时,CPU 不必在那里等待,而是可以去执行其他任务。

3. 直接内存访问方式

在中断驱动的控制方式下,每一次数据读/写还是通过 CPU 来完成,而且每一次处理的数据量很少,频繁的中断处理需要额外的系统开销,所以也会浪费一些 CPU 时间。为减少中断的次数,减少中断处理的开销,可以采用直接内存访问(Direct Memory Access, DMA)的控制方式。在 DMA 控制方式中,采用 DMA 控制器来代替 CPU,完成 I/O 设备与内存之间的数据传送,从而空出更多的 CPU 时间,去运行其他的任务。

8.5.3　I/O 软件

为了管理好嵌入式系统中的各式各样的 I/O 设备,在 I/O 软件上通常采用分层的体系结构,一般来说,可以分为中断处理程序、I/O 设备驱动程序、设备独立的 I/O 软件和用户空间的 I/O 软件 4 个层次。其中,低层软件是面向 I/O 硬件的,与 I/O 硬件特性密切相关,它把 I/O 硬件同上层的软件有效隔离开来。较高层的软件是面向用户的,为用户提供一个友好、清晰、统一的编程接口。

1. 中断处理程序

中断处理程序与 I/O 设备驱动程序密切配合,用来完成特定的 I/O 操作。当一个用户程序需要某种 I/O 服务时,它会去调用相应的系统函数,而这个函数又会去调用相应的 I/O 设备驱动程序。然后,在 I/O 设备驱动程序中启动 I/O 操作,并且被阻塞起来,直到这个 I/O 操作完成后,将产生一个中断,并跳转到相应的中断处理程序。之后在中断处理程序中,将会唤醒被阻塞的 I/O 设备驱动程序。

在中断处理过程中,需要执行保存 CPU 的运行上下文,为中断服务子程序设置一个运行环境,向中断控制器发出应答信号,执行相应的中断服务子程序等操作。这些都需要一定的时间。

2. I/O 设备驱动程序

I/O 设备驱动程序是直接对 I/O 设备进行控制的软件模块,接收并且去执行来自于上层 I/O 软件的请求,例如,读操作、写操作、设备的初始化操作等。上层的 I/O 软件通过这些抽象的函数接口与 I/O 设备驱动程序打交道,硬件设备的具体细节被封装在 I/O 设备驱动程序里面。I/O 设备驱动程序与具体的设备类型密切相关。每一个 I/O 设备都需要相应的 I/O 设备驱动程序,而每一个设备驱动程序一般也只能处理一种类型的设备,因为对于不同类型的设备,它们的控制方式是不同的。如果硬件设备发生了变化,只需要更新相应的设备驱动程序即可,不会影响到上层软件对它的使用。

3. 设备独立的 I/O 软件

设备独立的 I/O 软件位于在设备驱动程序的上面,是系统内核的一部分,实现所有设备都需要的一些通用的 I/O 功能,并向用户级的软件提供一个统一的访问接口。设备独立的I/O软件主要完成设备驱动程序的管理、与设备驱动程序的统一接口、设备命名、设备保护、缓冲技术、出错报告以及独占设备的分配和释放等功能。

I/O 系统通常会提供一个统一的调用接口,包含一些常用的设备操作,如设备初始化、打开设备、关闭设备、读操作、写操作、设备控制等。在 I/O 设备的命名规则上,可以采用统一命名的方式,然后由设备独立的 I/O 软件来负责把设备的符号名映射到相应的设备驱动程序。

设备驱动程序的管理通过驱动程序地址表来实现。驱动程序地址表中存放了各个设备驱动程序的入口地址,可以通过此表来实现设备驱动的动态安装与卸载。

在实现数据的 I/O 操作时,为了缓解 CPU 与外部设备之间速度不匹配的矛盾,提高资源的利用率,可以在内存当中开辟一个存储空间,作为缓冲区,即采用缓冲技术。当读取 I/O 设备数据时,不用去访问 I/O 外设,直接到缓冲区中去查找。同样,在往 I/O 设备中写入数据时,也是先写到缓冲区中。这样,I/O 外设需要用到这些数据时,可以直接从缓冲区中去取。缓冲技术可以分为单缓冲、双缓冲、多缓冲和环形缓冲等形式。

4. 用户空间的 I/O 软件

大部分的 I/O 软件通常都包含在操作系统中,是操作系统的一部分,但也有一小部分的 I/O 软件,如与用户程序进行链接的库函数和完全运行在用户空间当中的程序,它们运行在系统内核之外,称之为用户空间的 I/O 软件。

与用户程序进行链接的库函数在运行时,例如在 C 语言中与 I/O 有关的各种库函数,通常是把传给它们的参数向下传递给相应的系统函数,然后由后者来完成实际的 I/O 操作。

外围设备联机操作(Simultaneous peripheral operations on line,Spooling)技术是在多道系统中,一种处理独占设备的方法。它可以把一个独占的设备转变为具有共享特征的虚拟设备,能够提供高速的虚拟 I/O 服务,实现对独占设备的共享,从而提高设备的利用率。在多道系统当中,对于一个独占的设备,专门利用 Spooling 程序来增强该设备的 I/O 功能。Spooling 程序负责与这个独占的 I/O 设备进行数据交换,完成实际的 I/O 操作。同时,应用程序在进行 I/O 操作时,只同这个 Spooling 程序交换数据,与 Spooling 程序当中的缓冲区打交道,从中读出数据或往里写入数据,而不直接对实际的设备进行 I/O 操作,即实现虚拟的 I/O 操作。

思考题与习题

1. 嵌入式软件有哪些特点? 可以分为哪几类?
2. 试分析无操作系统的嵌入式软件与有操作系统的嵌入式软件的异同。
3. 简述 Bootloader 的功能。
4. 简述嵌入式中间件的功能。
5. 简述嵌入式操作系统(EOS)的概念。
6. 嵌入式操作系统(EOS)可以分为哪几类?
7. 简述 VxWorks 的功能与特点。
8. 简述嵌入式 Linux 的功能与特点。
9. 简述 Windows CE 的功能与特点。
10. 简述 μC/OS-II 的功能与特点。
11. 简述 PalmOS 的功能与特点。
12. 试分析单道程序设计和多道程序设计的功能与特点。
13. 简述进程、线程和任务基本概念。
14. 简述任务的创建与终止过程。
15. 试分析可抢占调度和不可抢占调度的功能与特点。
16. 试分析 FCFS 、SJF、RR 算法和优先级算法的功能与特点。
17. 试分析 RMS 和 EDF 的功能与特点。
18. 简述嵌入式存储管理方式的特点。
19. 简述实模式和保护模式的区别。
20. 简述固定分区存储管理和可变分区存储管理的特点。
21. 什么是物理地址和逻辑地址? 什么是地址映射?
22. 页式存储管理方式与分区存储管理方式有什么不同?
23. 虚拟页式存储管理与页式存储管理有什么不同?
24. 查阅有关资料,了解 OPT、LRU、LFU、FIFO 等常用的页面置换算法。
25. I/O 设备有几种编址形式? 各有什么特点?
26. 程序循环检测、中断驱动和直接内存访问 3 种 I/O 设备的控制方式有什么不同?
27. 简述 I/O 软件的体系结构。
28. 简述中断处理程序、I/O 设备驱动程序、设备独立的 I/O 软件和用户空间的 I/O 软件的功能。

第 **9** 章

ARM 汇编语言程序设计基础

9.1　MDK‐ARM 开发工具

　　ARM 公司 2006 年收购了著名的 MCU 开发工具开发商德国 Keil 公司,随后推出的 MDK‐ARM 开发工具是 ARM 公司目前最新的针对各种嵌入式处理器的软件开发工具。MDK‐ARM 集成了业内最领先的技术,包括 μVision4 集成开发环境与 RealView 编译器。支持 ARM7、ARM9 和 Cortex‐M4/M3/M1/M0 内核处理器,自动配置启动代码,集成 Flash 烧写模块,具有强大的 Simulation 设备模拟、性能分析等功能,与 ARM 之前的工具包 ADS 等相比,RealView 编译器的最新版本的性能改善将超过 20%。MDK‐ARM 出众的价格优势和功能优势,已经成为 ARM 软件开发工具的标准,被全球超过 10 万的嵌入式开发工程师验证和使用。目前,MDK‐ARM 在国内 ARM 开发工具市场已经达到 90%的占有率。

　　MDK 主要包含 μVision IDE、RVCT、RTL 实时库(RealView Real‐Time Library)和 ULINK USB‐JTAG 仿真器 4 个核心组成部分。

9.1.1　μVision4 IDE

　　μVision IDE 是一个集项目管理器、源代码编辑器、调试器等于一体的集成开发环境,是一个基于 Windows 操作系统的嵌入式软件开发平台,μVision4 IDE 主要特性如下:

- 功能强大的源代码编辑器;
- 可根据开发工具配置的设备数据库;
- 用于创建和维护工程的工程管理器;
- 集汇编、编译和链接过程于一体的编译工具;
- 用于设置开发工具配置的对话框;
- 真正集成高速 CPU 及片上外设模拟器的源码级调试器;
- 高级 GDI 接口,可用于目标硬件的软件调试和 ULINK2 仿真器的连接;
- 用于下载应用程序到 Flash ROM 中的 Flash 编程器;
- 完善的开发工具手册、设备数据手册和用户向导。

9.1.2 RealView 编译工具集

RealView 编译工具集(RVCT)是 ARM 公司提供的编译工具链,包含编译器(armcc)、汇编器(armasm)、链接器(armLink)和相关工具(如库管理器 armar、十六进制文件产生器 FromELF)。RVCT 在业界被认为是面向 ARM 技术的编译器中能够提供最佳性能的编译工具。RVCT 的开发致力于高性能和高代码密度,以降低产品成本。RealView 编译器与 ADS 1.2 比较,代码密度比 ADS 1.2 编译的代码尺寸小 10%,代码性能比 ADS 1.2 编译的代码性能高 20%。RVCT 编译器能生成优化的 32 位 ARM 指令集、16 位的 Thumb 指令集以及最新的 Thumb-2 指令集代码,完全支持 ISO 标准 C 和 C++。

MDK 的 RealView 编译工具集用于将 C/C++ 源文件转换为可重定位的目标模块,并生成 μVision IDE 调试器可用的调试信息。

ARM C/C++ 编译器(armcc)支持同一源文件中的 ARM 和 Thumb 混合模式。采用代码尺寸优化技术,可产生最小尺寸的编译代码。采用性能优化技术,在不增加时钟频率的情况下最大化处理器的性能。具有"硬件支持"函数属性,为访问 ARM 硬件提供方便。支持内嵌汇编,可用于快速 DSP 或其他信号处理算法。其函数内联特性,可加快被频繁调用函数的执行速度。可自动通过 CPU 寄存器传递参数,甚至一些小的 C 结构也可通过 CPU 寄存器传递和返回,加快了执行速度。程序段多数可重入,既可从主程序中调用,也可在中断中调用。依从单精度、双精度数的标准——IEEE 754 标准,可以用于高精度的浮点计算。

ARM 宏汇编器(armasm)可以完成标准的宏处理。条件汇编可从同一源文件得到不同的目标文件。符号引用列表文件包含可选的符号交叉引用信息,以提供源文件的详细信息。

ARM 链接器(armlink)产生的详细列表文件非常易于用户理解。它包含内存配置、输入模块、内存映像、符号表和交叉引用信息。全局代码列表文件包含由链接器产生的符号反汇编信息。静态堆栈分析帮助链接器在链接时处理堆栈请求。

ARM 库管理器(armar)对库文件进行模块管理,为链接器组合、引用多个模块提供方便,μVision IDE 也可生成库文件;变量和函数引用;可从库中抽取所需的模块,模块中的代码段如果未在应用中被使用,则它们不会被包含在最终的输出中。库为分布在初始源代码中的大量函数和程序段提供了一种载体。

9.1.3 RealView 实时库

RealView 实时库 RTL 是为解决基于 ARM MCU 的嵌入式系统中实时及通信问题而设计的紧密耦合库集合,可以非常方便地应用于所有 ARM7、ARM9 和 Cortex-M3 系列的处理器。RealView 实时库可以解决嵌入式开发中的常见的一些问题,例如:

● 多任务（可以在单 CPU 上管理几个工作或任务）；

● 实时控制（可以控制任务在既定时间内完成）；

● 任务间通信（可以实现系统中的任务间通信）；

● Internet 连接（通过以太网或串口（Modem））；

● 嵌入式 Web 服务器（包括 CGI 脚本）；

● E‐mail 公告（通过 SMTP）。

RealView 实时库包含 RTX 实时内核、Flash 文件系统、TCP/IP 协议簇、RTL‐CAN（控制域网络）等。RealView 实时库的实时内核 RTX 免版税使用，但源码需要付费。RealView 实时库带有 TCP/IP 网络协议簇，完整的嵌入式网络协议族；带有 Flash 文件系统，可在内存和存储系统中产生、修改文件；带有 CAN 协议，实现通用 ARM MCU 设备的 CAN 驱动；带有 USB 协议，适用于标准 Windows 设备类；所带有的例子和模板可以帮助用户快速开始使用 RL‐ARM 组件，所有 RL‐ARM 组件都免版税使用。在 MDK 中集成了对 RTI 的配置以及一些工具。

9.1.4　μVision IDE 调试器

μVision IDE 调试器用于调试和测试应用程序，它提供了模拟调试模式和目标硬件调试模式两种操作模式，可以在 Options for Target→Debug 对话框内进行选择。

1. 模拟调试模式

μVision IDE 模拟器的功能强大，能模拟整个 MCU 的行为，如高效指令集仿真、中断仿真、片内外围设备仿真、ADC、DAC、EBI、Timers、UART、CAN、I^2C、I/O 和外部信号仿真等。模拟调试模式可以在无目标系统硬件的情况下，将 μVision IDE 调试器配置为软件模拟形式，用来调试和测试所开发的软件。

2. 目标硬件调试模式

在目标硬件调试模式下，使用硬件仿真调试器（如 ULINK2、ULINKPro 等）与目标硬件链接，调试和测试所开发的软件。

ULINK2 是 ARM 公司推出的与 MDK‐ARM 配套使用的仿真器，是 ULINK 仿真器的升级版本。ULINK2 支持标准 Windows USB 驱动（即插即用），支持基于 ARM Cortex‐M3 的串行调试，支持程序运行期间的存储器读/写、终端仿真和串行调试输出，支持 10 pin 连接线（也支持 20 pin 连接线）。ULINK2 主要功能包括：USB 通信接口高速下载用户代码，存储区域/寄存器查看，快速单步程序运行，多种程序断点，片内 Flash 编程等。ULINK2 外形如图 9.1.1 所示。

ULINKPro 仿真器功能比 ULINK 更强大。ULINKPro 通过 PC USB 端口与目标系统链接（10 pin‐Cortex 调试链接器、20 pin‐ARM 标准 JTAG 链接器、20 pin‐Cortex 调试＋ETM 链接器），支持编写程序、调试和分析跟踪信息。

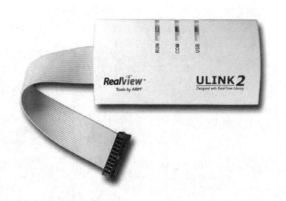

图 9.1.1　ULINK2 外形图

ULINKPro 与 MDK‐ARM 配套使用,支持 ARM7、ARM9、Cortex‐M0、Cortex‐M1 和 Cortex‐M3 设备。JTAG 接口支持 ARM7、ARM9、Cortex‐Mx。支持 Cortex‐Mx 的 SWD 串行调试。支持 Cortex‐M3 的 SWV 进行数据跟踪。支持 Cortex‐M3 的指令跟踪(通过 ETM)。Trace(跟踪)数据可直接存储在 PC 机上,从而实现无限制的 Trace(跟踪)缓存。高速 USB2.0(480 Mbit/s)即插即用。JTAG 时钟速度达到 50 MHz。支持运行 Cortex‐Mx 设备的工作频率达到 200 MHz。高速 Flash 下载器,速度达到 600 KB/s。USB 供电(无须电源)。ULINKPro 提供大量的分析功能,可以通过逻辑分析仪进行数据分析跟踪、代码覆盖率的统计分析、性能分析器帮助分析和优化代码。

　　MDK 除了可以使用 ULINK 和 ULINKPro 之外,还可以使用很多第三方的硬件仿真器进行目标硬件调试,例如:CoLinkEx、Signum Systems JTAGJet、JLink、ST‐Link、Altera Blaster Cortex Debugger、Stellaris ICDI 等。

9.1.5　创建工程

1. 选择处理器

　　MDK 安装完成之后可以直接从"开始"→"程序"→Keil μVision4 或者双击桌面快捷方式图标 ■ 打开软件,如图 9.1.2 所示。

　　选择 Project→New Project 菜单项,μVision IDE 将打开一个 Create New Project(创建一个新工程)对话框,如图 9.1.3 所示,输入希望新建工程的名字(如 Test1)即可创建一个新的工程。

　　输入工程名 Test1 后,单击"保存",即可弹出 Select Device for Target(器件选择)对话框,如图 9.1.4 所示,选择所需处理器,如 S3C2410A。

2. 目标硬件选项配置

　　MDK 下可根据目标硬件的实际情况对工程进行配置。通过单击目标工具栏图

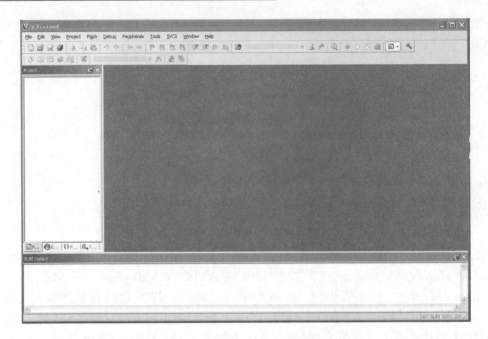

图 9.1.2　打开的 μVision4 IDE 界面

图 9.1.3　Create New Project 对话框

标 或者选择菜单项 Project→Options for Target,在弹出的 Target 页面可指定目标硬件和所选择处理器片内组件的相关参数。例如,S3C2410 的硬件选项配置如图 9.1.5所示。

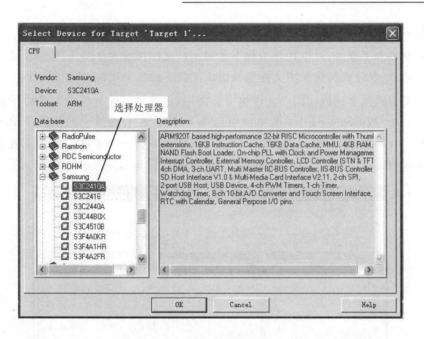

图 9.1.4 在 Select Device for Target 对话框中选择所需处理器

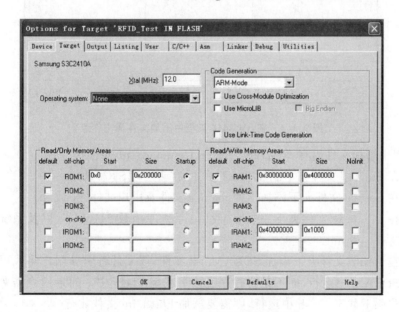

图 9.1.5 S3C2410 的硬件选项配置

由 S3C2410 硬件选项配置可知,该器件内部 Flash(ROM)起始地址为 0x0,Flash 大小为 0x200000 字节。RAM 起始地址为 0x30000000,其大小为 0x4000000 字节。

3. 创建源文件及文件组

创建一个工程后,可以在该工程下添加用户文件和该器件编译、运行所必须的源文件。通常,设计人员应采用文件组来组织工程下的各个文件,将工程中同一模块或者同一类型的源文件放在同一文件组中。例如,用户可以通过单击工具栏图标 ♣ 或者在 Project Window→Files 菜单项中选择文件组,在右击弹出的快捷菜单中选择 Add Files to Group 打开一个标准对话框,将已经准备好的文件添加到工程文件组中。例如,在 S3C2410 工程中添加文件及文件组如图 9.1.6 所示。

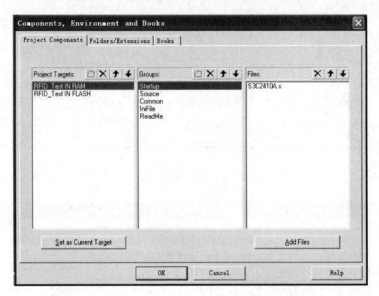

图 9.1.6　在 S3C2410 工程中添加文件及文件组

工程中添加文件组有:Startup、Source、Common、InFile、ReadMe。
- 在 Startup 文件夹下添加 S3C2410 的启动代码 S3C2410A. s。
- 在 Source 文件夹下添加工程 main. c 文件及用户文件(. c 或. h)。
- 在 Common 文件夹下添加 S3C2410 系统库函数 2410lib. c 以及系统初始化文件 sys_init. c。
- 在 Inifile 文件夹下添加 SDRAM. ini 文件,该文件将引导用户将代码下载至 SDRAM 中运行,而不是将程序直接下载至 Flash 中。如果用户需要将程序代码下载至 Flash 中运行,则需要添加 Flash. ini 文件才行。

4. 路径设置

用户在文件组中添加好文件之后,必须要对该添加的文件进行路径设置,否则在用户编译工程的时候,会出现找不到指定文件等错误或警告。

用户可以通过单击目标工具栏图标 ❧ 或者选择菜单项 Project→Options for

Target 打开工程设置的对话框,然后选择 C/C++页面下的 Include Paths 编辑区来设置。

各个文件组中的文件编译路径设置如图 9.1.7 所示。

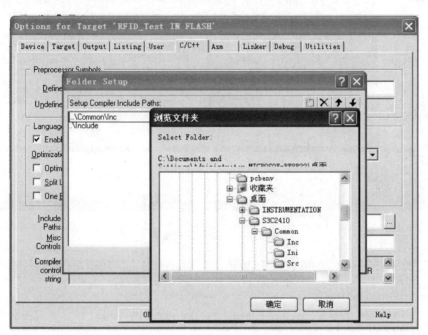

图 9.1.7 各个文件组下文件路径设置

5．编译链接工程

工程建立完毕之后就是对工程的编译链接,单击工具栏中的 Bulid Target 图标可编译链接工程文件。如果源程序中存在语法错误,则会在 MDK 下的 Bulid Output 窗口中显示出错误和警告信息。双击提示信息所在行,就会在文件编辑窗口里打开并显示相应的出错文件,光标会定位在该文件出错的行上,以方便用户快速找到出错位置。

如果源程序无语法错误,则会出现如图 9.1.8 所示信息。

9.1.6 工程调试

MDK 下调试器用于调试和测试应用程序,它提供两种操作模式:模拟调试模式和目标硬件调试模式。可以在 Options for Target→Debug 对话框内进行选择,如图 9.1.9所示。

1．模拟调试模式

模拟调试模式可在无目标系统硬件情况下,模拟微控制器的许多特性。在目标

ARM9嵌入式系统设计基础教程(第2版)

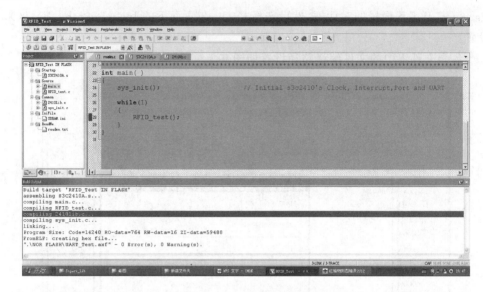

图 9.1.8　编译链接信息

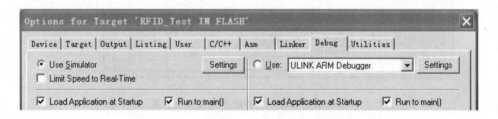

图 9.1.9　调试器操作模式的选择

硬件准备好之前,将调试器设置为软件模式,可以测试和调试所开发的嵌入式应用。MDK 能仿真大量的片上外围设备,包括串口、外部 I/O 及时钟等。在为目标程序选择 CPU 时,相应的片上外围接口就已经被从处理器库中选定了。这一强大的模拟功能是许多其他嵌入式开发工具所不具备的。

2. 目标硬件调试模式

在目标硬件调试模式下,使用硬件调试仿真器与目标硬件相连接,如 ULIINK、J-Link等。在 MDK 下选择调试方式及调试器如图 9.1.10 所示。

在 Debug 页面下,用户可以根据自己已有的硬件调试器来选择相应的调试工具进行硬件调试。在选择硬件调试模式下,用户需要做相关的配置。在图 9.1.10 中,如果允许 Load Application at Startup,那么调试开始工作时将执行启动代码;如果允许 Run to main(),则会执行代码到 main()函数入口处暂停。如果用户要将代码下载至 SDRAM 中,则还需要在 Initialization File 编辑框下,添加 SDRAM.ini 文件。

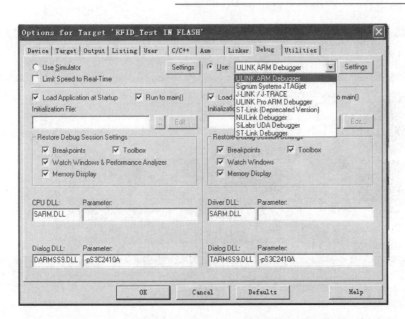

图 9.1.10　选择调试方式及调试器

3. 程序调试

MDK 提供多种调试运行程序的方式。例如:

- 选择 Debug 菜单里的选项 Start/Stop Debug Session 或者单击工具栏里的对应图标进入或退出调试模式。
- 在编辑区或反汇编窗口中使用快捷菜单的 Run to Cursor line。
- 在命令窗口中使用 Go、Reset、Esc 等命令。
- 在初始化文件中执行调试命令。

典型的软件调试界面如图 9.1.11 所示。

9.1.7　工程下载

应用程序在调试通过后,需要下载执行代码到目标设备的 Flash 中去。µVision IDE 能生成 AXF 和 HEX 这两种格式的下载文件,如果要生成 BIN 格式的文件则需要使用 fromelf 工具进行转换。

AXF、HEX 和 BIN 三种格式下载文件的区别如下:

- AXF 是 ARM 特有的文件格式,它除了包含 BIN 文件外,还包括了许多其他调试信息。
- HEX 文件是包括地址信息的,在烧写或下载 HEX 文件的时候,一般都不需要用户指定地址,因为 HEX 文件内部的信息已经包括了地址。
- BIN 文件是二进制数据信息,没有任何地址信息,因此下载时必须指明地址。

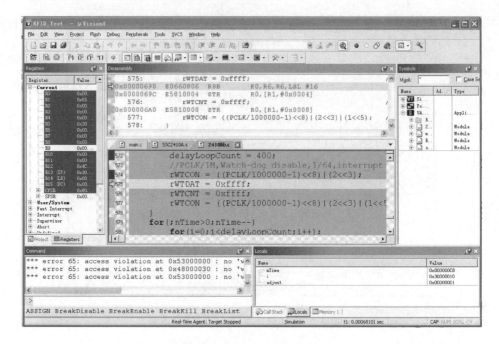

图 9.1.11　典型软件调试界面

1. 生成 HEX 文件

μVision IDE 默认是生成 AXF 文件,在调试时使用的是 AXF 文件。调试结束之后,一般需要生成 Intel HEX 文件,用于下载到 Flash 中。在 Options for Target→Output 对话框中选择 Create HEX file 选项,μVision 会在编译过程中同时产生 HEX 文件。

2. 配置 Flash 编程工具及算法

在 Project→Option for Target 对话框的 Utilities 页中可配置 Flash 编程工具及算法,通过选择 Flash→Configure Flash Tools 也可进入此对话框。一旦配置好编程工具及编程算法,就可以通过 Flash 菜单下载(Download)或擦除(Erase)目标板中 Flash 存储器的内容。

μVision IDE 提供目标板驱动和外部工具两种 Flash 编程方法。在目标板驱动(Target Driver)方式,μVision IDE 提供了多种 Flash 编程驱动,可以根据所使用的调试器选择合适的驱动。在外部工具(External Tool)方式,使用第三方的基于命令行的 Flash 编程工具,通过命令行及参数调用下载工具。

3. 下　载

当 Flash 编程工具及算法配置完成之后,即可使用 Flash→Download 菜单项将编译工程所得到的 HEX 文件下载到 Flash 中,也可以使用 Flash→Erase 菜单项擦除 Flash。下载时,编译输出窗口有下载进度条显示下载进度,下载完成之后会将下载结果显示在输出窗口中。如果下载出错,则需要重新配置编程工具及编程算法。

注意:有关 MDK 使用的更多内容请登录 www.keil.com/arm 查阅有关技术文档或者参考文献[9]和[10]。

9.2　ARM 汇编伪指令

在 ARM 汇编程序中,有一些特殊指令助记符,这些助记符与指令系统的助记符不同,没有相对应的操作码,也就是不会生成机器码,仅仅是在编译器软件中起着格式化的作用,通常称这些特殊指令助记符为伪指令。在有些资料中,这些特殊指令助记符也被称为伪操作。伪指令在源程序中的作用是为完成汇编程序做各种准备工作的,这些伪指令仅在汇编过程中起作用,一旦汇编结束,伪指令的使命就完成了。

在 ARM 的汇编程序中,包括数据常量定义伪指令、数据变量定义伪指令、内存分配伪指令及其他伪指令。

9.2.1　数据常量定义伪指令

数据常量定义伪指令 EQU 用于为程序中的常量、标号等定义一个等效的字符名称,类似于 C 语言中的"#define"。

EQU 语法格式:

名称　EQU　表达式〔,类型〕

其中,"名称"为 EQU 伪指令定义的字符名称;当表达式为 32 位的常量时,可以指定表达式的数据类型,它有 3 种类型:CODE16、CODE32 和 DATA。另外,EQU 可用"*"代替。

示例:

```
Data_in     EQU    100            ;定义标号 Data_in 的值为 100
Addr        EQU    0xff,CODE32    ;定义 Addr 的值为 0xff,且该处为 32 位的 ARM 指令
```

9.2.2　数据变量定义伪指令

数据变量定义伪指令用于定义 ARM 汇编程序中的变量,对变量赋值以及定义寄存器的别名等操作。常见的数据变量定义伪指令有如下几种:

(1) GBLA、GBLL 和 GBLS

语法格式:

GBLA(GBLL 或 GBLS)　全局变量名

GBLA、GBLL 和 GBLS 伪指令用于定义全局变量,并将其初始化。

① GBLA 用于定义一个全局的数字变量,并初始化为 0;

② GBLL 用于定义一个全局的逻辑变量,并初始化为 F(假);

③ GBLS 用于定义一个全局的字符串变量,并初始化为空。

由于以上 3 条伪指令用于定义全局变量,因此在整个程序范围内变量名必须唯一。

示例:

```
GBLA   Test1                    ;定义一个全局的数字变量,变量名为 Test1
GBLL   Test2                    ;定义一个全局的逻辑变量,变量名为 Test2
GBLS   Test3                    ;定义一个全局的字符串变量,变量名为 Test3
```

(2) LCLA、LCLL 和 LCLS

语法格式:

LCLA(LCLL 或 LCLS)　局部变量名

LCLA、LCLL 和 LCLS 伪指令用于定义一个 ARM 程序中的局部变量,并将其初始化。

① LCLA 伪指令用于定义一个局部的数字变量,并初始化为 0;

② LCLL 伪指令用于定义一个局部的逻辑变量,并初始化为 F(假);

③ LCLS 伪指令用于定义一个局部的字符串变量,并初始化为空。

以上 3 条伪指令用于声明局部变量,在其作用范围内变量名必须唯一。

示例:

```
LCLA   Test4                    ;声明一个局部的数字变量,变量名为 Test4
```

(3) SETA、SETL 和 SETS

语法格式:

变量名　SETA(SETL 或 SETS)　表达式

其中,变量名为已经定义过的全局变量或局部变量,表达式为将要赋给变量的值。

伪指令 SETA、SETL 和 SETS 用于给一个已经定义的全局变量或局部变量赋值。

① SETA 伪指令用于给一个数学变量赋值;

② SETL 伪指令用于给一个逻辑变量赋值;

③ SETS 伪指令用于给一个字符串变量赋值。

示例:

```
Test1   SETA  0xaa           ;将该变量赋值为 0xaa
Test2   SETL  {TRUE}         ;将该变量赋值为真
Test3   SETS  " Testing"     ;将该变量赋值为" Testing"
```

(4) RLIST

语法格式:

名称　　RLIST〈寄存器列表〉

RLIST 伪指令可用于对一个通用寄存器列表定义名称,使用该伪指令定义的名称可在 ARM 指令 LDM/STM 中使用。在 LDM/STM 指令中,列表中的寄存器访问次序为根据寄存器的编号由低到高,而与列表中的寄存器排列次序无关。

示例:

```
RegList  RLIST  〈R0 - R5,R8,R10〉    ;将寄存器列表名称定义为 RegList,可在 ARM 指令
                                    ;LDM/STM 中
                                    ;通过该名称访问寄存器列表
```

9.2.3　内存分配伪指令

内存分配伪指令一般用于为特定的数据分配存储单元,同时可完成已分配存储单元的初始化。常见的数据定义伪指令有如下几种:

(1) DCB

语法格式:

标号　DCB　表达式

DCB 伪指令用于分配一片连续的字节存储单元,并用伪指令中指定的表达式初始化。其中,表达式可以为 0~255 的数字或字符串。DCB 也可用等号(=)代替。

示例:

```
Str    DCB  "This is a test!"   ;分配一片连续的字节存储单元并初始化
```

(2) DCW(或 DCWU)

语法格式:

标号　DCW(或 DCWU)　表达式

DCW 或 DCWU 伪指令用于分配一片连续的半字存储单元,并用伪指令中指定的表达式初始化。其中,表达式可以为程序标号或数字表达式。用 DCW 分配的字存储单元是半字对齐的,而用 DCWU 分配的字存储单元并不严格半字对齐。

示例:

```
DataTest  DCW  1,2,3            ;分配一片连续的半字存储单元并初始化
```

(3) DCD(或 DCDU)

语法格式:

标号　DCD(或 DCDU)　表达式

DCD 或 DCDU 伪指令用于分配一片连续的字存储单元,并用伪指令中指定的表达式初始化。其中,表达式可以是程序标号或数字表达式。DCD 也可用"&"代

261

替。用 DCD 分配的字存储单元是字对齐的,而用 DCDU 分配的字存储单元并不严格字对齐。

示例:

```
DataTest    DCD    4,5,6        ;分配一片连续的字存储单元并初始化
```

(4) DCFD(或 DCFDU)

语法格式:

标号　DCFD(或 DCFDU)　表达式

DCFD 或 DCFDU 伪指令用于为双精度的浮点数分配一片连续的字存储单元,并用伪指令中指定的表达式初始化。每个双精度的浮点数占据两个字单元。用 DCFD 分配的字存储单元是字对齐的,而用 DCFDU 分配的字存储单元并不严格字对齐。

示例:

```
FDataTest   DCFD    2E115,-5E7  ;分配一片连续的字存储单元并初始化为指定的双精度数
```

(5) DCFS(或 DCFSU)

语法格式:

标号　DCFS(或 DCFSU)　表达式

DCFS 或 DCFSU 伪指令用于为单精度的浮点数分配一片连续的字存储单元,并用伪指令中指定的表达式初始化。每个单精度的浮点数占据一个字单元。用 DCFS 分配的字存储单元是字对齐的,而用 DCFSU 分配的字存储单元并不严格字对齐。

示例:

```
FDataTest   DCFS    2E5,-5E-7  ;分配一片连续的字存储单元并初始化为指定的单精度数
```

(6) DCQ(或 DCQU)

语法格式:

标号　DCQ(或 DCQU)　表达式

DCQ 或 DCQU 伪指令用于分配一片以 8 字节为单位的连续存储区域,并用伪指令中指定的表达式初始化。用 DCQ 分配的存储单元是字对齐的,而用 DCQU 分配的存储单元并不严格字对齐。

示例:

```
DataTest    DCQ    100          ;分配一片连续的存储单元并初始化为指定的值
```

(7) SPACE

语法格式:

标号　SPACE　表达式

SPACE 伪指令用于分配一片连续的存储区域并初始化为 0。其中,表达式为要分配的字节数。SPACE 也可用"％"代替。

示例:

```
DataSpace    SPACE    100        ;分配连续 100 字节的存储单元并初始化为 0
```

(8) MAP

语法格式:

MAP　表达式　｛,基址寄存器 ｝

MAP 伪指令用于定义一个结构化的内存表的首地址。MAP 也可用"ˆ"代替。表达式可以是程序中的标号或数学表达式;基址寄存器为可选项,当基址寄存器选项不存在时,表达式的值即为内存表的首地址,当该选项存在时,内存表的首地址为表达式的值与基址寄存器的和。

MAP 伪指令通常与 FIELD 伪指令配合使用来定义结构化的内存表。

示例:

```
MAP    0x100, R0             ;定义结构化内存表首地址的值为 0x100 + R0
```

(9) FIELD

语法格式:

标号　FIELD　表达式

FIELD 伪指令用于定义一个结构化内存表中的数据域。FIELD 也可用"♯"代替。表达式的值为当前数据域在内存表中所占的字节数。

FIELD 伪指令常与 MAP 伪指令配合使用来定义结构化的内存表。MAP 伪指令定义内存表的首地址,FIELD 伪指令定义内存表中的各个数据域,并可以为每个数据域指定一个标号供其他的指令引用。

注意:MAP 和 FIELD 伪指令仅用于定义数据结构,并不实际分配存储单元。

示例:

```
MAP    0x100                 ;定义结构化内存表首地址的值为 0x100
A      FIELD    16           ;定义 A 的长度为 16 字节,位置为 0x100
```

9.2.4　汇编控制伪指令

汇编控制伪指令用于控制汇编程序的执行流程,常用的汇编控制伪指令包括以下几条:

(1) IF、ELSE、ENDIF

语法格式:

ARM9 嵌入式系统设计基础教程(第 2 版)

264

IF 逻辑表达式

　　指令序列 1

　ELSE

　　指令序列 2

ENDIF

IF、ELSE、ENDIF 伪指令能根据条件的成立与否决定是否执行某个指令序列。当 IF 后面的逻辑表达式为真,则执行指令序列 1,否则执行指令序列 2。其中,ELSE 及指令序列 2 可以没有,此时,当 IF 后面的逻辑表达式为真,则执行指令序列 1,否则继续执行后面的指令。

IF、ELSE、ENDIF 伪指令可以嵌套使用。

(2) WHILE、WEND

语法格式:

WHILE　逻辑表达式

　指令序列

WEND

WHILE、WEND 伪指令能根据条件的成立与否决定是否循环执行某个指令序列。当 WHILE 后面的逻辑表达式为真,则执行指令序列,该指令序列执行完毕后,再判断逻辑表达式的值,若为真则继续执行,一直到逻辑表达式的值为假。

WHILE、WEND 伪指令可以嵌套使用。

(3) MACRO、MEND

语法格式:

MACRO $标号宏名　$参数 1,$参数 2,……

指令序列

MEND

MACRO、MEND 伪指令可以将一段代码定义为一个整体,然后就可以在程序中通过宏指令多次调用该段代码。其中,$标号在宏指令被展开时,标号会被替换为用户定义的符号,宏指令可以使用一个或多个参数,当宏指令被展开时,这些参数被相应的值替换。

宏指令的使用方式和功能与子程序有些相似,子程序可以提供模块化的程序设计,节省存储空间并提高运行速度。但在使用子程序结构时需要保护现场,从而增加了系统的开销,因此,在代码较短且需要传递的参数较多时,可以使用宏指令代替子程序。

包含在 MACRO 和 MEND 之间的指令序列称为宏定义体,在宏定义体的第一行应声明宏的原型(包含宏名、所需的参数),然后就可以在汇编程序中通过宏名来调用该指令序列。在源程序被编译时,汇编器将宏调用展开,用宏定义中的指令序列代替程序中的宏调用,并将实际参数的值传递给宏定义中的形式参数。

MACRO、MEND 伪指令可以嵌套使用。

(4) MEXIT

语法格式:

MEXIT

MEXIT 用于从宏定义中跳转出去。

9.2.5　其他常用的伪指令

还有一些其他的伪指令,在汇编程序中经常会被使用,主要包括 AREA、ALIGN、CODE16、CODE32、ENTRY、END、EXPOR（或 GLOBAL）IMPORT、EXTERN、GET(或 INCLUDE)INCBIN、RN、ROUT 等。

(1) AREA

语法格式:

AREA　　段名　　属性 1,属性 2,……

AREA 伪指令用于定义一个代码段或数据段。其中,段名若以数字开头,则该段名需用“|”括起来,如 |1_test|;属性字段表示该代码段(或数据段)的相关属性,多个属性用逗号分隔。常用的属性如下:

CODE 属性:用于定义代码段,默认为 READONLY。

DATA 属性:用于定义数据段,默认为 READWRITE。

READONLY 属性:指定本段为只读,代码段默认为 READONLY。

READWRITE 属性:指定本段为可读可写,数据段的默认属性为 READWRITE。

ALIGN 属性:使用方式为 ALIGN 表达式。在默认时,ELF(可执行连接文件)的代码段和数据段是按字对齐的,表达式的取值范围为 0～31,相应的对齐方式为 2 表达式次方。

COMMON 属性:该属性定义一个通用的段,不包含任何的用户代码和数据。各源文件中同名的 COMMON 段共享同一段存储单元。

一个汇编语言程序至少要包含一个段,当程序太长时,也可以将程序分为多个代码段和数据段。

示例:

```
AREA    Init,CODE,READONLY      ;该伪指令定义了一个代码段,段名为 Init,属性为只读
```

(2) ALIGN

语法格式:

ALIGN｛表达式｛，偏移量｝｝

ALIGN 伪指令可通过添加填充字节的方式，使当前位置满足一定的对齐方式。其中，表达式的值用于指定对齐方式，可能的取值为 2 的幂，如 1、2、4、8、16 等。若未指定表达式，则将当前位置对齐到下一个字的位置。偏移量也为一个数字表达式，若使用该字段，则当前位置的对齐方式为：2 的表达式次幂＋偏移量。

示例：

```
 AREA  Init,CODE,READONLY,ALIEN = 3        ;指定后面的指令为 8 字节对齐
```

(3) CODE16 和 CODE32

语法格式：

CODE16（或 CODE32）

① CODE16 伪指令通知编译器，其后的指令序列为 16 位的 Thumb 指令。
② CODE32 伪指令通知编译器，其后的指令序列为 32 位的 ARM 指令。

若在汇编源程序中同时包含 ARM 指令和 Thumb 指令时，可用 CODE16 伪指令通知编译器其后的指令序列为 16 位的 Thumb 指令，CODE32 伪指令通知编译器其后的指令序列为 32 位的 ARM 指令。因此，在使用 ARM 指令和 Thumb 指令混合编程的代码里，可用这两条伪指令进行切换，但注意它们只通知编译器其后指令的类型，并不能对处理器进行状态的切换。

示例：

```
AREA     Init,CODE,READONLY
         ⋮
CODE32                       ;通知编译器其后的指令为 32 位的 ARM 指令
         LDR  R0, = NEXT + 1 ;将跳转地址放入寄存器 R0
         BX   R0             ;程序跳转到新的位置执行,并将处理器切换到 Thumb 工作状态
         ⋮
CODE16                       ;通知编译器其后的指令为 16 位的 Thumb 指令
NEXT     LDR  R3, = 0x5FF
         ⋮
END                          ;程序结束
```

(4) ENTRY

语法格式：

ENTRY

ENTRY 伪指令用于指定汇编程序的入口点。在一个完整的汇编程序中至少要有一个 ENTRY，也可以有多个。当有多个 ENTRY 时，程序的真正入口点由链接器指定。但在一个源文件里最多只能有一个 ENTRY，也可以没有。

示例:

```
AREA    Init, CODE, READONLY
ENTRY                          ;指定应用程序的入口点
  ⋮
```

(5) END

语法格式:

END

END 伪指令用于通知编译器已经到了源程序的结尾,通常放在程序的最后一行。

(6) EXPORT(或 GLOBAL)

语法格式:

EXPORT　标号 {[WEAK]}

EXPORT 伪指令用于在程序中声明一个全局的标号,该标号可以在其他的文件中引用。EXPORT 可用 GLOBAL 代替。标号在程序中区分大小写,[WEAK]选项声明其他的同名标号优先于该标号被引用。

示例:

```
AREA    Init, CODE,READONLY
EXPORT  Stest                  ;声明一个可全局引用的标号 Stest
```

(7) IMPORT

语法格式:

IMPORT　标号 {[WEAK]}

IMPORT 伪指令用于通知编译器要使用的标号在其他的源文件中定义,但要在当前源文件中引用,而且无论当前源文件是否引用该标号,该标号均会被加入到当前源文件的符号表中。

标号在程序中区分大小写。[WEAK]选项表示当所有的源文件都没有定义这样一个标号时,编译器也不给出错误信息;在多数情况下将该标号置为 0,若该标号 B 或 BL 指令引用,则将 B 或 BL 指令置为 NOP 操作。

示例:

```
AREA    Init, CODE, READONLY
IMPORT  Main    ;通知编译器当前文件要引用标号 Main,但 Main 在其他源文件中定义
```

(8) EXTERN

语法格式:

EXTERN　标号 {[WEAK]}

EXTERN 伪指令用于通知编译器要使用的标号在其他的源文件中定义,但要在当前源文件中引用。如果当前源文件实际并未引用该标号,该标号就不会被加入到当前源文件的符号表中。标号在程序中区分大小写。[WEAK]选项表示当所有的源文件都没有定义这样一个标号时,编译器也不给出错误信息;在多数情况下将该标号置为 0,若该标号为 B 或 BL 指令引用,则将 B 或 BL 指令置为 NOP 操作。

示例:

```
AREA    Init,CODE,READONLY
EXTERN  Main        ;通知编译器当前文件要引用标号 Main,但 Main 在其他源文件中定义
```

(9) GET(或 INCLUDE)

语法格式:

GET　文件名

GET 伪指令用于将一个源文件包含到当前的源文件中,并将被包含的源文件在当前位置进行汇编处理。另外,可以使用 INCLUDE 代替 GET。

汇编程序中常用的方法是在某源文件中定义一些宏指令,用 EQU 定义常量的符号名称,用 MAP 和 FIELD 定义结构化的数据类型,然后用 GET 伪指令将这个源文件包含到其他的源文件中。使用方法与 C 语言中的 include 相似。

GET 伪指令只能用于包含源文件,包含目标文件需要使用 INCBIN 伪指令。

示例:

```
AREA    Init,CODE,      READONLY
GET     a1.s            ;通知编译器当前源文件包含源文件 a1.s
GET     C:\a2.s         ;通知编译器当前源文件包含源文件 C:\a2.s……
```

(10) INCBIN

语法格式:

INCBIN　文件名

INCBIN 伪指令用于将一个目标文件或数据文件包含到当前的源文件中,被包含的文件不作任何变动地存放在当前文件中,编译器从其后开始继续处理。

示例:

```
AREA    Init, CODE, READONLY
INCBIN  a1.dat          ;通知编译器当前源文件包含文件 a1.dat
INCBIN  C:\a2.txt       ;通知编译器当前源文件包含文件 C:\a2.txt……
```

(11) RN

语法格式:

名称　RN　表达式

RN 伪指令用于给一个寄存器定义一个别名。采用这种方式可以方便程序员记忆该寄存器的功能。其中,名称为给寄存器定义的别名;表达式为寄存器的编码。

示例:

```
Temp  RN  R0            ;将 R0 定义一个别名 Temp
```

(12) ROUT

语法格式:

〈名称〉　ROUT

ROUT 伪指令用于给一个局部变量定义作用范围。在程序中若未使用该伪指令,局部变量的作用范围为所在的 AREA,而使用 ROUT 后,局部变量的作用范围在当前 ROUT 和下一个 ROUT 之间。

9.3　ARM 的汇编语言结构

本节主要是介绍 ARM 汇编语言设计的一些基本结构,包括 ARM 汇编语言的程序结构、ARM 汇编语言的语言结构、基于 Windows 下 MDK 的汇编语言程序结构和基于 Linux 下 GCC 的汇编语言程序结构。

9.3.1　ARM 汇编语言程序结构

在 ARM(Thumb)汇编语言程序中,以相对独立的指令或数据序列的程序段为单位组织程序代码。段可以分为代码段和数据段,代码段的内容为执行代码,数据段存放代码运行时需要用到的数据。一个汇编程序至少应该有一个代码段,也可以分割为多个代码段和数据段,多个段在程序编译链接时最终形成一个可执行的映像文件。可执行映像文件通常由以下几部分构成:

① 一个或多个代码段,代码段的属性为只读。

② 零个或多个包含初始化数据的数据段,数据段的属性为可读/写。

③ 零个或多个不包含初始化数据的数据段,数据段的属性为可读/写。

下面是一个代码段的汇编小例子:

```
      AREA    Init, CODE, READONLY
      ENTRY
Start
      LDR     R0, = 0x3FF5000
      LDR     R1, 0xFF
      STR     R1,[R0]
      ⋮
```

END

在汇编语言程序中,用 AREA 定义一个段,并说明所定义段的相关属性。EN-TRY 伪指令标识程序的入口点,接下来是指令序列,程序的末尾为 END 伪指令,该伪指令告诉编译器源文件的结束。通常每一个汇编程序段都必须有一条 END 伪指令,以指示代码段的结束。

下面是一个数据段的小例子:

```
AREA      DATAAREA, DATA, BIINIT, ALIGN = 2
DISPBUF   SPACE   200
RCVBUF    SPACE   200
  ⋮
```

DATA 为数据段的标识。SPACE 伪指令分配连续 200 字节的存储单元,并初始化为 0。

9.3.2　ARM 汇编语言的语句格式

1. 基本语句格式

ARM 和 Thumb 汇编语言的语句格式为:

〔标号〕　　〔指令或伪指令〕　　〔;注释〕

规则:

① 如果一条语句太长,可将其分为若干行来书写,在行末用续行符"\"来标识下一行与本行为同一条语句。

② 每一条指令的助记符可以全部用大写或全部用小写,但不能在一条指令中大、小写混用。

2. 汇编语言程序中常用的符号

在汇编语言程序设计中,可以使用各种符号代替地址、变量和常量等,以增加程序的可读性。以下为符号命名的约定:

① 符号名不应与指令或伪指令同名。

② 符号在其作用范围内必须唯一。

③ 符号区分大小写,同名的大、小写符号被视为两个不同的符号。

④ 自定义的符号名不能与系统保留字相同。

3. 程序中的常量

程序中的常量是指其值在程序的运行过程中不能被改变的量。ARM 和 Thumb 汇编程序所支持的常量有逻辑常量、数字常量和字符串常量。

① 数字常量一般为 32 位的整数,无符号常量取值范围为 $0 \sim 2^{32} - 1$,有符号常

量取值范围为 $-2^{31} \sim 2^{31}-1$。

② 逻辑常量只有两种取值：真或假。

③ 字符串常量为一个固定的字符串，一般用来提示程序运行时的信息。

4. 汇编语言程序中的变量

程序中的变量是指其值在程序的运行过程中可以改变的量。ARM 和 Thumb 汇编程序所支持的变量包括逻辑变量、数字变量和字符串变量。

① 逻辑变量用于在程序的运行中保存逻辑值（真或假）。

② 数字变量用于在程序的运行中保存数字值，但数字值的大小不应超出数字变量所能表示的范围。

③ 字符串变量用于在程序的运行中保存一个字符串，但字符串的长度不应超出字符串变量所能表示的范围。

5. 程序中的变量代换

程序中的变量可通过代换操作取得一个常量。代换操作符为"$"。如果"$"在数字变量前面，编译器会将该数字变量的值转换为十六进制的字符串，并将该十六进制的字符串代换"$"后的数字变量。如果"$"在逻辑变量前面，编译器会将该逻辑变量代换为它的取值（真或假）。如果"$"在字符串变量前面有一个代换操作符，编译器会将该字符串变量的值代换"$"后的字符串变量。

示例：

```
        LCLS      Y1                              ;定义局部字符串变量 Y1 和 Y2
        LCLS      Y2
Y1      SETS      "WORLD!"
Y2      SETS      "HELLO, $Y1"                    ;字符串变量 Y2 的值为"HELLO, WORLD!"
```

9.3.3　基于 Windows 下 MDK 的汇编语言程序结构

MDK 环境下的 ARM 汇编语言程序结构与其他环境下的汇编语言程序结构大体相同，整个程序也是以段为单元来组织代码。段可分为代码段和数据段，代码段的内容为执行代码，数据段存放代码运行时所需的数据。整个程序至少 1 个代码段，只读属性，数据段的属性为可读/写。但是语法规则上有其独自的特点，现将其语法规则总结如下：

① 标号是代表地址，汇编时会给标号计算地址。所有标号必须在一行的顶格书写，其后不要添加"："号；

② 所有的指令均不能顶格写；

③ 大小写敏感（可以全部大写或全部小写，但不能大小写混合使用）；

④ 注释使用分号"；"。

下面以一个简单的汇编程序文件 test1.s 为例，对以上规则作相应的介绍。

```
AREA ARMex, CODE , READONLY          ;定义 1 个段,段名为 ARMex,只读
ENTRY                                ;伪指令,标志程序入口
start                                ;标号(必须顶格)
MOV r0 , ♯10                         ;设置参数
MOV r1 , ♯3
ADD r0, r0, r1                       ; r0 = r0 + r1
stop
MOV r0 , ♯0x18                       ;软件异常中断响应
LDR r1 , = 0x20026                   ; ADP 停止运行,应用退出
SWI  0x123456                        ; ARM 半主机中断
END                                  ;标志文件结束
```

开发人员既可以利用 μVision IDE,也可以通过命令行方式使用 armasm 汇编器对汇编语言源程序进行汇编。使用命令行方式控制汇编器时,允许在汇编操作过程中对更多的选项进行设置。

大多数的用户是在 μVision IDE 中使用 armasm,则不需要额外设置。如果以命令行方式使用 armasm 汇编器,则需要创建如表 9.3.1 所列的汇编环境变量,否则只能在\KEIL\ARM\BIN40 路径下使用命令行方式[9]。

表 9.3.1　汇编器环境变量

变　量	路　径	描　述
PATH	\KEIL\ARM\BIN40	可执行程序的路径
TMP		由汇编器生成的临时文件的路径。如果指定的路径不存在,汇编器会产生错误或异常
CAING	\KEIL\ARM\INC	包含文件所在的文件夹路径

对于 WindowsNT/2000/7/XP 等操作系统而言,环境变量在"控制面板"→"性能和维护"→"系统"→"高级"→"环境变量"下设置。

对于 Windows95/98/ME 等操作系统而言,环境变量的设置需要将如下命令放在 AUTOEXEC.BAT 中(假设 μVision IDE 安装在 C:\keil):

```
PATH = C:\KEIL\ARM\BIN40; % PATH %
SET TMP = D:\TMP
SET CAINC = C:\KEIL\ARM\INC
```

9.3.4　基于 Linux 下 GCC 的汇编语言程序结构

Linux 下 GCC 的汇编语言结构与其他环境下的汇编语言结构相似,整个程序都是以程序段为单位来组织代码,但是在语言规则上与 MDK 环境下的 ARM 汇编语言规则有明显的区别。现将 Linux 下 GCC 的汇编语言规则总结如下:

① 所有标号必须在一行的顶格书写,并且其后必须添加冒号(:);

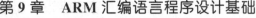

② 所有的指令均不能顶格写;

③ 大小写敏感(可以全部大写或全部小写,但不能大小写混合使用);

④ 注释使用符号"@"(注释的内容由"@"号起到此行结束,注释可以在一行的顶格书写)。

下面以一个简单的汇编程序 test2. s 为例,对以上规则作相应的介绍。

```
        .text              @表示是只读代码段
_start: .global    start   @start 作为链接器使用
        .global    main    @main 函数
        b          main    @跳转到 main 函数
main:
        mov        r0, #0   @r0 = 0
        ldr        r1, #1   @r1 = 1
addop:  add        r2, r1, r0  @r2 = r1 + r0
        mov        pc, lr   @程序结束,交出对 CPU 的控制权
        .end
```

对程序说明:

① 在桌面 Linux 环境下,用 arm-linux-gcc 可对其进行交叉编译和链接:arm-linux-gcc test2. s -o test。但要注意,不能用 gcc 来编译,因为 gcc 是支持 Intel 386 系列 CPU 的,而这里的 test2. s 是 ARM CPU 的汇编程序。

② 在 Linux 环境下,也用 gcc、arm-linux-gcc 编译器来生成相应的. s 汇编程序文件:gcc -S filename. c,这样就会生成 filename. s。这里的参数-S 表示只进行预处理、编译,到生成 *. s 为止,而不进行汇编。

③ 程序计数器 PC 是寄存器 r15 的别名,链接寄存器 lr 是寄存器 r14 的别名。当用 b 指令调用 main 函数过程时,main 函数的返回地址 PC 将自动存放到 lr 中,所以将 lr 的值放到 PC 中实际就是函数返回。

④ 指令"lda register ＝ expression"的作用是将 32 位的立即数存放到寄存器中,而 MOV 和 MVN 指令一般只用于传送 8~24 位的立即数。

⑤ 在 GUN 的编译器中经常使用的伪指令还包括:

- . arm 或者. code 32:表示后面的汇编代码的指令集是 32 位的 ARM 指令集的代码。

- . thumb 或者. code 16:表示后面的代码是 16 位的 Thumb 指令集的代码。

- . thumb_func:表示后面的代码是使用 Thumb 指令集的函数。

- . section:告诉编译器代码段的类型,使用方法为. section expr,其中 expr 取值可以为. text,表示为只读代码区;. data 表示为可读、可写数据区;. bbs,表示为静态和全局变量保留的、未初始化的可读/写的数据区。

9.4　ARM 汇编语言程序调试

无论进行嵌入式系统软件开发还是硬件电路设计,调试永远是不可缺少的、非常重要的一个环节。其中,嵌入式软件的调试不同于普通的软件调试,因为开发程序的平台和目标运行的平台(如 ARM)是不同的。通常嵌入式系统的调试方法和类型有很多种,最为常见的包括软件模拟调试、硬件仿真器在线调试和 Linux 环境下的 gdb 程序调试。

9.4.1　MDK 环境下的程序调试

MDK 的调试器提供模拟调试和目标硬件调试两种调试模式用于应用程序调试。程序调试基本操作请参考 9.1.6～9.1.7 小节,有关 MDK 调试器的使用以及程序调试方法的更多内容请登录 www.keil.com/arm 查阅有关技术文档或者参考文献[9]和[10]。

9.4.2　Linux 环境下的 gdb 程序调试

Linux 下提供了一个叫 gdb 的 GNU 调试程序,主要用来调试 C、C++等应用程序。它可以提供:

① 监视程序中变量的值;

② 设置断点,以使程序在指定的代码行上暂停执行;

③ 单步执行。

语法格式:

gdb <fname>

为了使 gdb 正常工作,目标程序 filename 在编译时要包含调试信息,调试信息包括程序中的每个变量的类型和在可执行文件中的地址映射以及源代码的行号等。gdb 就是利用这些信息使源代码和机器码相关联。一般在用 gcc 进行编译时带上"-g"参数即可。

1. gdb 基本命令

gdb 基本命令如表 9.4.1 所列。

2. gdb 调试示例

下面结合一个简单的程序说明 gdb 调试程序的过程。程序的功能是显示一个字符串,然后再将字符串反向输出。

表 9.4.1　gdb 基本命令

命　令	功　　能	命　令	功　　能
file	装入想要调试的可执行文件	watch	监视一个变量的值而不管它何时被改变
next	执行一行源代码,但不进入函数内部	step	执行一行源代码,并且进入函数内部
kill	停止正在调试的程序	break	在代码里设置断点,这将使程序执行到这里时被挂起
run	执行当前被调试的程序		
quit	停止 gdb	make	使得不退出 gdb 就可以重新产生可执行文件
list	列出产生执行文件的源代码的一部分	shell	使得不离开 gdb 就执行 Unix shell 命令

```c
# include <stdio.h>
int main ()
{
    char my_string[] = "hello world";
    my_print (my_string);
    my_print2 (my_string);
        return(0);
}
void my_print (char * string)
{
    printf ("The string is % s ", string);
}
void my_print2 (char * string)
{
    char * string2;
    int size, i;
    size = strlen (string);
    string2 = (char *) malloc (size + 1);
    for (i = 0; i < size; i++)
    string2[size - i] = string[i];
    string2[size + 1] = ˜;
    printf ("The string printed backward is % s ", string2);
}
```

假设文件命为 test.c,则用 gcc test.c -g -o test 编译,然后运行的结果如下:

```
The string is hello world
The string printed backward is
```

发现输出的第一行是正确的,但第二行不正确。现用 gdb 调试:

```
♯gdb                    ;进入到 gdb 运行状态
(gdb) file              ;载入 test 可执行文件
```

键入 list 命令 3 次,列出源代码和相应的行号:

```
(gdb) list
(gdb) list
(gdb) list
```

然后在第 24 行设断点:

```
(gdb) break 24          ;gdb 作出提示:Breakpoint 1 at 0x139;file greeting.c, line 24
(gdb) run               ;运行,将产生下面的输出
Starting program:/root/greeting
The string is hello there
Breakpoint 1, my_print2 (string = 0xbfffdc4 "hello there") at greeting.c ;24
24 string2[size - i] = string[i]
```

可通过设置一个观察 string2[size - i]变量的值的观察点来查看错误是怎样产生的:

```
(gdb) watch string2[size - i]    ;gdb 作出提示:Watchpoint 2:string2[size - i]
```

现在可以用 next 命令来一步步地执行 for 循环了:

```
(gdb) next
```

经过第一次循环后,gdb 提示 string2[size - i]的值是 h:

```
Watchpoint 2, string2[size - i]
Old value = 0 ′00′
New value = 104 ′h′
my_print2(string = 0xbfffdc4 "hello there") at    greeting.c;23
23 for (i = 0; i<size; i ++ )
```

这个值及后来的数次循环的结果都是正确的。但当 i＝10 时,string2[size - i]表达式的值等于 d,size - i 的值等于 1,说明最后一个字符已经复制到新串里了。这时候如果再把循环继续执行下去,就会没有值分配给 string2[0]了,而它是新串的第一个字符,并且 malloc 函数在分配内存时把它们初始化为空(null)字符(也是串的结束符),所以 string2 的第一个字符是空字符,这样也就导致整个串都显示不出来。

9.5　ARM 汇编语言与 C 语言混合编程

　　ARM 体系结构支持 C/C++语言以及汇编语言的混合编程。在一个完整的程序设计中,除了初始化部分用汇编完成以外,其主要的编程任务一般都用 C/C++语言完成。在实际的编程应用中,程序在执行时首先完成行初始化过程,然后跳转到

C/C++程序代码中。汇编程序和 C/C++程序之间一般没有参数的传递,也没有频繁的相互调用,因此,整个程序的结构显得相对简单,容易理解。

汇编语言和 C/C++语言的混合编程通常有以下几种方式:

① 汇编程序中调用 C 程序。

② C 程序中调用汇编程序。

③ C 程序中内嵌汇编语句。

④ 从汇编程序中访问 C 程序变量。

在以上的几种混合编程技术中,子程序之间的调用必须遵循一定的调用规则,如物理存储器的使用、参数的传递等,这些规则统称为 ATPCS(ARM Thumb Procedure Call Standard)。其最核心的问题就是如何在 C 和汇编之间传值,剩下的问题就是各自用自己的方式来进行处理。

9.5.1　基本的 ATPCS

基本的 ATPCS 规定了在混合编程时子程序调用的一些基本规则,主要包括寄存器的使用、堆栈的使用、参数传递和子程序结果的返回等方面的规则。相对于其他类型的 ATPCS,满足基本 ATPCS 的程序的执行速度更快,所占用的内存更少,但是不能提供诸如 ARM 程序和 thumb 程序相互调用等功能。

1. 寄存器的使用规则

① 程序通过寄存器 R0～R3 来传递参数,这时这些寄存器可以记作 A0～A3,被调用的子程序在返回前无需恢复寄存器 R0～R3 的内容。

② 在子程序中,使用 R4～R11 来保存局部变量,这时这些寄存器可以记作 V1～V8。如果在子程序中使用到 V1～V8 的某些寄存器,子程序进入时必须保存这些寄存器的值,在返回前必须恢复这些寄存器的值,对于子程序中没有用到的寄存器则不必执行这些操作。在 Thumb 程序中,通常只能使用寄存器 R4～R7 来保存局部变量。

③ 寄存器 R12 用作子程序间 scratch 寄存器,记作 IP,在子程序的连接代码段中经常会有这种使用规则。

④ 寄存器 R13 用作数据栈指针,记作 SP,在子程序中寄存器 R13 不能用作其他用途。寄存器 SP 在进入子程序时的值和退出子程序时的值必须相等。

⑤ 寄存器 R14 用作链接寄存器,记作 LR,它用于保存子程序的返回地址,如果在子程序中保存了返回地址,则 R14 可用作其他的用途。

⑥ 寄存器 R15 是程序计数器,记作 PC,它不能用作其他用途。

⑦ ATPCS 中的各寄存器在 ARM 编译器和汇编器中都是预定义的。

2. 堆栈的使用规则

栈指针通常可以指向不同的位置,当栈指针指向栈顶元素时,称为 FULL 栈。

当栈指针指向与栈顶元素相邻的一个元素时,称为 Empty 栈。数据栈的增长方向也可以不同,当数据栈向内存减小的地址方向增长时,称为 Descending 栈;反之称为 Ascending 栈。ATPCS 规定数据栈为 FULL&Descending(FD)类型,并要求对堆栈的操作是 8 字节对齐的。

3. 参数的传递规则

根据参数个数是否固定,可以将子程序分为参数个数可变的子程序和参数个数固定的子程序。这两种子程序的参数传递规则是不同的。

① 参数个数可变的子程序参数传递规则。对于参数个数可变的子程序,当参数不超过 4 个时,可以使用寄存器 R0~R3 来传递参数;当参数超过 4 个时,可以使用堆栈来传递参数。在参数传递时,将所有参数看作是存放在连续的内存单元中的字数据;然后,依次将各名字数据传送到寄存器 R0~R3;如果参数多于 4 个,将剩余的字数据传送到堆栈中,入栈的顺序与参数顺序相反,即最后一个字数据先入栈。

② 参数个数固定的子程序参数传递规则。对于参数个数固定的子程序,第一个整数参数通过寄存器 R0~R3 来传递,其他参数通过堆栈传递。如果系统包含浮点运算的硬件部件,浮点参数则将按照这样的规则传递:各个浮点参数按顺序处理;为每个浮点参数分配 FP 寄存器(满足该浮点参数需要的且编号最小的一组连续的 FP 寄存器)。

4. 子程序结果返回规则

① 结果为一个 32 位的整数时,可通过寄存器 R0 返回。

② 结果为一个 64 位整数时,可以通 R0 和 R1 返回,以此类推。

③ 结果为一个浮点数时,可以通过浮点运算部件的寄存器 f0、d0 或者 s0 来返回。

④ 结果为一个复合的浮点数时,可以通过寄存器 f0~fN 或者 d0~dN 来返回。

⑤ 对于位数更多的结果,则需要通过调用内存来传递。

9.5.2　汇编程序中调用 C 程序

在汇编中调用 C 的函数,需要在汇编中使用 IMPORT 伪指令对 C 函数进行声明;然后将 C 的代码放在一个独立的 C 文件中进行编译,剩下的工作由链接器来处理。

汇编语言文件:

```
AREA    asmfile, CODE, READONLY
IMPORT  cFun                    ;使用伪指令 IMPORT 声明 C 程序 cFun( )
ENTRY
mov     r0, #0
mov     r1, #1
mov     r2, #2
```

```
BL        cFun                    ;用 C 程序 cFun()
END
```

C 语言文件：

```
/* C file, called by asmfile */
int cFun( int a, int b, int c)
{
return a + b + c;
}
```

这里的参数传递是利用寄存器 r0~r2。需要指出的是，当函数的参数个数大于4 时就要借助堆栈。

9.5.3　C 程序中调用汇编程序

在汇编程序中使用 EXPORT 伪指令声明程序，使得本程序可以被其他的程序调用；在 C 程序中使用 EXTERN 关键词声明该汇编程序，就可以在 C 程序中使用该函数了。从 C 的角度，并不知道该函数的实现是用 C 语言还是汇编语言。因为 C 语言的函数名仅仅是代表函数代码的起始地址，这与汇编中的标号、数组名等作用是一样的。

C 语言文件：

```
#include <stdio.h>
extern void asm_strcpy(const char * src, char * dest);/* 用 EXTERN 声明,asm_strcpy
                                                /* ()为可被调用的外部函数 */
int main()
{
const char * s = "hello, world";
char d[32];
asm_strcpy(s, d);                      /* 调用汇编程序 asm_strcpy() */
printf("source: % s", s);
printf(" destination: % s",d);
return 0;
}
```

汇编语言文件：

```
        AREA      asmfile, CODE, READONLY
        EXPORT    asm_strcpy              ;声明此程序可被别的程序调用
        asm_strcpy
loop:
        ldrb    r4, [r0], #1            ;读取数据后地址加 1
        cmp     r4, #0
        beq     over
```

```
        strb    r4, [r1], #1
        b       loop
over:
        mov     pc, lr
        END
```

9.5.4　C 程序中内嵌汇编语句

在 C 程序中内嵌的汇编指令支持大部分的 ARM 和 Thumb 指令,不过其使用与汇编文件中的指令有些不同,存在一些限制,主要有以下几个方面:

① 不能直接向 PC 寄存器赋值,程序跳转要使用 B 或者 BL 指令。

② 在使用物理寄存器时,不要使用过于复杂的 C 表达式,避免物理寄存器冲突。

③ R12 和 R13 可能被编译器用来存放中间编译结果,计算表达式值时可能将 R0~R3、R12 及 R14 用于子程序调用,因此要避免直接使用这些物理寄存器。

④ 一般不要直接指定物理寄存器,而是让编译器进行分配。

1. 内嵌汇编标记

内嵌汇编使用的标记是__asm 或者 asm 关键字,用法如下:

```
__asm
{
instruction [; instruction]
  ⋮
[instruction]
}
```

或

```
asm("instruction [; instruction]");
```

2. 示　例

```
#include <stdio.h>
void my_strcpy(const char * src, char * dest)
{
char ch;
__asm                              //用__asm 标识后面语句为汇编语句
    {
    loop:
        ldrb    ch, [src], #1
        strb    ch, [dest], #1
        cmp     ch, #0
        bne     loop
```

```
    }
}
int main()
{
char * a = "hello, world";
char b[64];
my_strcpy(a, b);
printf("original: % s", a);
printf("copyed: % s", b);
return 0;
}
```

　　由于指针是代表地址，所以汇编语言中可以直接使用，这里 C 语言和汇编语言之间的值传递就是利用 C 语言的指针来实现的。

9.5.5　从汇编程序中访问 C 程序变量

　　在 C 程序中声明的全局变量可以被汇编程序通过地址间接访问，具体访问方法如下：

　　① 使用 IMPORT 伪指令声明该全局变量。

　　② 使用 LDR 指令读取该全局变量的内存地址，通常该全局变量的内存地址值存放在程序的数据缓冲区中。

　　③ 根据该数据的类型，使用相应的 LDR 指令读取该全局变量的值，使用相应的 STR 指令修改该全局变量的值。

　　各数据类型及其对应的 LDR/STR 指令如下：

　　① 对于无符号的 char 类型的变量通过指令 LDRB/STRB 来读/写。

　　② 对于无符号的 short 类型的变量通过指令 LDRH/STRH 来读/写。

　　③ 对于 int 类型的变量通过指令 LDR/STR 来读/写。

　　④ 对于有符号的 char 类型的变量通过指令 LDRSB 来读取。

　　⑤ 对于有符号的 char 类型的变量通过指令 STRB 来写入。

　　⑥ 对于有符号的 short 类型的变量通过指令 LDRSH 来读取。

　　⑦ 对于有符号的 short 类型的变量通过指令 STRH 来写入。

　　⑧ 对于小于 8 个字的结构型变量，可以通过一条 LDM/STM 指令来读/写整个变量。

　　⑨ 对于结构型变量的数据成员，可以使用相应的 LDR/STR 指令来访问，这时必须知道该数据成员相对于结构型变量开始地址的偏移量。

　　下面是一个在汇编程序中访问 C 程序全局变量的例子。

```
        AREA    global_exp, CODE, READONLY
        EXPORT asmsub
        IMPORT globv            ;声明全局变量
asmsub
```

```
LDR     r1, = globv      ;将内存地址读入到 r1 中
LDR     r0, [r1]         ;将数据读入到 r0 中
ADD     r0, r0, #2
STR     r0, [r1]         ;修改后再将值赋予变量
MOV     pc, lr
END
```

　　程序中,变量 globv 是在 C 程序中声明的全局变量,在汇编程序中首先使用 IMPORT伪指令声明该变量,再将其内存地址读入到寄存器 r1 中,将其值读入到寄存器 r0 中,修改后再将寄存器 r0 的值赋予变量 globv。

思考题与习题

1. 简述 MDK 工具包的组成及各组件工具的主要功能。

2. 简述 MDK 开发工具集的主要功能。

3. 通过一个实例熟悉 μVision 的使用过程。

4. 通过一个实例熟悉 μVision IDE 调试器的使用过程。

5. 在程序调试运行时,如何查看 CPU 中寄存器的变化。

6. 什么叫汇编语言伪指令? 举例说明在 ARM 的汇编程序中几种常用汇编伪指令及其功能。

7. 简述数据常量定义伪指令的语法格式与功能。

8. 简述数据变量定义伪指令的语法格式与功能。

9. 简述内存分配伪指令的语法格式与功能。

10. 简述汇编控制伪指令的语法格式与功能。

11. 举例说明 ARM 汇编语言程序结构。

12. 举例说明基于 Windows 下 MDK 的汇编语言程序结构。

13. 举例说明基于 Linux 下 GCC 的汇编语言程序结构。

14. 举例说明 MDK 硬件仿真器环境下的程序调试过程。

15. 设计一基于 Linux 下 GUN 编译器 arm-linux-gcc 的汇编程序,实现 5+6,并将结果保存在寄存器 R0 中。

16. 总结 MDK 软件模拟环境下的调试与硬件仿真器下调试的优缺点。

17. 简要解释 gcc 参数的各部分的含义。

18. 在 Linux 环境下,编写一个"hello,world"C 程序,编译链接后,用 gdb 进行单步执行、断点设置等调试工作。

19. 简述 ARM 汇编语言与 C 语言混合编程的基本规则。

20. 试分别用汇编中调用 C 程序、C 程序中调用汇编程序、C 程序中内嵌汇编语句、汇编中访问 C 程序变量实现 5+6 的加法程序。

## 第 10 章

Bootloader 设计基础

10.1 Bootloader 概述

Bootloader 为启动引导程序,又叫引导加载程序。功能强大的 Bootloader 也叫做板级支持包(Board Support Packet,BSP)或者固件(firmware)。近年来,为了方便嵌入式产品的推广,也有些直接将 Bootloader 称为 BIOS。BIOS 是 PC 机的"基本输入/输出系统",烧录在计算机主板上一块专门的芯片中。一般 BIOS 由主板厂商或者专门的 BIOS 生产商提供,不是开源的,用户不能修改其中的代码进行定制。而嵌入式系统的开发则离不开 Bootloader 的开发,它也是整个系统开发中的难点之一。

10.1.1 Bootloader 的作用

Bootloader 是在嵌入式操作系统内核运行之前运行的一段小程序,也是系统开机后执行的第一段程序。通过这段小程序,可以初始化硬件设备及建立内存空间,从而将系统的软硬件环境设置成一个合适的状态,以便为最终调用操作系统内核准备好正确的环境。Bootloader 是依赖于底层硬件而实现的,因此建立一个通用的嵌入式系统 Bootloader 几乎是不可能的。

在 PC 机中,主板的 BIOS 和位于硬盘 0 磁道上的主引导记录(Master Boot Record,MBR)中的引导程序(如 LILO 或 GRUB 等),两者一起的作用就相当于 Bootloader 在嵌入式系统中的作用,即实现整个系统的启动引导,并最终能引导操作系统的运行。其中 BIOS 负责诸如 CPU、内存(SDRAM 或 RAM)、硬盘、显卡、键盘等硬件设备的检测和资源的分配后,将硬盘 MBR 中的引导程序读入到内存中,接着引导程序负责与用户接口选择启动哪个操作系统(比如多操作系统环境下),然后就将操作系统的内核从硬盘上读到内存中,并跳转到操作系统内核的入口点去执行程序,这个操作系统就开始启动了。

在嵌入式系统中,Bootloader 对嵌入式设备中的主要部件如 CPU、SDRAM、Flash、串口等进行了初始化,这样可以使用 Bootloader 通过串口下载各种文件到设备的 SDRAM 中,或者烧录 Flash,然后将操作系统内核读入到内存中,或者直接跳转到内核的入口点,从而实现操作系统的引导。现在有些 Bootloader 把对以太网的支持等功能也加进去了,这样一个功能比较强大的 Bootloader 实际上就已经相当于一个微型的操作系统了。

事实上,在单片机软件系统或者像 μC/OS‐II 这样的小型操作系统中,由于整个嵌入式设备的功能并不是很复杂,软件系统上就没有单独构建一个专门的启动引导程序了。一般软件系统的硬件初始化、系统任务和应用程序都是写在一个工程中,只不过是分别写在不同源程序中而已,整个软件系统最终仍然是编译链接成一个二进制目标文件。

任何带有 CPU 的智能电子设备(广义上包括 PC 机、嵌入式系统、单片机系统、DSP 系统等),在开机或者复位时,CPU 都会到一个约定的固定地址去执行程序。这也是开机执行的第一条指令,也可以看作是 Bootloader 程序的第一条指令。这条指令一般是跳转指令。比如基于 Intel 8086 系列的 PC 机,开机或复位时就会到 0x0FFFF0 这个地址去执行程序;部分 ARM CPU 则是从地址 0x0000000 处开始执行。

Bootloader 从第一条指令跳转后,就开始初始化各种最重要的硬件,比如 CPU 的工作频率、定时器、中断、看门狗、检测 RAM 大小和 Flash 等。一般,硬件初始化的这段程序是用汇编语言编写的,其后就用 C 语言编写。总体上,Bootloader 主要完成以下工作:

- 初始化 CPU 速度。
- 初始化内存,包括启用内存库,初始化内存配置寄存器等。
- 初始化中断控制器,在系统启动时,关闭中断,关闭看门狗。
- 初始化串行端口(如果在目标上有)。
- 启用指令/数据高速缓存。
- 设置堆栈指针。
- 设置参数区域并构造参数结构和标记,即引导参数。
- 执行 POST(上电自检)来标识存在的设备并报告有何问题。
- 为电源管理提供挂起/恢复支持。
- 传输操作系统内核镜像文件到目标机。也可以将操作系统内核镜像文件事先存放在 Flash 中,这样就不需要 Bootloader 和主机传输操作系统内核镜像文件,这通常是在做成产品的情况下使用。而一般在开发过程中,为了调试内核的方便,不将操作系统内核镜像文件固化在 Flash 中,这就需要主机和目标机进行文件传输。
- 跳转到内核的开始,在此又分为 ROM 启动和 RAM 启动。所谓 ROM 启动就是用 XIP 技术直接在 Flash 中执行操作系统镜像文件;所谓 RAM 启动就是指把内核镜像从 Flash 复制到 RAM 中,然后再将 PC 指针跳转到 RAM 中的操作系统启动地址。

在嵌入式 Linux 软件系统的开发中,一般将软件分为启动引导程序(Bootloader)、操作系统内核(OS Kernel)、根文件系统(File System)、图形窗口系统(GUI)和应用程序(AP)等几部分。其中前 3 部分是一个可运行的嵌入式系统必不可少的,它们在开发的过程中被分别独立地编译链接或打包为一个二进制目标文件,然后下载(烧录)到嵌入式系统的 ROM(一般是 Flash)中。后两部分如果有,通常也是和根文件系统一起打包后烧录到 Flash 中。因此,在 Bootloader 阶段,也提供了对 Flash 设备的分区格式化的支持。其空间分配通常如图 10.1.1 所示。

File System
OS Kernel
Boot parameter
Bootloader

图 10.1.1　典型格式化后的
Flash 空间分配

　　嵌入式系统中的 Bootloader 通常是开源的,常见的有 vivi、U - Boot、Blob、ARMboot、RedBoot、Nboot、Eboot 等。开发人员可以从网上下载它们的源代码,针对自己的嵌入式硬件系统进行二次开发,这个过程就叫做 Bootloader 的移植。当然,如果进行商用,则有些开源的 Bootloader 需要进行认证许可,并支付 License 费用。

10.1.2　Bootloader 的工作模式

　　对于嵌入式系统的开发人员而言,Bootloader 通常包含"启动加载"和"下载"这两种不同的工作模式。当然,这两种工作模式的区别一般只对开发人员才有意义,而对最终用户来说,Bootloader 的作用就是用来加载操作系统,从而启动整个嵌入式系统。

1. 启动加载(boot loading)模式

　　启动加载模式又叫做自主(autonomous)模式,其实就是正常启动模式。即 Bootloader 从嵌入式目标机上的某个固态存储设备上(如 Flash、SD 卡、磁盘等)将操作系统加载到 RAM 中运行,整个过程并没有用户的介入和操作。因此在嵌入式产品发布的时候,Bootloader 必须工作在这种模式下。

2. 下载(down loading)模式

　　下载模式主要提供给开发人员或者技术支持人员使用,类似于 PC 机对 BIOS 进行设置。在这种模式下,目标机上的 Bootloader 将通过串口连接或网络连接等通信手段从宿主机上下载文件,比如下载内核映像和根文件系统映像等。从主机下载的文件通常首先被 Bootloader 保存到目标机的 RAM 中,然后再被 Bootloader 写到目标机上的 Flash 等存储设备中。这种方式相对于裸机时用专门的 JTAG 下载线进行烧录来说,操作要方便很多,而且下载速度快。因此,Bootloader 的下载模式,通常在嵌入式产品开发过程中用于内核与根文件系统的下载,或者以后的嵌入式产品的软件系统升级与更新,也会使用 Bootloader 的这种工作模式。

　　工作于这种模式下的 Bootloader 通常都会向它的终端用户提供一个简单的命令行接口,一般是串口,因为串口最简单、最常用。而有些 Boootloader 甚至提供了网络接口,运行使用 FTP 来进行下载。通常,Bootloader 在启动时,会延时几秒钟,等待用户按下任意键或特定的键以进入到下载模式,如果在这几秒内没有用户按键,则 Bootloader 将按正常的启动加载模式运行,即启动嵌入式操作。这就类似于 PC 机在开机时,BIOS 会等待 1～3 s,若用户按下 Del 或者 F2 等之类的特定的键,就会进入到 BIOS 设置界面,否则将正常引导操作系统。

10.1.3　Bootloader 的启动流程

Bootloader 启动过程通常可以分为 stage1 和 stage2 两个阶段。一般依赖于 CPU 体系结构的代码,比如设备初始化代码等,都放在 stage1 中,而且通常都用汇编语言来实现,以达到短小精悍且启动快的目的;而 stage2 则通常用 C 语言来实现,这样可以实现各种复杂的功能(比如串口、以太网接口的支持等),而且代码会具有更好的可读性和可移植性。

Bootloader 的第一阶段通常包括以下步骤:

① 硬件设备初始化。硬件设备初始化又细分为:

● 屏蔽所有的中断。为中断提供服务通常是 OS 设备驱动程序的任务,而在 Bootloader 的执行全过程中可以不必响应任何中断。因此,通常在 Bootloader 中是将中断屏蔽的,这可以通过写 CPU 的中断屏蔽寄存器或状态寄存器(比如 ARM 的 CPSR 寄存器)来实现。

● 关闭看门狗。

● 设置 CPU 的速度和时钟频率。

● RAM 初始化。即正确地设置系统的内存控制器相关的各个功能寄存器。

● 关闭 CPU 内部指令/数据 cache。cache 是操作系统运行过程中为了提供系统性能而准备的,但由于它的使用可能会改变主存的数量、类型和时间,因此在 Bootloader 中可以关闭。

② 为加载 Bootloader 的 stage2 准备 RAM 空间。为了获得更快的执行速度,通常把 stage2 加载到 RAM 空间中来执行,所以必须为加载 Bootloader 的 stage2 准备好一段可用的 RAM 空间范围。这期间要采用一些检测算法来检查内存中是否存在坏块,比如 Blob 中的 test_mempage 算法,就是交替写入 0x55 和 0xaa,然后再立即读回进行比较。

③ 复制 Bootloader 的 stage2 到 RAM 空间中。复制时要确定 stage2 的可执行映像在固态存储设备的存放起始地址和大小,以及 RAM 空间的起始地址。

④ 设置好堆栈。该步骤是为执行 C 语言代码作好准备。

⑤ 跳转到 stage2 的 C 入口点 main()函数处。在上述初始化工作完成后,就可以跳转到 Bootloader 的 stage2 去执行了。对于这个阶段,有个很重要的问题就是如何跳转到第二阶段呢? 不同的 Bootloader 处理方法不同。

在 Blob 中,是利用 trampoline(弹簧床)的思想,用汇编语言写一小段 trampoline

程序作为 stage2 可执行映像的执行入口点,在 trampoline 汇编程序中用 CPU 跳转指令跳入 main()函数中去执行;而当 main()函数返回时,CPU 显然会再次回到 trampoline 程序,也就是重新执行 main()函数,这也就是 trampoline 的含义。

下面给出 Blob 中的一个简单的 trampoline 程序示例:

```
.text
.globl _trampoline
_trampoline:
    bl      main
    /* if main ever returns we just call it again */
    b       _trampoline
```

在 U-Boot 中,是利用下面两行代码:

```
ldr     pc,_start_armboot
_start_armboot:.vword start_armboot
```

在 vivi 中,是利用下面两行代码:

```
bl      main
mov     pc,#FLASH_BASE          @若 main 返回,则又重启
```

Bootloader 的第二阶段通常包括以下步骤:

① 初始化本阶段要使用到的硬件设备。比如串口的初始化,以便和用户进行 I/O 输出信息,定时器的初始化等。初始化完成后,可以输出一些打印信息,如程序名字字符串、版本号等。

② 检测系统内存映射(memory map)。所谓内存映射就是指在整个 4 GB 物理地址空间中有哪些地址范围被分配用来寻址系统的 RAM 单元。

③ 将 kernel 映像和根文件系统映像从 Flash 上读到 RAM 空间中。这首先要规划内存占用的布局,包括内核映像所占用的内存范围和根文件系统所占用的内存范围。对于内核映像,一般将其复制到从"MEM_START+0x8000"这个基地址开始的大约 1 MB 的内存范围内。这是因为诸如嵌入式 Linux 等操作系统的内核一般都不超过 1 MB。为什么要把从 MEM_START 到"MEM_START+0x8000"这段 32 KB的内存空出来呢? 这是因为 Linux 内核要在这段内存中放置一些全局数据结构,例如启动参数和内核页表等信息。对于根文件系统映像,则一般将其复制到"MEM_START+0x00100000"开始的地方。从 Flash 上复制映像的工作则用一个简单的循环就可以完成。

④ 为内核设置启动参数。在调用内核之前,应该做下一步准备工作,即设置 Linux 内核的启动参数。对于嵌入式 Linux 而言,其 2.4 版本以后的内核都是以标记列表(tagged list)的形式来传递启动参数。启动参数标记列表以标记 ATAG_CORE 开始,以标记 ATAG_NONE 结束。每个标记由表示被传递参数的 tag_header 结构以及随后的参数值数据结构组成。数据结构 tag 和 tag_header 定义在 Linux 内核源码的 include/asm/setup. h 头文件中。在嵌入式 Linux 系统中,通常需要由 Bootloader 设置的常见启动参数有:ATAG_CORE、ATAG_MEM、ATAG_CMD-LINE、ATAG_RAMDISK、ATAG_INITRD 等。其中,BOOT_PARAMS 表示内核启动参数在内存中的起始基地址,指针 params 是一个 struct tag 类型的指针。

⑤ 调用内核。Bootloader 调用嵌入式 Linux 内核的方法是直接跳转到内核的第一条指令处,也就是直接跳转到 MEM_START＋0x8000 地址处。如果用 C 语言,则可以像下列代码一样来调用内核:

```
void ( * theKernel)(int zero, int arch, u32 params_addr)
    = (void ( * )(int, int, u32))KERNEL_RAM_BASE;
⋮
theKernel(0, ARCH_NUMBER, (u32) kernel_params_start);
```

10.2　S3C2410 平台下 Linux 的 Bootloader

10.2.1　vivi

1. vivi 简介

vivi 是由韩国 mizi 公司为 ARM 处理器系列设计的一个 Bootloader。它同样支持启动加载模式和下载工作模式。

在下载模式下,vivi 为用户提供一个命令行人机接口,通过这个人机接口可以使用 vivi 提供的一些命令。如果嵌入式系统没有键盘和显示,那么可以利用 vivi 中的串口,将其和宿主机连接起来,利用宿主机中的串口软件(如 windows 中的超级终端或者 Linux 中的 minicom)来控制。表 10.2.1 是 vivi 常用的命令。

表 10.2.1　vivi 常用的命令

命　令	功　　　能
Load	把二进制文件载入 Flash 或 RAM,比如"load　flash　kernel　x"就表示向 Flash 芯片中烧录内核映像 zImage,和宿主机的通信采用 xmodem 协议
Part	操作 MTD 分区信息,比如显示、增加、删除、复位、MTD 分区等。例如 part show
bon	用于 NAND Flash 的简单分区,比如 bon part show
Param	设置参数
Boot	启动系统
Flash	管理 Flash,例如删除 Flash 的数据

2. vivi 文件结构

vivi 的代码包括 arch、init、lib、drivers 和 include 等几个目录（见图 10.2.1），共 200 多个文件。

vivi 主要包括下面几个目录：

① arch　此目录包括了所有 vivi 支持的目标板的子目录，例如 s3c2410 目录。

② drivers　其中包括了引导内核需要的设备的驱动程序（mtd 和串口），而 mtd 目录下又分 map、nand 和 nor 这 3 个目录。

③ init　这个目录只有 main.c 和 version.c 两个文件。与普通的 C 程序一样，vivi 将从 main 函数开始执行。

④ lib　一些平台公共的接口代码，比如 time.c 中的 udelay() 和 mdelay()。

⑤ include　头文件的公共目录。其中的

图 10.2.1　vivi 的代码树

s3c2410.h 定义了 s3c2410 CPU 的寄存器，而 Platform/smdk2410.h 则定义了与开发板相关的资源配置参数。这两个文件都很重要，尤其是后者，包括了嵌入式目标机的各种参数，如波特率、引导参数、物理内存映射等。

3. vivi 的配置和编译

vivi 的配置和嵌入式 Linux 内核一样，可以采用菜单化的形式进行，如图 10.2.2 所示。

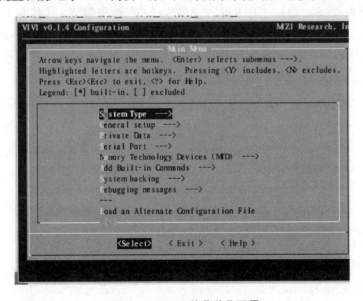

图 10.2.2　vivi 的菜单化配置

其步骤主要如下：

① ♯ make distclean　清除一些早先生成的无用的目标文件。

② ♯ make menuconfig　根据菜单中的信息进行配置。

③ 编译　菜单配置完毕后，保存退出，然后执行 make 命令开始编译。

4. vivi 第一阶段的分析

vivi 的第一阶段主要完成了依赖于 CPU 的体系结构硬件初始化，包括禁止中断、初始化串口、复制第二阶段到 RAM 中等。由于这些代码是和硬件紧密相关的，因此要求读者在阅读时对照 S3C2410 处理器的数据手册，查阅相关的寄存器的描述，以便更好地理解。这些汇编代码全部都集中在 vivi\arch\s3c2410 目录下的 head.S 这一个汇编文件中，当然还有相关的头文件。

为什么文件名用 head.S，而不是用普通的 ARM 汇编文件名 head.s 呢？主要是因为在这个汇编文件中，使用了 GNU GCC 中 C 预处理器的宏替换和文件包含功能，而 GNU AS 的预处理无法完成此项功能。

下面就是文件 head.S 中主要代码：

```
♯ include "config.h"              //config.h 中包含一个 autoconf.h
♯ include "linkage.h"             //实现了 ENTRY 宏的封装
♯ include "machine.h"

@ Start of executable code         //@ 为注释符号
ENTRY(_start)                      //ENTRY 为定义在 linkage.h 中的宏
ENTRY(ResetEntryPoint)
```

下面是整个 S3C2410 CPU 硬件上支持的中断向量表，其起始物理地址为 0x00000000。每种类型的中断会有一个固定的中断向量，即入口地址，通常在这个地址放一条跳转指令，用来跳到中断服务子程序中。

```
@ Exception vector table (physical address = 0x00000000)

@ 0x00: Reset
    b    Reset                     //复位

@ 0x04: Undefined instruction exception    //未定义的指令异常
UndefEntryPoint:
    b    HandleUndef

@ 0x08: Software interrupt exception        //软件中断异常
SWIEntryPoint:
    b    HandleSWI

@ 0x0c: Prefetch Abort (Instruction Fetch Memory Abort)   //内存操作异常
PrefetchAbortEnteryPoint:
    b    HandlePrefetchAbort
```

```
@ 0x10: Data Access Memory Abort          //数据异常
DataAbortEntryPoint:
    b    HandleDataAbort

@ 0x14: Not used                          //未使用
NotUsedEntryPoint:
    b    HandleNotUsed

@ 0x18: IRQ(Interrupt Request) exception  //慢速中断异常
IRQEntryPoint:
    b    HandleIRQ

@ 0x1c: FIQ(Fast Interrupt Request) exception  //快速中断异常
FIQEntryPoint:
    b    HandleFIQ

//下面是固定位置存放环境变量。定义在 include/platform/smdk2410.h
@ vivi magics

@ 0x20: magic number so we can verify that we only put
    .long    0
@ 0x24:
    .long    0
@ 0x28: where this vivi was linked, so we can put it in memory in the right place
    .long    _start
@ 0x2C: this contains the platform, cpu and machine id
    .long    ARCHITECTURE_MAGIC
@ 0x30: vivi capabilities
    .long    0
# ifdef CONFIG_PM                         //电源管理,vivi 中并没有使用
@ 0x34:
    b    SleepRamProc
# endif
# ifdef CONFIG_TEST
@ 0x38:
    b    hmi
# endif
@
@ Start vivi head                         //功能子程序的开始
@
Reset:                                    //复位中断服务子程序
    @ disable watch dog timer             //禁止看门狗计时器
    mov    r1, # 0x53000000               //WTCON 寄存器的地址是 53000000
    mov    r2, # 0x0
    str    r2, [r1]                       //清 0
```

```
#ifdef CONFIG_S3C2410_MPORT3            //定义另外一种平台
    mov    r1, #0x56000000              //GPACON 寄存器的地址是 56000000
    mov    r2, #0x00000005
    str    r2, [r1, #0x70]
    mov    r2, #0x00000001
    str    r2, [r1, #0x78]
    mov    r2, #0x00000001
    str    r2, [r1, #0x74]
#endif
    @ disable all interrupts             //禁止全部的中断
    mov    r1, #INT_CTL_BASE
                    //s3c2410.h 中定义了 #define INT_CTL_BASE   0x4A000000
    mov    r2, #0xffffffff               //掩码关闭所有中断
    str    r2, [r1, #oINTMSK]
    ldr    r2, =0x7ff
    str    r2, [r1, #oINTSUBMSK]
    @ initialise system clocks           //初始化系统时钟
    mov    r1, #CLK_CTL_BASE
                    //s3c2410.h 中定义了 #define CLK_CTL_BASE 0x4c000000
    mvn    r2, #0xff000000
    str    r2, [r1, #oLOCKTIME]
    @ldr   r2, mpll_50mhz                //CPU 的频率是 50 MHz
    @str   r2, [r1, #oMPLLCON]
```

```
//由于在 include/autoconf.h 中有“#undef   CONFIG_S3C2410_MPORT1”,因此下面这段代码
//会执行。这样 CPU 的频率就被设置为 200 MHz
#ifndef CONFIG_S3C2410_MPORT1
    @ 1:2:4
    mov    r1, #CLK_CTL_BASE
    mov    r2, #0x3
    str    r2, [r1, #oCLKDIVN]
    mrc    p15, 0, r1, c1, c0, 0        @读控制寄存器
    orr    r1, r1, #0xc0000000          @异步
    mcr    p15, 0, r1, c1, c0, 0        @写控制寄存器
    @ now, CPU clock is 200 MHz         //CPU 的频率改为 200 MHz
    mov    r1, #CLK_CTL_BASE
    ldr    r2, mpll_200mhz
    str    r2, [r1, #oMPLLCON]
#else
```

```
    @ 1:2:2
    mov    r1, #CLK_CTL_BASE
    ldr    r2, clock_clkdivn
    str    r2, [r1, #oCLKDIVN]

    mrc    p15, 0, r1, c1, c0, 0          @读控制寄存器
    orr    r1, r1, #0xc0000000            @异步
    mcr    p15, 0, r1, c1, c0, 0          @写控制寄存器

    @ now, CPU clock is 100 MHz           //否则,CPU 的频率是 100 MHz
    mov    r1, #CLK_CTL_BASE
    ldr    r2, mpll_100mhz
    str    r2, [r1, #oMPLLCON]
#endif
    bl     memsetup                       //调用"内存设置"子程序

#ifdef CONFIG_PM                          //vivi 考虑不需要使用电源管理
    @ Check if this is a wake-up from sleep    //查看状态
    ldr    r1, PMST_ADDR
    ldr    r0, [r1]
    tst    r0, #(PMST_SMR)
    bne    WakeupStart
#endif

#ifdef CONFIG_S3C2410_SMDK                //SMDK 开发板使用
    @ All LED on                          //点亮开发板上的 LED
    mov    r1, #GPIO_CTL_BASE
    add    r1, r1, #oGPIO_F               //LED 使用 GPIO 的 F 组中的引进
    ldr    r2, =0x55aa                    //使能 EINT0、EINT1、EINT2 和 EINT3,另外
                                          //4 个引脚配置成输出,屏蔽 EINT4,5,6,7
    str    r2, [r1, #oGPIO_CON]
    mov    r2, #0xff
    str    r2, [r1, #oGPIO_UP]            //禁止上拉功能
    mov    r2, #0x40
    str    r2, [r1, #oGPIO_DAT]
#endif

#if 0
    @ SVC
    mrs    r0, cpsr
    bic    r0, r0, #0xdf
    orr    r1, r0, #0xd3
    msr    cpsr_all, r1
#endif
```

```
            @ set GPIO for UART                      //设置串口
      mov    r1, # GPIO_CTL_BASE
      add    r1, r1, # oGPIO_H                       //设置 GPIO_H 组引脚为串口
      ldr    r2, gpio_con_uart
      str    r2, [r1, # oGPIO_CON]
      ldr    r2, gpio_up_uart                        //gpio_con_uart 在 smdk2410.h 中赋值
      str    r2, [r1, # oGPIO_UP]
      bl     InitUART                                //调用"串口初始化"子程序
# ifdef CONFIG_DEBUG_LL                              //调试信息
      @ Print current Program Counter
      ldr    r1, SerBase
      mov    r0, # '\r'
      bl     PrintChar
      mov    r0, # '\n'
      bl     PrintChar
      mov    r0, # '@'
      bl     PrintChar
      mov    r0, pc
      bl     PrintHexWord
# endif

# ifdef CONFIG_BOOTUP_MEMTEST
      @ simple memory test to find some DRAM flaults.
      bl     memtest
# endif

# ifdef CONFIG_S3C2410_NAND_BOOT                     //从 NAND Flash 启动
      bl     copy_myself

      @ jump to ram
      ldr    r1, = on_the_ram
      add    pc, r1, # 0
      nop
      nop
1:    b    1b        @ infinite loop

on_the_ram:
# endif

# ifdef CONFIG_DEBUG_LL
      ldr    r1, SerBase
      ldr    r0, STR_STACK
      bl     PrintWord
      ldr    r0, DW_STACK_START
      bl     PrintHexWord
```

```
#endif

    @ get read to call C functions
    ldr    sp, DW_STACK_START              @设置堆栈指示器
    mov    fp, #0                          @无前帧，所以 fp = 0
    mov    a2, #0                          @设置 argv 为 NULL

    bl     main                            @调用 main

    mov    pc, #FLASH_BASE                 @否则，重新启动
@
@ End VIVI head                            //文件结束
@
```

为了能帮助正确理解代码中义，这里给出程序中相关宏定义和子函数，其中宏定义主要是在 vivi\include\s3c2410.h 头文件中定义，有些则在 vivi\include\platform\smdk2410.h 中定义，而子函数其实也就是在 head.S 文件中。另外，读者还需要结合 S3C2410 数据手册来理解。

s3c2410.h 中部分宏定义如下所示：

```
/* Interrupts */
#define INT_CTL_BASE        0x4A000000              //SRCPND 寄存器的地址
#define bINT_CTL(Nb)        __REG(INT_CTL_BASE + (Nb))
/* Offset */
#define oSRCPND             0x00
#define oINTMOD             0x04
#define oINTMSK             0x08
#define oPRIORITY           0x0a
#define oINTPND             0x10
#define oINTOFFSET          0x14
#define oSUBSRCPND          0x18
#define oINTSUBMSK          0x1C
```

内存设置子程序如下所示：

```
    ENTRY(memsetup)
    @ initialise the static memory

    @ set memory control registers
    mov    r1, #MEM_CTL_BASE
    adrl   r2, mem_cfg_val              //mem_cfg_val 在在 smdk2410.h 中赋值了
    add    r3, r1, #52
1:  ldr    r4, [r2], #4
    str    r4, [r1], #4
    cmp    r1, r3                        //循环操作，直到 13 个寄存器赋值完成
```

```
        bne     1b

        mov     pc, lr                          //子函数的返回
```

复制 vivi 到 RAM 的子函数如下所示：

```
＃ifdef CONFIG_S3C2410_NAND_BOOT
@
@ copy_myself: copy vivi to ram
@
copy_myself:
        mov     r10, lr

    @ reset NAND
        mov     r1, ＃NAND_CTL_BASE
        ldr     r2, = 0xf830               @ 初始化值
        str     r2, [r1, ＃oNFCONF]
        ldr     r2, [r1, ＃oNFCONF]
        bic     r2, r2, ＃0x800           @ 使能芯片
        str     r2, [r1, ＃oNFCONF]
        mov     r2, ＃0xff                @ RESET 命令
        strb    r2, [r1, ＃oNFCMD]
        mov     r3, ＃0                   @ 等待
1:      add     r3, r3, ＃0x1
        cmp     r3, ＃0xa
        blt     1b
2：     ldr     r2, [r1, ＃oNFSTAT]       @ 等待准备
        tst     r2, ＃0x1
        beq     2b
        ldr     r2, [r1, ＃oNFCONF]
        orr     r2, r2, ＃0x800           @ 禁止芯片
        str     r2, [r1, ＃oNFCONF]

    @ get read to call C functions (for nand_read())
        ldr     sp, DW_STACK_START        @ 设置堆栈指示器
        mov     fp, ＃0                   @ 无前帧，所以 fp = 0

    @ copy vivi to RAM
        ldr     r0, = VIVI_RAM_BASE
        mov     r1, ＃0x0
        mov     r2, ＃0x20000
        bl      nand_read_ll

        cmp     r0, ＃0x0
        beq     ok_nand_read
＃ifdef CONFIG_DEBUG_LL
```

```
bad_nand_read:
        ldr     r0, STR_FAIL
        ldr     r1, SerBase
        bl      PrintWord
1:      b       1b                      @ 无限循环
#endif
```

中断服务子程序如下所示:

```
@
@ Exception handling functions
@
HandleUndef:
#ifdef CONFIG_DEBUG_LL
        mov     r12, r14
        ldr     r0, STR_UNDEF
        ldr     r1, SerBase
        bl      PrintWord
        bl      PrintFaultAddr
#endif
1:      b       1b                      @ 无限循环

HandleSWI:
#ifdef CONFIG_DEBUG_LL
        mov     r12, r14
        ldr     r0, STR_SWI
        ldr     r1, SerBase
        bl      PrintWord
        bl      PrintFaultAddr
#endif
1:      b       1b                      @ 无限循环

HandlePrefetchAbort:
#ifdef CONFIG_DEBUG_LL
        mov     r12, r14
        ldr     r0, STR_PREFETCH_ABORT
        ldr     r1, SerBase
        bl      PrintWord
        bl      PrintFaultAddr
#endif
1:      b       1b                      @ 无限循环

HandleDataAbort:
#ifdef CONFIG_DEBUG_LL
        mov     r12, r14
```

```
        ldr     r0, STR_DATA_ABORT
        ldr     r1, SerBase
        bl      PrintWord
        bl      PrintFaultAddr
# endif
1:      b       1b                      @ 无限循环

HandleIRQ:
# ifdef CONFIG_DEBUG_LL
        mov     r12, r14
        ldr     r0, STR_IRQ
        ldr     r1, SerBase
        bl      PrintWord
        bl      PrintFaultAddr
# endif
1:      b       1b                      @ 无限循环

HandleFIQ:
# ifdef CONFIG_DEBUG_LL
        mov     r12, r14
        ldr     r0, STR_FIQ
        ldr     r1, SerBase
        bl      PrintWord
        bl      PrintFaultAddr
# endif
1:      b       1b                      @ 无限循环

HandleNotUsed:
# ifdef CONFIG_DEBUG_LL
        mov     r12, r14
        ldr     r0, STR_NOT_USED
        ldr     r1, SerBase
        bl      PrintWord
        bl      PrintFaultAddr
# endif
1:      b       1b                      @ 无限循环
```

串口初始化子程序如下所示：

```
@ Initialize UART
@ r0 = number of UART port
InitUART:
    ldr     r1, SerBase
    mov     r2, # 0x0
    str     r2, [r1, # oUFCON]
```

```
        str     r2, [r1, #oUMCON]
        mov     r2, #0x3
        str     r2, [r1, #oULCON]
        ldr     r2, = 0x245
        str     r2, [r1, #oUCON]
@ #define UART_BRD ((50000000 / (UART_BAUD_RATE * 16)) - 1)
  #define UART_BRD   ((S3C2410MCLK/4 / (UART_BAUD_RATE * 16)) - 1)
@ #define UART_BRD   ((19750000 / (UART_BAUD_RATE * 16)) - 1)
        mov     r2, #UART_BRD
        str     r2, [r1, #oUBRDIV]

        mov     r3, #100
        mov     r2, #0x0
1:      sub     r3, r3, #0x1
        tst     r2, r3
        bne     1b

        mov     pc, lr
```

5. vivi 第二阶段的分析

vivi 的第二阶段的入口就是 init/main.c,按照源代码的组织流程,根据模块化划分的原则,共分为 8 个功能模块即 8 个步骤,在源代码的注释中以 step 非常清晰地给出了区分。

第 1 步:vivi 从 main()函数开始执行,通过函数 putstr(vivi_bannner)打印出 vivi 的版本。vivi_banner 在/init/version.c 中定义。reset _handler()函数将内存清零,在/lib/reset_handle.c 文件中定义。

第 2 步:主要是初始化 GPIO,本书的思路和方法就是在把握好整个系统硬件资源的前提下,根据芯片的数据手册把所有的初始值设定,在这里利用 set_gpios()函数就可以完成初始化。其中开发板初始化函数 board_init()在/arch/../smdk.c 中定义了。另外还完成时钟初始化 init_time()。相关函数如下:

board_init()函数:

```
int board_init(void)
{
init_time();
set_gpios();
return 0;
}
```

init_time()函数:

```
void init_time(void)
{
```

```
TCFG0 = (TCFG0_DZONE(0) | TCFG0_PRE1(15) | TCFG0_PRE0(0));
}
```

set_gpios()函数：

```
void set_gpios(void)
{
GPACON  = vGPACON;
GPBCON  = vGPBCON;
GPBUP   = vGPBUP;
GPCCON  = vGPCCON;
GPCUP   = vGPCUP;
GPDCON  = vGPDCON;
GPDUP   = vGPDUP;
GPECON  = vGPECON;
GPEUP   = vGPEUP;
GPFCON  = vGPFCON;
GPFUP   = vGPFUP;
GPGCON  = vGPGCON;
GPGUP   = vGPGUP;
GPHCON  = vGPHCON;
GPHUP   = vGPHUP;
EXTINT0 = vEXTINT0;
EXTINT1 = vEXTINT1;
EXTINT2 = vEXTINT2;
}
```

第 3 步：进行内存映射初始化和内存管理单元(MMU)的初始化工作。

```
mem_map_init();
mmu_init();
```

mem_map_init()函数：

```
void mem_map_init(void)
{
#ifdef CONFIG_S3C2440_NAND_BOOT
mem_map_nand_boot();            //若配置 vivi 时使用了 NAND 作为启动设备,则执行
#else
mem_map_nor();                  //否则执行此处
#endif
cache_clean_invalidate();
tlb_invalidate();
}
```

mmu_init()函数：

```
void mmu_init(void)
{
arm920_setup();
}
```

注意：如果使用 NOR 型 Flash 启动，则必须先把 vivi 代码复制到 RAM 中。这个过程是通过 copy_vivi_to_ram()函数完成的。在移植 vivi 的时候需要根据不同的开发板进行修改。

copy_vivi_to_ram()函数：

```
static void copy_vivi_to_ram(void)
{
putstr_hex("Evacuating 1MB of Flash to DRAM at 0x", VIVI_RAM_BASE);
memcpy((void *)VIVI_RAM_BASE, (void *)VIVI_ROM_BASE, VIVI_RAM_SIZE);
}
```

第 4 步：初始化堆(heap)，然后内存也会发生变化。在这里，实际上就是实现动态内存分配策略。具体实现部分在 lib/heap.c 文件中，主要函数为 heap_init()。

heap_init()函数：

```
int heap_init(void)
{
return mmalloc_init((unsigned char *)(HEAP_BASE), HEAP_SIZE);
}
```

mmalloc_init()函数：

```
static inline int mmalloc_init(unsigned char * heap, unsigned long size)
{
if (gHeapBase != NULL) return -1;
DPRINTK("malloc_init(): initialize heap area at 0x%08lx, size = 0x%08lx\n",
        heap, size);
gHeapBase = (blockhead *)(heap);
gHeapBase->allocated = FALSE;
gHeapBase->signature = BLOCKHEAD_SIGNATURE;
gHeapBase->next = NULL;
gHeapBase->prev = NULL;
gHeapBase->size = size - sizeof(blockhead);
return 0;
}
```

第 5 步：初始化 mtd 设备，在 drivers/mtd/mtdcore.c 中有个 mtd_dev_init()函数，其核心部分就是调用了 drivers/mtd/maps/s3c2410_flash.c 文件中的 mtd_dev_ init()函数。

mtd_dev_init()函数:

```
int mtd_dev_init(void)
{
int ret = 0;
#ifdef CONFIG_DEBUG
printk("Initialize MTD device\n");
#endif
ret = mtd_init();
add_command(&flash_cmd);
return ret;
}
```

到此,Bootloader 的初始化各种设备的任务就结束了,下面将为引导操作系统做准备。

第 6 步:配置参数,主要是 init_priv_data()函数。它将启动内核的命令参数取出并存放在指定的内存中,为启动 Linux 内核和传递参数做准备的。init_priv_data ()首先读取默认参数,存放在 VIVI_PRIV_RAM_BASE 开始的内存上;然后读取用户参数,如果读取成功,则原来的默认参数被用户参数覆盖,执行完此函数后,内存也将发生变化。

init_priv_data()函数:

```
int init_priv_data(void)
{
int ret_def;
#ifdef CONFIG_PARSE_PRIV_DATA
int ret_saved;
#endif

    ret_def = get_default_priv_data();
    #ifdef CONFIG_PARSE_PRIV_DATA
    ret_saved = load_saved_priv_data();
    if (ret_def && ret_saved) {
        printk("Could not found vivi parameters.\n");
        return -1;
    } else if (ret_saved && ! ret_def) {
        printk("Could not found stored vivi parameters.");
        printk(" Use default vivi parameters.\n");
    } else {
        printk("Found saved vivi parameters.\n");
    }
    #else
```

```
if (ret_def) {
    printk("Could not found vivi parameters\n");
    return - 1;
} else {
    printk("Found default vivi parameters\n");
}
# endif
# ifdef CONFIG_DEBUG_VIVI_PRIV
display_param_tlb();
display_mtd_partition();
# endif
return 0;
}
```

第 7 步：提供 vivi 人机接口的各种命令。主要函数有 init_builtin_cmds()、add_command()等，用于加载 vivi 内置的几个命令。整个命令处理机制及其初始化的实现是在 lib/command.c 中完成的，包括添加命令、查找命令、执行命令、解析命令行等。具体的命令函数的实现则在相应的模块里面，这样形成了一个顶部管理层、底部执行层的二层的软件架构，维护这个架构的核心是 user_command_t 数据结构。

add_command()函数：

```
void add_command(user_command_t * cmd)
{
if (head_cmd == NULL) {
  head_cmd = tail_cmd = cmd;
} else {
  tail_cmd - >next_cmd = cmd;
  tail_cmd = cmd;
}
/ * printk("Registered ´ % s´ command\n", cmd - >name); * /
}
```

init_builtin_cmds()函数：

```
int init_builtin_cmds(void)     / * Register basic user commands * /
{
# ifdef CONFIG_DEBUG
printk("init built - in commands\n");
# endif
# ifdef CONFIG_CMD_AMD_FLASH
add_command(&amd_cmd);
# endif
```

```
# ifdef CONFIG_TEST
add_command(&test_cmd);
# endif
# ifdef CONFIG_CMD_PROMPT
add_command(&prompt_cmd);
# endif
# ifdef CONFIG_CMD_SLEEP
add_command(&sleep_cmd);
# endif
# ifdef CONFIG_CMD_BONFS
add_command(&bon_cmd);
# endif
add_command(&reset_cmd);
# ifdef CONFIG_CMD_PARAM
add_command(&param_cmd);
# endif
# ifdef CONFIG_CMD_PART
add_command(&part_cmd);
# endif
# ifdef CONFIG_CMD_MEM
add_command(&mem_cmd);
# endif
add_command(&load_cmd);
add_command(&go_cmd);
add_command(&dump_cmd);
add_command(&call_cmd);
add_command(&boot_cmd);
add_command(&help_cmd);
return 0;
}
```

第 8 步：进入 Bootloader 的两种模式之一，即人机接口的下载模式或者直接引导操作系统内核，核心函数是 boot_or_vivi()。

boot_or_vivi()函数：

```
void boot_or_vivi(void)
{
char c;
int ret;
ulong boot_delay;
    # if 0
        boot_delay = get_param_value("boot_delay", &ret);
```

```
        if (ret) boot_delay = DEFAULT_BOOT_DELAY;
# else
        boot_delay = DEFAULT_BOOT_DELAY;
# endif
/ *  If a value of boot_delay is zero,
/ *  unconditionally call vivi shell * /
if (boot_delay = = 0) vivi_shell();

/ *  wait for a keystroke (or a button press if you want.) * /
printk("Press Return to start the LINUX now, any other key for vivi\n");
c = awaitkey(boot_delay, NULL);
if (((c ! = ´r´) && (c ! = ´\n´) && (c ! = ´\0´))) {
        printk("type \"help\" for help.\n");
        vivi_shell();
}
run_autoboot();
return;
}
```

到此,整个 vivi 就结束了。

10.2.2　U - boot

1. U - boot 简介

U - boot,全称 Universal Bootloader,是遵循 GPL 条款的开放源码项目,也是从 FADSROM、8xxROM、PPCBOOT 逐步发展演化而来。其源码目录、编译形式与 Linux 内核很相似,事实上,不少 U - boot 源码就是相应的 Linux 内核源程序的简化,尤其是一些设备的驱动程序,这从 U - boot 源码的注释中能体现这一点。但是 U - boot 不仅仅支持嵌入式 Linux 系统的引导,当前,它还支持 NetBSD、VxWorks、QNX、RTEMS、ARTOS 和 LynxOS 等嵌入式操作系统。其目前主要支持的目标操作系统有 OpenBSD、NetBSD、FreeBSD、4. 4BSD、Linux、SVR4、Esix、Solaris、Irix、SCO、Dell、NCR、VxWorks、LynxOS、pSOS、QNX、RTEMS 和 ARTOS 等,因此功能比较强大,这也是 U - boot 中 Universal 的一层含义。

另外一层含义则是 U - boot 除了支持 PowerPC 系列的处理器外,还能支持 MIPS、x86、ARM、NIOS、XScale 等诸多常用系列的处理器。事实上,U - boot 已广泛应用在 S3C2410 的嵌入式 Linux 系统的引导。

U - boot 的主要特点如下:

① 开放源码;

② 支持多种嵌入式操作系统内核，如 Linux、NetBSD、VxWorks、QNX、RTEMS、ARTOS 和 LynxOS；

③ 支持多个处理器系列，如 PowerPC、ARM、x86、MIPS 和 XScale；

④ 较高的可靠性和稳定性；

⑤ 高度灵活的功能设置，适合 U-boot 调试、操作系统不同引导要求、产品发布等；

⑥ 丰富的设备驱动源码，如串口、以太网、SDRAM、Flash、LCD、NVRAM、EEP-ROM 和 RTC 和键盘等；

⑦ 较为丰富的开发调试文档以及强大的网络技术支持。

U-boot 在下载模式下，也提供了许多有用的命令，U-boot 常用命令及功能如表 10.2.1 所列。

表 10.2.1　U-boot 常用命令及功能

命令名	功　能
Help/?	帮助命令。用于查询 U-boot 支持的命令，与"?"是同一命令
bdinfo	查看目标系统参数和变量、目标板的硬件配置、各种变量参数
setenv	设置环境变量。比较常用的有： Setenv ipadr *.*.*,* Setenv serverip *.*.*.* Setenv gatewayip *.*.*.* Setenv ethaddr *.*.*.*
printenv	查看环境变量
saveenv	保存设置环境变量到 Flash
mw	写内存
md	读内存
mm	修改内存
flinfo	查看 Flash 的信息
erase[起始地址 结束地址]	擦除 Flash 内容，必须以扇区为单位进行擦除
cp[源地址 目标地址大小]	内存复制，可以在 RAM 和 Flash 中交换数据
imi[起始地址]	查看内核映射文件
bootm[起始地址]	从某个地址启动内核
tftboot[起始地址 镜像名]	通过 tftp 从主机系统下载内核映像文件
reset	复位

2. U-boot 文件结构

U-boot 代码采用了一种高度模块化的编程方式，与移植树有关的目录如图 10.2.3所示。

- board：该目录存放了所有 U‐boot 支持的目标板的子目录，如 board/ smdk2410/＊。要将 U‐boot 移植到自己的 S3C2410X 目标板上，必须参考这个目录下的内容，比如对比 Flash 以及 Flash 宽度和大小的定制等，就要修改其中的 flash.c。

- common：独立于处理器体系结构的通用代码，如内存大小探测与故障检测。

- cpu：与处理器相关的文件。如 mpc8xx 子目录下含串口、网口、LCD 驱动及中断初始化等文件。

- drivers：通用设备驱动，如 CFI Flash 驱动（目前对 INTEL Flash 支持较好）。

- fs：该目录中存放了 U‐boot 支持的文件系统。

- examples：可在 U‐boot 下运行的示例程序，如 hello_world.c、timer.c。

- include：U‐boot 头文件；该目录存放头文件的公共目录，其中 include/configs/smdk2410.h 定义了所有与 S3C2410X 相关的资源的配置参数，通常只需修改这个文件就可以配置目标板的参数，如波特率、引导参数、物理内存映射等。

- lib_xxx：处理器体系相关的文件，如 lib_ppc。

- lib_arm：目录分别包含与 Power-PC、ARM 体系结构相关的文件。

- net：与网络功能相关的文件目录，如 bootp、nfs、tftp。

- post：上电自检文件目录。尚有待于进一步完善。

- rtc：驱动程序。

- tools：用于创建 U‐boot S‐RECORD 和 BIN 镜像文件的工具。

```
▲ 📁 u-boot-gec2410
  ▲ 📁 board
      📁 smdk2410
    📁 common
  ▲ 📁 cpu
      📁 arm720t
    ▷ 📁 arm920t
      📁 arm925t
      📁 s3c44b0
    📁 disk
    📁 doc
  ▲ 📁 drivers
    ▷ 📁 sk98lin
    📁 dtt
    📁 examples
  ▲ 📁 fs
      📁 cramfs
      📁 ext2
      📁 fat
      📁 fdos
      📁 jffs2
      📁 reiserfs
  ▷ 📁 include
    📁 lib_arm
    📁 lib_generic
    📁 lib_i386
    📁 lib_m68k
    📁 lib_microblaze
    📁 lib_mips
    📁 lib_nios
    📁 lib_nios2
    📁 lib_ppc
    📁 net
  ▷ 📁 post
    📁 rtc
  ▲ 📁 tools
      📁 bddb
      📁 easylogo
      📁 env
      📁 gdb
      📁 logos
      📁 scripts
      📁 updater
```

图 10.2.3　U‐boot 源代码文件结构树

3. U－boot 代码分析

由于 U－boot 和 vivi 有许多相似的地方,所以这里从略了。更多内容请参考文献[5]。

U－boot 的启动也是从位于 cpu/arm920t/start.S 汇编文件开始的。CPU 目录中其余的文件都是用 C 语言写的,包括:cpu.c(处理器相关)、interrupts.c(中断相关)、serial.c(串行设备相关)、speed.c(处理器频率相关)、usb_ohci.c(USB 相关以上这些文件也嵌入了汇编语言)。

例如 interrupts.c 这个文件是处理中断,如打开、关闭中断等。比如下面这段代码:

```
#ifdef CONFIG_USE_IRQ
#error CONFIG_USE_IRQ NOT supported
#else
void enable_interrupts (void)
{
    return;
}
int disable_interrupts (void)
{
    return 0;
}
#endif
```

由于 U－boot 引导 S3C2410 的过程中没有使用中断,所以函数为空。其实打开中断的操作也很简单,只要设置控制程序状态寄存器的相应控制位即可。

10.3　其他常见的 Bootloader

10.3.1　Windows CE.NET 的 Bootloader

Windows CE.NET(简称 WinCE)是微软公司向嵌入式领域推出的一款操作系统,它继承了桌面 Windows 操作系统的丰富功能,同时又加入了一些新特性以适应嵌入式领域的需要。最新的.NET 版本较之 3.0 版本,在实时性和稳定性上有大幅度提高,开始广泛地被平板计算机、数码相机、彩屏手机、PDA 等多种高性能产品所采用。但是,WinCE 并不是一个通用的安装版操作系统,在各种嵌入式硬件设备中,每款 WinCE 系统通常只会针对某一种硬件平台,开发人员必须根据自己的硬件平台和应用场合定制 WinCE,其中最主要的就是编写适合于硬件平台的板级支持包(BSP)。而在 BSP 中,最重要的组成部分又是 Bootloader,它是开发 WinCE 系统的第一步，也是最为关键的一步。

　　Nboot 和 Eboot 是 WinCE 的 Bootloader。Nboot 是 NAND Flash bootloader 的简写，CPU 可以直接从 NAND Flash 启动，但是其代码大小不能超过 4k，所以功能有限；Eboot 则支持 Ethernet network（以太网），功能强大，用于 Ethernet 在线调试和下载。一般 Nboot 是系统启动后执行的第一段代码，然后它要么跳转到功能更为强大的 Eboot，由 Eboot 来引导 WinCE，要么直接引导 WinCE。当然，由于 WincCE 内核比嵌入式 Linux 要大得多，如果直接用 JTAG 下载线烧录则需要很长的时间，因此 Eboot 一个很重要的功能就是提供对 WinCE 内核的下载，这相对于 vivi 和 U-boot 下载 Linux 内核来讲，意义更为重要。表 10.3.1 是 Eboot 在下载模式下提供的部分命令。这些命令涉及到平台调试的各个方面，像内存检测、Flash 操作、文件下载等。借助于这些命令，不仅可以完成硬件平台的部分测试，还完成了作为 WinCE 的 Bootloader 程序最为重要的一个功能——下载 WinCE 内核映像。

　　Bootloader 的配置和编译通常采用微软公司的 Platform Builder(PB)工具软件，该工具能够根据用户的需求，选择构建具有不同内核功能的 WinCE 系统。同时，它也是一个集成开发环境，可以为所有 WinCE 支持的 CPU 目标代码编译 C/C++ 程序，WinCE 操作系统内核的移植和配置也是在该环境下编译。一旦成功地编译了一个 WinCE 系统，就会得到一个名为nk.bin 的映像文件。它是 WinCE 二进制数据格式文件，不仅包含了有效的程序代码，还有按照一定规则加入的控制信息。

表 10.3.1　Eboot 提供的命令

命　令	说　　明
Help	列出所有支持的命令并加以说明
Eboot	从宿主机上通过网线下载 WinCE 映像并加载
Write	向某一内存地址写入数据
Read	显示某一内存地址的数据
Jump	跳转到某一地址执行程序
Xmodem	从计算机的超级终端接收以 Xmodem 协议传送的文件
Toy	测试平台 CPU 的计数器是否运转
Flash	擦除或者更新 Flash 中的数据
Tlbread	显示 CPU 的所有 TLB 表
Tlbwrit	设置 CPU 的 TLB
Macaddr	设置 CPU 的 MAC 地址
Seti	设置平台的 IP 地址

　　Bootloader 程序通过 PB 编译链接时，需要用到一个名为.bib 控制文件，下面是一个简单的 Bootloader 的.bib 文件。

```
MEMORY
CLI 9fc00000 00050000 RAMIMAGE
RAM 80080000 00070000 RAM

CONFIG
COMPRESSION = ON
SRE = ON
ROMSTART = 9fc00000
ROMSIZE = 00020000
ROMWIDTH = 32
ROMOFFET = 000000

MODULES
Nk.exe $ (_FLATRELEASEDIR).exe CLI
```

MEMORY 部分：定义了生成的映像文件的目标地址，以及程序运行可以使用的内存空间。

CONFIG 部分：COMPRESSION 是否对目标代码进行压缩；SRE 是否生成格式为 sre 的目标代码；ROMSTART 与 ROMSIZE、ROMWIDTH、ROMOFFSET 共同定义了开发平台上存放 Bootloader 物理介质的起始地址、大小、宽度和偏移量。

MODULES 部分：定义了 Bootloader 所包含的文件，一般就只有一个 cli.exe 文件。编译过程中，首先用 build-c 命令编译生成文件 cli.exe，然后用 romimage cli.bib 命令产生最后的映像文件 cli.sre。

对于所生成的 Bootloader 文件，可以通过仿真器、其他调试程序或者用 JTAG 下载线直接烧写到 Flash 中。但要注意的是，这些方法可能会要求不同的映像格式。在 PB 环境下，可以生成的有 .sre 格式、纯二进制格式（用于直接烧写 Flash）以及与 WinCE 映像一样的 .bin 格式。

WinCE 更多的内容请登录 www.microsoft.com/windows embeded/查询和参照参考文献[6]。

10.3.2　Blob

Blob 是 Bootloader object 的缩写，是一款功能强大的 Bootloader，目前常用于 Intel 公司推出的 XScale 架构的 CPU 的引导，例如 SA1110、PXA255/270 等。它遵循 GPL，源代码完全开放。Blob 既可以用于简单的调试，也可以启动 Linux kernel。Blob 最初是 Jan-Derk Bakker 和 Erik Mouw 为一块名为 LART（Linux Advanced Radio Terminal）的板子写的，该板使用的处理器是 Intel 公司的 StrongARM SA-1100，而目前 Blob 已经被移植到了很多 CPU 上，包括 S3C44B0、S3C2410 等。

Blob 的代码也可以分为两个阶段。第一阶段从 start.s 文件开始，这也是开机执行的第一段代码，这部分代码是在 Flash 中运行，主要功能包括对 S3C2410 的一些寄存器的初始化和将 Blob 第二阶段代码从 Flash 复制到 SDRAM 中。这一阶段的代码被编译后最大不能超过 1 KB。这一阶段主要完成如下功能：

- 屏蔽掉看门狗 WTCON；
- 配置寄存器 SYSCFG 暂时关闭缓存，等 Blob 运行稳定后再开启提高性能；
- 初始化 I/O 寄存器；
- 屏蔽中断；
- 配置 PLLCON 寄存器，决定系统的主频；
- 调用 ledasm.s，在串口未初始化时 LED 状态对于程序是否正常运行很重要；
- 调用 memsetup-s3c2410.s 中的 memsetup 进行初始化存储器空间，初始化 SDRAM 刷新速率等；
- 将第二阶段复制到 SDRAM，并且跳转到第二阶段。

第二阶段的起始文件为 trampoline.s，被复制到 SDRAM 后，就从第一阶段跳到这个文件开始执行，先进行一些变量设置、堆栈的初始化等工作后，跳转到 main.c 进入 C 函数。第二阶段最大为 63 KB。在第二阶段中，主要完成如下功能：

- 外围的硬件初始化(串口、USB 等)；
- 从 Flash 中将 kernel 加载到 SDRAM 的 kernel 区域；
- 从 Flash 中将 ramdisk 加载到 SDRAM 的 ramdisk 区域；
- 根据用户选择，进入下载模式或者直接启动 OS kernel。

思考题与习题

1. 简述 Bootloader 的功能和它的启动过程。
2. 简述 Bootloader 的两种模式。
3. 总结 vivi 的第一阶段和第二阶段实现的功能。
4. 参考数据手册，编写程序禁止看门狗寄存器的汇编程序。
5. 参考数据手册，编写程序设置 S3C2410 串口波特率的汇编程序。
6. 比较 U–boot 和 vivi，写出它们的异同。
7. 列举出你所知道的的 Bootloader。
8. 写出利用 PB 进行 WinCE 的 Bootloader 配置的过程。
9. 从网上下载 Blob 的源代码，简单分析 Blob 运行过程。
10. 查阅相关资料，给出 Blob 在 S3C2410 或 PXA270 平台上移植的主要步骤。

第 **11** 章

Linux 操作系统基础

11.1 嵌入式 Linux 的开发环境

11.1.1 交叉开发概述

嵌入式软件的开发和传统的软件开发有许多共同点，它继承了许多传统软件开发的习惯。但由于嵌入式软件运行于特定的目标应用环境，CPU 平台通常和 PC 机不同，因此，首先要搭建一套基于 PC 机的开发环境。这套开发环境通常包括目标板（target）和宿主机（host），前者就是嵌入式设备，运行着嵌入式操作系统和应用程序；而后者通常就是 PC 机或者服务器，用于开发和调试目标板上所用到的操作系统、应用程序等所有软件。这种在宿主机上开发程序，在目标板上运行程序的方式，通常就称为交叉开发。嵌入式系统的交叉开发示意图如图 11.1.1 所示。

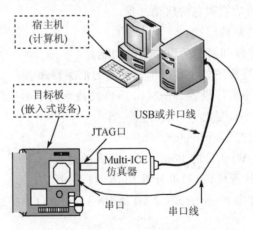

图 11.1.1 嵌入式系统的交叉开发示意图

宿主机通过串口、网络连接或调试接口（如 JTAG 仿真器）与目标机通信。宿主机的软硬件资源比较丰富，其操作系统主要有 Windows 和 Linux 两种。其上用于开发程序的那套软件工具，通常叫做开发工具链。对于 Windows 平台，通常包括各种集成开发环境(IDE)调试工具,比如 ARM 公司的 ADS、Windriver 的 Tornado、微软的 Embedded Visual C++和 Platform Builder 等;对于 Linux 平台,主要是 GNU 工具链,比如 gcc、gdb 等。

目标板(又称目标机)可以是嵌入式应用软件的实际运行环境,当然也可以是替代实际环境的仿真系统(如软件模拟器)。它的硬件资源有限,运行在它上面的软件需要精心的裁剪和配置。目标板软件需要和嵌入式操作系统打包运行。为缩短开发的费用和开发周期,可以在宿主机上仿真目标板。应用程序在主机的开发环境下编译链接生成可执行文件,再下载到目标机,通过主机上的调试软件和连接到目标板上的调试设备完成对嵌入式程序的调试。

当然,目前随着 Flash 技术,尤其是 JTAG 下载调试接口的发展,JTAG 调试工具变得越来越简单和通用。通常只要一根简单的 JTAG 下载线和一根 JTAG 调试电缆(比如 Wiggler),就可以省去价格相对较贵的仿真器。目前的单片机、DSP、PLD 等应用开发也基本相同。

另外,如果是个人进行嵌入式开发,则可以在自己的 PC 机上以多操作系统的形式安装桌面 Linux 操作系统(比如 Redhat,www. redhat. com),或者在 Windows 下利用模拟软件(比如 Cygwin)或虚拟机(比如 VMware workstation)。如果是多人的项目组开发,则可以指定一台作为服务器,项目组成员通过局域网用 telnet 登录到 Linux 上编译程序,通过 ftp 进行下载到自己的 PC 机上,然后再利用串口或网络下载到目标板上。

11. 1. 2　桌面 Linux 的开发工具链

GNU 开发工具链(toolchain)主要包括 GNU Compiler Collection、GNU libc,以及用来编译、测试和分析软件的 GNU binutils 这 3 个大的模块。

1. gcc 编译器

gcc 是 GNU 公社的一个项目,是一个用于编程开发的自由编译器。最初,gcc 只是一个 C 语言编译器,是 GNU C Compiler 的英文缩写。随着众多自由开发者的加入和 gcc 自身的发展,如今的 gcc 已经是一个包含众多语言的编译器了,其中包括 C、C++、Ada、Object C 和 Java等。因此,gcc 也由原来的 GNU C Compiler 变为 GNU Compiler Collection。

2. glibc

任何一个 Unix 体系的操作系统都需要一个 C 库,用于定义系统调用和其他一些基本的函数调用,比如说 open、malloc、printf、exit 等。GNU Glibc 就是要提供这样一个用于 GNU 系统,特别是 GNU/Linux 系统的 C 库。glibc 最初设计就是可移植的,尽管它的源码体系非常复杂,但是仍然可以通过简单的 configure/make 来生成对应平台的 C 函数库。

3. GNU binutils

GNU binutils 是一套用来构造和使用二进制文件所需要的工具。其中两个最为关键的 binutils 是 GNU 链接器和 GNU 汇编程序。这两个工具是 GNU 工具链中的两个完整部分,通常是由 gcc 前端进行驱动的。binutils 包含的程序通常有:

- addr2line:将程序地址转换为文件名和行号。在命令行中给它一个地址和一个可执行文件名,它就会使用这个可执行文件的调试信息指出在给出的地址上是哪个文件以及行号。
- ar:建立、修改、提取归档文件。归档文件是包含多个文件内容的一个大文件,其结构保证了可以恢复原始文件内容。
- As:主要用来编译 GNU C 编译器 gcc 输出的汇编文件,产生的输出文件由链接器 ld 链接。
- gasp:是一个汇编语言宏预处理器。
- gprof:显示程序调用段各种数据。
- ld:把一些目标和归档文件结合在一起,重定位数据,并链接符号引用。通常,建立一个新编译程序的最后一步就是调用 ld 。
- nm:列出目标文件中的符号。
- objcopy:把一个目标文件中的内容复制到另一个目标文件。objcopy 使用 GNU BFD 库来读/写目标文件。源文件和目的文件可以是不同的格式。
- objdump:显示一个或者更多目标文件的信息。使用选项来控制其显示的信息。
- ranlib:产生归档文件索引,并将其保存到这个归档文件中。
- readelf:显示 elf 格式的可执行文件的信息。
- size:列出目标文件每一段的大小以及总体的大小。默认情况下,对于每个目标文件或者一个归档文件中的每个模块只产生一行输出。
- Strings:打印某个文件的可打印字符串。这些字符串最少 4 个字符长,也可以使用选项“-n”设置字符串的最小长度。默认情况下,它只打印目标文件初始化和可加载段中的可打印字符;对于其他类型的文件,它打印整个文件的可打印字符。这个程序对于了解非文本文件的内容很有帮助。
- Strip:丢弃某些目标文件中的全部或者特定符号。这些目标文件中可以包括归档文件。它至少需要一个目标文件名作为参数。它直接修改参数指定的文件,不为修改后的文件重新命名。

11.1.3　嵌入式 Linux 的交叉开发工具链

在 GNU 系统中,每个目标平台都有一个明确的格式,这些信息用于在构建过程中识别要使用的不同工具的正确版本。因此,在一个特定目标机下运行 gcc 时,gcc

便在目录路径中查找包含目标规范的应用程序路径。GNU 的目标规范格式为 CPU-PLATFORM-OS。例如 x86/i386 目标机名为 i686-pc-linux-gnu，通常的 gcc、gdb 所编译链接生成的可执行文件只能在 PC 机上运行，而要想编译生成可在 ARM 处理器的嵌入式目标中运行，则要用基于 ARM 平台的交叉工具链。这里将其目标平台名改为 arm-linux-gnu，比如 arm-linux-gcc、arm-linux-gdb 等。

　　以前，arm-linux-gcc 这样的交叉编译工具需要每个项目组自己编译建立，能成功地编译一套交叉开发工具链（即建立起交叉开发环境）很不容易。而现在随着开源思想的发展，网上有着很多针对 ARM、MIPS、PowerPC 等各种处理器的交叉开发工具链下载。这里，为了让读者对交叉开发工具链能更好地理解，下面分步详细介绍构建交叉开发工具链的整个过程。

1. 下载源代码

　　到相关的网站下载包括 binutils、gcc、glibc（如 ftp. gnu. org）和 Linux（如 ftp. kernel. org）内核的源代码。**注意**：glibc 和内核源代码的版本必须与目标机上实际使用的版本保持一致。

2. 建立环境变量

　　声明以下环境变量的目的是在之后的编译工具库的时候用到，方便输入，尤其是可以降低输错路径的风险。其代码如下：

```
# export  PRJROOT = /home/mike/armlinux
# export  TARGET = arm-linux
# export  PREFIX = $ PRJROOT/tools
# export  TARGET_PREFIX = $ PREFIX/ $ TARGET
# export  PATH = $ PREFIX/bin: $ PATH
```

3. 配置、安装 binutils

binutils 是 GNU 工具之一，它包括链接器、汇编器和其他用于目标文件和档案的工具。它是二进制代码的维护工具。安装 binutils 工具包含的程序有 addr2line、ar、as、c++ filt、gprof、ld、mm、objcopy、ranlib、readelf、size、strings、strip、libiberty、libbfd 和 libopcodes。

　　首先，运行 configure 文件，对 binutils 进行配置：

```
# .../binutils- * . * * /configure --target = $ TARGET --prefix = $ PREFIX
```

其中，--target＝arm-linux 参数指定目标机类型；--prefix＝ $ PREFIX 参数指定可执行文件的安装路径。

　　然后，执行 make install：

```
# make
# make install
```

4. 配置 Linux 内核头文件

编译器需要通过系统内核的头文件来获得目标平台所支持的系统函数调用所需要的信息。对于 Linux 内核,最好的方法是下载一个合适的内核,然后复制获得头文件。

首先,执行 make mrproper 进行清理工作。接下来执行 make config ARCH＝arm(或 make menuconfig/xconfig ARCH＝arm)进行配置:

```
# make ARCH = arm CROSS_COMPILE = arm-linux-  menuconfig
```

其中,ARCH＝arm 表示是以 ARM 为体系结构;CROSS_COMPILE＝arm-linux-表示是以 arm-linux-为前缀的交叉编译器。

注意: 一定要在命令行中使用 ARCH＝arm 指定 CPU 架构,因为默认架构为主机的 CPU 架构),这一步需要根据目标机的实际情况进行详细地配置。笔者进行的实验中,目标机为 HP 的 ipaq-hp3630 PDA,因而设置 system type 为 SA11X0,SA11X0 Implementations 中选择 Compaq iPAQ H3600/H3700。

配置完成之后,需要将内核头文件复制到安装目录:

```
cp dR include/asm-arm $ PREFIX/arm-linux/include/asm
cp -dR include/linux $ PREFIX/arm-linux/include/linux
```

5. 第一次编译 gcc

完成此过程需要执行 3 个步骤。

(1) 修改 t-linux 下的内容

由于是第一次安装 ARM 交叉编译工具,没有支持 libc 库头文件,所以在 gcc/config/arm/t-linux 文件中给变量 TARGET_LIBgcc2_CFLAGS 添加操作参数选项 -Dinhibit_libc 和-D_gthrposix_h 来屏蔽使用头文件,否则一般默认会使用/usr/include头文件。

```
# gedit gcc/config/arm/t-linux
```

将 TARGET_LIBgcc2_CFLAGS＝-fomit-frame-pointer-fPIC 改为 TARGET_LIBgcc2_CFLAGS＝-fomit-frame-pointer-fPIC-Dinhibit_libc -D_gthr_posix_h。

(2) 配置 gcc

使用如下命令对 gcc 进行配置:

```
# .../gcc/configure --target = $ TARGET --prefix = $ PREFIX --enable-languages = c
--disable-threads   --disbale-shared
```

其中,--prefix＝$ PREFIX 参数指定安装路径;--target＝arm-linux 参数指定目标机类型;--disable-threads 参数表示去掉 threads 功能,该功能需要 glibc 的支持;--disable-shared 参数表示只进行静态库编译,不支持共享库编译;--enable-languages＝c

参数表示只支持 C 语言。

（3）编译、安装 gcc

使用如下命令安装 gcc：

```
# make
# make install
```

执行完这一步后，将生成一个最简的 gcc。由于编译整个 gcc 是需要目标机的 glibc 库的，它现在还不存在，因此需要首先生成一个最简的 gcc，它只需要具备编译目标机 glibc 库的能力即可。

6. 交叉编译 glibc

这一步骤生成的代码是针对目标机 CPU 的，因此它属于一个交叉编译过程。该过程要用到 Linux 内核头文件，默认路径为 $PREFIX/arm-linux/sys-linux，因而需要在 $PREFIX/arm-linux 中建立一个名为 sys-linux 的软连接，使其内核头文件所在的 include 目录，或者也可以在接下来要执行的 configure 命令中使用--with-headers 参数指定 Linux 内核头文件的实际路径。具体操作如下：

首先，设置 configure 的运行参数（因为是交叉编译，所以要将编译器变量 CC 设为 arm-linux-gcc）：

```
CC = arm-linux-gcc ./configure --prefix = $PREFIX/arm-linux --host = $TARGET
--enable-add-ons  --with - headers = $TARGET_PREFIX/include
```

其中，CC = arm-linux-gcc 是把 CC 变量设成刚编译完的 gcc，用它来编译 glibc；$PREFIX/arm-linux 定义了一个目录，用于安装一些与目标机器无关的数据文件；--enable-add-ons 告诉 glibc 用 linuxthreads 包；--with-headers 告诉 glibc linux 内核头文件的目录位置。

接下来就是编译、安装 glibc。使用的命令为：

```
# make
# make install
```

7. 第二次编译 gcc

由于第一次安装的 gcc 没有交叉 glibc 支持，现在已经安装了 glibc，所以需要重新编译来支持 glibc。具体操作如下：

```
# ./configure --prefix = $PREFIX --target = arm-linux --enable-languages = c, c++
# make
# make install
```

到此为止，整个交叉开发工具链就完全生成了。

不过，这里有几点注意事项：

① 在第一次编译 gcc 的时候可能会出现找不到 stdio. h 的错误,解决办法是修改 gcc/config/arm/t-linux 文件,在 TARGET_LIBgcc2_CFLAGS 变量的设定中增加-Dinhibit_libc 和-D_gthr_posix_h。

② 对与 2.3.2 版本的 glibc 库,编译 linuxthread/sysdeps/pthread/sigaction. c 时可能出错,需要通过补丁 glibc-2.3.2-arm. patch 解决,执行 patch -p1 < glibc-2.3.2-arm. patch。

③ 第二次编译 gcc 时可能会出现 libc. so 的错误,这时需要利用文本编辑器手动修改 libc. so。

11.2　桌面 Linux 的安装

11.2.1　双操作系统环境

对于嵌入式 Linux 开发人员来说,一般会用到两个桌面操作系统,即 Linux 和 Windows 操作系统,其中 Linux 主要有 Redhat/Fedora、Suse、Mandrake 等发行版本,这里默认的是 Redhat 9.0。

Windows 操作方便、简单,但是其开发能力比较有限;Linux 开发功能强大,但是其操作比较复杂、陌生。因此,对于嵌入式 Linux 开发来说,通常是在 Windows 下编辑源代码、下载目标代码;在 Linux 下编译源代码、链接生成目标代码。这里先介绍单独安装两个操作系统到硬盘,即双操作系统时的 Linux 安装方法。Linux 的安装方法有好几种,比如从硬盘安装、从光盘安装、从网络安装等。

从硬盘安装比较方便,同时可以省下很多资源,安装速度快,但是这样不可以完全格式化硬盘;从光盘安装是最原始的安装方法,同时也是最方便的方法,但是其安装速度不如从硬盘安装的方法快;从网络安装的方法一般不值得推荐,除非源文件服务器处于局域网中,否则安装时间会特别长,而且要看网络是否稳定,如果网络不稳定,很有可能安装失败。

安装双操作系统的 Linux,有以下两点需要注意。

(1) Windows 与 Linux 的双重启动

在已存在 Windows 系统的情况下安装 Linux,那么 Linux 就会自动把 Windows 系统的启动选项添加到启动菜单中以供选择,双重启动问题自动解决。

如果计算机上先安装了 Linux,后来又要安装 Windows。由于 Windows 安装的时候会重写 MBR 区,在重写硬盘 MBR 区时只会搜索系统中是否原来安装了其他版本的 Windows,而不管其他公司的产品,这样就将覆盖主引导,但不会自动把 Linux 的启动项加入到启动菜单。这时必须手工解决 Windows 和 Linux 的双重启动问题。因此,通常先安装 Windows,后安装 Linux。

(2) 为 Linux 操作系统准备硬盘空间

要为 Linux 准备专门的分区,即不能与其他操作系统合用一个分区。一般要先在 Windows 中用 Pmagic 等工具软件从硬盘中挪出 2~10 GB 不等的未分区的空白空间,即将其分区格式删除,这样在 Windows 中会看不到这块空间。然后用 Linux 的安装光盘来启动电脑并进行安装。安装过程中,要先对这块空白空间格式化,Linux 操作系统需要一个 EXT2 或 EXT3 格式的硬盘分区作为根分区,大小在 2~5 GB就可以。另外还需要一个 SWAP 格式的交换分区,大小与内存有关:如果内存在 256 MB 以下,交换分区的大小应该是内存的 2 倍;如果内存在 256 MB 以上,交换分区的大小等于内存大小即可。

11.2.2　Cygwin 模拟环境

Cygwin 是 GNU 的开发人员为了能将 Linux 系统下一些应用移植到 Windows 环境下而开发的一套中间移植工具,即模拟环境。安装完成后,就是 Windows 下的一个目录,而里面又提供了 Linux 操作系统环境。

对开发人员来说,Cygwin 为开发者提供了一个全 32 位应用的开发工具。首先,可以将 Cygwin 看作一组工具集,它是从目前被开发人员广泛使用的 GNU 开发工具移植而来的,可以在 Windows 9x/NT 上运行。利用 Cygwin 工具集,开发人员可以直接使用 Linux 的系统功能调用及程序所需的一些运行环境。程序员可以直接在 Windows 环境下调用标准的Microsoft Win32API,同时也可以使用 Cygwin API 来编写 Win32 的控制台应用、GUI 应用。使用 Cygwin 可以很容易地将一些重要的 Linux 应用移植到 Win32 环境下。这些应用的源码不需要大改动就可以在 Windows 环境下运行。熟悉 Windows 环境的用户,可以将 Cygwin 理解为 Dynamic-Linked Library (DLL),它提供大量 Unix 系统调用。

对普通用户而言,Cygwin 提供了一组 Linux 工具,运行它就相当于使 Windows 系统变成一部 Linux 主机。这组工具中包括 bash shell,可以在一个模拟的 Linux 环境下使用各种 Linux 命令。

11.2.3　VMware 虚拟机环境

VMware workstation 是 VMware 公司(www. vmware. com)设计的专业虚拟机,可以在 Windows 平台上为几乎任何的其他操作系统提供虚拟运行环境。顾名思义,只要物理主机的内存、CPU 等配置足够,就可以在 Windows 平台上再虚拟出一台或多台 PC 机,且使用简单,容易上手,是目前用得非常广泛的工具软件。图 11.2.1就是运行在 Windows XP 平台下的一个安装有 Redhat 的 VM 虚拟机,此时 Redhat 处于挂起状态。从图中还可以看出,VM 还建立了用于安装 Windows 98、Solaris Unix、Suse Linux 等操作系统的虚拟机。

Linux 在虚拟机中的安装过程,就和在物理主机上的安装过程一样,只是事先要

图 11.2.1　安装有 Redhat 的 VM 虚拟机

先安装好 VMware 工具软件，这个软件大约为 50 MB；然后设置好硬盘、内存等大小；接下来就可以用 Linux 操作系统物理光盘或者 ISO 映像文件进行安装。

11.3　Linux 的使用

11.3.1　Linux 基本命令

Linux 在控制台（shell）下提供了很多命令，这些命令对应的二进制文件基本上都在根文件系统的/bin 和/sbin 目录下。下面介绍一些常用的命令。

1. adduser

功能说明：新增用户账号。

使用权限：管理员。

语法：adduser

补充说明：在 Slackware 中，adduser 指令是个 script 程序，利用交谈的方式取得输入的用户账号资料，然后再交由真正建立账号的 useradd 指令建立新用户，如此可方便管理员建立用户账号。在 Red Hat Linux 中，adduser 指令则是 useradd 指令的符号链接,两者实际上是同一个指令。

示例：创建 pdr 账户

adduser pdr

2. cat

功能说明：把文件连接后传到基本输出,比如屏幕、另外一个文件、打印机等。

使用权限：所有使用者。

语法：cat [-AbeEnstTuv] [--help] [--version] fileName。

参数：

-n 或--number　　由 1 开始对所有输出的行数编号。

-b 或--number-nonblank　　和-n 相似,只不过对于空白行不编号。

-s 或--squeeze-blank　　当遇到有连续两行以上的空白行,就代换为一行的空白行。

示例：

cat text　　在屏幕上显示文件 text 的内容。

cat -n textfile1 ＞ textfile2　　把 textfile1 的文件内容加上行号后输入 textfile2
这个文件里。

cat -b textfile1 textfile2 ＞＞ textfile3　　把 textfile1 和 textfile2 的文件内容加上
行号（空白行不加）之后将内容附加到
textfile3。

3. cd

功能说明：切换目录。

语法：cd [目的目录]

补充说明：cd 指令可让用户在不同的目录间切换,但该用户必须拥有足够的权限进入目的目录。

示例：假设用户当前目录是/home/xu,现需要更换到/home/xu/pro 目录中。

$　cd pro

4. cp

功能说明：复制文件或目录。

语法：cp[-abdfilpPrRsuvx][-S＜备份字尾字符串＞][-V＜备份方式＞][--help][--spares=＜使用时机＞][--version][源文件或目录][目标文件或目录][目的目录]

参数：

-a 或--archive　　此参数的效果和同时指定"-dpR"参数相同。

-b 或--backup　　删除,覆盖目标文件之前的备份,备份文件会在字尾加上一个备份字符串。

321

-d 或--no-dereference　　当复制符号连接时,把目标文件或目录也建立为符号连接,并指向与源文件或目录连接的原始文件或目录。

-f 或--force　　强行复制文件或目录,不论目标文件或目录是否已存在。

-i 或--interactive　　覆盖既有文件之前先询问用户。

-l 或--link　　对源文件建立硬连接,而非复制文件。

-p 或--preserve　　保留源文件或目录的属性。

-P 或--parents　　保留源文件或目录的路径。

-r　　递归处理,将指定目录下的文件与子目录一并处理。

-R 或--recursive　　递归处理,将指定目录下的所有文件与子目录一并处理。

-s 或--symbolic-link　　对源文件建立符号连接,而非复制文件。

-S<备份字尾字符串>或　suffix＝<备份字尾字符串>　　用"-b"参数备份目标文件后,备份文件的字尾会被加上一个备份字尾字符串,预设的备份字尾字符串是符号"～"。

-u 或--update　　使用这项参数后只会在源文件的更改时间较目标文件更新时,或是名称相互对应的目标文件并不存在,才复制文件。

-v 或--verbose　　显示指令执行过程。

-V<备份方式>或--version-control＝<备份方式>　　用"-b"参数备份目标文件后,备份文件的字尾会被加上一个备份字符串,该字符串不仅可用"-S"参数变更,当使用"-V"参数指定不同备份方式时,也会产生不同字尾的备份字串。

-x 或--one-file-system　　复制的文件或目录存放的文件系统,必须与 cp 指令执行时所处的文件系统相同,否则不予复制。

--help　　在线帮助。

--sparse＝<使用时机>　　设置保存稀疏文件的时机。

--version　　显示版本信息。

示例：

$ cp -r /usr/xu/ /usr/liu/　　表示将/usr/xu 目录中的所有文件及其子目录复制到目录/usr/liu 中。

5. df

功能说明：检查文件系统的磁盘空间占用情况,利用该命令可以获取硬盘被占用了多少空间,目前还剩下多少空间等信息。

语法：df[-akitxT][目录或文件]

参数：

-a　　显示所有文件系统的磁盘使用情况,包括 0 块(block)的文件系统,如/proc 文件系统。

-k　　以 k 字节为单位显示。

-i　显示 i 节点信息,而不是磁盘块。

-t　显示各指定类型的文件系统的磁盘空间使用情况。

-x　列出不是某一指定类型文件系统的磁盘空间使用情况(与 t 选项相反)。

-T　显示文件系统类型。

示例:列出各文件系统的磁盘空间使用情况。

♯df

6. du

功能说明:显示目录或文件的大小。

语法:du [-abcDhHklmsSx][-L ＜符号连接＞)][-X ＜文件＞][--block-size][--exclude＝＜目录或文件＞)][--max-depth＝＜目录层数＞][--help][--version][目录或文件]

补充说明:du 会显示指定的目录或文件所占用的磁盘空间。

参数:

-a 或--all　显示目录中个别文件的大小。

-b 或--bytes　显示目录或文件大小时,以 byte 为单位。

-c 或--total　除了显示个别目录或文件的大小外,同时也显示所有目录或文件的总和。

-D 或--dereference-args　显示指定符号连接的源文件大小。

-h 或--human-readable　以 K、M、G 为单位,提高信息的可读性。

-H 或--si　与-h 参数相同,但是 K、M、G 是以 1000 为换算单位。

-k 或--kilobytes　以 1024 字节为单位。

-l 或--count-links　重复计算硬件连接的文件。

-L＜符号连接＞或--dereference＜符号连接＞　显示选项中所指定符号连接的源文件大小。

-m 或--megabytes　以 1 MB 为单位。

-s 或--summarize　仅显示总计。

-S 或--separate-dirs　显示个别目录的大小时,并不包含其子目录的大小。

-x 或--one-file-system　以开始处理时的文件系统为准,若遇上其他不同的文件系统目录则略过。

-X＜文件＞或--exclude-from＝＜文件＞　在＜文件＞指定目录或文件。

--exclude＝＜目录或文件＞　略过指定的目录或文件。

--max-depth＝＜目录层数＞　超过指定层数的目录后,予以忽略。

--help　显示帮助。

--version　显示版本信息。

示例:显示包含在每个文件以及目录/home/fran 的子目录中的磁盘块数。

du　-a /home/fran

7. export

功能说明：设置或显示环境变量。在 shell 中执行程序时，shell 会提供一组环境变量。export 可新增、修改或删除环境变量，供后续执行的程序使用。export 的效力仅及于该次登录操作。

语法：export [-fnp][变量名称]=[变量设置值]

参数：

-f　代表[变量名称]中为函数名称。

-n　删除指定的变量。变量实际上并未删除，只是不会输出到后续指令的执行环境中。

-p　列出所有的 shell 赋予程序的环境变量。

示例：显示当前所有环境变量的设置情况。

♯ export

8. fdisk

功能说明：磁盘分区。

语法：fdisk [-b <分区大小>][-uv][外围设备代号]或 fdisk [-l][-b <分区大小>][-uv][外围设备代号...]或 fdisk [-s <分区编号>]

补充说明：fdisk 是用于磁盘分区的程序，它采用传统的问答式界面，而非类似 DOS fdisk 的 cfdisk 互动式操作界面，因此在使用上较为不便，但功能却丝毫不打折扣。

参数：

-b<分区大小>　指定每个分区的大小。

-l　列出指定的外围设备的分区表状况。

-s<分区编号>　将指定的分区大小输出到标准输出上，单位为区块。

-u　搭配"-l"参数列表，会用分区数目取代柱面数目，来表示每个分区的起始地址。

-v　显示版本信息。

示例：查看当前系统中磁盘的分区状况，包括硬盘、U 盘等。

fdisk -l

9. ln

功能说明：建立链接文件。

语法：ln [选项] 源文件或目录 链接名或目录

参数：

-s　建立符号链接。

-f　强行建立链接。

-i　交互式建立链接。

示例：要为当前目录下的 file 文件建立一个硬链接，名为/home/lbt/doc/file/，可用如下命令：

ln file /home/lbt/doc/file

建立名为/home/lbt/doc/file1 的符号链接，可用如下命令：

ln -s file /home/lbt/doc/file1

10. locate

功能说明：很快速地搜寻整个文件系统内是否有指定的文件。

语法：locate [-q] [-d] [--database=]

locate [-r] [--regexp=]

locate [-qv] [-o] [--output=]

locate [-e] [-f] <[-l] [-c] <[-U] [-u]>

locate [-Vh] [--version] [--help]

示例：

locate filename 寻找系统中所有叫 filename 的文件。

locate -n 100 a.out 寻找所有叫 a.out 的档案，但最多只显示 100 个。

11. ls

功能说明：列出目录内容。

语法：ls [-1aAbBcCdDfFgGhHiklLmnNopqQrRsStuUvxX][-I <范本样式>]
[-T <跳格字数>][-w <每列字符数>][--block-size=<区块大小>]
[--color=<使用时机>] [--format=<列表格式>][--full-time][--help][--indicator-style=<标注样式>][--quoting-style=<引号样式>][--show-control-chars][--sort=<排序方式>][--time=<时间戳记>][--version][文件或目录...]

补充说明：执行 ls 指令可列出目录的内容，包括文件和子目录的名称。

参数：

-1 每列仅显示一个文件或目录名称。

-a 或--all 显示所有文件和目录。

-A 或--almost-all 显示所有文件和目录，但不显示现行目录和上层目录。

-b 或--escape 显示脱离字符。

-B 或--ignore-backups 忽略备份文件和目录。

-c 以更改时间排序，显示文件和目录。

-C 以由上至下，从左到右的直行方式显示文件和目录名称。

-d 或--directory 显示目录名称而非其内容。

-D 或--dired 用 Emacs 的模式产生文件和目录列表。

-f 此参数的效果和同时指定"aU"参数相同，并关闭"lst"参数的效果。

-F 或--classify　在执行文件、目录、Socket、符号连接、管道名称后面,各自加上"＊"、"/"、"＝"、"@"、"|"号。

-g　次参数将忽略不予处理。

-G 或--no-group　不显示群组名称。

-h 或--human-readable　用"K"、"M"、"G"来显示文件和目录的大小。

-H 或--si　此参数的效果和指定"-h"参数类似,但计算单位是 1 000 字节而非 1024 字节。

-i 或--inode　显示文件和目录的 inode 编号。

-I＜范本样式＞或--ignore＝＜范本样式＞　不显示符合范本样式的文件或目录名称。

-k 或--kilobytes　此参数的效果和指定"block-size＝1024"参数相同。

-l　使用详细格式列表。

-L 或--dereference　如遇到性质为符号连接的文件或目录,直接列出该连接所指向的原始文件或目录。

-m　用","号区隔每个文件和目录的名称。

-n 或--numeric-uid-gid　以用户识别码和群组识别码替代其名称。

-N 或--literal　直接列出文件和目录名称,包括控制字符。

-o　此参数的效果和指定"-l"参数类似,但不列出群组名称或识别码。

-p 或--file-type　此参数的效果和指定"-F"参数类似,但不会在执行文件名称后面加上"＊"号。

-q 或--hide-control-chars　用"?"号取代控制字符,列出文件和目录名称。

-Q 或--quote-name　把文件和目录名称以直引号(" ")标示起来。

-r 或--reverse　反向排序。

-R 或--recursive　递归处理,将指定目录下的所有文件及子目录一并处理。

-s 或--size　显示文件和目录的大小,以区块为单位。

-S　用文件和目录的大小排序。

-t　用文件和目录的更改时间排序。

-T＜跳格字符＞或--tabsize＝＜跳格字数＞　设置跳格字符所对应的空白字符数。

-u　以最后存取时间排序,显示文件和目录。

-U　列出文件和目录名称时不予排序。

-v　文件和目录的名称列表以版本进行排序。

-w＜每列字符数＞或--width＝＜每列字符数＞　设置每列的最大字符数。

-x　以从左到右,由上至下的横列方式显示文件和目录名称。

-X　以文件和目录的最后一个扩展名排序。

--block-size＝＜区块大小＞　指定存放文件的区块大小。

--color＝＜列表格式＞　培植文件和目录的列表格式。

--full-time　列出完整的日期与时间。

--help　在线帮助。

--indicator-style＝＜标注样式＞　在文件和目录等名称后面加上标注,易于辨识该名称所属的类型。

--quoting-syte＝＜引号样式＞　把文件和目录名称以指定的引号样式标示起来。

--show-control-chars　在文件和目录列表时,使用控制字符。

--sort＝＜排序方式＞　配置文件和目录列表的排序方式。

--time＝＜时间戳记＞　用指定的时间戳记取代更改时间。

--version　显示版本信息。

示例:将/bin 目录下所有目录及文件详细资料列出。

ls -lR /bin

12. minicom

功能说明:调制解调器通信程序,相当于 Linux 下的"超级终端"。

语法:minicom [-8lmMostz][-a＜on 或 0ff＞][-c＜on 或 off＞][-C＜取文件＞][-d＜编号＞][-p＜模拟终端机＞][-S＜script 文件＞][配置文件]

补充说明:minicom 是一个相当受欢迎的 PPP 拨号连线程序。

参数:

-8　不要修改任何 8 位编码的字符。

-a　设置终端机属性。

-c　设置彩色模式。

-C＜取文件＞　指定取文件,并在启动时开启取功能。

-d＜编号＞　启动或直接拨号。

-l　不会将所有的字符都转成 ASCII 码。

-m　以 Alt 或 Meta 键作为指令键。

-M　与-m 参数类似。

-o　不要初始化调制解调器。

-p　＜模拟终端机＞ 使用模拟终端机。

-s　开启程序设置画面。

-S　在启动时,执行指定的 script 文件。

-t　设置终端机的类型。

-z　在终端机上显示状态列。

[配置文件]　指定 minicom 配置文件。

示例:开启 minicom 得配置界面。

minicom － s

13. mkdir

功能说明：建立目录。

语法：mkdir [-p][--help][--version][-m ＜目录属性＞][目录名称]

补充说明：mkdir 可建立目录并同时设置目录的权限。

参数：

-m＜目录属性＞或--mode＜目录属性＞　建立目录时同时设置目录的权限。

-p 或--parents　若所要建立目录的上层目录目前尚未建立,则会一并建立上层目录。

--help　显示帮助。

--verbose　执行时显示详细的信息。

--version　显示版本信息。

示例：在当前目录中创建嵌套的目录层次 inin 和 inin 下的 mail 目录,权限设置为只有文件拥有者有读、写和执行权限。

mkdir -p -m 700 . /inin/mail/

14. mount

功能说明：加载指定的文件系统。

语法：mount [-afFhnrvVw] [-L＜标签＞] [-o＜选项＞] [-t＜文件系统类型＞] [设备名] [加载点]

补充说明：mount 可将指定设备中指定的文件系统加载到 Linux 目录下(也就是装载点)。可将经常使用的设备写入文件/etc/fastab 中,以使系统在每次启动时自动加载。mount 加载设备的信息记录在/etc/mtab 文件中。使用 umount 命令卸载设备时,记录将被清除。

参数：

-a　加载文件/etc/fstab 中设置的所有设备。

-f　不实际加载设备。可与-v 等参数同时使用以查看 mount 的执行过程。

-F　需与-a 参数同时使用。所有在/etc/fstab 中设置的设备会被同时加载,可加快执行速度。

-h　显示在线帮助信息。

-L＜标签＞　加载文件系统标签为＜标签＞的设备。

-n　不将加载信息记录在/etc/mtab 文件中。

-o＜选项＞　指定加载文件系统时的选项。有些选项也可在/etc/fstab 中使用。这些选项包括:

● async　以非同步的方式执行文件系统的输入/输出动作。

● atime　每次存取都更新 inode 的存取时间,默认设置,取消选项为 noatime。

● auto　必须在/etc/fstab 文件中指定该选项。执行-a 参数时,会加载设置为

auto 的设备,取消选取 noauto。

- defaults　使用默认的选项。默认选项为 rw、suid、dev、exec、anto nouser 和 async。
- dev　可读文件系统上的字符或块设备,取消选项为 nodev。
- exec　可执行二进制文件,取消选项为 noexec。
- noatime　每次存取时不更新 inode 的存取时间。
- noauto　无法使用-a 参数来加载。
- nodev　不读文件系统上的字符或块设备。
- noexec　无法执行二进制文件。
- nosuid　关闭 set-user-identifier(设置用户 ID)与 set-group-identifer(设置组 ID)设置位。
- nouser　使一位用户无法执行加载操作,默认设置。
- remount　重新加载设备。通常用于改变设备的设置状态。
- ro　以只读模式加载。
- rw　以可读/写模式加载。
- suid　启动 set-user-identifier(设置用户 ID)与 set-group-identifer(设置组 ID)设置位,取消选项为 nosuid。
- sync　以同步方式执行文件系统的输入/输出动作。
- user　可以让一般用户加载设备。

-r　以只读方式加载设备。

-t<文件系统类型>　指定设备的文件系统类型。常用的选项说明有:

- minix Linux　最早使用的文件系统。
- Ext3 Linux　目前的常用文件系统。
- msdos　MS-DOS 的 FAT。
- vfat　Win95/98 的 VFAT。
- nfs　网络文件系统。
- iso9660　CD-ROM 光盘的标准文件系统。
- ntfs　Windows NT 的文件系统。
- hpfs　OS/2 文件系统。Windows NT 3.51 之前版本的文件系统。
- auto　自动检测文件系统。

-v　执行时显示详细的信息。

-V　显示版本信息。

-w　以可读/写模式加载设备,默认设置。

mount [-t vfstype] [-o options] device dir

例如:♯ mount -t vfat -o iocharset＝cp936 /dev/hda1 /mnt/winc 现在就可以加载一个 FAT 系统,并且正常显示中文了。

示例：挂载 ntfs 格式的 hda7 分区到/mnt/cdrom 文件夹 mount -o iocharset＝cp936 /dev/hda7 /mnt/cdrom。

把 U 盘挂载到/mnt/udisk,假设 U 盘已经用"fdisk － l"命令查看到设备文件名为/dev/sdb1 mount　/dev/sdb1　/mnt/udisk。

15. mv

功能说明：移动或更名现有的文件或目录。

语法：mv [-bfiuv][--help][--version][-S ＜附加字尾＞][-V ＜方法＞][源文件或目录][目标文件或目录]

补充说明：mv 可移动文件或目录,或是更改文件(或目录)的名称。

参数：

-b 或--backup　若需覆盖文件,则覆盖前先备份。

-f 或--force　若目标文件或目录与现有的文件或目录重复,则直接覆盖现有的文件或目录。

-i 或--interactive　覆盖前先询问用户。

-S＜附加字尾＞或--suffix＝＜附加字尾＞　与-b 参数一并使用,可指定备份文件的所要附加的字尾。

-u 或--update　在移动或更改文件名时,若目标文件已存在,且其文件日期比源文件新,则不覆盖目标文件。

-v 或--verbose　执行时显示详细的信息。

-V＝＜方法＞或--version-control＝＜方法＞　与-b 参数一并使用,可指定备份的方法。

--help　显示帮助。

--version　显示版本信息。

示例：

$ mv /usr/xu/ *.　表示将/usr/xu 中的所有文件移到当前目录,用"."表示。

16. passwd

功能说明：使用 passwd 命令来设置新用户的口令。在设置口令之后,账号就能正常工作。

使用权限：所有使用者。

语法：passwd [-k] [-l] [-u] [-f] [-d] [-S] [username]

说明：用来更改使用者的密码。

参数：

-d　关闭使用者的密码认证功能,使用者在登录时将可以不用输入密码,只有具备 root 权限的使用者方可使用。

-S　显示指定使用者的密码认证种类,只有具备 root 权限的使用者方可使用。

［username］　指定账号名称。

示例：

passwd pengdr

old password：123456

new password：wounder

retype new password：wounder

将用户 pengdr 的旧密码 123456 修改为 wounder。

17．ping

功能说明：检测主机。

语法：ping[-dfnqrRv][-c＜完成次数＞][-i＜间隔秒数＞][-I＜网络界面＞][-l
　　　＜前置载入＞)][-p＜范本样式＞][-s＜数据包大小＞][-t＜存活数值＞]
　　　［主机名称或 IP 地址］

补充说明：执行 ping 指令会使用 ICMP 传输协议,发出要求回应的信息,若远
端主机的网络功能没有问题,就会回应该信息,因而得知该主机运作正常。

参数：

-d　使用 Socket 的 SO_DEBUG 功能。

-c＜完成次数＞　设置完成要求回应的次数。

-f　极限检测。

-i＜间隔秒数＞　指定收发信息的间隔时间。

-I＜网络界面＞　使用指定的网络界面送出数据包。

-l＜前置载入＞　设置在送出要求信息之前,先行发出的数据包。

-n　只输出数值。

-p＜范本样式＞　设置填满数据包的范本样式。

-q　不显示指令执行过程,开头和结尾的相关信息除外。

-r　忽略普通的 Routing Table,直接将数据包送到远端主机上。

-R　记录路由过程。

-s＜数据包大小＞　设置数据包的大小。

-t＜存活数值＞　设置存活数值 TTL 的大小。

-v　详细显示指令的执行过程。

示例：

ping　www.sina.com.cn

18．pwd

功能说明：显示工作目录。

语法：pwd [--help][--version]

补充说明：执行 pwd 指令可立刻得知用户目前所在的工作目录的绝对路径

名称。

参数：

--help　在线帮助。

--version　显示版本信息。

示例：查看当前工作。

pwd

19．reboot

功能说明：重新开机。

语法：reboot [-dfinw]

补充说明：执行 reboot 指令可让系统停止运作，并重新开机。

参数：

-d　重新开机时不把数据写入记录文件/var/tmp/wtmp 中。本参数具有"-n"参数的效果。

-f　强制重新开机，不调用 shutdown 指令的功能。

-i　在重开机之前，先关闭所有网络界面。

-n　重开机之前不检查是否有未结束的程序。

-w　仅做测试，并不真的将系统重新开机，只会把重开机的数据写入/var/log 目录下的 wtmp 记录文件。

示例：做个重开机的模拟(只有记录并不会真的重开机)。

reboot － w

20．rmdir

功能说明：删除目录。

语法：rmdir [-p][--help][--ignore-fail-on-non-empty][--verbose][--version] [目录..]

补充说明：当有空目录要删除时，可使用 rmdir 指令。

参数：

-p 或--parents　删除指定目录后，若该目录的上层目录已变成空目录，则将其一并删除。

--help　在线帮助。

--ignore-fail-on-non-empty　忽略非空目录的错误信息。

--verbose　显示指令执行过程。

--version　显示版本信息。

示例：在工作目录下的 BBB 目录中，删除名为 Test 的子目录。若 Test 删除后，BBB 目录成为空目录，则 BBB 亦予删除。

rmdir -p BBB/Test

21．setup

功能说明：设置程序。

语法：setup

补充说明：setup 是一个设置公用程序，提供图形界面的操作方式。在 setup 中可设置防火墙、网络、键盘组态设置、鼠标组态设置、开机时所要启动的系统服务、声卡组态设置、时区设置等。

22．su

功能说明：变更用户身份。

语法：su [-flmp][--help][--version][-][-c ＜指令＞][-s ＜shell＞][用户账号]

补充说明：su 可让用户暂时变更登记的身份。变更时须输入所要变更的用户账号与密码。

参数：

-c＜指令＞或--command＝＜指令＞　　执行完指定的指令后，即恢复原来的身份。

-f 或--fast　　适用于 csh 与 tsch，使 shell 不用去读取启动文件。

-．-l 或--login　　改变身份时，也同时变更工作目录，以及 HOME、SHELL、USER、LOGNAME。此外，也会变更 PATH 变量。

-m，-p 或--preserve-environment　　变更身份时，不要变更环境变量。

-s＜shell＞或--shell＝＜shell＞　　指定要执行的 shell。

--help　　显示帮助。

--version　　显示版本信息。

[用户账号]　　指定要变更的用户。若不指定此参数，则预设变更为 root。

示例：变更账号为超级用户，并在执行 df 命令后还原使用者。

su -c df root

23．tar

功能说明：备份或解压文件。

语法：tar [-cxtzjvfpPN] 文件与目录....

参数：

-c　　建立一个压缩文件的参数指令(create 的意思)。

-x　　解开一个压缩文件的参数指令。

-t　　查看 tarfile 里面的文件。

注意：在参数的下达中，c/x/t 仅能存在一个，不可同时存在。因为不可能同时压缩与解压缩。

-z　　是否同时具有 gzip 的属性，亦即是否需要用 gzip 压缩。

-j　是否同时具有 bzip2 的属性,亦即是否需要用 bzip2 压缩。

-v　压缩的过程中显示文件,这个常用,但不建议用在背景执行过程。

-f　使用档名,请留意,在 f 之后要立即接文件名,不要再加参数。例如使用"tar -zcvfP tfile sfile"就是错误的写法,要写成"tar -zcvPf tfile sfile"才对。

-p　使用原文件的原来属性(属性不会依据使用者而变)。

-P　可以使用绝对路径来压缩。

-N　比后面接的日期(yyyy/mm/dd)还要新的才会被打包进新建的文件中。

--exclude FILE　在压缩的过程中,不要将 FILE 打包。

示例:压缩目录/etc 为 tar.gz 后缀。

♯ tar cvf backup. tar /etc

解压♯ tar － zxvf file. tar. gz

　　　♯ tar － jxvf file. tar. bz2

24. umount

功能说明:卸载文件系统。

语法:umount [-ahnrvV][-t ＜文件系统类型＞][文件系统]

参数:

-a　卸载/etc/mtab 中记录的所有文件系统。

-h　显示帮助。

-n　卸载时不要将信息存入/etc/mtab 文件中。

-r　若无法成功卸载,则尝试以只读的方式重新挂入文件系统。

-t＜文件系统类型＞　仅卸载选项中所指定的文件系统。

-v　执行时显示详细的信息。

-V　显示版本信息。

[文件系统]　除了直接指定文件系统外,也可以用设备名称或挂入点来表示文件系统。

示例:卸载/mnt 区。

umount /mnt/cdrom

25. whereis

功能说明:查询某个二进制命令文件、帮助文件等所在目录。

语法:whereis [-bfmsu][-B ＜目录＞...][-M ＜目录＞...][-S ＜目录＞...][文件...]

参数:

-b　只查找二进制文件。

-B ＜目录＞　只在设置的目录下查找二进制文件。

-f　不显示文件名前的路径名称。

-m　只查找说明文件。

-M ＜目录＞　　只在设置的目录下查找说明文件。

-s　只查找原始代码文件。

-S ＜目录＞　　只在设置的目录下查找原始代码文件。

-u　查找不包含指定类型的文件。

示例：查找"ls"这个二进制命令文件所在的目录。

whereis　ls

11.3.2　vi 编辑器的使用

vi 是 visual interface 的简称，它在 Linux 上的地位就同 Edit 程序在 DOS 上一样，可以执行输出、删除、查找、替换、块操作等众多文本操作，而且用户可以根据自己的需要对其进行定制，这是其他编辑程序所没有的。它不是一个排版程序，不像 Word 或 WPS 那样可以对字体、格式、段落等其他属性进行编排，它只是一个文本编辑程序。当然，Linux 下也提供了 gedit、emacs 等图形化的编辑排版软件。

1. vi 的基本模式及模式间转换

vi 编辑器的使用按不同的使用方式可以分为 3 种状态，分别是命令模式(command mode)、输入模式(insert mode)和末行模式(last line mode)，各模式区分如下：

① 命令模式　在该模式下用户可以输入命令来控制屏幕光标的移动，字符、字或行的删除，移动复制某区域段，也可以进入到底层模式或者插入模式下。

② 输入模式　用户只有在插入模式下可以进行文字输入，用户按 Esc 键可以到命令行模式下。

③ 末行模式　也称 ex 转义模式，在命令模式下，用户按":"键即可进入末行模式。此时，vi 会在显示窗口的最后一行显示一个":"，作为末行模式的提示符，等待用户输入命令。多数文件管理命令都是在此模式下执行的，例如把编辑缓冲区的内容写到文件中。等末行命令执行完后，vi 自动回到命令模式，例如："：1 ＄ s ／ A ／ a ／ g"表示从文件第一行至文件尾将大写 A 全部替换成小写 a。若在末行模式下输入命令过程中改变了主意，可按 Esc 键或用退格键将输入的命令全部删除，再按一下退格键，即可使 vi 回到命令模式下。

如果要从命令模式转换到编辑模式 可以键入命令 a 或者 i；如果需要从文本模式返回 则按 Esc 键即可；在命令模式下输入":"即可切换到末行模式，然后等待输入命令。

2. vi 的基本操作

(1) 进入与离开 vi

要进入 vi，可以直接在系统提示字元下键入"vi＜档案名称＞"，vi 可以自动载入所要编辑的档案或是开启一个新档。进入 vi 后屏幕左方会出现波浪符号，凡是列首有该符号就代表此列目前是空的。

要离开 vi 可以在指令模式下键入":q"(不保存离开),":wq"(保存离开)指令则是存档后再离开,注意冒号。

(2) vi 的删除、修改与复制

表 11.3.1 所列为 vi 的删除、修改、复制与粘贴命令

表 11.3.1　vi 的删除、修改、复制与粘贴命令

特　征	ARM	作　　用
删除	x	删除光标所在字元
	dd	删除光标所在的行
	s	删除光标所在字元,并进入输入模式
	S	删除光标所在的行,并进入输入模式
修改	R	进入取代状态,新增资料会覆盖原先资料,直到按 ESC 键回到指令模式下为止
	r	修改光标所在字元,r 后接要修正的字元
复制	yy	复制光标所在的行
	nyy	复制光标所在的行向 n 行
粘贴	p	将缓冲区的字符粘贴到光标所在的位置

(3) vi 的光标移动

由于许多编辑工作都是由光标来定位的,所以 vi 提供许多移动光标的方式。表 11.3.2 介绍移动光标的基本命令。

表 11.3.2　vi 光标移动命令

指　令	作　　用	指　令	作　　用
0	移动到光标所在行的最前面	w	移动到下个字的第一个字母
$	移动到光标所在行的最后面	e	移动到下个字的最后一个字母
〔Ctrl〕d	光标向下移动半页	n−	向上移动 n 行
〔Ctrl〕d	光标向下移动一页	n+	向下移动 n 行
〔Ctrl〕u	光标向上移动半页	nG	移动到第 n 行
〔Ctrl〕f	光标向上移动一页	Enter	光标下移一行
H	移动到视窗的第一行第一列	)	光标移至句尾
M	移动到视窗的中间行第一列	(	光标移至句首
L	移动到视窗的最后一行第一列	}	光标移至段落开头
b	移动到上个字的第一个字母	{	光标移至段落结尾

(4) vi 的查找与替换

在 vi 中的查找与替换也非常简单,其操作有些类似在 Telnet 中的使用。其中,查找的命令在命令行模式下,而替换的命令则在底行模式下(以":"开头),其命令如表 11.3.3 所列。

表 11.3.3　　vi 的查找与替换命令

特　征	ARM	作　用
查找	/pattern	从光标开始处向文件尾搜索 pattern
	?pattern	从光标开始处向文件首搜索 pattern
	n	在同一方向重复上一次搜索
	N	在反方向上重复上一次搜索
替换	:0,$ s/p1/p2/g	:　0,$　替换范围从 0 行到最后一行
		s　　转入替换模式
		p1/p2　把所有的 p1 替换为 p2
		g　　强制替换而不提示

(5) vi 的文件操作

vi 中的文件操作指令都是在底行模式下进行的,所有的指令都是以":"开头,其指令如表 11.3.4 所列。

表 11.3.4　　vi 的文件操作指令

特　征	作　用	特　征	作　用
:x	保存文档并退出	:wq	保存文档并退出
:zz	保存文档并退出	:q	编译结束,退出 vi
:w	保存文档	:q!	不保存编辑过的文档,强制退出

11.3.3　环境变量

环境变量一般是指在操作系统中用来指定操作系统运行环境的一些参数,如临时文件夹位置等。在 Linux 系统下,常常会出现这样的问题:虽然已经下载并安装了应用程序,但是在使用时,会出现"command not found"信息。这涉及环境变量 PATH 的设置问题。

Linux 是一个多用户操作系统,每个用户在系统登录后,都会有一个专用的运行环境。通常,每个用户默认的运行环境不一样。默认的运行环境实际上是由一组环境变量来定义实现的。用户可以根据自己的需求,修改相应的环境变量,从而实现运行环境的定制。

设置 Linux 环境变量有 3 种方法。

(1) 直接执行 export 命令设置环境变量

在 shell 命令行下,直接使用 export 来定义环境变量,具体格式为:

export 环境变量名 ＝变量值

通过这种方法设置的环境变量,只在当前 shell 或其子 shell 下有效。当 shell 关闭后,该变量就失效了。如果需要使用该变量,就必须重新定义。

（2）修改用户目录下 .bash_profile 中的环境变量

进入个人用户目录，编辑 .bash_profile 文件：vi .bash_profile。之后，在该文件中添加环境变量，保存退出即可。为了使环境变量立即生效，还需要运行命令 source .bash_profile；否则，只能在下次该用户登录时才生效。

该方法更为安全可靠，它可以将环境变量的使用权限控制在用户级别。即通过该方法设置的环境变量对单一用户永久有效。

（3）修改 etc /profile 文件中的环境变量

编辑 profile 文件：vi etc/profile，添加环境变量，保存退出即可。与在 .bash_profile 文件中添加环境变量类似，需要使用 source 命令使该变量立即生效。通过该方法设置的环境变量，对所有用户都永久有效。

11.3.4　gcc 编译器

编译器的作用是将用高级语言或汇编语言编写的源代码翻译成处理器上等效的一系列操作命令。针对嵌入式系统来说，其编译器数不胜数，其中 gcc 和汇编器 as 是非常优秀的编译工具，而且免费。

编译器的输出被称为目标文件。对于任何嵌入式系统而言，有一个高效的编译器、链接器和调试器是非常重要的，gcc 不仅在桌面领域中表现出色，还可以为嵌入式系统编译出高质量的代码。

使用语法：

gcc［option］　filename...

其中，option 为 gcc 使用时的选项，必须以"-"开始，而 filename 为欲以 gcc 处理的文件。在使用 gcc 的时候，必须给出必要的选项和文件名。gcc 的整个编译过程，实质是分 4 步进行的，每一步完成一个特定的工作，这 4 步分别为：预处理、编译、汇编和连结。具体完成哪一步，有 gcc 后面的开关选项和文件类型决定。

gcc 有超过 100 个的编译选项可用，这些选项中的许多你可能永远都不会用到，但一些主要的选项将会频繁用到。以下为读者列出几种最常用的选项。

- -c　编译或汇源文件，但是不作连接，编译器输出对应于源文件的目标文件。
- -S　编译选项告诉 gcc，在为 C 代码产生了汇编语言文件后停止编译。gcc 产生的汇编语言文件的缺省扩展名是 .s。
- -E　预处理后即停止，不进行编译。预处理后的代码送往标准输出。
- -o　要求编译器生成指定文件名的可执行文件。
- -g　告诉 gcc 产生能被 GNU 调试器使用的调试信息以便调试程序。
- -O　告诉 gcc 对源代码进行基本优化。这些优化在大多数情况下，都会使程序执行得更快。
- -O2　告诉 gcc 产生尽可能小和尽可能快的代码。-O2 选项将使编译的速度比使用-O 时慢,但通常产生的代码执行速度会更快。

- -Wall　　指定产生全部的警告信息。
- -pipe　　在编译过程的不同阶段间使用管道而非临时文件进行通信。这个选项在某些系统上无法工作,因为那些系统的汇编器不能从管道读取数据。

下面通过一个具体的例子来介绍 vi 编译器和 gcc 编译器的使用。

任务:新建一个 hello. c,并用 gcc 编译、执行。

步骤:

① 在当前目录下输入:vi　hello. c,即可进入到 vi 空文档命令模式。

② 按 i 键,进入编辑状态,这个时候就可以输入程序了。

```
# include   <stdio. h>
int   main(void)
{
    printf("\nhello! \n");
    return 0
}
```

③ 由于在编辑态下,任何时候都可以按 Esc 键退到命令模式。在命令模式下按 shift+":"组合键进入到末行模式,这时左下角有冒号(:)提示符,就可以输入命令了。常用的命令有:存盘退出(为":wq"),若不想存盘退出,则为":q!"。

④ 在命令行状态下输入:#gcc　hello. c　-o　hllo,利用 gcc 进入编译和链接,就可以生成 hello 可执行文件。

⑤ 执行"#./hello"然后回车,就可以输出"hello!"。

11.3.5　make 工具和 Makefile 文件

无论是在 Linux 还是在 Unix 环境中,make 都是一个非常重要的编译命令。不管是自己进行项目开发还是安装应用软件,都经常要用到 make 或 make install。利用 make 工具,可以将大型的开发项目分解成为多个更易于管理的模块,对于一个包括几百个源文件的应用程序,使用 make 和 makefile 工具就可以简洁明快地理顺各个源文件之间纷繁复杂的相互关系。而且如此多的源文件,如果每次都要键入 gcc 命令进行编译,那对程序员来说简直就是一场灾难。而 make 工具则可自动完成编译工作,并且可以只对程序员在上次编译后修改过的部分进行编译。因此,有效地利用 make 和 makefile 工具可以大大提高项目开发的效率。

make 工具最主要也最基本的功能就是通过 makefile 文件来描述源程序之间的相互关系并自动维护编译工作。而 makefile 文件需要按照某种语法进行编写,文件中需要说明如何编译各个源文件并链接生成可执行文件,并要求定义源文件之间的依赖关系。makefile 文件是许多编译器(包括 Windows NT 下的编译器)维护编译信息的常用方法。

以下将以一个示例的方式来说明 makefile 文件的编写规则。在这个示例中有 2 个 C 文件和 1 个头文件,要写一个 makefile 来告诉 make 命令如何编译和链接这几个文件。实现的规则是:

① 如果这个工程没有编译过,那么所有 C 文件都要编译并被链接。

② 如果这个工程的某几个 C 文件被修改,那么只编译被修改的 C 文件,并链接目标程序。

③ 如果这个工程的头文件被改变了,那么需要编译引用了这几个头文件的 C 文件,并链接目标程序。

只要 makefile 写得够好,所有的这一切,只用一个 make 命令就可以完成,make 命令会自动智能地根据当前的文件修改的情况来确定哪些文件需要重编译,从而自己编译所需要的文件和链接目标程序。

1. Makefile 的规则

Makefile 的规则:

```
target ... : prerequisites ...
    command
    ⋮
```

其中,target 为一个目标文件,可以是 Object File,也可以是执行文件;prerequisites 为要生成那个 target 所需要的文件或是目标;command 为 make 需要执行的命令。这是一个文件的依赖关系,也就是说,target 这一个或多个的目标文件依赖于 prerequisites 中的文件,其生成规则定义在 command 中。

2. 示例说明

工程中的 2 个 C 文件和 1 个头文件如下:

```
file1.c: # include <stdio.h>
         # include "file2.h"
         int main()
         {……  }
file2.h: int function()
         {……  }
file2.c: # include "file2.h"
         void File2Print()
         {……  }
```

对应的 Makefile 文件如下:

```
helloworld:file1.o file2.o
        arm-linux-gcc file1.o file2.o -o helloworld
```

```
file1.o:file1.c file2.h
    arm-linux-gcc -c file1.c -o file1.o
file2.o:file2.c file2.h
    arm-linux-gcc -c file2.c -o file2.o
clean:
    rm -rf  file1.o  file2.o  helloworld
```

在这个 Makefile 中，目标文件包含执行文件 helloworld 和中间目标文件（∗.o），依赖文件（prerequisites）就是冒号后面的那些.c 文件和.h 文件。每一个.o 文件都有一组依赖文件，而这些.o 文件又是执行文件 helloworld 的依赖文件。依赖关系的实质上就是说明了目标文件是由哪些文件生成的，换言之，目标文件是哪些文件更新的。在定义好依赖关系后，后续的那一行定义了如何生成目标文件的操作系统命令，一定要以一个 Tab 键作为开头。make 并不管命令是怎么工作的，它只管执行所定义的命令。make 会比较 targets 文件和 prerequisites 文件的修改日期，如果 prerequisites 文件的日期要比 targets 文件的日期新，或者 target 不存在，那么，make 就会执行后续定义的命令。clean 不是一个文件，它只不过是一个动作名字，有点像 C 语言中的 lable 一样，其冒号后什么也没有，那么，make 就不会自动去找文件的依赖性，也就不会自动执行其后所定义的命令。要执行其后的命令，就要在 make 命令后明显地指出这个 lable 的名字。

3. make 的工作原理

在默认的方式下，也就是只输入 make 命令，make 将根据以下规则工作：

① make 会在当前目录下找名字叫 Makefile 或 makefile 的文件。

② 如果找到，make 会找文件中的第一个目标文件（target），在前面的例子中，它会找到"helloworld"这个文件，并把这个文件作为最终的目标文件。

③ 如果 helloworld 文件不存在，或是 helloworld 所依赖的后面的 ∗.o 文件修改时间要比 helloworld 文件新，那么，它就会执行后面所定义的命令来生成 helloworld 这个文件。

④ 如果 helloworld 所依赖的 ∗.o 文件也存在，那么 make 会在当前文件中寻找目标为 ∗.o 文件的依赖性。如果找到则再根据那一个规则生成 ∗.o 文件。

⑤ make 用 ∗.o 文件生成可执行文件 helloworld。

这就是 make 工作的整个过程，make 会一层又一层地去找文件的依赖关系，直到最终编译出第一个目标文件。在找寻的过程中，如果出现错误，比如最后被依赖的文件找不到，那么 make 就会直接退出，并报错，而对于所定义的命令的错误，或是编译不成功的，make 根本不理。make 只管文件的依赖性。

4. Makefile 中使用变量

在前面的例子中，可以看到 file1.o file2.o 文件的字符串被重复了 3 次，如果需要在以上工程中加入一个新的 ＊.o 文件,那么需要更改 3 个地方,这将使 Makefile 文件的编写和维护变得很复杂,甚至可能会忘掉一些需要更改的地方,而导致编译失败。因此,为了使 Makefile 文件更容易维护,在 Makefile 文件中可以使用变量。

比如,声明一个变量 objects,在 Makefile 文件一开始可以这样定义:

```
objects = file1.o file2.o
```

于是,就可以很方便地在 Makefile 文件中以"＄(objects)"的方式来使用这个变量了。改版后的 Makefile 文件如下:

```
objects = file1.o file2.o
helloworld: $(objects)
        arm-linux-gcc $(objects)o -o helloworld
    file1.o:file1.c file2.h
        arm-linux-gcc -c file1.c -o file1.o
    file2.o:file2.c file2.h
        arm-linux-gcc -c file2.c -o file2.o
    clean:
        rm -rf   $(objects)  helloworld
```

5. Makefile 文件中宏的使用

Makefile 中允许使用简单的宏指代源文件及其相关编译信息,在 Linux 中也称宏为变量。在引用宏时只需在变量前加 ＄ 符号,但值得注意的是,如果变量名的长度超过 1 个字符,在引用时就必须加圆括号"()"。

使用宏后,示例中的 Makefile 文件为:

```
        CC = /opt/host/arm/bin/arm-linux-
        objects = file1.o file2.o
helloworld: $(objects)
         $(CC)gcc   $(objects)  -o helloworld
file1.o:file1.c file2.h
         $(CC)-gcc -c file1.c -o file1.o
file2.o:file2.c file2.h
         $(CC)-gcc -c file2.c -o file2.o
clean:
    rm -rf   $(objects)  helloworld
```

6. Makefile 文件中通配符的使用

Makefile 中表示文件名时可使用通配符。可使用的通配符有:"＊"、"?"和"[…]"。在 Makefile 中通配符的用法和含义与 Linux(Unix)的 Bourne shell 完全相同。例如,"＊.c"代表了当前工作目录下所有的以".c"结尾的文件等。但是在

Makefile 中,这些统配符并不是可以用在任何地方,Makefile 中通配符可以出现在以下两种场合:

① 可以用在规则的目标、依赖中,make 在读取 Makefile 时会自动对其进行匹配处理(通配符展开)。

② 可出现在规则的命令中,通配符的通配处理是在 shell 执行此命令时完成的。

除这两种情况之外的其他上下文中,不能直接使用通配符,而是需要通过函数 wildcard 来实现。

如果规则的一个文件名包含通配字符(" * "、"."等字符),在使用这样的文件时需要对文件名中的通配字符使用反斜线(\)进行转义处理。例如"foo\ * bar",在 Makefile 中它表示了文件"foo * bar"。

11.3.6　Kconfig 文件

在 Linux 内核源码的每个目录下,都有 Makefile 文件和 Kconfig 文件(2.4 内核是 Config. in,2.6 内核是 Kconfig)。Linux 内核各个目录下的 Kconfig 文件构成了 Linux 内核的配置菜单。在使用内核配置命令 make menuconfig(或 xconfig)时,从 Kconfig 文件中读取配置菜单,用户根据个人需要配置完内核后,配置信息将保存在. config(位于内核的顶级目录下)中。编译内核时,Makefile 文件将根据. config 文件中的配置信息来编译内核。

在嵌入式开发中,往往需要向内核源码中添加新的驱动,可以通过修改 Kconfig 文件来添加支持新驱动的配置菜单。以下面 Kconfig 文件为例,来介绍 Kconfig 的一般语法。

```
menu "Character devices"
source "drivers/tty/Kconfig"
config DEVKMEM
    bool "/dev/kmem virtual device support"
    default y
    help
    Say Y here if you want to support the /dev/kmem device. The /dev/kmem device is rare-
    ly used, but can be used for certain kind of kernel debugging operations. When in
    doubt, say "N".

config DEVKMEM
    bool "/dev/kmem virtual device support"
    default y
...

endmenu
```

使用 menu 和 endmenu 定义一个菜单块,该菜单块中的子菜单都隶属于 Character devices 父菜单。所有的子菜单都会继承父菜单的依赖关系。

语句:source "drivers/tty/Kconfig",表示读取 drivers/tty 目录下的 Kconfig 文件,该文件总被解析。

接下来的几条语句表示定义一个 bool 类型的变量,默认配置为"y"(默认编译到内核里)。利用 help 定义一些帮助信息。这样,用户在内核配置时,可以使用"shift＋?"查阅配置选项的帮助信息。

11.4　Linux 内核结构

从结构上来讲,操作系统有微内核结构和单体结构之分,Windows NT 和 MINIX 是典型的微内核操作系统,而 Linux 则是单体结构的操作系统。微内核结构只提供内存管理、中断管理等最基本的服务,服务之间通过进程间通信来进行交互,因此效率相对较低,但它可方便地在内核中添加新的组件,结构清晰;单体内核的访问是通过系统调用来实现,其效率高,但结构相对复杂,且不容易、不方便向内核中添加新的组件。

为此,后来 Linux 综合了微内核的优点,提供了动态装载和卸载的模块的功能,比如最常用的设备驱动模块,利用模块就可方便地在内核中添加新的组件或卸载不再需要的内核组件。

11.4.1　核心子系统

Linux 内核的核心子系统和通用操作系统的功能差不多,主要包括内存管理、进程管理、虚拟文件系统(Virtual File System,VFS)、网络接口和进程间通信,Linux 内核的核心子系统如图 11.4.1 所示。下面分别简要介绍内核的主要组成部分。

1. 内存管理

对任何一台计算机而言,其内存及其他资源都是有限的。为了让有限的物理内存满足应用程序对内存的大需量求,Linux 采用了称为"虚拟内存"的内存管理方式。Linux 将内存划分为容易处理的"内存页",在系统运行过程中,应用程序对内存的需求大于物理内存时,Linux 可将暂时不用的内存页交换到硬盘上。这样,空闲的内存页可以满足应用程序的内存需求,而应用程序却不会注意到内存交换的发生。

2. 进程调度

进程实际是某特定应用程序的一个运行实体。在 Linux 系统中,能够同时运行多个进程,Linux 通过在短的时间间隔内轮流运行这些进程而实现"多任务"。这一短的时间间隔称为"时间片",让进程轮流运行的方法称为"调度",完成调度的程序称为调度程序。通过多任务机制,每个进程可认为只有自己独占计算机,从而简化程序的编写。每个进程有自己单独的地址空间,并且只能由这一进程访问,这样,操作系

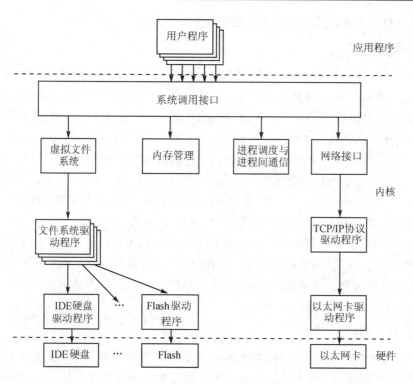

图 11.4.1　Linux 内核的核心子系统

统避免了进程之间的互相干扰以及"坏"程序对系统可能造成的危害。

3. 进程间通信

为了完成某特定任务,有时需要综合两个程序的功能,例如一个程序输出文本,而另一个程序对文本进行排序。为此,操作系统还提供进程间的通信机制来帮助完成这样的任务。Linux 中常见的进程间通信机制有信号、消息、管道、共享内存、信号量和套接字等。

4. 虚拟文件系统

Linux 操作系统中单独的文件系统并不是由驱动器号或驱动器名称(如 A：或 C：等)来标识的,而是和 Unix 操作系统一样,将独立的文件系统组合成了一个层次化的树形结构,并且由一个单独的实体代表这一文件系统。Linux 将新的文件系统通过一个称为"挂装"或"挂上"的操作将其挂装到某个目录上,从而让不同的文件系统组合成为一个整体。Linux 操作系统的一个重要特点是它支持许多不同类型的文件系统。

由于 Linux 支持许多不同的文件系统,并且将它们组织成了一个统一的虚拟文件系统,因此,用户和进程不需要知道文件所在的文件系统类型,而只需要像使用 Ext3 文件系统中的文件一样使用它们。实际上,Linux 利用虚拟文件系统,把文件系统操作和不同文件系统的具体实现细节分离了开来。

5. 网络接口

Linux 和网络几乎是同义词。实际上 Linux 就是 Internet 或 WWW 的产物。Linux 的网络接口分为 4 部分:网络设备接口部分、网络接口核心部分、网络协议族部分,以及网络接口 socket 层。网络设备接口部分主要负责从物理介质接收和发送数据。实现的文件在 linux/driver/net 目录下面。网络接口核心部分是整个网络接口的关键部位,它为网络协议提供统一的发送接口,屏蔽各种各样的物理介质,同时有负责把来自下层的包向合适的协议配送。它是网络接口的中枢部分。它的主要实现文件在 linux/net/core 目录下,其中 linux/net/core/dev.c 为主要管理文件。网络协议族部分是各种具体协议实现的部分。Linux 支持 TCP/IP、IPX、X. 25、Apple-Talk 等的协议,各种具体协议实现的源码对应 linux/net/ 目录下相应的名称。比如 TCP/IP(IPv4)协议,实现的源码在 linux/net/ipv4,其中 linux/net/ipv4/af_inet.c 是主要的管理文件。网络接口 Socket 层为用户提供的网络服务的编程接口。主要的源码在 linux/net/socket.c 中。

6. 其　他

除上述主要组成部分之外,内核还包含设备驱动程序和一些一般性的任务和机制,这些任务和机制可使 Linux 内核的各个部分有效地组合在一起,它们是上述主要部分高效工作的必要保证。

11.4.2　设备驱动程序

设备驱动程序也是内核的一部分,它由一组数据结构和函数组成,其中的大部分函数是对驱动程序接口的实现。驱动程序通过这组数据结构和函数控制一个或多个设备,并通过驱动程序接口与内核的其他部分交互。然而,从很多方面来说,驱动程序不同于内核的其他部件,并且独立于内核的其他部件。驱动程序是与设备交互的唯一模块,通常由第三方厂商开发,一个驱动程序不与其他驱动程序交互;内核与驱动程序之间也仅通过一个严格定义的接口交互。这种做法有许多好处:可以将设备专用代码分离到一个独立的模块中;便于添加新设备;用户或厂商可以在没有内核源码的情况下添加设备;内核可以对所有的设备一视同仁,通过相同的接口访问所有的设备。

Linux 有许多不同的设备驱动程序,这也是 Linux 在嵌入式系统开发中广泛应用的原因之一,而且驱动程序还在不断增长。虽然这些驱动程序驱动的设备不同,完成的工作各异,但它们都具有一些一般的属性。

(1) Kernel code

设备驱动程序和内核中的其他代码相似,是 Kernel 的一部分。如果发生错误,可能严重损害系统;一个粗劣的驱动程序甚至可能摧毁系统,可能破坏文件系统,丢失数据。

（2）Kenel interfaces

设备驱动程序必须向 Linux 内核或者它所在的子系统提供一个标准的接口。例如，终端驱动程序向 Linux 内核提供了一个文件 I/O 接口，而 SCSI 设备驱动程序向 SCSI 子系统提供了 SCSI 设备接口，接着，向内核提供了文件 I/O 和 buffer2cache 的接口。

（3）Kernel mechanisms and services

设备驱动程序使用标准的内核服务，例如内存分配、中断转发和等待队列来完成工作。Unix SVR4 提出了设备-驱动程序接口/驱动程序-内核接口规范（DDI/DKI），由它来规范内核与驱动程序之间的接口。该接口分为以下几部分：

第 1 部分 说明驱动程序应该包括的数据定义。

第 2 部分 定义驱动程序入口点例程，包括接口函数、初始化、中断处理程序等。

第 3 部分 说明可由驱动程序调用的内核例程。

第 4 部分 说明驱动程序可能用到的内核数据结构。

第 5 部分 包含驱动程序可能用到的内核 ♯define 语句。

（4）Loadable

大多数的 Linux 设备驱动程序，可以在需要的时候作为内核模块加载，当不再需要时就可卸载。这使得内核对于系统资源非常具有适应性和效率。

（5）Configurable

Linux 设备驱动程序可以建立在内核。至于哪些设备建立到内核，可以在内核编译的时候配置。

（6）Dynamic

在系统启动，每一个设备启动程序初始化的时候，它会查找它管理的硬件设备，并且一个设备驱动程序所控制的设备不存在并没有关系。这时这个设备驱动程序只是多余的，占用很少的系统内存，而不会产生危害。

内核在下面几种情况下调用设备驱动程序：

① 配置：内核在初始化时，调用驱动程序检查并初始化设备。

② I/O：内核调用设备驱动程序从设备读数据或向设备写数据。

③ 控制：向设备发出控制请求，让设备完成读/写以外的动作，例如打开或关闭设备。

④ 中断：当设备完成某个 I/O 请求时，当设备接收到数据时，当设备状态改变时，它都会通过中断引起 CPU 的注意，此时，内核使用驱动程序中的设备中断处理程序完成相应的中断处理。

一个设备驱动程序一般由下面几部分组成：

① 对驱动程序接口函数的实现。对字符和块设备，要实现的接口函数定义在数据结构 file_operations 中；对于网络设备，要实现的接口函数定义在数据结构 device

中。当然，一个驱动程序并不一定要实现接口中的所有函数。

② 设备专有部分。为了实现接口函数和对设备做合理的管理，设备驱动程序还定义一些自己的数据结构和管理函数。

③ 中断处理程序。一般的外设都要产生中断，而这些中断都要在设备驱动程序中处理。所以驱动程序中要有中断处理程序。

④ 初始化函数。在系统初始化时，它轮流调用各个设备驱动程序的初始化函数。初始化函数向系统注册自身，并要完成对设备的初始化。

Linux 支持 3 种类型的硬件设备：字符、块和网络。

① 字符设备能够存储或者传输不定长数据，某些字符设备可以每次传递 1 字节，传完每个字节后产生一个中断；另一些字符设备可以在内部缓存一些数据。内核把字符设备看成是可顺序访问的连续字节流，它在单个字符的基础上接收和发送数据。字符设备不能以任意地址访问，也不允许查找操作。字符设备有终端（键盘、显示器）、打印机、鼠标、声卡、系统的串行端口/dev/cua0 和/dev/cua1 等。

② 块设备中存储的是定长且可任意访问的数据块，对块设备的 I/O 操作只能以块为单位（一般是 512 字节或者 1 024 字节）进行。块设备有硬盘、软盘、光盘、磁带等。块设备通过 buffer cache 访问，可以随机存取，就是说，任何块都可以读/写，不必考虑它在设备的什么地方。块设备叮以通过它们的设备特殊文件访问，但是更常见的是通过文件系统进行访问。只有一个块设备可以支持一个安装的文件系统。Linux 文件系统只能建立在块设备上。

③ 网络设备是通过 BSD socket 接口访问的设备。

11.5　Linux 目录结构

11.5.1　Linux 源文件的目录结构

一般桌面 Linux 安装后，在/usr/src/Linux-＊.＊.＊（版本号，比如 2.4.18）目录下有内核源代码，内核代码非常庞大，包括驱动程序在内有几百兆字节。下面介绍内核的目录结构。

① arch 目录包括了所有与体系结构相关的核心代码。它下面的每一个子目录都代表一种 Linux 支持的体系结构：

- i386　IBM 的 PC 体系结构。
- arm　基于 ARM 处理器的体系结构。
- alpha　康柏的 Alpha 体系结构。
- s390　IBM 的 System/390 体系结构。
- sparc　Sun 的 SPARC 体系结构。
- sparc64　Sun 的 Ultra-SPARC 体系结构。

- mips　SGI 的 MIPS 体系结构。
- ppc　Freescale-IBM 的基于 PowerPC 的体系结构。
- m68k　Freescale 的基于 MC680x0 的体系结构。
- kernel　内核核心部分。
- mm　内存管理。
- boot　引导程序。
- compressed　压缩内核处理。
- tools　生成压缩内核映像的程序。
- math-emu　浮点单元软件仿真。
- lib　硬件相关工具函数。

② include 目录包括编译核心所需要的大部分头文件,例如与平台无关的头文件在 include/linux 子目录下。

③ init 目录包含核心的初始化代码(不是系统的引导代码),有 main.c 和 version.c 两个文件。这是研究核心如何工作的好起点。

④ drivers 目录中是系统中所有的设备驱动程序。它又进一步划分成几类设备驱动,每一种有对应的子目录,如声卡的驱动对应于 drivers/sound。

⑤ ipc 目录包含了核心进程间的通信代码。

⑥ modules 目录存放了已建好的、可动态加载的模块。

⑦ fs 目录存放 Linux 支持的文件系统代码。不同的文件系统有不同的子目录对应,如 ext3 文件系统对应的就是 ext3 子目录。

- proc /proc　虚拟文件系统。
- devpts /dev/pts　虚拟文件系统。
- ext2 Linux　本地的 Ext2 文件系统。
- isofs　ISO 9660 文件系统(CD – ROM)。
- nfs　网络文件系统(NFS)。
- nfsd　集成的网络文件系统服务器。
- fat　基于 FAT 的文件系统的通用代码。
- msdos　微软的 MS – DOS 文件系统。
- vfat　微软的 Windows 文件系统(VFAT)。
- nls　本地语言支持。
- ntfs　微软的 Windows NT 文件系统。
- smbfs　微软的 Windows 服务器消息块(SMB)文件系统。
- umsdos　UMSDOS 文件系统。
- minix　MINIX 文件系统。
- hpfs　IBM 的 OS/2 文件系统。
- sysv　SystemV、SCO、Xenix、Coherent 和 Version7 文件系统。

- ncpfs　Novell 的 Netware 核心协议(NCP0)。
- ufs　UnixBSD、SunOs、FreeBSD、NetBSD、OpenBSD 和 NeXTStep 文件系统。
- affs　Amiga 的快速文件系统(FFS)。
- coda　Coda 网络文件系统。
- hfs　苹果的 Macintosh 文件系统。
- adfs　Acorn 磁盘填充文件系统。
- efs　SGI IRIX 的 EFS 文件系统。
- qnx4　QNX4 OS 使用不的文件系统。
- romfs　只读小文件系统。
- autofs　目录自动装载程序的支持。
- lockd　远程文件锁定的支持。

⑧ Kernel 内核管理的核心代码放在这里,同时与处理器结构相关代码都放在 arch/ * /kernel 目录下。

⑨ net 目录里是核心的网络部分代码,其每个子目录对应于网络的一个方面。

⑩ lib 目录包含了核心的库代码,不过与处理器结构相关的库代码被放在 arch/ * /lib/目录下。

⑪ scripts 目录包含用于配置核心的脚本文件。

⑫ documentation 目录下是一些文档,是对每个目录作用的具体说明。

另外,一般在每个目录下都有一个. depend 文件和一个 Makefile 文件。这两个文件都是编译时使用的辅助文件。仔细阅读这两个文件对弄清各个文件之间的联系和依托关系很有帮助。目录下还可能有 Readme 文件,它是对该目录下文件的一些说明。

11.5.2　Linux 运行系统的目录结构

Linux 运行后,它的目录结构与源文件目录结构有所不同。运行系统目录树的主要部分有/root、/usr、/var、/home 等。

① /root 目录中包括:引导系统的必备文件、文件系统的挂装信息以及系统修复工具和备份工具等。

② /usr 目录中包含通常操作中不需要进行修改的命令程序文件、程序库、手册和其他文档等,它并不和特定的 CPU 相关,也不会在通常的使用中修改。因此,将/usr目录挂装为只读性质的。

③ /var 目录中包含经常变化的文件,例如打印机、邮件、新闻等的假脱机目录、日志文件、格式化后的手册页以及临时文件等。

④ /home 中包含用户的主目录,用户的数据保存在其主目录中,如果有必要,也可将/home 划分为不同的文件系统,例如/home/students 和/home/teachers 等。

⑤ /proc 目录下的内容并不是 ROM 中的,而是系统启动后在内存中创建的,它包含内核虚拟文件系统和进程信息,例如 CPU、DMA 通道以及中断的使用信息等。

⑥ /etc 包含了系统相关的配置文件,比如开机启动选项等。

⑦ /bin 包含了引导过程必需的命令,也可由普通用户使用。

⑧ /sbin 和/bin 类似,尽管其中的命令可由普通用户使用,但由于这些命令属于系统级命令,因此无特殊需求不使用其中的命令。

⑨ /dev 包含各类设备文件。

⑩ /tmp 包含临时文件。引导后运行的程序应当在/var/tmp 中保存文件,因为其中的可用空间大一些。

⑪ /boot 包含引导装载程序要使用的文件,内核映像通常保存在这个目录中。

⑫ /mnt 是临时文件系统的挂装目录。比如 U 盘、光盘、软盘等都可以在这个目录下建立挂载点。

11.6　Linux 文件系统

Linux 利用虚拟文件系统,把文件系统操作和不同文件系统的具体实现细节分离了开来。很长时期以来,文件系统的接口保持了一定的稳定性,即使变化也是向下兼容的。但是文件系统的框架结构发生了彻底的变化。起初的框架只支持一种文件系统,并且所有的文件都必须存放在与系统有物理连接的本地磁盘上。对一般的分时应用来说,这种结构已经足够,但对一些特殊要求,该结构却无法满足,如读取别的文件系统(如 DOS)的文件;增加一种特制的文件系统(如数据库厂商需要支持事务处理的文件系统);在网络上各计算机之间共享文件(如网络文件系统)等。为满足这种要求,人们提出了多种解决方案,如 AT&T 的文件系统开关,DEC 的 gnode 体系结构,SUN 的 vnode/vfs 体系结构等,最后因为 AT&T 把 SUN 的 vnode/vfs 体系结构和 NFS 集成到 SVR4,而使得 vnode/vfs 成为事实上的标准。在目前的各 Unix 和 Linux 系统中,原来的文件系统结构已经被彻底抛弃了,取而代之的是 vnode/vfs 接口,该接口可以使多种本地的或者远程的文件系统共存于同一台机器上。

11.6.1　文件系统与内核的关系

任何一个操作系统都必须要提供持久性存储和管理数据的手段。在 Linux 系统中,"文件"用来保存数据,而"文件系统"可以让用户组织、操纵以及存取不同的文件。文件系统的基本组成单位是文件,文件系统中的所有文件通过目录、链接等组织成一棵完整的树形结构,其根为"/",文件在叶子位置,各子目录处在中间节点的位置。

Linux 的一个最重要的特点是它可以支持许多不同的文件系统。这让它非常灵活,可以和许多其他操作系统共存。目前,Linux 已经可以支持 20 种以上的文件系统,如：ext、ext2、xia、minix、umsdos、msdos、fat、vfat、autofs、romfs、/proc、smb、ncp、

ARM9 嵌入式系统设计基础教程（第 2 版）

352

iso9660、sysv、hpfs、affs、qnx4、nfs、ntfs 和 ufs 等。

　　文件系统建立在块设备上（如硬盘、软盘、光盘等）。块设备上存储的是定长且可任意访问的数据块，对块设备的访问以块为单位，因此对块设备的访问都需要经过缓冲区。每个块设备都有一个编号，对应一个设备特殊文件，如系统中的第一个 IDE 磁盘驱动器的第一个分区，即 IDE 磁盘分区/dev/hda1，是一个块设备。Linux 文件系统把这些块设备看成简单的线性块的组合，不知道也不去关心底层物理磁盘的尺寸。块设备驱动程序负责把对设备特定块的读/写请求映射到设备能理解的术语：这个块保存在硬盘上的磁道、扇区和柱面等。一个文件系统，不管它保存在什么设备上，都应该用同样的方式工作，有同样的观感。

　　当磁盘初始化的时候（比如用 fdisk），利用分区结构可以把物理磁盘划分成一组逻辑分区。每一个分区都可以放一个文件系统，如在一个 Linux 和 Win95 共存的磁盘上，至少要有两个分区，分别用于建立 fat 和 exit2 文件系统。在同一个文件系统中，一个文件是物理设备上的一组数据块，用该文件系统的一个数据结构——inode 节点描述。一个 inode 节点集中描述了一个文件的所有信息，如文件名、文件大小、文件属性、文件在磁盘上的位置等。一个文件系统的所有文件通过磁盘上的目录、符号链接等组织成一个树形结构，文件系统的所有信息由它的管理结构（superblock）描述。

　　不同的文件系统中这些信息的内容以及组织形式都不尽相同，这直接导致文件系统的实现算法也各不相同，互不兼容。文件系统的互不兼容性给用户带来许多不便。

　　当 EXT 文件系统增加到 Linux 的时候，进行了一个重要的改进。引入了一个接口层，通过它将真实的文件系统与操作系统内核的其余部分（如文件系统服务等）分离开来，这个接口叫做虚拟文件系统或 VFS。VFS 是一个由内核实现的虚拟文件系统，它是操作系统内核和真实文件系统之间的一个软件层。VFS 提供了两个接口，其下层提供了一个与具体的文件系统的接口，它规定了一个具体文件系统的实现必须提供的服务以及服务的格式。Linux 支持的每一个真实文件系统都必须向 VFS 提供这些接口函数的一个具体的实现。换句话说，只要一个文件系统的实现提供了这些函数，Linux 就可以通过 VFS 支持这种（通常是不同的）文件系统。VFS 提供的另外一个接口是其上层对用户的接口，这是一个由一组标准的系统函数组成的接口，用户可以通过这组标准的函数操纵文件系统，而不用理会其类型和实现细节。Linux 文件系统的所有细节都通过软件进行转换，所以，对于 Linux 内核的其余部分和系统中运行的程序来说，所有的文件系统显得都一样，Linux 用户看见的只有 VFS。正是虚拟文件系统层使得 Linux 能够同时透明地安装许多不同的文件系统，Linux 下的文件系统结构示意图如图 11.6.1 所示。

　　Linux 虚拟文件系统的实现使得对于它的文件的访问尽可能地快速和有效。当然，VFS 也必须保证文件和文件数据的正确性。这两个要求相互可能不一致。Linux VFS 在安装和使用每一个文件系统时，都在内存中高速缓存它的有关信息

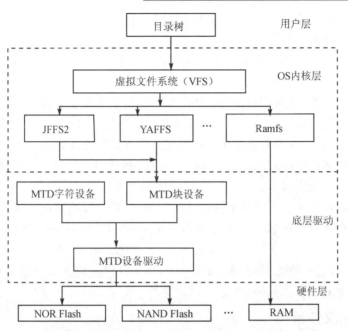

图 11.6.1 Linux 下的文件系统结构示意图

（快速、有效）。在文件和目录被创建、写和删除的时候，这些高速缓存中的数据会被改动，因此必须非常小心，以保证正确更新文件系统（保证 cache 中数据和磁盘上数据的一致性）。如果能看到运行着的内核中有关文件系统的数据结构，就能够看到正在被文件系统读/写的数据块。描述正在被访问的文件和目录的数据结构会被创建和撤消，设备驱动程序会不停地运转来获取和保存数据。在这些高速缓存中，最重要的是 Buffer cache，因为它被组合在文件系统访问它们底层块设备的方法中。当块被访问的时候，它们被放到 Buffer cache 中，并根据它们的 3 种状态，在不同的队列中排队。Buffer cache 不仅缓存数据，它也帮助管理块设备驱动程序的异步接口。

11.6.2 常见通用 Linux 文件系统

1. ext2 文件系统

ext2 是由 Remy Card 发明的，它是 Linux 的一个可扩展的、功能强大的文件系统。至少在 Linux 社区中，ext2 是最成功的文件系统，是所有当前的 Linux 发布版的基础。像大多数文件系统一样，ext2 文件系统建立在这样的前提下：文件的数据存放在数据块中，这些数据块的长度都相同。虽然不同的 ext2 文件系统的块长度可以不同，但是对于一个特定的 ext2 文件系统，在它创建的时候，其块长度就确定了（使用 mke2fs）。每一个文件的长度都按块取整。如果块大小是 1 024 字节，一个 1 025 字节的文件会占用 2 个 1 024 字节的块。不幸的是，这意味着平均每一个文件要浪费半个块。在通常的计算中，会用内存和磁盘的使用来交换对 CPU 的使用（空间交换时间），这种情况下，Linux 像大多数操作系统一样，会为了较少 CPU 负载，而使用相对低效的磁盘利用率。

ext2 文件系统占用块设备上的一系列的块。从文件系统所关心的角度来看，块设备都可以被当作一系列能够读/写的块。文件系统不需要关心一个块应该放在物理介质的哪个位置，它保存的是逻辑块的编号，由块设备驱动程序完成逻辑块编号到物理存储位置的转换。当一个文件系统需要从包括它的块设备上读取信息或数据的时候，它只是请求支撑它的设备驱动程序来读取整数数目的块。

不是文件系统中所有的块都用来存储数据，必须用一些块放置描述文件系统结构的信息。ext2 用一个 inode 数据结构描述系统中的每一个文件，其中包括一个文件中的数据占用了哪些块以及文件的访问权限、文件的修改时间和文件的类型等信息。ext2 文件系统中的每一个文件都用一个 inode 描述，而每一个 inode 都用一个独一无二的数字标识。文件系统的所有 inode 都放在 inode 表中。ext2 的目录是简单的特殊文件，它们也使用 inode 描述，只是目录文件的内容是一组指针，每一个指针都指向一个 inode，该 inode 描述了目录中的一个文件或一个子目录。

2. ext3 文件系统

ext3 文件系统是直接从 ext2 文件系统发展而来，它很大程度上是基于 ext2 的，因此，它在磁盘上的数据结构从本质上而言与 ext2 文件系统的数据结构是相同的。事实上，如果 ext3 文件系统已经被彻底卸载，那么，就可以把它作为 ext2 文件系统来重新安装；反之，创建 ext2 文件系统的日志，并把它作为 ext3 文件系统来重新安装也是一种简单、快速的操作。目前，ext3 文件系统已经非常稳定可靠，完全兼容 ext2 文件系统。ext2 文件系统的一个最大缺点是日志文件系统设计不合适，ext3 可以使用户平滑地过渡到一个日志功能健全的文件系统中来。这实际上了也是 ext3 日志文件系统初始设计的初衷。

11.6.3　常见嵌入式 Linux 文件系统

在嵌入式 Linux 应用中，主要的存储设备为 RAM（DRAM、SDRAM）和 ROM（常采用 Flash 存储器），常用的基于存储设备的文件系统类型包括：jffs2、yaffs、cramfs、romfs、ramdisk 和 ramfs/tmpfs 等。

1. 基于 Flash 的文件系统

Flash（闪存）作为嵌入式系统的主要存储媒介，有其自身的特性。Flash 的写入操作只能把对应位置的 1 修改为 0，而不能把 0 修改为 1（擦除 Flash 就是把对应存储块的内容恢复为 1），因此，一般情况下，向 Flash 写入内容时，需要先擦除对应的存储区间。这种擦除是以块（block）为单位进行的。Flash 存储器的擦写次数是有限的，NAND 闪存还有特殊的硬件接口和读/写时序。因此，必须针对 Flash 的硬件特性设计符合应用要求的文件系统；传统的文件系统如 ext2 等，用作 Flash 的文件系统会有诸多弊端。

在嵌入式 Linux 下,MTD(Memory Technology Device,存储技术设备)为底层硬件(闪存)和上层(文件系统)之间提供一个统一的抽象接口,即 Flash 的文件系统都是基于 MTD 驱动层的(见图 11.6.1)。使用 MTD 驱动程序的主要优点在于,它是专门针对各种非易失性存储器(以闪存为主)而设计的,因而它对 Flash 有更好的支持、管理和基于扇区的擦除、读/写操作接口。

顺便一提,一块 Flash 芯片可以被划分为多个分区,各分区可以采用不同的文件系统;两块 Flash 芯片也可以合并为一个分区使用,采用一个文件系统。即文件系统是针对于存储器分区而言的,而非存储芯片。

(1) jffs2

jffs 文件系统最早是由瑞典 Axis Communications 公司基于 Linux 2.0 的内核为嵌入式系统开发的文件系统。jffs2 (journalling flash file system v2,日志闪存文件系统版本 2)是 Redhat 公司基于 JFFS 开发的闪存文件系统,最初是针对 Redhat 公司的嵌入式产品 eCos 开发的嵌入式文件系统,所以 jffs2 也可以用在 Linux 和 μClinux 中。

jffs2 主要用于 NOR Flash 存储器,基于 MTD 驱动层,特点是:可读/写的、支持数据压缩的、基于哈希表的日志型文件系统,并提供了崩溃/掉电安全保护,提供"写平衡"支持等。缺点主要是当文件系统已满或接近满时,因为垃圾收集的关系而使 jffs2 的运行速度大大放慢。

目前 jffs3 正在开发中。关于 jffs 系列文件系统的使用详细文档,可参考 MTD 补丁包中 mtd-jffs-HOWTO. txt。

jffsx 不适合用于 NAND 闪存,主要是因为 NAND 闪存的容量一般较大,这样将会导致 jffs 为维护日志节点所占用的内存空间迅速增大;另外,jffsx 文件系统在挂载时需要扫描整个 Flash 的内容,以找出所有的日志节点,建立文件结构,对于大容量的 NAND 闪存会耗费大量时间。

(2) yaffs

yaffs(yet another flash file system)/yaffs2 是专为嵌入式系统使用 NAND 型闪存而设计的一种日志型文件系统。与 jffs2 相比,它减少了一些功能(例如不支持数据压缩),所以速度更快,挂载时间很短,对内存的占用较小。另外,它还是跨平台的文件系统,除了 Linux 和 eCos,还支持 WinCE、pSOS 和 ThreadX 等。

yaffs/yaffs2 自带 NAND 芯片的驱动,并且为嵌入式系统提供了直接访问文件系统的 API,用户可以不使用 Linux 中的 MTD 与 VFS,直接对文件系统操作。当然,yaffs 也可与 MTD 驱动程序配合使用。

yaffs 与 yaffs2 的主要区别在于,前者仅支持小页(512 字节) NAND 闪存,后者则可支持大页(2 KB) NAND 闪存。同时,yaffs2 在内存空间占用、垃圾回收速度、读/写速度等方面均有大幅提升。

(3) cramfs

cramfs(compressed ROM file system)是 Linux 的创始人 Linus Torvalds 参与开发的一种只读的压缩文件系统。它也基于 MTD 驱动程序。

在 cramfs 文件系统中,每一页(4 KB)被单独压缩,可以随机页访问,其压缩比高达 2:1,为嵌入式系统节省大量的 Flash 存储空间,使系统可通过更低容量的 Fl 存储相同的文件,从而降低系统成本。

cramfs 文件系统以压缩方式存储,在运行时解压缩,所以不支持应用程序以 XIP 方式运行,所有的应用程序要求被复制到 RAM 里去运行,但这并不代表比 ramfs 需求的 RAM 空间要大一点,因为 cramfs 是采用分页压缩的方式存放档案。当读取档案时,不会一下子就耗用过多的内存空间,只针对目前实际读取的部分分配内存,尚没有读取的部分不分配内存空间。当读取的档案不在内存时,cramfs 文件系统自动计算压缩后的资料所存的位置,再即时解压缩到 RAM 中。

另外,cramfs 的速度快,效率高,其只读的特点有利于保护文件系统免受破坏,提高了系统的可靠性。由于这些特性,cramfs 在嵌入式系统中应用广泛。但是它的只读属性同时又是它的一大缺陷,使得用户无法对其内容进行扩充。

cramfs 映像通常是放在 Flash 中,但是也可以放在别的文件系统里。使用 loopback 设备可以把它安装到别的文件系统里。

(4) romfs

传统型的 romfs 文件系统是一种简单的、紧凑的、只读的文件系统,不支持动态擦写保存,按顺序存放数据,因而支持应用程序以 XIP(eXecute In Place,片内运行)方式运行。在系统运行时,节省 RAM 空间。μClinux 系统通常采用 romfs 文件系统。

其他文件系统:fat/fat32 也可用于实际嵌入式系统的扩展存储器(例如 PDA、Smartphone、数码相机等的 SD 卡),这主要是为了更好地与最流行的 Windows 桌面操作系统相兼容。ext2 也可以作为嵌入式 Linux 的文件系统,不过将它用于 Flash 闪存会有诸多弊端。

2. 基于 RAM 的文件系统

(1) ramdisk

ramdisk 是将一部分固定大小的内存当作分区来使用。它并非一个实际的文件系统,而是一种将实际的文件系统装入内存的机制,并且可以作为根文件系统。将一些经常被访问而又不会更改的文件(如只读的根文件系统)通过 ramdisk 放在内存中,可以明显地提高系统的性能。

在 Linux 的启动阶段,initrd 提供了一套机制,可以将内核映像和根文件系统一起载入内存。

(2) ramfs /tmpfs

ramfs 是 Linus Torvalds 开发的一种基于内存的文件系统,工作于虚拟文件系统

(VFS)层,不能格式化,可以创建多个,在创建时可以指定其最大能使用的内存大小。实际上,VFS 本质上可看成一种内存文件系统,它统一了文件在内核中的表示方式,并对磁盘文件系统进行缓冲。

ramfs/tmpfs 文件系统把所有的文件都放在 RAM 中,所以读/写操作发生在 RAM 中,可以用 ramfs/tmpfs 来存储一些临时性或经常要修改的数据,例如/tmp 和/var 目录。这样既避免了对 Flash 存储器的读/写损耗,也提高了数据读/写速度。

ramfs/tmpfs 相对于传统的 ramdisk 的不同之处主要在于:不能格式化,文件系统大小可随所含文件内容大小变化。

tmpfs 的一个缺点是当系统重新引导时会丢失所有数据。

3. 网络文件系统

网络文件系统(Network File System,NFS)是 FreeBSD 支持的文件系统中的一种,它允许一个系统在网络上共享目录和文件。通过使用 NFS,用户和程序可以像访问本地文件一样访问远端系统上的文件。NFS 是由 SUN 公司于 1984 年推出,它的通信协议设计与主机及嵌入式终端系统无关,用户只要在主机中用 mount 就可将某个文件夹挂到终端系统上。在嵌入式 Linux 系统的开发调试阶段,可以利用该技术在主机上建立基于 NFS 的根文件系统,挂载到嵌入式设备,可以很方便地修改根文件系统的内容。

以上讨论的都是基于存储设备的文件系统(memory-based file system),它们都可用作 Linux 的根文件系统。实际上,Linux 还支持逻辑的或伪文件系统(logical or pseudo file system),例如 procfs(proc 文件系统),用于获取系统信息;devfs(设备文件系统)和 sysfs,用于维护设备文件。

11.6.4　根文件系统的选择

选择一个文件系统用于根文件系统是一个取舍的过程,最后的决定往往是对一个文件系统性能和目标用途的折中。通常选择一个文件系统需要注意以下几个特点。

① 可写:是否该文件系统能被写数据。

② 可保存:是否该文件系统在重启后能够保存修改后的东西,一般是在有可写的基础上才会有该功能。

③ 可压缩:是否挂载的文件系统内容可被压缩,这对一个嵌入式系统非常有用,可以节约宝贵的存储空间。

④ 存在 RAM:是否可以在挂载之前将该文件系统的内容第一次从存储设备压缩到 RAM 中,通常许多文件系统被直接从存储设备挂载。

⑤ 可恢复:当突然断电后能否恢复对文件系统的修改。

最常见的几种文件系统的特点如表 11.6.1 所列,可以比较,以选择最佳的文件系统。

总之,在选择根文件系统时,如果系统的 Flash 非常小,但是有相对比较大的

RAM,建议选择 ramdisk 作为根文件系统;如果系统有稍微多的 Flash 或者希望在应用程序运行时保存尽可能多的 RAM,cramfs 根文件系统是一个不错的选择;如果需要一个能够经常改变的文件系统,则通常选用 jffs2 文件系统。

表 11.6.1　常见文件系统的特点

文件系统	可　写	可保存	可恢复	可压缩	可存 RAM
cramfs	No	NA	NA	Yes	No
jffs2	Yes	Yes	Yes	Yes	No
jffs	Yes	Yes	Yes	No	No
ext2 over NFTL	Yes	Yes	No	No	No
ext3 over NFTL	Yes	Yes	Yes	No	No
ext2 over RAM disk	Yes	No	No	No	Yes

思考题与习题

1. 简述交叉开发的含义。
2. 简述构建交交叉开发工具链的过程。
3. 简述 gcc 交叉编译器的生成的一般流程。
4. 简述安装双操作系统的 Linux 应注意的几个问题。
5. 详细说明 VMware 安装过程和在其中安装 Linux 系统的过程。
6. 对下列命令做详细解释:
   (1) ls-l
   (2) rm-if　hello
   (3) cat a1. txt a2. txt ＞ a3. txt
   (4) cp-p /etc/inittab /home/
   (5) mkdir-m 755 jacky
   (6) pwd
   (7) mount-o iocharset＝cp936 /dev/sdb1 /mnt/usb
7. 在 home 目录下创建一个 example 目录,用 tar 命令分别打包成 example. tar. gz 和 example. tar. bz2,然后复制到另外 2 个目录下分别解压。
8. 编辑器 vi 的 3 种模式是什么? 怎样互相切换?
9. 简述 make 常用参数及其功能。
10. 简述 Linux 内核的核心子系统的组成和功能。
11. 一个设备驱动程序一般哪几部分组成?
12. 列出 Linux 的源文件的目录结构和运行系统的目录结构,并指出它们的关系与区别。
13. 简述 Linux 下的文件系统结构和功能。
14. 简述常见嵌入式 Linux 文件系统的功能。

第 **12** 章

嵌入式 Linux 软件设计

当前,嵌入式软件开发已经逐步规范化、平台化和层次化。其层次化结构如图 12.1.1 所示,从与底层硬件相关的引导程序 Bootloader 到操作系统内核,到上层文件系统、GUI 窗口系统,以及用户层应用软件。对于嵌入式 Linux 软件系统,由于该软件是开放源代码的,故使得包括 Bootloader、OS、文件系统、驱动程序等整个"软件链"都有相应的开源代码参考。这样就使得嵌入式 Linux 软件设计中有个很特殊的概念——软件移植。

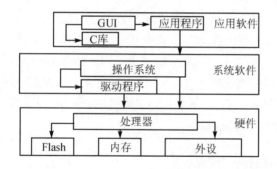

图 12.1.1　嵌入式软件开发的层次化结构

12.1　移植的基本概念

移植是嵌入式 Linux 软件设计中用得最多的概念之一,从广义上讲,移植包括软件移植和硬件移植;从狭义上讲,移植就是指软件移植,即将一个软件从一个平台迁移到另一个与其不同的平台上工作。通常情况下,移植分为 3 种情况。

(1) 从一个硬件平台移植到另一个硬件平台

在 Linux 内核代码中,可以看到 arch 目录下有许多子目录,其中每一子目录代表一种硬件平台,也就是说 Linux 内核 arch 目录下有多少个子目录就代表其支持多少种硬件平台。这里以 Linux 2.4.18 内核为例,其 arch 目录下的内容如下:

alpha	cris	ia64	mips	parisc	ppc64	s390x	parc
arm	i386	n68k	mips64	ppc	s390	sh	sparc64

以上每一种 CPU 体系结构中又包含许多的、不同公司推出的、具体的 CPU。以 ARM 体系结构为例,它又包含 mach-sa1100、ach-epxal10db、mach-ixp2000、mach-rpc、mach-s3c2410 等子体系结构。这种形式的移植最常见的就是 Linux 操作系统的移植,比如将基于 X86 体系的 Linux 移植到基于 ARM 体系的嵌入式 Linux。

(2) 从一个操作系统移植到另一个操作系统

这种形式的移植是最常见的,例如将 Windows 系统下运行的程序移植到 Linux/Unix 系统中。这时需要考虑操作系统提供的 API 以及所调用的函数库等。

(3) 从一种软件库环境移植到另一种软件库环境

这种类型的移植也是比较常见的,例如将基于 Qt 3.0 库的应用程序移植到 Qt 4.0 库环境中去,再如将基于 glibc 库环境的程序移植到基于 uclibc 库环境中去。

显然,以上 3 种情况属第(1)种最为复杂,它包括了后两种的移植。因为基于 X86 体系的 gcc 编译生成的目标文件,不能直接在基于 ARM 的硬件平台中运行。因此首先需要建立好交叉编译工具链。本书所提到嵌入式目标板都约定为 ARM920T 内核的 S3C2410 处理器。同时还要考虑 glibc 等软件库的移植,然后才是 Bootloader 的移植。只有 Bootloader 移植成功后,才能进行 Linux 内核源代码的移植。内核移植又包括两方面的工作:一是 arch 目录下的体系结构移植,如从 i386 移植到 ARM;二是移植 drivers 目录下的许多硬件驱动程序。最后是应用程序的移植,如 Qt 等图形应用程序的移植等。

12.2　Bootloader 的移植

Bootloader 是操作系统和硬件的纽带,它负责初始化硬件,引导操作系统内核,检测各种参数给操作系统内核使用。事实上,一个功能完备的大型 Bootloader,就相当于一个小型的操作系统。在嵌入式领域中,操作系统移植的关键在于 Bootloader 的移植以及操作系统内核与硬件相关部分的移植。下面将以开源的 vivi 为例,介绍 Bootloader 移植过程中的一些主要工作。

12.2.1　关键文件的修改

1. vivi 顶层 Makefile 文件的修改

vivi 作为 Linux 系统的启动代码,在编译配置时需要用到函数库,包括交叉编译器库和头文件,交叉编译开关选项设置,还包括 Linux 内核代码中的库和头文件,所以,通常需要修改 vivi 工程管理文件 Makefile。

2. vivi 中与硬件相关的初始化

与具体运行在哪一个处理器平台上相关的文件都存放在 vivi/arch/目录下。本系统使用 S3C2410x 处理器,对应的目录为 s3c2410。其中,head. S 文件是 vivi 启动配置代码,加电复位运行的代码就是从这里开始的。由于该文件中对处理器的配置均通过调用外部定义常数或宏来实现,所以针对不同的平台,只要是 S3C2410X 处理器,几乎不用修改,只要修改外部定义的初始值即可。这部分初始值都在 vivi/include/platform/smdk2410. h 文件中定义,包括处理器时钟、存储器初始化、通用 I/O口初始化以及 vivi 初始配置等。

3. 对不同 Flash 启动的修改

vivi 能从 NOR Flash 或 NAND Flash 启动,因此启动程序、Linux 内核及根文件系统,甚至还包括图形用户界面都需要存放在 NOR Flash 或 NAND Flash 中。这样,作为启动程序的 vivi 必须根据实际情况来修改存放这些代码的分区。分区指定的偏移地址就是代码应该存放并执行的地址。

4. 内核启动参数设置

经过修改后,S3C2410x 开发板能从 NAND Flash 中启动运行 Linux,也能从 NOR Flash 中启动,所以相应地也要修改启动命令,如下所示:

```
# ifdef CONFIG_S3C2410_N AND_BOOT
    char Linux_cmd[] = "noinitrd root = /dev/bon/2 init = /Linuxrc console = tty0
                        console = ttyS0"
# else
    char Linux_cmd[] = "noinitrd root = /dev/mtdblock/3 init = /Linuxrc console = tty0
                        console = ttyS0"
# endif
```

5. Flash 驱动的实现

移植 vivi 的最后一步就是实现 Flash 驱动,程序员需要根据自己系统中具体 Flash 芯片的型号及配置来修改驱动程序,使 Flash 设备能够在嵌入式系统中正常工作。如果使用的驱动尚未支持 Flash 芯片,则需仿照其他型号来重新编写。

修改 Flash 驱动的关键一步是对 flash. c 文件的修改。flash. c 是读、写和删除 Flash 设备的源代码文件(**注意**:如果 flash. c 文件是后来添加的新文件,那么在添加此文件后,还需修改相同目录下的 Makefile 文件,否则编译会出错误)。由于不同开发板中 Flash 存储器的种类各不相同,所以修改 flash. c 时需参考相应的 Flash 芯片手册。它包括如下几个函数:

① unsigned long flash - init(void); Flash 初始化。

② void flash - print - info(flash - info - t * info); 打印 Flash 信息。

③ int flash - erase(flash - info - t ＊ info,ints - first,ints -last)；　Flash 擦除。

④ volatile static int write-hword(flash - info - t ＊ info,ulongdest,ulong data)；
Flash 写入。

⑤ int write - buff(flash - info - t ＊ info,uchar ＊ src,ulongaddr,ulong cnt)；
从内存复制数据。

当做好上述的移植工作后,还需要根据嵌入式目标板进行适当的配置,以实现最简单 vivi 代码。等配置好嵌入式目标板后,就可以使用 make 命令对 vivi 进行编译了。

12. 2. 2　串口设置示例

串口作为一种常用的通信方式,在嵌入式开发中起到极其重要的作用,几乎所有的嵌入式设备都提供了串口的支持,并且都在 Bootloader 中就给出了支持,为下一步开发提供方便,比如操作系统内核、文件系统下载等。本小节将详细介绍串口波特率的设置,对 Bootloader 的移植和设计起到抛砖引玉的作用。

对 vivi 而言,串口的初始化是在 vivi 初始化的第一个阶段进行,具体是在 arch/s3c2410 /head. S 文件中设置,且一般串口波特率设置为 115 200 bit/s。有关 S3C2410 数据手册中的串口相关寄存器的功能和波特率设置见 6.1 节。例如,若希望波特率设置为 115 200,而 PCLK 又等于 40 MHz,那么 UBRDIV11 就应该设置为：

$$UBRDIVn = int[40000000/(115200 \times 16)] - 1$$
$$= int(21.7) - 1 = 20$$

式中：UBRDIVn 的值向下取整。

head. S 中串口初始化的代码如下所示：

```
@ Initialize UART @ r0 = number of UART port
InitUART:
ldr     r1, SerBase              /* ① */
mov     r2, #0x0
str     r2, [r1, #oUFCON]        /* ② 设置 UART 通道 0 FIFO 控制寄存器 */
str     r2, [r1, #oUMCON]        /* ② 设置 UART 通道 0 模式控制寄存器 */
mov     r2, #0x3
str     r2, [r1, #oULCON]        /* ② 设置 UART 通道 0 行控制寄存器 */
ldr     r2, = 0x245
str     r2, [r1, #oUCON]         /* ② 设置 UART 通道 0 控制寄存器 */
#define UART_BRD ((S3C2410MCLK/4 / (UART_BAUD_RATE * 16)) - 1)   /* ③ */
mov     r2, #UART_BRD
str     r2, [r1, #oUBRDIV]       /* ③ 设置波特率 */
```

上面初始化代码中的很多变量或符号,分别在下面几个文件中进行了宏定义。

① 在 head. S 中定义了：

```
SerBase:
#if defined(CONFIG_SERIAL_UART0)
```

```
    .long UART0_CTL_BASE
#elif defined(CONFIG_SERIAL_UART1)
    .long UART1_CTL_BASE
#elif defined(CONFIG_SERIAL_UART2)
    .long UART2_CTL_BASE
#else
#error not defined base address of serial
#endif
```

② 在 s3c2400.h 中定义了：

```
#define UART_CTL_BASE       0x50000000
#define UART0_CTL_BASE      0x50000000  /* UART channel 0 */
#define UART1_CTL_BASE      0x50004000  /* UART channel 1 */
#define bUART(x,Nb)         __REGl(UART_CTL_BASE + (x)*0x4000 + (Nb))
#define UBRDIV0             bUART(0,0x28)
#define oULCON             0x00         /* R/W */
#define oUCON              0x04         /* R/W */
#define oUFCON             0x08         /* R/W */
#define oUMCON             0x0C         /* R/W */
#define oUBRDIV            0x28         /* R/W */
```

③ 在 smdk2410.h 中定义了：

```
#define S3C2410MCLK         101250000   /* 100 MHz */
```

12.2.3　Bootloader 的交叉编译

为了进行交叉编译，需要修改 vivi 目录下的 Makefile 文件，将其中的编译器由 gcc 改为交叉编译器 arm-linux-gcc。然后使用 make 命令，系统将根据 Makefile 文件自动完成整个编译。编译完成后，系统将自动在 vivi 的根目录下生成一个名为 vivi 的二进制目标文件，用于下载到嵌入式目标设备的 Flash 中。

12.2.4　Bootloader 的下载

Bootloader 的下载(又叫做烧录)是利用 JTAG 口进行的，操作平台可以是 Windows 或桌面 Linux，只是二者用的工具软件不同而已。这里以 Windows 操作平台以及 sjf2410 工具软件为例进行介绍。在下载之前，需要将生成的可执行文件从桌面 Linux 下转移到 Windows 的某个目录下(如 d:\vivi)。

① 利用 Jflash 线将 PC 机和嵌入式目标板的 JTAG 口正确连接。这里要注意，Jflash 线和 Wiggler 线的外形非常相似，不要混淆。

② 启动 sjf 服务，安装 giveio.sys 驱动。打开 sjf 目录下的 loaddrv.exe，将弹出 LoadDrv 对话框，如图 12.2.1 所示。将默认的 c:\windows\system32\drivers\ 修改为 giveio.sys 所在的"目录＋文件"，注意要加后缀.sys。

③ 再依次单击 Install 和 Start 按钮,就会提示 Service already runing,也就是驱动已经安装成功,如图 12.2.2 所示。如果报错,可依次单击 Stop 和 Remove 按钮,再重新单击 Install 和 Start 按钮,则会提示 Successful。

④ 在 DOS 环境下手动运行 sjf2410 命令:sjf2410 /f: vivi,其中,"/f:"是参数而不是目录;"vivi"是要下载的文件名。若 Jflash 线连接正确,会出现"S3C2410X is detectcd",然后依照提示进行选择,最后出现"Eppppppp"(见图 12.2.3)提示正在进行下载。整个过程根据文件大小的不同需要几分钟。如果提示"No CPUis detected",则表示未检测到 CPU,那么后续步骤不能进行。下载完成后,选择"2"退出(注意: 不能再选 0,以免又下载一次)。

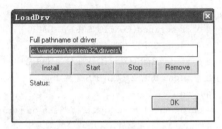

图 12.2.1　LoadDrv 对话框

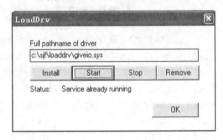

图 12.2.2　LoadDrv 窗口提示驱动安装成功

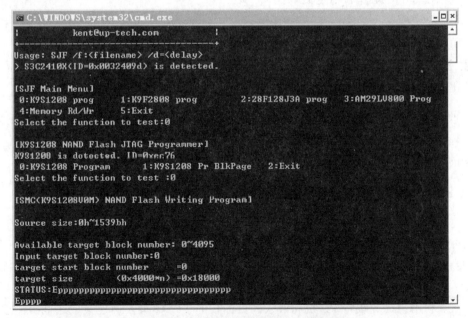

图 12.2.3　vivi 下载正在进行的提示

⑤ vivi 下载成功后,用串口将 PC 机和嵌入式目标板连接起来,并启动 Windows 中的超级终端。如果打开嵌入式目标板的电源,就会启动 vivi,vivi 的启动信息,如图 12.2.4 所示。

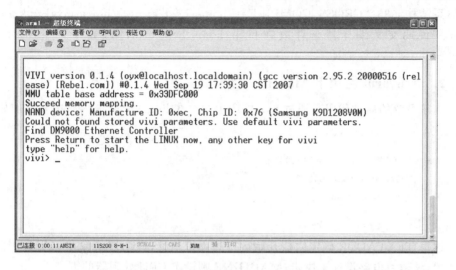

图 12.2.4　超级终端下的 vivi 启动信息

12.3　嵌入式 Linux 内核的移植

内核是嵌入式 Linux 系统的核心部分,因为 Linux 与 Windows 不同,前者的内核和文件系统、图形用户系统(GUI 窗口系统)可以分开,它们的开发、移植、下载甚至运行都是可以分开的。内核移植是一个比较复杂的任务,当然也是嵌入式系统开发中非常重要的一个过程。内核移植一般包括内核配置、内核编译和内核下载 3 大步骤。

12.3.1　内核移植的准备

移植内核首先要准备好编译内核的编译器即交叉编译工具链,然后从相关的网站(ftp. kernel. org)下载要移植的内核源代码(基本上都是 C 语言编写),这里采用的是 2.4.18 版本内核压缩包 Linux-2.4.18.tar.gz。

12.3.2　关键文件的修改

1. 设置目标平台和指定交叉编译器

在源代码的最上层根目录下的 Makefile 文件中,指定所移植的硬件平台,以及所使用的交叉编译器。修改如下:

```
ARCH : = arm
CROSS_COMPILE = /home/host/armv4l/bin/armv4l-unknown-linux-
```

其中,“ARCH : = arm”说明目标是 ARM 体系结构,默认的 ARCH 一般是指宿主机

的 体 系 结 构 i386；"CROSS_COMPILE＝/home/host/armv4l/bin/armv4l-unknown-linux-"说 明 交 叉 编 译 器 是 存 放 在 目 录/home/host/armv4l/bin/下 的 armv4l-unknown-linux-xxx 等工具。

2. arch /arm 目录下 Makefile 修改

内核系统的启动代码是通过此文件产生的。在 linux-2.4.18 内核中要添加如下代码：

```
ifeq ( $ (CONFIG_ARCH_S3C2410),y)
    TEXTADDR = 0xC0004000
    MACHINE = s3c2410
  endif
```

这里 TEXTADDR 确定内核开始运行的虚拟地址，即内核映像在 RAM 中下载的位置，该值由电路设计来决定；MACHINE 则设定 CPU 处理器的型号。

3. arch /arm 目录下 Config. in 修改

Config. in 文件是用来设置后面介绍的 menuconfig 配置菜单的，它们是一一对应关系。这里把嵌入式目标板的 CPU 平台加在相应的地方，这样在配置 Linux 内核时就能够选择是否支持该平台了。最初标准的 2.4.18 内核中没有 S3C2410 的相关信息，所以需要在该文件中进行有效的配置，以加入支持 S3C2410 处理器的相关信息。

(1) 添加 CONFIG_ARCH_S3C2410 子选项

移植后：

```
if[" $ CONFIG_ARCH_S3C2410" = "y"];then
    Comment ´S3C2410 Implementation´
    Dep_bool    ´SMDK (MERI   TECH BOARD)´
    CONFIG_S3C2410_SMDK //
     $ CONFIG_ARCH_S3C2410
  //其他需要的选项
  fi
```

(2) 其他选项

移植前：

```
if[" $ CONFIG_FOOTBRIDGE_HOST" = "y" - o\
    " $ CONFIG_ARCH_SHARK" = "y" - o\
    " $ CONFIG_ARCH_CLPS7500" = "y" - o\
    " $ CONFIG_ARCH_EBSA110" = "y" - o\
    " $ CONFIG_ARCH_CDB86712" = "y" - o\
    " $ CONFIG_ARCH_EDB7211" = "y" - o\
```

```
" $ CONFIG_ARCH_SA1100" = "y" - o];then
define_bool CONFIG_ISA y
Else
define_bool CONFIG_ISA n
fi
```

移植后：

```
if[" $ CONFIG_FOOTBRIDGE_HOST" = "y" - o\
    " $ CONFIG_ARCH_SHARK" = "y" - o\
    " $ CONFIG_ARCH_CLPS7500" = "y" - o\
    " $ CONFIG_ARCH_EBSA110" = "y" - o\
    " $ CONFIG_ARCH_CDB86712" = "y" - o\
    " $ CONFIG_ARCH_EDB7211" = "y" - o\
    " $ CONFIG_ARCH_S3C2410" = "y" - o\        //添加项
    " $ CONFIG_ARCH_SA1100" = "y" - o];then
define_bool CONFIG_ISA y
Else
define_bool CONFIG_ISA n
fi
```

这样，在 Linux 内核配置时就可以选择刚刚加入的 S3C2410 处理器平台了。

4. arch /arm /boot 目录下 Makefile 修改

编译出来的内核存放在该目录下。这里用来指定内核解压到实际硬件内存系统中的物理地址。一般如果内核无法正常启动，很可能是这里的地址设置不正确。

```
ifeq ( $ (CONFIG_ARCH_S3C2410),y)
    ZTEXTADDR = 0x30004000
    ZRELADDR = 0x30004000
Endif
```

ZTEXTADDR 设定内核解压后数据输出的地址。ZRELADDR 为 Bootloader 的压缩内核文件烧入 Flash 的起始地址，即从哪个位置开始执行 Bootloader。若启动时直接执行，则将其设为 0；若自带 BIOS 可以跳到想要的地址，则可以改为所要的位置。

5. arch /arm /boot /compressed 目录下 Makefile 修改

该文件从 vmlinux 中创建一个压缩的 vmlinuz 镜像文件。该文件中用到的 SYSTEM、ZTEXTADDR、ZBSSADDR 和 ZRELADDR 是从 arch/arm/boot/Makefile 文件中得到的。为加入 head-s3c2410.S，添加如下代码：

```
ifeq ( $ (CONFIG_ARCH_S3C2410),y)
        OBJS += head-s3c2410.o
Endif
```

6. arch /arm /boot /compressed 目录下添加 head-s3c2410. s

下面的汇编语言文件是新添加的,主要用来初始化具体的 CPU 处理器。

```
# include<linux/config.h>
# include<linux/linkage.h>
# include<asm/match-types.h>
.section    "start",# alloc,# execinstr
_S3C2410_start:
        bic    ra, pc, # 0X1f       @清除程序计数器中相关位,存放在寄存器 r2 中
        add    r3, r2, # 0X4000     @r3←r2 + 0x4000(16kb)
1:      ldr    r0,[r2], # 32        @r0←r2,r2←r2 + r3
        teq    r2,r3                @比较 2 个寄存器内容
        bne    1b
        mcr    p15,0,r0,c7,c10,4
        mcr    p15,0,r0,c7,c7,0     @刷新 I&D caches
# if 0
        mrc    p15,0,r0,c1,c0,0     @禁用 MMU 和 caches
        bic    r0,r0,# 1000         @读取控制寄存器
        bic    r0,r0,# 0x05         @禁用 I caches
        mcr    p15,0,r0,c1,c0,0     @使前面的设置生效
# endif
        mov    r0,# 0x00200000
1:      subs   r0,r0,# 1
        Bne    1b                   @暂停一段时间,等待主机启动终端
```

7. arch /arm /def-configs 目录

这里定义了一些平台的 config 文件,比如 lart 和 assert 等。把配置好的 S3C2410 的配置文件复制到这里即可。

8. arch /arm /kernel 目录下 Makefile 修改

该文件主要用来确定文件类型的依赖关系。

移植前:

no-irq-arch := $ (CONFIG_ARCH_INTEGRATOR)
$ (CONFIG_ARCH_CLPS711X) $ (CONFIG_FOOTBRIDGE)
$ (CONFIG_ARCH_EBSA110) $ (CONFIG_ARCH_SA1100)

＄(CONFIG_ARCH_CAMELOT)＄(CONFIG_ARCH_MX1ADS)

移植后：

no-irq-arch ：＝ ＄(CONFIG_ARCH_INTEGRATOR)

＄(CONFIG_ARCH_CLPS711X)＄(CONFIG_FOOTBRIDGE)

＄(CONFIG_ARCH_EBSA110)＄(CONFIG_ARCH_SA1100)

＄(CONFIG_ARCH_CAMELOT)＄(CONFIG_ARCH_S3C2400)

＄(CONFIG_ARCH_S3C2410)＄(CONFIG_ARCH_MX1ADS)

＄(CONFIG_ARCH_PXA)

9. arch /arm /kernel 目录下的 debug-armv. s 文件修改

在该文件中添加如下代码,目的是关闭外围设备的时钟,以保证系统正常运行。

```
＃elif defined(CONFIG_ARCH_S3C2410)
.macro addruart,rx
    mrc p15, 0, \rx, c1, c0
    tst \rx, ＃1                      @ MMU 使能
    moveq \rx, ＃0x50000000           @ 物理地址
    movne \rx, ＃0xf0000000           @ 虚拟地址
    .endm
    .macro senduart,rd,rx
    str \rd, [\rx, ＃0x20]            @ UTXH
    .endm
    .macro waituart,rd,rx
    .endm
    .macro busyuart,rd,rx
1001: ldr \rd, [\rx, ＃0x10]          @ 读 UTRSTAT
    tst \rd, ＃1 ≪ 2                  @ TX_EMPTY ?
    beq 1001b
    .endm
```

10. arch /arm /kernel 目录下的 entry-armv. s 文件修改

在适当的地方加入如下代码,此为 CPU 初始化时的处理中断的汇编代码。

```
＃elif defined(CONFIG_ARCH_S3C2410)
＃include ＜asm/hardware. h＞
    .macro disable_fiq
    .endm
    .macro get_irqnr_and_base, irqnr, irqstat, base, tmp
    mov r4, ＃INTBASE                 @ IRQ 寄存器的虚拟地址
```

```
        ldr \irqnr, [r4, #0x8]              @ 读 INTMSK
        ldr \irqstat, [r4, #0x10]           @ 读 INTPND
        bics \irqstat, \irqstat, \irqnr
        bics \irqstat, \irqstat, \irqnr
        beq 1002f
        mov \irqnr, #0
1001: tst \irqstat, #1
        bne 1002f @ found IRQ
        add \irqnr, \irqnr, #1
        mov \irqstat, \irqstat, lsr #1
        cmp \irqnr, #32
        bcc 1001b
1002:
        .endm
        .macro irq_prio_table
        .endm
```

11. arch /arm /mm 目录下的相关文件

此目录下的文件是和 ARM 平台相关的内存管理内容,只有 mm-armv. c 文件需要移植。

移植前:init_maps->bufferable = 0;

移植后:init_maps->bufferable = 1;

init_maps 是一个 map_desc 型的数据结构。Map_desc 的定义在/include/asm-arm/mach /map. h 文件中。

12. arch /arm /mach-s3c2410 目录下的相关文件

这个目录在 2.4.18 版本的内核中是不存在的,但在高版本中已经添加了对这款处理器的支持。不过发布的内核只是对处理器的基本信息提供支持,有关开发板的外设,例如 USB、电源管理等都要用户自己添加。这里基本上都是 C 语言编写的代码,就不逐一列出了。

到此,关键文件的修改已完成,接下来将根据嵌入式目标板的硬件资源,来对操作系统内核进行配置、裁剪,以实现最合适、最精简的内核系统。

12.3.3　内核的配置与裁剪

配置内核与裁剪是移植内核过程中很重要的一步,也是非常复杂的一步,配置时一定要小心,否则操作系统将无法运行。配置内核的目的是裁剪掉不必要的文件和目录,获得一个最简的,又能满足用户开发的操作系统,以解除嵌入式开发过程中所遇到的存储空间有限的困扰。

通常有 4 种主要的配置内核的方法。

① make config　提供了一个命令行接口方式来配置内核，它会一个接着一个地询问关于每一个选项，这个方式相对非常繁琐，因为有太多的选项要进行配置，并且不知道什么时候才能配置结束，直到配置完最后一个，所以在实践中很少应用该方法。如果已经有了.config 配置文件，它将根据配置文件来设置询问选项的默认值。

② make oldconfig　会使用一个已有的.config 配置文件，提示行会提示那些之前还没有配置过的选项；它与 make config 相比要简单很多，因为它需要配置的不再是所有的选项，而是.config 配置文件中没有的配置选项。

③ make menuconfig　显示一个基于文本的图形化终端配置菜单，目前被公认为是使用最广的配置内核方法。如果一个.config 文件已经存在，它将使用该文件设置那些默认的值。

④ make xconfig　显示一个基于 X 窗口的配置菜单，用户可以通过图形用户界面(GUI)和鼠标来对内核进行配置，使用该方法时必须支持 X Windows 系统。如果.config 文件已经存在，它将使用该文件设置那些默认的值。

以上 4 中配置内核的方法各有各的优点，用户可以根据自己的相关情况选择最适合自己开发的方法。此处只对 make menuconfig 这种最为常用的方法作详细介绍。

1. 启动内核配置窗口

进入被配置的内核的根目录，使用 make menuconfig 命令启动内核配置窗口，如图 12.3.1所示。

命令：

```
# cd /home/arm/source_sys/kernel
# make menuconfig
```

2. 配置内核

按 Enter 键进入下一目录，使用 Space 键选中或取消对某一项的选择，"＊"表示已被选中。菜单选项的内容十分丰富，下面只给出一些主要的进行介绍。

① Loadable module support　是否提供动态载入模块的功能，如果某些驱动要采用动态方式装载，则要将此项选中。

② Processor type 或 System type　CPU 处理器的内核选择，例如 i386、ARM 等，除此之外，还可提供具体型号的选择。

③ Parallel port support　并口的设备支持，例如并口的打印机等设备。

④ Networking support　网络设置的选择与支持。

⑤ System Vipc　是否使内核支持 System V 的进程间通信的功能(IPC)。

⑥ Kernel support for ELF binaries　是否提供 ELF 格式存储的可执行文件，ELF 是目前 Linux 的可执行文件、目标文件和系统函数库的标准格式。

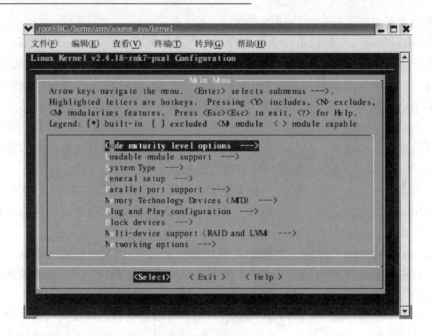

图 12.3.1　内核配置窗口

⑦ Character devices　Linux 提供了很多特殊的字符设备的支持,例如串口、鼠标、键盘、游戏杆、摄像头等。

⑧ Filesystems　各种文件系统的选择与支持,例如 EXT2/3、Jffs2、Cramfs 等。

⑨ Console drivers　一般至少应该支持 VGA text console,否则无法用控制台的方式来使用 Linux。

3. 保存配置

当对内核配置完毕之后,一定要选择 Save Configuration to an Alternate File 项,以把配置好的内核文件保存起来,否则后面在执行 make zImage 时就会要求一项项地配置。

到此整个内核配置已完成,接下来可以编译已配置好的内核,得到所需的内核二进制文件 zImage。

12.3.4　内核的编译

编译内核通常也需要几个步骤,一是清除以前编译通过的残留文件;二是编译内核 image 文件和可加载模块;三是安装模块。在编译内核之前,可先参考内核目录下的 README 文件和 Documentation/Changes 文件。README 文件说明安装内核的方法,Changes 文件主要给出编译和运行内核需要的最低工具软件列表。由于是基于 ARM 处理器平台移植,所以还可参考 Documentation/arm/README 文件,该文档主要说明编译 ARM Linux 内核的基本方法。

下面具体介绍编译内核的基本步骤。

① make dep 命令用在内核 2.4 或之前,用于建立源文件之间的依赖关系,在执行内核配置命令之后使用,不过在 2.6 内核中已经取消该命令,该功能由内核配置命令实现。

② make clean 命令用于删除前面留下来的中间文件,该命令不会删除.config 等配置文件。这个步骤是可选的,它的目的是清除原先编译过而残留的.com 和.o (obj 文件)。如果是刚下载的源代码,那么这一步就可以省略了,但是,如果是已经编译多次内核,这一步就是必要的,不然后面可能会出现很多莫名其妙的小问题。

③ make zImage 命令用于编译生成压缩形式的内核映像,当编译成功后,就会在 arch\arm\boot\目录下生成 zImage 文件,大小一般为几百 KB。对于嵌入式 Linux 内核而言,直接将生成的 zImage 下载到嵌入式目标板的 Flash 中即可。对于较大的内核,如果用 make zImage 编译,系统会提示使用 make bzImage 命令来编译,bzImage 是 big zImage 的缩写,可用于生成较大点的压缩内核,比如桌面 Linux 系统内核。

④ 如果在配置菜单的过程中,有些选项被选择为模块的,即选项前为[M],并且在回答 Enable loadable module support(CONFIG_MODULES)时选了 Yes 的,则接下来就还要用命令 make modules 来编译这些可加载模块,并用 make modules_install 将 make modules 生成的模块文件复制到相应目录。桌面 Linux 内核一般是在/lib/modules 目录下,而对于嵌入式 Linux 内核,由于利用了交叉编译器编译,并且应用在目标板上,所以需要安装的模块一般不在默认的路径下,通常可以利用选项 INSTLL_MOD_PATH＝ $ TARGETSIR 来指定要安装的位置。这两个命令完成后,系统就会在/lib/modules 目录下生成一个以内核版本号为名字的子目录(比如 2.6.20-8 等),里面存放着新内核 zImage 或 bzImage 的所有可加载模块(.o 文件)。

⑤ 如果是直接升级 PC 桌面 Linux 系统的内核,那么接下来还要用 make install 命令来安装新内核。如果是嵌入式 Linux 内核,则只需要将 make zImage 命令所生成的 zImage 下载到嵌入式目标板的 Flash 中。

12.3.5　内核的下载

内核下载就是将内核映像文件烧写到目标板上,内核下载的前提是已经在目标板上下载了相应的 Bootloader 程序。此部分已在前面的章节中作了详细介绍,此处不再赘述,下面直接讲解内核的下载。

① 启动超级终端(波特率为 115 200),连好串口线,在开机的瞬间快速地按空格键(不能是回车键),就进入到 vivi 控制台命令行下。

② 在 vivi 命令行输入：load　flash　kernel　x(含义是：向 Flash 芯片中烧写 kernel,采用 xmodem 协议),回车后会提示等待。

③ 立即选择要发送的文件,例如 zImage 文件,这里 Linux 环境下源代码 arch/

arm/boot 目录下的 zImage 内核映像文件已转移到 Windows 的某个目录下。同时要选择合适的 Xmodem 协议。以上操作完成后,单击"发送",几分钟后即可发送完毕。

下载完成后,重启开发板,如果能出现图 12.3.2 所示的提示,则表示下载内核成功。但此时按 Enter 键后,还不会进入到控制台下,控制台是需要移植文件系统后才会有。

图 12.3.2 Linux 内核启动信息

12.4 嵌入式 Linux 文件系统的移植

文件系统是 Linux/Unix 系统的一个重要组成部分,也是操作系统正常工作时的必要组成部分,在启动时内核需要根文件系统来挂载和组织文件。在目前的 Linux 操作系统中,内核代码映像文件保存在根文件系统中,系统引导启动程序会从这个根文件系统设备上把内核执行代码加载到内存中去运行。

在 Linux 中,用户能看到的文件空间是用一个单树状结构来组织的,根文件系统的最顶层称为 root,其下的每一个目录都有其具体的目的和用途,一般是根据 FHS (Filesystem Hierarchy Standard)定义建立一个正式的文件系统结构的。FHS 即文件系统结构标准,它在 Unix/Linux 操作系统的文件系统中是用于确定在何处存储何种文件的标准。

常见的根文件系统有 romfs、jffs2、nfs、ext2、ramdisk 、cramfs 等,有关内容请参考 11.6 节。

选择一个文件系统用于根文件系统是一个取舍的过程,最后的决定往往是对一个文件系统性能和目标用途的折中。通常选择一个文件系统需要注意可写、可保存、可压缩、可恢复等问题。

　　文件系统的生成实际上就是对文件系统进行打包，方法非常简单，只需进入存放文件系统的源代码目录，执行 mkcramfs、root_tech、rootfs.cramfs 命令即可。如果在打包的过程中未提示错误，系统将在当前目录下生成一个可供下载到嵌入式目标设备 Flash 中二进制目标文件 rootfs.cramfs。

　　文件系统被打包后，程序就可以将其下载到 Flash 中去了。下载的方法与下载内核的方法相似，只要将命令改为load　flash　root　x ，并且选择rootfs.cramfs 文件发送即可。

12.5　Linux 下设备驱动程序的开发

　　Linux 驱动开发是嵌入式软件设计中的主要内容，也是嵌入式 Linux 移植中工作量最大的部分。这里主要概述 Linux 设备管理、Linux 设备驱动框架、驱动程序的组成及常用的加载驱动程序的方法，并通过实例来详细介绍字符设备驱动程序的开发过程。下面分别对以上内容进行讲解。

12.5.1　Linux 设备管理概述

1. 设备管理机制的发展

　　设备管理是操作系统管理中最复杂的一部分。与 Unix 系统一样，Linux 系统采用设备文件来统一管理硬件设备，从而隐藏硬件设备的特性及管理细节，简化应用程序的编写。设备文件与一般的文件不同，它不包括任何数据，只是操作系统与外部设备之间进行信息交互的通道。

　　Linux 的设备管理策略已经经历了三次变革。在最早期的 Linux 版本中，设备文件只是一些普通的、带有特殊属性的文件，通过 mknod 命令挂载在/dev 目录下，由普通的文件系统统一管理。但是，随着 Linux 支持的硬件种类越来越多，/dev 树日趋膨胀。此外，大部分特殊文件并不常用，但考虑以后可能会使用这些设备，又不得不保留对应的设备文件。这不仅浪费了大量的空间，还极易造成管理混乱，为设备检测带来额外的时间损耗。

　　随着 2.4 内核中引入 Devfs(Device Filesystem，设备文件系统)，上述的问题得到了一定的改善。Devfs 旨在提供一个新的设备文件管理方法。与传统意义上的文件系统不同，Devfs 是一个虚拟文件系统。它会为所有向它注册的驱动程序在/dev 下建立相应的设备文件，同时，出于兼容性考虑，一个守护进程 devfsd 将会在某个特定的目录中建立以主设备号为索引的设备文件。采用 Devfs 管理设备，内核将自动建立所需的设备节点，在设备初始化时，在/dev 下创建相应的设备文件，在卸载设

备时删除该文件。但是,Devfs 仍有一些缺陷:

① 设备映射不确定。同一物理设备可能会被映射成不同的设备文件。

② 主/次设备号不足。在 Devfs 中,每一个设备文件都是由两个 8 位数字(一个是主设备号,另一个是此设备号)加上设备类型来唯一标识的。如果需要同时装载很多硬件设备,则这些数字并不足够。

③ 设备命名不够灵活。基于 Devfs 来管理设备,管理员修改设备文件的名称不方便,而默认的 Devfs 命名机制也比较复杂,需修改大量的配置文件和程序。

④ 占用额外的内核内存。Devfs 会耗费大量的内核内存去管理内核态的驱动程序。

在 Linux2.6 以后,引入一个新的虚拟文件系统——sysfs 来管理设备。它挂载在/sys 目录下,把系统设备和总线组织成一个分级的文件系统,用户空间的程序可利用这些信息与内核之间实现信息交互。这个系统信息通过 kobject 子系统来建立,它可直观反映当前系统上的实际设备树。当创建一个 kobject 时,对应的文件和目录也会被创建,供用户空间使用。udev 工具是用户空间的设备管理器,用以实现 devfs 的所有功能。udev 设备文件完全工作于用户态,不会影响内核行为;可动态更新设备文件,保证/dev 目录下的设备都是真正存在的;具有灵活的命名系统,用户可通过简单的操作规则文件来为系统设备定制命名规则。

2. 设备文件

设备文件的属性主要由 3 部分组成:文件类型、主设备号和次设备号。其中文件类型和主设备号结合在一起,可以唯一确定设备文件驱动程序及其界面,而次设备号则用来说明目标设备是同类设备中的第几个。

由于 Linux 将设备当作文件来处理,因此,对设备进行操作的调用格式与对文件的操作类似。当应用程序发出系统调用命令后,会从用户态转到核心态,通过内核将类似于 open()这样的系统调用转换为对物理设备的操作。

12.5.2　驱动程序概述

设备驱动程序是应用程序与硬件之间的一个中间软件层,可以看作是一个硬件抽象层(Hardware Abstract Layer,HAL),为应用程序屏蔽了硬件的细节。在应用程序看来,硬件设备只是一个设备文件,应用程序可以像操作普通文件一样对硬件设备进行操作。在操作系统看来,设备驱动程序是内核的一部分,它主要实现的功能有:对设备进行初始化和释放;把数据从内核传送到硬件以及从硬件读取数据;读取应用程序传送给设备文件的数据,回送应用程序请求的数据以及检测和处理设备出现的错误。

1. 设备类型分类

在 Linux 操作系统下有 3 类主要的设备文件类型:字符设备、块设备和网络设备。字符设备和块设备的主要区别在于是否使用了缓冲技术。字符设备以单个字节为单位进行顺序读/写操作,通常不使用缓冲技术。块设备为了提高效率,利用一块系统内存作为读/写操作的缓冲区。由于涉及缓冲区管理、调度和同步等问题,实现起来比字符设备复杂得多。而网络设备不同于字符设备和块设备,它面向的上一层不是文件系统而是网络协议层,是通过 BSD 套接口访问数据。

(1) 字符设备

字符设备(char device)和普通文件之间的主要区别:普通文件可以来回读/写,而大多数字符设备仅仅是数据通道,只能顺序读/写。但是不能完全排除字符设备模拟普通文件读/写过程的可能性。字符设备是 Linux 最简单的设备,可以像文件一样访问。应用程序使用标准系统调用来实现打开、读取、写和关闭等操作,完全好象这个设备是一个普通文件一样。甚至连接一个 Linux 系统上网的 PPP 守护进程使用的 Modem 也是这样的。初始化字符设备时,它的设备驱动程序向 Linux 登记,并在字符设备向量表中增加一个 device_struct 数据结构条目,这个设备的主设备标识符用作这个向量表的索引。Chrdev 向量表中的每一个条目,即一个 device_struct 数据结构,包括 2 个元素:一个登记设备驱动程序名称的指针和一个指向一组文件操作的指针。这些文件操作本身位于这个设备的字符设备驱动程序中,每一个都处理特定的文件操作,比如打开、读、写和关闭。

(2) 块设备

块设备(block device)是文件系统的物质基础,它也支持像文件一样被访问。这种为打开块特殊文件提供正确的文件操作组的机制和字符设备的十分相似。Linux 用 blkdevs 向量表维护已经登记的块设备文件。它像 chrdevs 向量表一样,使用设备的主设备号作为索引。它的条目也是 device_struct 数据结构。与字符设备不同,块设备进行分类,SCSI 是其中一类,而 IDE 是另一类。类向 Linux 内核登记并向核心提供文件操作,一种块设备类的设备驱动程序向这种类提供和类相似的接口。例如,SCSI 设备驱动程序必须向 SCSI 子系统提供接口,让 SCSI 子系统来对核心提供这种设备的文件操作。

每一个块设备驱动程序必须提供普通的文件操作接口和对于 buffer cache 的接口。这些接口的提供都是由块设备驱动程序中的 blk_dev_struct 数据结构来完成。blk_dev_struct 数据结构包括一个请求例程的地址和一个指针,指向一个 request 数据结构和列表,每一个都表达 buffer cache 向设备读/写一块数据的一个请求。

(3) 网络设备

网络设备是一个物理设备,如以太网卡,但软件也可以作为网络设备,典型的是回送设备(loopback)。在内核启动时,系统通过网络设备驱动程序登记已经存在的网络设备。设备用标准的支持网络的机制把收到的数据转送到相应的网络层,所有被发送和接收的包都用数据结构 sk_buff 表示。这是一个具有很灵活性的数据结构,可以很容易增加或删除网络协议数据包的首部。Linux 网络驱动程序的体系结构如图 12.5.1 所示。

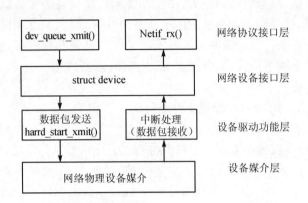

图 12.5.1　Linux 网络驱动程序的体系结构

2. 设备驱动与文件系统的关系

Linux 通过设备文件系统对设备进行管理,各种设备都以文件的形式存放在 /dev 目录下,称为"设备文件"。应用程序可以像普通文件一样打开、关闭和读/写这些设备文件。为了管理这些设备,系统为设备编了号,每个设备号又分为主设备号和次设备号。主设备号用来区分不同种类的设备,而次设备号用来区分同一类型的多个设备。Linux 为所有的设备文件都提供了统一的操作函数接口,方法是使用数据结构 struct file_operations。这个数据结构中包括许多操作函数的指针,如 open()、close()、read() 和 write() 等,但由于外设的种类较多,操作方式各不相同。struct file_operations 结构体中的成员为一系列的接口函数,如用于读/写的 read()/write() 函数和用于控制的 ioctl() 等。打开一个文件就是调用这个文件 file_operations 中的 open() 操作。不同类型的文件(如普通的磁盘数据文件)有不同的 file_operations 成员函数,接口函数完成磁体设备的操作。这样,应用程序根本不必考虑操作的是设备还是普通文件,可一律当作文件处理盘数据块读/写操作;而对于各种设备文件,则最终调用各自驱动程序中的 I/O 函数进行,具有非常清晰、统一的 I/O 接口,所以 file_operations 是文件层的 I/O 接口。

下面简要介绍 file_operations 数据结构的主要成员:

(1) open() 函数

对设备特殊文件进行 open() 系统调用时,将调用驱动程序的 open() 函数,函数原型为:

```
int ( * open)(struct inode *  inode,struct file * filp);
```

其中,参数 inode 为设备特殊文件的 inode(索引结点)结构的指针;参数 filp 是指向这一设备的文件结构的指针。open() 的主要任务是确定硬件处在就绪状态,验证次设备号的合法性(次设备号可以用 MINOR(inode->i_rdev) 取得),控制使用设备的

进程数,根据执行情况返回状态码(0 表示成功,负数表示存在错误)等;

(2) release()函数

当最后一个打开设备的用户进程执行 close ()系统调用时,内核将调用驱动程序的release()函数,函数原型为:

```
void ( * release) (struct inode *  inode, struct file * filp) ;
```

release()函数的主要任务是清理未结束的输入/输出操作,释放资源,用户自定义排它标志的复位等。

(3) read()函数

对设备特殊文件进行 read()系统调用时,将调用驱动程序 read()函数,函数原型为:

```
ssize_t ( * read) (struct file *  filp, char *  buf, size_t count, loff_t * offp);
```

参数 buf 是指向用户空间缓冲区的指针,由用户进程给出,count 为用户进程要求读取的字节数,也由用户给出。

read()函数的功能就是从硬设备或内核内存中读取或复制 count 个字节到 buf 指定的缓冲区中。在复制数据时要注意,驱动程序运行在内核中,而 buf 指定的缓冲区在用户内存区中,是不能直接在内核中访问使用的,因此,必须使用特殊的复制函数来完成复制工作,这些函数在 include/asm/uaccess.h 中被声明。

(4) write()函数

当设备特殊文件进行 write ()系统调用时,将调用驱动程序 write ()函数,函数原型为:

```
ssize_t ( * write) (struct file * , const char * , size_t, loff_t * );
```

write()的功能是将参数 buf 指定的缓冲区中的 count 个字节内容复制到硬件或内核内存中,与 read()一样,复制工作也需要由特殊函数来完成。

(5) ioctl()函数

该函数是特殊的控制函数,可以通过它向设备传递控制信息或从设备取得状态信息,函数原型为:

```
int ( * ioctl) (struct inode *  inode, struct file *  filp, unsigned int cmd, unsigned
long arg);
```

其中,ioctl()函数主要是执行读/写之外的操作。

12.5.3　重要的数据结构和函数

1. 设备驱动中关键数据结构

设备驱动程序所提供的这组入口点由几个结构向系统进行说明,分别是 file_operations 数据结构、inode 数据结构和 file 数据结构。下面简要介绍这几种数据结构。

(1) file_operations 数据结构

内核内部通过 file 结构识别设备,通过 file_operations 数据结构提供文件系统的入口点函数,也就是访问设备驱动的函数。file_operations 定义在<linux/fs. h>中的函数指针表。

```
struct file_operations {
    int ( * seek) (struct inode * ,struct file * , off_t,int);
    int ( * read) (struct inode * ,struct file * , char,int);
    int ( * write) (struct inode * ,struct file * , off_t,int);
    int ( * readdir) (struct inode * ,struct file * , struct dirent * ,int);
    int ( * select) (struct inode * ,struct file * , int,select_table * );
    int ( * ioctl) (struct inode * ,struct file * , unsined int,unsigned long);
    int ( * mmap) (struct inode * ,struct file * , struct vm_area_struct * );
    int ( * open) (struct inode * ,struct file * );
    int ( * release) (struct inode * ,struct file * );
    int ( * fsync) (struct inode * ,struct file * );
    int ( * fasync) (struct inode * ,struct file * ,int);
    int ( * check_media_change) (struct inode * ,struct file * );
    int ( * revalidate) (dev_t dev);
    };
```

这个结构的每一个成员的名字都对应着一个系统调用。在用户进程利用系统调用对设备文件进行诸如 read/write 操作时,系统调用通过设备文件的主设备号找到相应的设备驱动程序,然后读取这个数据结构相应的函数指针,接着将控制权交给函数。这是 Linux 设备驱动程序工作的基本原理。从某种意义上说,写驱动程序的任务之一就是完成 file_operations 中的函数指针。

(2) inode 数据结构

文件系统处理的文件所需要的信息在 inode 数据结构中。inode 数据结构提供了关于特别设备文件/dev/drivername 的信息,其定义如下:

```
struct inode {
    struct list_headi_hash;
    struct list_headi_list;
    struct list_headi_dentry;
    struct list_headi_dirty_buffers;
    unsigned longi_ino;
    atomic   count;
    kdev_t i_dev;
    umode_t i_mode;
    nlink_t i_nlink
```

```
        uid_t i_uid;
        gid_t i_gid;
        kdev_t i_rdev;
        off_t i_size;
        time_t i_atime;
        time_t i_mtime;
        time_t i_ctime;
        unsigned long i_blksize;
        unsigned long i_blocks;
        unsigned long i_version;
        unsigned short i_bytes;
        struct semaphore i_sem;
        struct rw_semaphore i_truncate_sem;
        struct semaphore i_zombie;
        struct inode_operations * i_op;
        struct file_operations * i_fop;
        struct super_block * i_sb;
        wait_queue_head_t i_wait;
        struct file_lock * i_flock;
        struct address_space * i_mapping;
        struct address_space i_data;
        struct dquot * i_dquot [MAXQUOTAS];
        struct pipe_inode_info * i_pipe;
        struct block_device * i_bdev;
        struct char_device * i_cdev;
        unsigned longi_dnotify_mask;
        struct dnotify_struct * i_dnotify;
        unsigned long i_state;
        unsigned int i_flags;
        unsigned char i_sock;
        atomic_t i_write count;
        unsigned int i_attr_flags;
        __u32 i_generation;
        union {
            struct minix_inode_info minix_i;
            struct ext2_inode_info ext2_i;
            ......
            void * generic_ip;
        } u;
};
```

(3) file 数据结构

file 数据结构主要用于与文件系统对应的设备驱动程序使用,它提供有关被打

开的文件信息,定义如下:

```
struct file {
    struct list_head            f_list;
    struct dentry               * f_dentry;
    struct vfsmount             * f_vfsmnt;
    struct file_operations      * f_op;
    atomic_t                    f_count;
    unsigned int                f_flags;
    mode_t                      f_mode;
    int                         f_error;
    loff_t                      f_pos;
    struct fown_struct          f_owner;
    unsigned int                f_uid, f_gid;
    struct file_ra_state        f_ra;
    unsigned long               f_version;
    void                        * f_security;
    void                        * private_data;
    struct list_head            f_ep_links;
    spinlock_t                  f_ep_lock;
    struct address_space        * f_mapping;
};
```

2. 设备驱动开发中的基本函数

设备驱动程序所提供的入口点,在设备驱动程序初始化的时候向系统进行说明,以便系统在适当的时候调用。同时,初始化部分一般还负责为设备驱动程序申请系统资源,包括内存、中断、时钟、I/O 端口等,这些资源也可以在 open 子程序或别的地方申请。在这些资源不用的时候,应该释放它们,以利于资源的共享。这些任务的完成需要设备驱动程序调用一些基本的函数来完成,这些基本函数有:设备注册函数、内存操作函数、中断申请和释放函数、I/O 端口操作函数和计时器操作函数等。

(1) 设备注册函数

在 Linux 系统中,通过调用 register_chrdev 向系统注册字符型设备驱动程序。register_chrdev 在 fs/devices 文件中定义如下:

```
int register_chrdev(unsigned int major, const char * name, struct file_operations *
fops)
```

定义中 major 是为设备驱动程序向系统申请的主设备号,如果 major 为 0,则系统为该设备程序动态地分配一个主设备号,不过系统分配的这个主设备号是临时的。name 是设备名字。fops 就是前面所说的对各个调用的入口点的说明。此函数返回 0 表示成功,返回-INVAL表示申请的主设备号非法,一般来说是主设备号大于系统所允许的最大设备号。返回-EBUSY 表示所申请的主设备号正在被其他设备驱动程序使用。

(2) 内存操作函数

作为系统核心的部分,设备驱动程序在申请和释放内存时不是调用 malloc()和 free()函数,而是调用 kmalloc()和 kfree()函数。kmalloc()函数返回的是物理地址,而 malloc()函数,返回的是线性地址。它们在 mm/slab.c 文件中定义如下:

```
void * kmalloc(size_t size,int flag)
void kfree(const void * objp)
```

其中,参数 size 为希望申请的字节数;objp 为要释放的内存指针。

(3) 中断申请和释放函数

与 Linux 设备驱动中断处理相关的首先是申请与释放 IRQ 的 API request_irq ()和 free_irq(),它们的定义如下:

```
int request_irq(unsigned int irq,
    void ( * handler)(int irq, void * dev_id, struct pt_regs * regs),
    unsigned long irqflags,
    const char * devname,
    void * dev_id
    );
```

其中,irq 是要申请的硬件中断号;handler 是向系统登记的中断处理函数,是一个回调函数,中断发生时,系统调用这个函数,dev_id 参数将被传递;irqflags 是中断处理的属性,若设置SA_INTERRUPT,表明中断处理程序是快速处理程序,快速处理程序被调用时屏蔽所有中断,慢速处理程序可不屏蔽所有中断。若设置 SA_SHIRQ,则多个设备共享中断,dev_id 在中断共享时会用到,一般设置为这个设备的 device 结构本身或者 NULL。

free_irq()的原型为:

```
void free_irq(unsigned int irq,void * dev_id);
```

(4) I/O 端口操作函数

对 I/O 端口操作与中断和内存不同,使用一个没有申请的 I/O 端口不会使 CPU 产生异常,也就不会导致诸如"Segmentation fault"这类错误的发生。在使用 I/O 端口前,应该检查此 I/O 端口是否有别的程序在使用。若没有,再把此端口标记为正在使用,在使用完以后释放它。这样需要用到以下几个函数:

```
Int_check_region(struct resource * parent,unsigned long start,unsigned long n);
Struct resource * _ request _ region ( struct resource * parent, unsigned long start,
                          unsigned long n, const char * name);
void_release_region(struct resource * parent, unsigned long start, unsigned long n);
```

查询/proc/ioports 文件可以获得当前已经分配的 I/O 地址。

12.5.4　字符设备驱动程序的组成

设备驱动程序作为内核的一部分,它完成的功能包括:对设备初始化和释放;把数据从内核传送到硬件并从硬件读取数据;读取应用程序传送给设备文件的数据和回送应用程序请求的数据;检测和处理设备出现的错误。根据设备驱动程序完成的功能,可以把它分为 3 个部分:驱动程序的注册和注销、设备的操作和设备的中断处理。

1. 驱动程序的注册和注销

设备驱动程序通过 insmod 命令以模块的方式动态加载后,此时的入口点是 init_module()函数或宏 module init。通常在此函数或宏中完成设备的注册,调用的函数为:

```
int  register_chrdev(unsigned int major, const char * name, structfile_ operations
fops)
```

模块在调用 rmmod()函数时被卸载,此时的入口点是 cleanup_ module()函数或宏 module_ exit,并在其中完成对设备的注销。注销函数为:

```
int  unregister_chrdev(unsigned int major, const char name)
```

如果设备文件由 devfs 创建,这时注册函数为:

```
devfs_register(devfs_handle_t dir, const char * name, unsignedint flags, unsigned int
          major, unsigned int minor, umede_t mode, void ops. void info);
```

2. 设备的操作

在设备成功注册之后,就可对它进行打开、读/写、控制和释放等操作。在 Linux 内核中,字符设备使用 filc_opcrations 结构来定义设备的各种操作集合。在实际的操作过程中,可以根据具体的设备,选择实现其中的一部分操作,如下例:

```
struct file_ operations device_fops =
    {
    read: device_ read,
    write: device_write,
    open: device_open,
    release: device_release.
    };
```

通过实例可以看出,该设备驱动模块只实现了 read、write、open 和 release 这 4 个操作。这 4 个操作所对应的实现函数分别为 device_read()、device_write()、device_open()和 device_release(),其他的操作都没有实现。

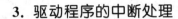
3. 驱动程序的中断处理

在实际的系统中,设备的许多工作通常与处理器不同步,而且总比处理器慢。如果让处理器一直等待到设备准备好时才进行操作会造成处理器资源的浪费。一种好的方法就是在设备准备好后通知处理器来进行处理,这种方法就是中断。由于系统的中断资源有限,驱动程序在使用中断前需要申请,使用完后需要释放。在 Linux 中,中断的申请和释放分别是通过request_irq()函数和 free_irq()函数来实现的。

12.5.5　动态加载方式和静态加载方式

Linux 设备驱动模块属于内核的一部分,可以用静态和动态两种方式来进行编译和加载。这两种方式的开发过程稍有不同,也各有特点。

1. 静态加载方式

(1) 特　点

静态加载方式就是将驱动程序的源代码事先放到内核源代码中,和整个内核一起编译。它需要修改内核源代码和文件系统,并重新烧录下载到嵌入式设备中,这样当内核启动时就会加载驱动程序。当然,这样做在开发的过程中也会带来不便,因为只要对驱动源代码做一点修改,就要将整个内核重新编译,但是一般嵌入式设备在最终发布时要采用这种方式。

(2) 内核的修改

设备驱动程序写完后,就可以将文件加到 Linux 的内核中了。这需要通过修改 Linux 源代码下相关目录的配置文件,然后重新编译 Linux 内核源代码,生成新的可执行的二进制内核文件 zImage,并重新下载到实验箱中。

① 比如对于某字符设备的驱动,其文件名为 device_driver.c,则应首先将设备驱动文件复制到 kernel/drivers/char 目录下。该目录用于存放 Linux 的各种字符型设备的驱动程序文件。要注意的是,在静态方式的驱动程序中,初始化函数使用 int __int device_name_init(void){……}方式来编写。

② 在 kernel/drivers/char 目录下修改 Config.in(**注意**: 第 1 个 C 是大写)文件。在 comment ′Character devices′下面添加:

```
bool ′support for DEVICE_DRIVER′ CONFIG_DEVICE_DRIVER
```

这样运行 make menuconfig 进行内核配置时,在配置字符设备的栏目下,就会出现[＊]support for DEVICE_DRIVER 的选项。

③ 在 kernel/drivers/char 目录下的 Makefile 文件中的适当位置添加如下代码:

```
ifeq ( $ (CONFIG_DEVICE_DRIVER),y)
    L_OBJS += DEVICE_DRIVER.o
endif
```

或

```
obj-$(CONFIG_DEVICE_DRIVER) += DEVICE_DRIVER.o
```

这样，如果用 make menuconfig 配置 Linux 内核时，已经选择支持该驱动程序所定义的设备，那么在用 make zImage 编译内核时，就会编译 DEVICE_DRIVER.c，生成 DEVICE_DRIVER.o 文件，并链接到 zImage 内核目标文件中。这样驱动程序就加到内核文件 zImage 中去了，显然这有点类似于"Windows 2000 中自带上了 USB 驱动程序"。

（3）文件系统的修改

在内核中加上驱动程序后，还不能直接在应用程序中使用驱动程序中的函数，如 open(),close() 等，因为还需要在文件系统中提供设备访问接口，也就是/dev/目录下的设备名与设备号。

通常，要使一个设备成为应用程序可以访问的设备，除了内核中的设备驱动程序提供了相应的实现函数，还必须在文件系统中有一个代表此设备的设备文件，通过使用这个设备文件，就可以对 I/O 设备进行具体操作，设备文件都包含在/dev 目录下。

如果嵌入式 Linux 使用的根文件系统是 cramfs 文件系统，并且由于这个系统是一个只读压缩文件系统，那么就要在制作 cramfs 文件系统之前，在 root tech 目录结构中的/usr/etc/rc.local 文件下，添加相应的设备文件。然后用 mknod 命令来创建一个设备文件，比如 mknod device_name c 120 0，这里 name 为设备文件名，c 指的是字符设备，120 是主设备号，0 为次设备号。device_driver 这个名字与 register_chrdev() 函数中字符串 name 以及设备号 major 一致，然后用 mkcramfs 命令压缩创建新的文件系统即可。如果嵌入式 Linux 使用的根文件系统不是只读的，那么也可以直接在嵌入式 Linux 的控制台下，用"mknod device_name c 主设备号 从设备号"命令来创建一个设备文件。

2. 动态加载方式

（1）特　点

动态加载方式就是说将驱动程序编译成一个可加载、卸载的模块目标文件，然后添加到内核中去即可。这种方法的好处就是将内核中一些不常用的驱动采取动态加载方式，从而可以减少内核的大小，并且模块被插入内核后，它就和内核其他部分一样可方便的被使用。此外，动态加载也不需要重新编译整个内核和文件系统，所以在程序调试阶段经常采用。它只需要在命令行状态下使用 insmod 命令来将驱动程序的目标文件添加到内核中，同样再用命令在文件系统的/dev 目录下创建相应的设备号和设备名；如果不需要使用，可用 rmmod 命令卸载掉。这有点类似于 Windows 98 系统中 USB 驱动的安装与卸载。

（2）驱动程序添加到内核中

对于动态驱动程序的源代码，其初始化函数和静态方式的定义不同，这里要用这样一些函数：

- int __init device_init(void)；
- void __exit device_exit(void)；
- module_init(device_init)；
- module_exit(device_exit)。

这样当程序写好后，也假设为 device_driver. c，然后利用相应的交叉编译器将其编译成 device_driver. o 这样的动态驱动模块目标文件。

然后利用 U 盘或 NFS 网络文件系统等方式，将该驱动模块目标文件挂到嵌入式 Linux 系统的某个目录下，并用驱动模块加载命令 insmod device_driver. o，就实现了驱动模块的安装。

(3) 文件系统下设备名的创建

驱动添加安装好后，还需要修改文件系统，也就是说，如果在/dev 目录下没有相应的设备文件，还要用命令"mknod device_name c 主设备号　从设备号"来创建一个设备文件，这样应用程序才能正常使用这个驱动程序。当要卸载驱动模块时，使用 rmmod device_driver 即可，使用"rm device_name"删除/dev 目录下的设备文件。

下面以一个简单的"Hello World"模块来讲解设备驱动程序编译和动态加载的方法。

```
# include<linux/init.h>
# include<linux/module.h>
# include<linux/moduleparam.h>
MODULE_LICENSE("Dual BSD/GPL");
static char * who = "world";
static int times = 1;
module_param(times,int,S_IRUGO);
module_param(who,charp, S_IRUGO);
static int hello_init(void)
{
 int   i;
 for(i = 0;i<times;i ++ )
     printk(KERN_ALERT "( % d) Hello, % s! \n",i,who);
 return(0);
}

static void hello_exit(void)
{
     printk(KERN_ALERT "( % d) Goodbye, % s! \n", who);
}

module_init(hello_init);
module_exit(hello_exit);
```

程序分析：第一行包含的头文件是定义 int、_exit、module_init 和 module_exit 所必需的宏；第二行包含的头文件定义所有模块相关的宏，如 MODULE_LICENSE；第三行包含的头文件是用来定义模块参数所必需的。下面具体分析这段程序，该内核模块程序定义了两个函数，当该模块被装载进内核时，调用 hello_init()函数；当该模块卸载时，调用 hello_exit()函数。其中，module_init 和 module_exit 为内核特殊的宏，分别用来定义模块被装载和卸载时依次调用的函数。第四行用 MODULE_LICENSE 宏来声明该模块的许可协议，该模块声明为 BSD(Berkly Software Distribution)和 GPL(General Public License)双许可协议，内核函数 printk()被定义在 Linux 内核中，它行为简单，类似于标准 C 库函数 printf()。

要注意的是，此处不能用 printf()函数，因为编译 Linux 内核不需要标准 C 库和其他函数库的支持，所以这里不能使用 printf()库函数，而 printk()函数是内核自己的打印函数，它能通过自身内核运行而不需要 C 库的帮助。

12.5.6　字符设备驱动开发示例

为了使读者对字符驱动程序的开发更深刻认识，接下来以光二极管(LED)控制的电路为例简要介绍字符设备驱动程序开发流程，尤其是其中的一些编程思路和编程技巧。

1. 硬件电路设计

LED 硬件电路设计如图 12.5.2 所示，发光二极管 LED1 与 CPU 的 GPC5 引脚相连，LED2 与 GPC6 相连。LED 采用高电平控制方式，当 CPU 的相应端口为高电平时，LED 灯就亮，反之熄灭。

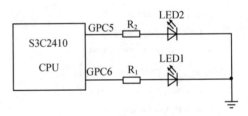

图 12.5.2　LED 硬件电路设计

2. 芯片数据手册中的相关端口寄存器

由于 LED 是和 CPU 的 GPC 组端口相连，其相关的控制寄存器见 3.4 节。

3. 头文件中的相关端口寄存器定义

为了方便对 CPU 内各寄存器的操作，可以参考开源的 ARM-Linux 源代码，在目录 include\asm-arm\arch-s3c2410 下有个 scc2410.h 头文件，里面对 CPU 的所有寄存器和端口引脚进行了定义，下面是与引脚相关的部分代码：

```
L1:# define GPIO_CTL_BASE     0x56000000          / * I/O 口控制寄存器及地址 * /

L2:# define bGPIO(p)   _REG(GPIO_CTL_BASE + (p))  / * 控制寄存器地址 0X56000000 + p * /
```

⋮

```
L3: #define GPCCON     bGPIO(0x20)   /* 将地址为 0x56000020 的寄存器定义为 GPCCON */
L4: #define GPCDAT     bGPIO(0x24)   /* 将地址为 0x56000024 的寄存器定义为 GPCDAT */
L5: #define GPCUP      bGPIO(0x28)   /* 将地址为 0x56000024 的寄存器定义为 GPCUP */
```

⋮

```
L6: #define MAKE_GPIO_NUM(p, o)  ((p << GPIO_PORT_SHIFTT) | (o << GPIO_OFS_SHIFT))
L7: #define PORTC_OFS          2
```

⋮

```
L8: #define GPIO_C5     MAKE_GPIO_NUM(PORTC_OFS, 5)
L9: #define GPIO_C6     MAKE_GPIO_NUM(PORTC_OFS, 6)
```

⋮

```
L10: #define GPCON(x)  _REG2(0x56000000, (x) * 0x10)
L11: #define GPDAT(x)  _REG2(0x56000004, (x) * 0x10)
L12: #define GPUP(x)   _REG2(0x56000008, (x) * 0x10)
```

⋮

```
L13: #define GPIO_OFS_SHIFT      0
L14: #define GPIO_PORT_SHIFTT    8
L15: #define GPIO_PULLUP_SHIFT   16
L16: #define GPIO_MODE_SHIFT     24
L17: #define GPIO_OFS_MASK       0x000000ff
L18: #define GPIO_PORT_MASK      0x0000ff00
L19: #define GPIO_PULLUP_MASK    0x00ff0000
L20: #define GPIO_MODE_MASK      0xff000000
L21: #define GPIO_MODE_IN        (0 << GPIO_MODE_SHIFT)
L22: #define GPIO_MODE_OUT       (1 << GPIO_MODE_SHIFT)
L23: #define GPIO_MODE_ALT0      (2 << GPIO_MODE_SHIFT)
L24: #define GPIO_MODE_ALT1      (3 << GPIO_MODE_SHIFT)
L25: #define GPIO_PULLUP_EN      (0 << GPIO_PULLUP_SHIFT)
L26: #define GPIO_PULLUP_DIS     (1 << GPIO_PULLUP_SHIFT)
```

⋮

```
L27: #define GRAB_MODE(x)      (((x) & GPIO_MODE_MASK) >> GPIO_MODE_SHIFT)
L28: #define GRAB_PULLUP(x)    (((x) & GPIO_PULLUP_MASK) >> GPIO_PULLUP_SHIFT)
L29: #define GRAB_PORT(x)      (((x) & GPIO_PORT_MASK) >> GPIO_PORT_SHIFTT)
L30: #define GRAB_OFS(x)       (((x) & GPIO_OFS_MASK) >> GPIO_OFS_SHIFT)
```

⋮

```
L31: #define set_gpio_ctrl(x) \
     ({ GPCON(GRAB_PORT((x))) &= ~(0x3 << (GRAB_OFS((x)) * 2)); \
     GPCON(GRAB_PORT(x)) |= (GRAB_MODE(x) << (GRAB_OFS((x)) * 2)); \
     GPUP(GRAB_PORT((x))) &= ~(1 << GRAB_OFS((x))); \
     GPUP(GRAB_PORT((x))) |= (GRAB_PULLUP((x)) << GRAB_OFS((x))); })
```

L32：# define set_gpio_pullup(x) \
　　({ GPUP(GRAB_PORT((x))) &= ~(1 << GRAB_OFS((x))); \
　　GPUP(GRAB_PORT((x))) | = (GRAB_PULLUP((x)) << GRAB_OFS((x))); })

L33：# define set_gpio_pullup_user(x, v) \
　　({ GPUP(GRAB_PORT((x))) &= ~(1 << GRAB_OFS((x))); \
　　GPUP(GRAB_PORT((x))) | = ((v) << GRAB_OFS((x))); })

L34：# define set_gpio_mode(x) \
　　({ GPCON(GRAB_PORT((x))) &= ~(0x3 << (GRAB_OFS((x)) * 2)); \
　　GPCON(GRAB_PORT((x))) | = (GRAB_MODE((x)) << (GRAB_OFS((x)) * 2)); })

L35：# define set_gpio_mode_user(x, v) \
　　({ GPCON(GRAB_PORT((x))) & = ~(0x3 << (GRAB_OFS((x)) * 2)); \
　　GPCON(GRAB_PORT((x))) | = ((v) << (GRAB_OFS((x)) * 2)); })

L36：# define set_gpioA_mode(x) \
　　({ GPCON(GRAB_PORT((x))) & = ~(0x1 << GRAB_OFS((x))); \
　　GPCON(GRAB_PORT((x))) | = (GRAB_MODE((x)) << GRAB_OFS((x))); })

L37：# define read_gpio_bit(x)((GPDAT(GRAB_PORT((x))) & (1 << GRAB_OFS((x)))) >> GRAB_OFS((x)))

L38：# define read_gpio_reg(x)(GPDAT(GRAB_PORT((x)))

L39：# define write_gpio_bit(x, v) \
　　({ GPDAT(GRAB_PORT((x))) & = ~(0x1 << GRAB_OFS((x))); \
　　GPDAT(GRAB_PORT((x))) | = ((v) << GRAB_OFS((x))); })

L40：# define write_gpio_reg(x, v)(GPDAT(GRAB_PORT((x))) = (v))
　　⋮

上面每行代码前面的"Ln："是为了方便阅读和分析程序加上去的,在原始程序中并没有。

比如:

L8：# define GPIO_C5　MAKE_GPIO_NUM(PORTC_OFS, 5)

这是对端口 C5 的定义,由于定义了 PORTC_OFS 等于 2,GPIO_PORT_SHIFT 等于 8,GPIO_OFS_SHIFT 等于 0,结合 L6 的宏定义 MAKE_GPIO_NUM(p, o),则有:

GPIO_C5＝("2"左移 8 位)|("5"右移 0 位)＝0x0205

这样,就将 2 个 8 位二进制数变换为 1 个 16 位二进制数。

有了上面看似复杂、实际很具有技巧的宏定义后,就可以对端口进行设置了。比如:

① set_gpio_ctrl(CPIO_C5|GPIO_PULLUP_EN| GPIO_MODE_OUT),把端口 GPC7 设置为上拉电阻使能和输出模式。

② write_gpio_bit(GPIO_C5,1),设置 GPB7 为高电平。

4. 设备驱动程序的开发

这里以动态加载模式为例介绍设备驱动的开发。由于在 ARM-Linux 内核中已经有了 S3C2410 CPU 中寄存器以及 GPIO 端口的宏定义,这里就可以直接编写相应的驱动了。

(1) 系统资源和宏定义

```
#define    DEVICE_NAME    "myLeds"    /* 定义 LED 设备的名字 */
#define    LED_MAJOR      0x20        /* 定义 LED 设备的主设备号 */
static  unsigned long led_table[ ] =  /* LED 设备对应的 CPU 硬件引脚 */
{       GPIO_C5,
        GPIO_C6,
};
static  devfs_handle_t devfs_handle; /* 字符设备定义 */
```

(2) 文件结构

```
static   struct file_operations  leds_lops =
{
    open: leds_open,            /* 打开 LED 设备文件 */
    ioctl: leds_ioctl;          /* 控制 LED 设备的亮或熄 */
    release: leds_close,        /* 关闭 LED 设备 */
}
```

由于这里的 LED 只需要简单的输出控制即可,因此设备驱动中就没有提供 read()函数,也没有提供针对复杂的输出操作的 write()函数。

(3) 初始化 LED

由于采用动态加载方式,初始化函数和结束函数要采用 int __init device_init(void)和 void __exit device_exit(void)的声明方式。初始化函数是提供给 module_init()函数使用的。

```
static   int   __init  leds_init( void)
{
    int    ret;
    int    I;
    ret = register_chrdev(LED_MAJOR,DEVICE_NAME,&led_fops);
    if(ret<0)
        {  printk(DEVICE_NAME"can't register major number\n");
           return(ret);
        }
    devfs_handle = devfs_register(NULL , DEVICE_NAME , DEVFS_FL_DEFAULT , LED_MAJOR,
                        0 ,S_IFCHR | S_IRUSR | S_IWUSR , &matrix4_leds_
                        fops , NULL);
// 使用宏进行端口初始化,set_gpio_ctrl 和 write_gpio_bit 均为宏定义
    for(i = 0 ; i<8 ; i++)
```

```
                {set_gpio_ctrl(led_table[i] | GPIO_PULLUP_EN | GPIO_MODE_OUT);
                 write_gpio_bit(led_table[ i] , 1);
                }
        printk(DEVICE_NAME "initialized\n") ;
}
```

要注意的是,如果是键盘等采用中断方式的输入设备,则还需加上中断申请函数 request_irq()。

(4) 打开 LED 设备

```
static int leds_open(struct inode * inode, struct file * file)
{
    printk("Open successful\n");
    return 0;
}
```

由于这里没有复杂的设备打开设置,I/O 口在初始化时就已经打开设置了,因此只是提供了简单提示。当然,这个函数也可以不用。

(5) I/O 控制函数

ioctl 用来提供各种配置操作,叫以通过参数 cmd 来进行设定。

```
static   int leds_ioctl(sttuct inode * inode ,struct file * file , unsigned int cmd,
                        unsigned longarg )
{
switch(cmd) {
        case 0:
        case 1:
            if(arg<4)
                return   0;
            write_gpio_bit(led_table[arg] , ! cmd);
        default :
            return   0;
}}
```

(6) 关闭 LED 设备

```
static void_exit leds_exit( void )
{
        devfs_unregister(devfs_handle);
        unregister_chrdev(LED_MAJOR , DEVICE_NAME);
}
```

卸载模块调用 leds_exit( )函数后,LED 设备处于空闲状态。要注意的是,如果是键盘等采用中断方式的输入设备,则还要加上中断注销函数 free_irq()。

(7) 模块化

```
module_init(leds_init);
module_exit(leds_exit);
```

其中,module_init()函数是提供给嵌入式 Linux 控制台命令 insmod 加载驱动模块时调用的,而 module_exit()函数则是 rmmod 卸载模块时调用的。

5. 驱动程序的编译与加载 /卸载

① 假设将上述驱动程序保存为 ledDrv.c,则使用以下命令:

```
♯arm-linux-gcc  -D_KERNEL_-DMOULE  -I /usr/liunx/include -02 Wall-O
-c ledDrv.c -o ledDrv.o
```

即可生成驱动模块 ledDrv.o。

② 驱动模块的加载。将驱动模块文件 ledDrv.o 复制到嵌入式目标机的某个目录下(假设为/lib),则在控制台下用命令 ♯ insmod /lib/leds.o 即可完成驱动模块的安装。

③ 驱动模块的卸载。在控制台下用命令 ♯ rmmod leds.o 即可完成驱动模块的卸载。

12.6　应用程序开发

基于嵌入式 Linux 的应用程序开发方式与流程,与基于 Windows 的应用程序开发有很大的不同。在 Windows 环境中,开发者习惯使用各种功能强大的集成编译开发环境(IDE),完成程序编辑、编译后,直接运行即可。但在基于嵌入式 Linux 的应用程序开发过程中,目前还缺乏比较简单、高效的开发工具和手段;同时,由于应用程序的最终运行平台是嵌入式目标系统,而程序开发与调试还需要借助 PC 机平台的桌面系统来完成,因此在程序的开发与调试过程中,需要频繁地将目标文件从桌面 Linux 系统中加载到嵌入式目标设备中。这是一个相对比较耗时的过程。当然,随着嵌入式 Linux 的推广使用,基于嵌入式 Linux 应用程序的开发会变得越来越方便和容易。

注意:应用程序与内核模块不同。应用程序与内核模块的区别主要表现在以下几点:

① 应用程序从头到尾只执行单个任务,模块却只是预先注册自己以便服务于将来的某个请求。其中,函数 init_module()的任务是为后期调用模块函数做准备,在模块卸载时,调用函数 cleanup_module()。

② 应用程序可以调用它未定义的函数,因为在链接过程可以解析外部引用,从而使用适当的函数库。模块仅仅被链接到内核,因此它仅能调用由内核导出的函数

（如 printk()），而没有任何可链接的函数库。

③ 应用程序开发过程中的段错误是无害的，并且总是可以使用调试器跟踪到源代码中的问题所在。内核模块的一个错误即使不对整个系统是致命的，也至少会对当前进程造成致命错误。

④ 应用程序运行于用户空间，处理器禁止其对硬件的直接访问以及对内存的未授权访问。内核模块运行于内核空间，可以进行所有操作。

⑤ 应用程序一般不必担心因为发生其他情况而改变它的运行环境。内核模块编程则必须考虑并发问题的处理。

12.6.1　应用程序的加载方式

在桌面 Linux 上编辑源文件，交叉编译生成 ELF 可执行文件后，需要将生成的可执行文件加载到嵌入式目标系统上运行。此过程的实现有多种方式，最为常见的方式有 U 盘复制、FTP 下载和 NFS 挂载方式。

1. U 盘复制方式

U 盘复制方式需要嵌入式目标设备提供对 USB host 的支持，这样就可以先将可执行文件从 PC 机上复制到 U 盘，再从 U 盘复制到嵌入式目标设备中。

一般将 U 盘插入到 PC 机或者嵌入式目标设备的 USB host 接口上后，进入到 Linux 控制台，用 fdisk -l 查看磁盘信息（见图 12.6.1），就可以看到新识别的 USB 设备，一般为/dev/sdbn、/dev/sdcn、/dev/sddn 等，当然具体可根据 U 盘的大小来区分。

```
   Device Boot    Start      End    Blocks   Id  System
/dev/sda1    *        1       13    104391   83  Linux
/dev/sda2            14     1240   9855877+  83  Linux
/dev/sda3          1241     1305   522112+   82  Linux swap

Disk /dev/sdd: 65 MB, 65536000 bytes
4 heads, 63 sectors/track, 507 cylinders
Units = cylinders of 252 * 512 = 129024 bytes

   Device Boot    Start      End    Blocks   Id  System
/dev/sdd1    *        1      508    63960+    b   Win95 FAT32
Partition 1 has different physical/logical beginnings (non-Linux?):
     phys=(0, 1, 1) logical=(0, 0, 33)
Partition 1 has different physical/logical endings:
     phys=(2, 3, 63) logical=(507, 2, 63)
[root@BC boot]#
```

图 12.6.1　fdisk 查看磁盘信息

注意：如果 PC 桌面 Linux 是基于虚拟机运行，那么一定要让光标活动点处于虚拟机的 Linux 下的状态而不是 Windows，这时将 U 盘插入 1～2 s 后，就可在桌面的右下角看到"莲花状"虚拟机 VM USB，然后再进入 Linux 控制台用 fdisk -l 查看。

之后就可以用 mount 命令来将/dev/sdd1 挂载到系统的某个文件夹下，比如

mount/dev/sdd1/mnt/usb。这样整个 U 盘就挂载到/mnt/usb 目录下了。

2. FTP 下载方式

FTP 下载方式需要嵌入式目标设备提供对以太网接口的支持,当开发者在桌面 Linux 上完成了应用程序的编辑和编译,生成可执行文件以后,可以在嵌入式目标系统上通过 FTP 方式,下载编译好的可执行文件到嵌入式目标系统上运行。如果程序运行错误,则到 Linux 服务器上修改源文件并重新编译、下载运行,直到程序正确运行为止。

FTP 下载方式需要桌面 Linux 提供 FTP 服务器的支持,同时要求嵌入式目标系统端运行 FTP 客户程序。在桌面 Linux 上,用 rpm -q ftp 命令可以查看 ftp 软件是否已安装。关于 FTP 的使用这里就不介绍了,FTP 方式在嵌入式 Linux 应用程序中的开发流程如图 12.6.2 所示。

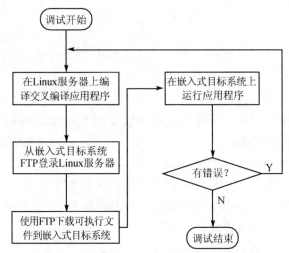

图 12.6.2　FTP 方式的应用程序开发流程

3. NFS 挂载方式

NFS(Network File System,网络文件系统)是一种将远程主机上的分区(目录)经网络挂载到本地的主机的一种机制,用户可以在本地主机上像操作本地分区一样对远程主机的共享目录进行操作。NFS 挂载方式需要嵌入式目标设备提供对以太网接口的支持。

在嵌入式 Linux 的开发过程中,程序员可以通过建立 NFS,把桌面 Linux(相对于嵌入式目标系统而言是服务器端)上的某个目录共享到待调试的嵌入式目标系统上,然后就可以直接在嵌入式目标系统上操作桌面 Linux,同时还可以在线对程序进行调试和修改,大大地方便了软件的开发。因此,NFS 是嵌入式 Linux 开发的一个重要的组成部分,本小节将详细说明如何配置嵌入式 Linux 的 NFS 开发环境以及

ARM9嵌入式系统设计基础教程(第2版)

NFS 开发环境的应用。NFS 方式的应用程序开发流程如图 12.6.3 所示。

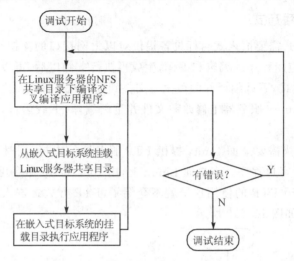

图 12.6.3　NFS 方式的应用程序开发流程

尽管 NFS 方式使用方便,但需要桌面 Linux 和嵌入式目标系统都能支持 NFS,即需要建立 NFS 环境。嵌入式 Linux 的 NFS 开发环境的包括两个方面:一是桌面 Linux 的 NFS 服务器支持;二是嵌入式目标系统的 NFS 客户端的支持。因此,NFS 开发环境的建立需要同时配置 Linux 服务器端和嵌人式目标系统端。

(1) Linux 服务器端 NFS 服务器的配置

以 root 身份登录 Linux 服务器,编辑共享目录配置文件 exports,指定共享目录及权限等。执行命令♯ gedit /etc/exports,打开如图 12.6.4 所示的编辑窗口。

在图 12.6.4 所示的文件里添加如下内容:

```
/home/bc/      192.168.0. * (rw,insecure,sync,no_root_squash)
```

然后保存退出。

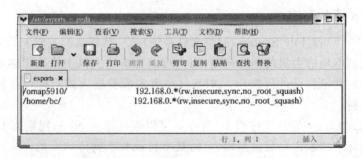

图 12.6.4　/etc 目录下的 exports 文件

添加的内容表示允许 IP 地址范围在 192.168.0. * 的计算机以读、写的权限来访问

Linux 服务器上的/home/bc 目录,/home/bc 也称为 Linux 服务器输出共享目录。

括号内的参数意义描述如下:

rw : 读/写权限,只读权限的参数为 ro。

sync : 数据同步写入内存和硬盘,也可以使用 async,此时数据会先暂存于内存中,而不立即写入硬盘。

no_root_squash : NFS 服务器共享目录用户的属性。

接着执行如下命令可启动端口映射:

```
# /etc/rc. d/init. d/portmap start
```

最后执行如下命令启动 NFS 服务,此时 NFS 会激活守护进程,然后就开始监听 Client 端的请求:

```
# /etc/rc. d/init. d/nfs start
```

在 NFS 服务器启动后,还需要检查 Linux 服务器的防火墙等设置,确保没有屏蔽掉 NFS 使用的端口和允许通信的主机,主要是检查 iptables、ipchains 等设置,以及/etc/hosts. deny 和/etc/hosts. allow 文件。

配置完成后,在 Linux 服务器上进行 NFS 服务器的回环测试,验证共享目录是否能够被访问。在 Linux 服务器上运行如下命令:

```
# mount – t nfs   192.168.0.1:/home/bc/mnt
# ls  /mnt
```

该命令将 Linux 服务器的 NFS 输出共享目录挂载到/mnt 目录下,因此,如果 NFS 正常工作,应该能够在/mnt 目录看到/home/bc 共享目录中的内容。

(2) 嵌入式目标系统 NFS 客户端的配置

在 Linux 服务器设置好后,接下去要进行客户端的设置。首先在嵌入式目标系统的根目录下使用 make menuconfig 命令,打开内核配置的图形界面窗口,将光标移到 File system 选项,如图 12.6.5 所示。

回车进入下级目录,将光标移到 Network File System 选项,再回车进入下级目录,选中此目录下的 NFS file system support 和 Provide NFSv3 client support 项,如图 12.6.6 所示,保存退出,然后重新编译内核,并将生成的内核映像文件重新下载到嵌入式目标系统中。

在嵌入式目标系统的 Linux Shell 下,执行如下命令来进行 NFS 共享目录挂载:

```
# mkdir/mnt/nfs                          //建立 Linux 服务器输出共享目录的挂载点
# mount – onolock – t nfs 192. 168。67. 1:/home/bc/mnt/nfs
# cd/mnt/nfs
# ls
```

此时,嵌入式目标系统端所显示的内容即为 Linux 服务器的输出目录的内容,即

图 12.6.5　NFS 客户端配置(一)

图 12.6.6　NFS 客户端配置(二)

Linux 服务器的输出目录/home/bc 通过 NFS 映射到了嵌入式目标系统的/mnt/nfs 目录。mount 命令中的 192.168.0.1 为 Linux 服务器的 IP 地址;/home/bc 为 Linux 服务器端所配置的共享输出目录;/mnt/nfs 为嵌入式设备上的本地目录。

　　显然,由于 NFS 方式省去可执行文件从 Linux 服务器传输到嵌入式目标系统端的过程。当开发的应用程序比较复杂时,采用该方式可以大大提高应用程序的开发效率。

12.6.2　应用程序的 GDB/GDBSERVER 联机调试

　　嵌入式系统开发中,使用的是交叉开发方式,软件开发和部分测试工作在主机上完成,最终的软件产品要在目标机上运行。由于开发平台和运行平台的不一致性,嵌入式系统所控制的外部设备的复杂性、可靠性及实时性要求等诸多因素使得嵌入式软件调试非常复杂。在前面的章节中介绍了基于 ADS 以及单机环境下的多种调试方式,但是在嵌入式 Linux 的联机环境下,常用的调试代理工具为 GDBSERVER。它是一个轻量级的调试器,运行在目标机上,然后与运行在主机上的 GDB 通过 RSP (Remote Serial Protocol)协议进行通信从而完成远程联机调试工作。

1. GDB /GDBSERVER 调试模型

在调试过程中,主机和目标机之间使用串口或者以太网接口作为通信的通道,如图 12.6.7 所示。在主机上 GDB 通过这条通道使用一种基于 ASCII 的简单通信协议 RSP 与在目标机上运行的 GDBSERVER 进行通信,GDB 发送调试指令,如设置断点、步进、内存/寄存器读/写。GDBSERVER首先要与运行被调试程序映像的进程进行绑定,然后等待 GDB 发来的数据。在对包含命令的数据进行解析之后便进行相关处理,然后将结果返回给主机上的 GDB。

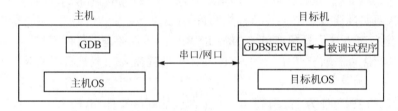

图 12.6.7　GDB/GDBSERVER 调试模型

2. RSP 通信协议

RSP 协议将 GDB/GDBSERVER 间通信的内容看作是数据包,数据包的内容都使用 ASCII 字符。每一个数据包都遵循这样的格式:$<调试信息 <校验码>,接收方在收到数据包之后,对数据包进行校验,若正确则回应"+",反之则回应"−"。

RSP 协议中定义的主要命令可以分为 3 类:

① 寄存器/内存读写/命令:

- 命令 g　读所有寄存器的值;
- 命令 G　写所有寄存器的值;
- 命令 P　写某个寄存器;
- 命令 m　读某个内存单元;
- 命令 M　写某个内存单元。

② 程序控制命令:

- 命令?　报告上一次的信号;
- 命令 s　单步执行;
- 命令 c　继续执行;
- 命令 k　终止程序。

③ 其他命令:

- 命令 O　控制台输出(control out);
- 命令 E　出错回应(error response)。

3. 调试步骤

(1) 交叉编译被调试程序文件

被调试程序文件要采用交叉编译的方式,并带上参数"-g"以加入调试信息。假设被调试的程序文件名为 myProg.c,则用下面命令:

```
# arm-linux-gcc -g myProg.c -o myProg
```

然后将 myProg 也复制一份到嵌入式目标机中。如果嵌入式目标机上没有显示器、键盘之类的显示和输入设备,则可在主机环境下通过串口来控制嵌入式目标机,比如桌面 Linux 下的 minicom 或 Windows 下的超级终端。通过 minicom 可以设置、监视串口工作状态,接收、显示串口收到的信息,并且在主机和目标机之间传递数据和控制指令,从而实现通过主机监控目标机的目的。

(2) 运行嵌入式目标机中的 GDBSERVER,并加载被调试程序文件

调试时,嵌入式目标机上 GDBSERVER 子进程需要加载被调试程序文件,因此被调试程序必须存在于目标机的文件系统当中。假设宿主机的 IP 地址为 192.168.0.1,目标机的 IP 地址为 192.168.0.30,被调试的程序文件 myProg 放在目标机的当前目录下,则在目标机上运行:

```
[root@localhost]gdbserver 192.168.0.1:1234 myProg
```

这时就会出现提示:

```
Process /work/hello created: pid = 69
Listening on port 1234
```

其中,1234 是一个没有被使用的端口号(PortNum)。

(3) 运行宿主机中的 gdb,并远程链接目标机的调试程序

此时可从目标机的控制台下切换到宿主机的控制台,启动交叉调试器 arm-linux-gdb:

```
[root@localhost] arm-linux-gdb myProg
```

出现一些状态信息:

```
GNU gdb 6.0
Copyright 2003 Free Software Foundation, Inc.
GDB is free software, covered by the GNU General Public License, and you are
welcome to change it and/or distribute copies of it under certain conditions.
Type "show copying" to see the conditions.
There is absolutely no warranty for GDB.  Type "show warranty" for details.
This GDB was configured as "--host = i686-pc-linux-gnu --target = arm-linux"...
```

（gdb）

然后在（gdb）的操作状态下输入：

　　（gdb）target remote 192.168.0.30:1234

这时就会出现提示：

　　Remote debugging using 192.168.0.30:1234

　　［New thread 80］

　　［Switching to thread 80］

　　0x40000c10 in ?? ()

与此同时，在目标机的控制台下也会出现如下提示：

　　Remote debugging from host 192.168.0.1

　　此提示就表明双方链接成功，这时候就可以在宿主机的 gdb 操作状态下输入各种 gdb 命令来进行程序调试了，比如 list、continue、next、step、break 等。

12.6.3　字符设备应用程序的开发

1. 应用程序的编写

在前面介绍了 LED 设备驱动程序的开发，那么就可以编写应用程序使用了设备驱动程序中的函数。下面是一个 LED 应用程序的源码，假设程序文件名为 ledApp. c。

```
# include <stdio. h>
# include<stdlib. h>
# include<unistd. h>
# include<sys/ioctl. h>
int main(int argc, char * * argv)
{
    int on;
    int led_no;
    int fd;
    if (argc !=3|| sscanf (argv[1]," % d",&led_no) != 1|| sscanf(argv[2], % d,&on) != 1
        || on < 0   || on > 1 || LED_NO < 0 || LED_NO >1)
    { fprintf(stderr, "Usage: ledapp  LED_NO  0 | 1 \n"); / * 0 代表熄灭,1 代表点亮 * /
        exit(1);
    }
    fd = fopen("/dev/myLeds",0);
    if ( fd<0)
    { perror( "open  device leds");
        Exit(1);
    }
```

```
ioctl(fd, on, led_no);
close(fd);
return 0;
}
```

2. 应用程序的编译与运行

在宿主机上运行交叉编译命令：# arm-linux-gcc -g ledApp. c -o　ledApp，即可生成应用程序的可执行文件 ledApp。然后将其复制到嵌入式目标机上并运行，比如：

```
# ledApp 0 1
```

由于 0 代表的是 LED1，1 代表的是点亮，所以就可以将 LED1 点亮。

思考题与习题

1. 简述移植的基本概念。
2. 请写出 Bootloader 移植过程中主要相关文件以及主要代码。
3. 简述 Bootloader 的下载过程。
4. 请写出内核移植过程中主要相关文件以及主要代码。
5. 简述嵌入式 Linux 文件系统的移植过程。
6. 请写出嵌入式 Linux 文件系统的移植过程中需要修改的关键文件。
7. 简述配置内核的基本方法。
8. 请给出内核 menuconfig 菜单中各个选项的含义。
9. 简述编译内核的基本步骤。
10. 请写出一般字符设备驱动程序中可能会提供的常见函数。
11. 请详细说明教材中 LED 设备驱动程序，宏定义 set_gpio_ctrl(CPIO_C5 | GPIO_PULLUP_EN | GPIO_MODE_OUT)是如何把端口 GPC7 设置为上拉电阻使能和输出模式。
12. 简述应用程序的加载方式。
13. 简述静态加载和动态加载的区别及各自的优缺点。
14. 简述应用程序的 GDB/GDBSERVER 联机调试过程。

第 **13** 章

图形用户接口(GUI)

图形用户接口(Graphics User Interface,GUI),又叫桌面系统、窗口管理系统、图形操作环境、图形用户界面等,是操作系统和用户的人机接口。GUI 极大地方便了非专业用户的使用,人们不再需要死记硬背大量的命令,而可以通过窗口、菜单方便地进行操作。事实上,操作系统的 GUI 窗口系统的易用性,直接关系到用户对这款操作系统的可接受程度。在 Linux 操作系统中,GUI 系统和操作系统内核是分开的,开发人员可以自由选择组合,用户也可以选择安装或不安装,而 Microsoft Windows 的操作系统则将桌面系统进行捆绑集成,用户不能自由选择。

需要指出的是,由应用程序直接实现图形化的用户界面并不等同于 GUI 系统,前者类似于 DOS 操作系统下用 C 语言的图形函数编写出来的用户界面,而 GUI 系统则类似于 Windows 的桌面系统。很显然,后者无法将显示和数据处理分开,从而导致程序结构不好,不便于调试,并导致大量的代码重复。事实上,GUI 是一种类似于操作系统的基础软件,这种软件系统也应该遵循一定的标准,要有高质量的实现思想和程序代码。

13.1 图形用户接口的层次结构

在 Linux 系统中,可以将图形用户界面系统大致地分为如图 13.1.1 所示的几个层次。

硬件平台包括 PC 机和各种嵌入式硬件系统。操作系统包括 Linux、Windows 和各种嵌入式操作系统,它们是图形用户界面的运行平台。

13.1.1 图形基础设施

图形基础设施是一种底层的图形驱动引擎,一般由操作系统提供。它是用作其他更高一层图形或者图形应用程序的基本函数库/依赖库,在其之上可以针对某些特定应用需求做进一步的封装。例如,在对于只需要单任务的低端应用,可以以 API 函数的形式,封装成静态或者动态的高级图形函数库。而在更多的场合,用户是

图 13.1.1 图形用户界面层次结构

需要类似 Windows 的桌面系统，这样就要构建多任务 GUI 窗口管理系统。在 Linux 环境下，常见的图形基础设施有 SVGALib（VGA）、X Windows（Xlib）、LibGGI 和 Framebuffer 等。

　　SVGALib 是 Linux 系统中最早出现的非 X 图形支持库，支持各种 VGA 兼容芯片，为用户提供了在控制台上进行图形编程的接口。但是，SVGALib 可移植性很差，目前只能运行在 X86 平台上，特别是从 Linux 内核支持 Framebuffer 后，被使用得就越来越少。

　　X Windows 是 Unix/Linux 上标准的图形用户界面，它以 X 协定为基础，包括 X 服务器、X 客户端和 Xlib 函数库等几部分，涵盖了图形驱动引擎和 GUI 窗口图形系统。X Windows 最早是在 Unix 工作站上实现的，后来在 XFree86 计划下移植到了 x86 等处理器上。目前，X Windows 在 PC 机平台的桌面图形系统占据着统治地位，上面运行着包括办公套件、实用工具和游戏、多媒体播放器等在内的大量应用程序，已经成为 Linux 抗衡 Windows 的一个有力的"武器"。

　　Framebuffer（帧缓冲，亦简称为 fbdrv）是在 Linux 2.2 及以上版本内核当中提供的一种图形驱动引擎，在第 5 章已经对它进行了简单介绍。它将显示设备抽象为帧缓冲区，用户可以将它看成是显示内存的一个映像，将其映射到进程地址空间之后，就可以直接进行读/写操作，而写操作可以立即反应在屏幕上。形象一点说，Framebuffer 就像一张画布，使用什么画笔以及如何画就由自己动手完成。Framebuffer 最高支持 $1024 \times 768 \times 32$ bpp 分辨率，其高度的可移植性、易使用性和稳定性等优点使得它应用越来越广泛。

　　显然，在嵌入式应用领域里，SVGALib 可移植性太差，而 X Windows 对存储空间要求高，显得过于复杂和臃肿。因此，Framebuffer 就日益成了人们开发各种嵌入式图形应用库/应用程序和运行 GUI 窗口管理系统的最佳选择。

13.1.2　高级图形函数库

　　高级图形函数库提供的图形界面编程接口主要分为两大类：一类只提供基本的画点、绘线、文本区域处理等，如 SDL（Standard Drawing Library）；另一类就是以窗口部件（widget，亦称为控件、部件等）形式，采用面向对象方式进行可视化的编程，可用于嵌入式 GUI 系统（需要诸如 pThread 等消息处理函数库的支持）和可以运行在 GUI 系统上的应用程序的开发，诸如 GTK、Qt 和 PEG 等。

　　SDL 是 Ruster Graphics 公司开发的 C 语言函数，可运行在各种实时/非实时操作系统，其设计目标是可运行于任何 CPU、任何使用线性编址和支持 ANSI 编译器/链接器的操作系统上。SDL 体积小，只有 30 KB 左右，可扩展性好，可以根据应用需要增加或减少编程接口。SDL 至少提供了包括画点、线、圆、矩形，文本、剪贴区域和字库等 60 多个图形函数。

　　GTK+（GIMP Tool Kit，GIMP 工具包）是一个用于制作图形用户接口的图形库,是基于 LGPL 授权,采用 C 语言编写的。最初,GTK+是在 GDK(GIMP Drawing Kit,GIMP 绘图包)的基础上创建的,而 GDK 是对 Xlib 函数的包装。现一般用 GTK 代表软件包和共享库,用 GTK+代表 GTK 的图形构件集。图形构件集是用来创建 GUI 应用程序的,它提供了窗口、按钮、框架、列表框、组合框、树、状态条等很多构件,可以构造丰富的用户界面。其典型应用为 Linux 桌面系统的 GNOME 使用。

Qt 是一个跨平台的 C++类库,可以用于多种 Unix、Linux、Win32 等操作系统,实现的功能与 GTK+类似,但是由于它最初不是遵从 GPL 或 LGPL 协议的,使得其应用没有 GTK+广泛。而改进后的 Qt 作为一个跨平台的应用程序和 UI 框架,包括跨平台类库、集成开发工具和跨平台 IDE,目前已广泛使用。

13.1.3 GUI 窗口管理系统

GUI 窗口管理系统是一个非常复杂的系统,很多时候甚至就类似于一个操作系统,它是嵌入式系统设计中迄今为止没有很好解决的难点之一。目前,在桌面 GUI 系统领域,主要有 X Windows、KDE、GNOME 等;在嵌入式系统领域,主要有 MiniGUI、Nano - X(MicroWindows)、OpenGUI 和 QPE(Qt Palmtop Environment)等。

13.2 桌面 Linux 系统 GUI

405

KDE(Kool Desktop Environment)与 GNOME(GNU Network Object Model Environment)是目前桌面 Linux/Unix 系统中最常用的桌面 GUI 窗口系统。MiniGUI、Qt/Embedded(简称 Qt/E)和 Nano - X 则是嵌入式系统中广泛应用的嵌入式 GUI 系统。

从 20 世纪 90 年代中期开始至今,KDE 和 GNOME 从最初的设计粗糙、功能简陋发展到相对完善的阶段,可操作性、简洁性等都接近了 Windows 系统。事实上,GUI 窗口系统环境的成熟也为 Linux 的推广起到至关重要的作用,因为尽管 Linux 有着开放源代码、内核健壮、节省资源和高质量代码等诸多优点,但缺乏出色的图形环境让它一直难以在桌面领域有所作为,导致 Linux 桌面应用相对 Windows 而言一直处于低潮。

近年来,由于很多商业化的大公司也积极参与到开源运动中来,为 GUI 系统的发展做出了巨大的贡献。有些公司将自身的成果免费提供给开源社区或直接派程序员参与项目的实际开发工作,比如 SuSE(现已被 Novell 收购)在 KDE 项目上做了大量的工作,Redhat、Ximian(现已被 Novell 收购)则全程参与 GNOME 项目。目前,KDE 和 GNOME 分别发展到了 3.5 和 2.12 版本,二者的可用性可以完全和 Windows 媲美;而且,KDE 项目将超越 Windows 作为自己的目标,GNOME 项目更是将开发目标定在超越 MacOSX 的 Aqua 图形环境。此外,如 Mplayer 播放器、Xine 播放器、Thunderbird 邮件客户端、SCIM 输入平台等其他开源项目也在快速发展成熟之中,且几乎每一天都有新的项目在诞生。

13.2.1 KDE

KDE 是 1996 年德国 Matthias Ettrich 发起的符合 GPL 规范的开源项目,与之前各种基于 X Windows 的图形用户环境不同的是,KDE 并非针对系统管理员等高级用户,而是锁定为普通的终端用户,即希望 KDE 能够包含用户日常应用所需要的所有应用程序组件,例如 Web 浏览器、电子邮件客户端、办公套件、图形图像处理软件等。表 13.2.1 为 KDE 的官方发行版中的主要组件包。

表 13.2.1 KDE 中的主要组件包

组件包	说 明
aRts	实时模拟音频合成器与声音服务器。该组件包在 KDE 4.0 以后被废弃,其替代品是 Phonon
KDE - Libs	一组必须的基本运行库
KDE - Base	KDE 的基本组件(窗口管理器、桌面、面板、文件管理器与网络浏览器 Konqueror 等)
KDE - Network	新闻组阅读器 KNode、新闻采集器 KNewsticker、拨号工具 Kppp 等
KDE - Pim	电子邮件客户端 KMail,地址簿管理器 KAddressbook、日程管理器 KOrganizer、Palm 同步前端 KPilot 等
KDE - Graphics	一组图形图像相关程序,如 DVI 文档查看器 KDVI、PostScript 查看器 KGhostView、绘图程序 KolourPaint、传真查看器 KFax 等
KDE - Multimedia	音频播放器 Noatun、MIDI 演奏器 KMidi、CD 播放器 KSCD 等
KDE - Accessibility	为生理上有残疾的用户设计的辅助工具
KDE - Utilities	文本编辑器 KEdit、计算器 KCalc、十六进制编辑器 KHexEdit、笔记工具 KJots 等
KDE - Edu	一组教学相关用途的程序
KDE - Games	空间射击游戏 KAsteroids、纸牌系列合集 KPat、俄罗斯方块 KTetris 等
KDE - Toys	娱乐小配件
KDE - Addons	提供给 Konqueror、Kate、Kicker、Noatun 等程序的插件合集
KDE - Artwork	附赠的图标、样式、壁纸、屏幕保护以及窗口装饰的集合
KDE - Admin	一些用于系统管理的工具
KDE - SDK	一组用于简单 KDE 程序开发的脚本和工具包
KOffice	集成化办公套件
KDevelop	适合 C/C++的集成化开发环境
KDE - Bindings	提供对若干种编程语言(Python、Ruby、Perl、Java 等)的绑定
KDEWebdev	Web 开发工具

KDE 1.0 是 1998 年的 7 月 12 日正式推出的。1999 年，IBM、Corel、Redhat 等公司纷纷对 KDE 项目提供资金和技术支持，自此 KDE 项目走上了快速发展阶段并长期保持着领先地位。具有革命性意义的 4.0.0 版本是 2008 年 1 月 11 日发布的。该版本能够实现类似Microsoft Vista 的半透明、三维界面和阴影特效。目前最新版本是 4.7。

对于应用程序的开发，KDE 选择 Qt 平台来进行，事实上，KDE 自身也是基于 Qt 开发的。Qt 是一个跨平台的 C++图形用户界面库，它是挪威 TrollTech 公司 1995 年推出来的产品。Qt 与 X Windows 上的 Motif、Open Look、GTK 等图形函数库类似于 Windows 平台上的 MFC、OWL、VCL、ATL 等图形函数库，而且 Qt 具有优良的跨平台特性，支持 Windows、Linux、各种 Unix、OS390 和 QNX 等操作系统，其采用面向对象的机制，有着丰富的 API（应用编程接口）和控件，同时也可支持 2D/3D 渲染和 OpenGL API。在目前的同类图形用户界面库产品中，Qt 的功能最为强大。Matthias Ettrich 在发起 KDE 项目时就很自然地选择了 Qt 作为开发基础，也正是得益于 Qt 的完善性，KDE 的开发进展顺利，例如 Netscape 5.0 在从 Motif 移植到 Qt 平台上仅仅花费了 5 天时间。但是，要注意的是，KDE 是采用 GPL 规范进行发布的，而底层的 Qt 函数库却是一个不遵循 GPL 的商业软件，这可能会给 KDE 的商业推广带来潜在的法律风险。有关 KDE 的更多内容请登录 www.kdecn.org 查询。

13.2.2　GNOME

GNOME 是 1997 年墨西哥的年仅 26 岁的程序员 Miguel De Icaza 发起的开源项目，目前诸如 Redhat/Fedora、SuseLinux 发行版都默认使用它。其功能上的特性和 KDE 类似，并且相对要轻便些。表 13.2.2 是 GNOME 中的主要组件包。

表 13.2.2　GNOME 中的主要组件包

组件包	说　明
ATK	可达性工具包（不论其技术、技巧和身体残疾）
Bonobo	复合文档技术
GObject	用于 C 语言的面向对象框架
GConf	保存应用软件设置
GNOME VFS	虚拟文件系统
GNOME Keyring	安全系统
GStreamer	GNOME 软件的多媒体框架
GTK+	构件工具包/函数库
Cairo	复杂的 2D 图形库
LibXML	为 GNOME 设计的 XML 库
ORBit	使软件组件化的 CORBAORB
Pango	i18n 文本排列和变换库
Metacity	窗口管理器

对于应用程序的开发，GNOME 选择 GTK+平台来进行，也就是说，为 GNOME 桌面环境编写的程序使用 GTK+作为其工具箱和函数库。GTK+是使用 C 语言开发的，但是其设计者使用面向对象技术。在 GNOME 平台上，还提供了 C++（gt-kmm）、Perl、Ruby、Java、Python（PyGTK）、PHP 和所有的 .NET 编程语言的绑定，也就是说，可以使用这些语言来编程。GTK+有两个重要的库：GDK 和 GLIB。GDK 抽象了底层的窗口管理，要移植 GTK+到另一个不同的窗口系统，则只需要移植 GDK 就可以了。GLIB 是一个工具集合，它包括了数据类型、各种宏定义、类型转化、字符串处理，任何应用程序都可以链接这个 GLIB 库，使用其中的各种数据类型、方法来避免重复代码，这样有利于减少整个系统的尺寸。

这里需要指出的是，其实应用程序并没有规定运行于哪种桌面管理程序，很多与桌面管理程序并没有多大关系，主要是因为涉及函数库及支持包的依赖等问题，才考虑是使用 GTK+还是 Qt 函数库来开发软件。

有关 GNOME 的更多内容请登录 www. gnome. org 查询。

13.3　嵌入式 Linux 系统 GUI

随着人们对 PC 平台上美观、简便的桌面式的图形窗口环境的日益熟悉和钟爱，大家对与日常生活息息相关的各类嵌入式消费类设备的图形用户界面要求也越来越高。诸如智能手机、PDA（个人数字助理）、机顶盒等各类嵌入式产品中，都逐渐需要 GUI 系统的支持，甚至需要能提供全功能的 Web 浏览器、Java 虚拟机的支持。在传统的人机系统中，人是操作者，人去适应机器；而在现代的嵌入式人机系统中，人是用户和主动的参与者，能与机器对话，要求机器对人的各种动作做出响应。因此，图形用户界面已经成为嵌入式应用系统研制中的重点之一。典型的嵌入式 GUI 系统有紧缩的 X Windows 系统、MiniGUI、Nano - X（MicroWindows）、Tiny X（紧缩版的 X Windows）、OpenGUI、Qt 等。下面首先对这些系统进行简单介绍。

13.3.1　MiniGUI

MiniGUI 是 1998 年底推出的一款面向嵌入式系统或者实时系统的 GUI 系统，是国内最早出现的，并在国际上有一定知名度的几个自由软件项目之一。它最先是由原清华大学教师魏永明先生主持开发，现由北京飞漫软件技术有限公司进行商业化维护和运作。自 1999 年初遵循 GPL 协议发布第一个版本以来，到现在已历经十年多时间，目前最新版本是 MiniGUI V3. 0. 12。经过飞漫软件多年的精心打造，MiniGUI 已经成为性能优良、功能丰富的跨操作系统嵌入式图形用户界面支持系统。目前，MiniGUI 已经广泛应用于通信、医疗、工控、电力、机顶盒、多媒体终端等领域。一些企业如华为、中兴通信、大唐移动、长虹等已经成功地使用 MiniGUI 进行产品开发，约有 60% 获得入网许可证的 TD - SCDMA 手机使用 MiniGUI 作为其嵌入式图形平台，以支撑浏览器、可视电话等 3 G 应用软件的运行。

MiniGUI 的主要功能特色有：

- 多运行模式支持。为了适应不同的操作系统运行环境，MiniGUI 可配置成 MiniGUI - Threads、MiniGUI - Processes 及 MiniGUI - Standalone 这 3 种运行模式。

- 完备的多窗口机制和消息传递机制。

- 提供常用的控件类，包括对话框、消息框、静态文本框、按钮、单行和多行文本框、列表框、组合框、菜单按钮、进度条、滑块、属性页、工具栏、树形控件、月历控件、旋钮控件、酷工具栏、网格控件、动画控件等。

- 提供有增强 GDI 函数，包括光栅操作、复杂区域处理、椭圆、圆弧、多边形以及区域填充等函数。在提供有兼容于 C99 规范的数学库平台上，还提供有高级二维绘图函数，可设置线宽、线型以及填充模式等。通过 MiniGUI 的图形抽象层及图形引擎技术，也可以让上述高级 GDI 接口在低端显示屏上实现。

- 多字符集和多字体支持，包括支持 ISO 8859—1～ISO 8859—15、GB 2312、GBK、GB 18030、BIG5、EUC - JP、Shift - JIS、EUC - KR、UNICODE（UTF—8、UTF—16 编码）等字符集，以及各种光栅字体和 TrueType、Type 1 等矢量字体。

- 输入法支持，用于提供各种可能的输入形式；内建有适合 PC 平台的汉字（GB 2312）输入法支持，包括内码、全拼、智能拼音、五笔及自然码等。

- 可移植性好，提供跨操作系统的支持。

MiniGUI 本身的占用空间非常小，以嵌入式 Linux 操作系统为例，MiniGUI 的典型存储空间占用情况如下：

- Linux 内核：300～500 KB（由系统需求决定）。

- 文件系统：500～2 MB（由系统需求决定）。

- MiniGUI 支持库：500～900 KB（由编译选项确定）。

- MiniGUI 字体、位图等资源：典型为 400 KB（由应用程序需求确定，最低可在 200 KB 以内）。

- 应用程序：100～2 MB（由具体的应用需求确定）。

总体的系统占有空间应该在 2～4 MB。在某些系统上，尤其是在传统嵌入式操作系统中，功能完备的 MiniGUI 系统本身所占用的空间可进一步缩小到 1 MB 以内。

北京飞漫软件技术有限公司提供详细的技术文档支持 MiniGUI 的应用。有关 MiniGUI3.0 更多的内容请登录 http://www.fmsoft.cn/products/minigui/trial_downloads.html，查阅以下技术文档：

- MiniGUI 技术白皮书 for V3.0；

- Datasheet for MiniGUI V3.0；

- MiniGUI 3.0 编程指南；

- MiniGUI 3.0 用户手册；
- 《MiniGUI API 参考手册》V3.0.12 进程版；
- 《MiniGUI API 参考手册》V3.0.12 线程版；
- 《MiniGUI API 参考手册》V3.0.12 单机版；
- 《mGPlus API 参考手册》V1.2.4。

13.3.2　Qtopia

Qtopia 是嵌入式 GUI 窗口系统，也叫做嵌入式 Linux 的桌面系统，是 Trolltech 面向嵌入式设备的 Qt 掌上机环境(Qt Palmtop Environment,QPE)。它建立在 Qt/E 之上，基于 Qt/E 开发出来的程序就可以放到这个桌面上，为开发提供了一个类似于 Windows 这样易于使用的界面。Qtopia 分为开源的 PDA 版 Qtopia 和收费的手机版 Qtopia，前者提供 PDA 的桌面系统基本源代码，后者还包括手机模块代码等。另外，Trolltech 还推出了 Qtopia 消费类电子产品平台(Qtopia CEP)。它是一套更高层次的开发平台，使得应用开发商能够在机顶盒等电子类产品中创建自定义的环境。

Qtopia 包含全套的个人信息管理(Personal Information Management,PIM)应用程序、因特网客户机、各类实用程序等。当然，可以将 Qtopia 看作是在嵌入式 Linux 控制台下运行在 Qt/E 函数库基础上的一个特殊的应用程序(GUI 窗口管理)。具体而言，Qtopia 分为 4 个层次(见图 13.3.1)。

Qtopia 平台包括运行在嵌入式设备和 PC 机上两种。它为前者提供一套完善的 GUI 窗口管理系统和基本的应用程序，而在 PC 机上的则称为 Qtopia Desktop，可以允许用户在嵌入式设备和 PC 机之间进行数据同步。

一般应用程序员开发的 Java 程序可以在 Qt/E 上运行，而诸如 Opera 浏览器、Handcom 办公软件等则是建立在 Qt/E 和 Qtopia 之上。

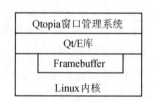

图 13.3.1　Qtopia 的 4 个层次

Trolltech 公司现已被诺基业(Nokia)公司收购。Qtopia 后来被重新命名为 Qt Extended。在 2009 年 3 月 3 日，诺基亚决定停止 Qt Extended 的后续开发，转而全心投入 Qt 的产品开发，并逐步会将一部分 Qt Extended 的功能移植到 Qt 开发框架中。

Qt 是一个跨平台的应用程序和 UI 框架，它包括跨平台类库、集成开发工具和跨平台 IDE。使用 Qt 只需一次性开发应用程序，无须重新编写源代码，便可跨不同桌面和嵌入式操作系统部署这些应用程序。有关 Qt 的更多内容和使用，请登录 http://qt.nokia.com 查询有关技术文档或者参考参考文献[15]～[19]。

13.3.3　Nano‐X

　　Nano‐X 的前身就是 Century Software 推出的开源项目 MicroWindows。它主要采用 C 语言进行开发,采用 C/S 体系结构,提供了相对完善的图形功能,并且具有分层设计。最底层是屏幕和输入设备驱动程序(关于键盘或鼠标)来与实际硬件交互。在中间层,可移植的图形引擎提供对线的绘制、区域的填充、多边形、裁剪以及颜色模型的支持。在最上层,MicroWindows 支持两种 API:一种是 Win32/WinCE API,称为 MicroWindows;另一种 API 与 GDK 非常相似,称为 Nano‐X。它的缺点是无任何硬件加速能力,图形引擎中也存在着许多未经优化的低效算法。目前的开发重点则在底层的图形引擎之上,窗口系统和图形接口方面的功能还比较欠缺。

　　Nano‐X 需要 Linux 内核的 Framebuffer(帧缓冲)支持,提供 1 bpp,2 bpp,4 bpp和8 bpp(每像素的位数)palletized 显示,以及 8 bpp、16 bpp、24 bpp 和 32 bpp 的真彩色显示。Nano‐X 服务器占用的资源大约在 100～150 KB。

　　Nano‐X 的主要优点就是,与 Xlib 实现不同,Nano‐X 是在每个客户机上同步运行的。这意味着一旦发送了客户机请求包,服务器在为另一个客户机提供服务之前必须一直等待,直到整个包都到达为止。这使服务器代码非常简单,而运行的速度非常快。

　　由于 Nano‐X 是为有内存限制的低端设备设计的,所以它不像 X 那样支持很多函数,因此实际上它不能作为微型 X(Xfree86 4.1)的替代品。

　　Nano‐X 还提供 FLTK(Fast Light Tool Kit,发音为 fulltick) API。FLTK 是一种使用C++开发的 GUI 工具包,简单、灵活,特别适用于占用资源很少的环境。它提供了按钮、对话框、文本框、滑动器、滚动条、刻度盘等大多数窗口构件。

　　从前面的介绍可以看出,Nano‐X 和 MiniGUI 都是用 C 语言开发的,但它们的侧重点不同。后者的策略是首先建立在比较成熟的图形引擎之上,比如 SVGALib 和 LibGGI,侧重点在于窗口系统和图形接口;而前者的开发重点则在底层的图形引擎,窗口系统和图形接口方面的功能还比较欠缺。当然,随着它们各自功能的不断完善和发展,目前它们在功能上的区别也越来越少。

　　有关 Nano‐X 的更多内容请登录 http://microwindows.censoft.com/查询。

13.4　MiniGUI 应用入门

13.4.1　MiniGUI 的软件架构

　　MiniGUI 具有良好的软件架构,通过抽象层将 MiniGUI 上层和底层操作系统隔离开来。如图 13.4.1 所示,从底至上,MiniGUI 由如下几个模块组成:

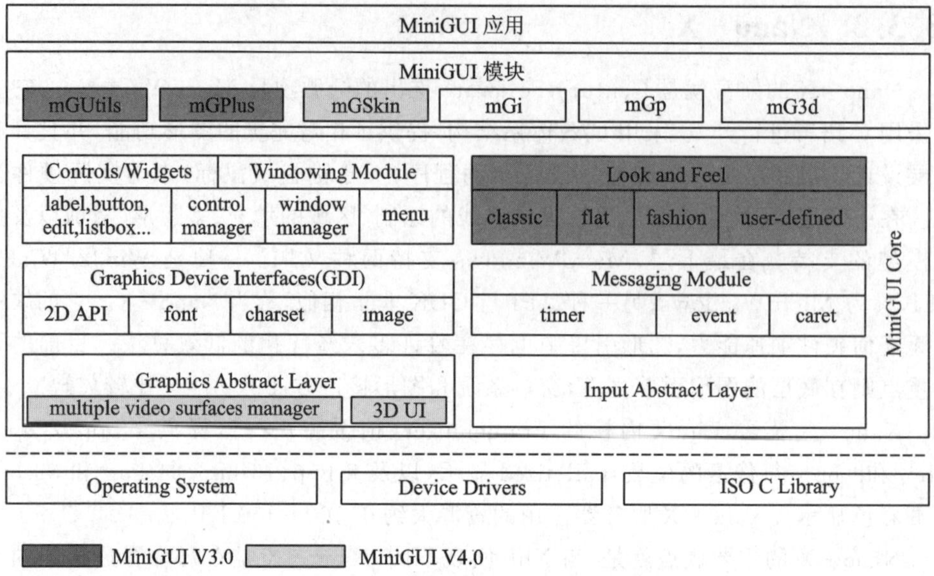

ARM9嵌入式系统设计基础教程(第2版)

图 13.4.1　MiniGUI 的层次结构

412

(1) 图形抽象层

图形抽象层将来自不同操作系统或设备的图形接口进行抽象,为 MiniGUI 上层提供统一的图形接口。在图形抽象层内,包含有针对 Linux FB 设备、eCos LCD 设备等的软件组成部分。这些软件组成部分通过调用底层设备的接口来实现具体的图形抽象层操作,如打开设备、设置分辨率及显示模式、关闭设备等。这些用于适配图形抽象层接口的软件组成部分被称为"引擎(engine)",其概念和操作系统中的设备驱动程序类似。

(2) 输入抽象层

和 GAL 类似,输入抽象层将 MiniGUI 涉及的所有输入设备,如键盘(keyboard)、小键盘(keypad)、鼠标(mouse)、触摸屏(touch screen)等抽象了出来,为上层提供一致的接口。要支持不同的键盘、触摸屏或者鼠标接口,则通过为 IAL 编写不同的输入引擎实现。MiniGUI 通过 IAL 及其输入引擎,提供对 Linux 控制台(键盘及鼠标)、触摸屏、遥控器、小键盘等输入设备的支持。

(3) 图形设备接口

该模块基于图形抽象层为上层应用程序提供图形相关的接口,如绘制曲线、输出文本、填充矩形等。图形设备接口中包含其他比较独立的子模块,如字体字符集(font and charset)支持、图像(image)支持等。

(4) 消息处理模块(Messaging Module)

该模块在输入抽象层基础上,实现了 MiniGUI 的消息处理机制,为上层提供了完备的消息管理接口。众所周知,几乎所有的 GUI 系统本质上都是事件驱动的,系统自身的运行以及 GUI 应用程序的运行,都依赖于消息处理模块。

(5) 多窗口处理模块(Windowing Module)和控件(Control 或 Widget)

基于图形设备接口和消息处理模块,MiniGUI 实现了多窗口处理模块。该模块为上层应用程序提供了创建主窗口和控件的基本接口,并负责维护控件类。控件类是用来实现控件代码重用的重要概念,利用控件类(control class),可以创建属于某个控件类的多个控件实例(instance),从而让这些控件实例使用同一个控件类的代码,这样,就实现了类似 C++ 那样的类和实例概念,从而可以最大程度上重复利用已有代码,并提高软件的可维护性。MiniGUI 的控件模块实现了常见的 GUI 控件,如静态框、按钮、编辑框、列表框、下拉框等。

(6) 外观支持(Look and Feel)

这个模块是 MiniGUI V3.0 提供给上层应用程序的接口,可用来定制 MiniGUI 窗口、控件的绘制。在 MiniGUI V3.0 之前的版本中,对主窗口和控件的定制能力,还没有被抽离出来形成独立的模块,但仍然可以通过配置选项让 MiniGUI 的主窗口、控件具有三种显示风格,分别是:类似 PC 的三维风格(PC3D)、平板风格(FLAT)、流行风格(FASHION)。在 MiniGUI V3.0 中,主窗口和控件的外观可完全由应用程序自行定制,在创建主窗口或者控件时,指定外观渲染器(renderer)的名称,就可以让主窗口或者控件具有各自不同的外观。

13.4.2　MiniGUI 的开发环境

基于 MiniGUI 的开发可以在 Linux 或 Windows 操作系统下进行。由于 MiniGUI 完全用 C 语言来编写,具有非常好的移植性,也使得 MiniGUI 应用程序的交叉编译工作十分方便。为嵌入式设备编写的应用程序可以在任何安装在针对该设备的交叉编译工具链的平台上进行编译。最常见的方式是在 Linux 环境下安装 GCC 的交叉编译器,对应用程序进行编译。对于某些嵌入式系统(如 VxWorks,μC/OS-II),则一般在 Windows 下安装相应的编译环境(如 Tornado、ADS 等),对应用程序进行编译。

如果 MiniGUI 应用程序在 Linux 环境下开发,它可以有两种运行方式:一种是直接在内核支持的 FrameBuffer 控制台下运行,另一种则是在一个模拟 FrameBuffer 的 X11 应用程序(qvfb)下运行并完成调试。

如果 MiniGUI 应用程序在 Windows 下开发,则可以使用 Visual Studio 集成开发环境进行开发及编译,并在模拟 FrameBuffer 的 Windows 应用程序(wvfb)下运行应用程序并调试,如图 13.4.2 所示。

直接在模拟器或控制台下运行调试 MiniGUI 应用程序,大大方便了嵌入式程序的开发,避免了用户重复刷写嵌入式设备的工作,同时也使得用户可以在开发主机上使用标准的调试器对应用程序进行调试。MiniGUI V3.0 推出的 xvfb 兼容 MiniGUI V2.0.X 以前的 qvfb 和 wvfb。

图 13.4.2　在 wvfb 模拟器上运行 MiniGUI 应用程序

13.4.3　MiniGUI 的移植

这里以 MiniGUI 3.0 版本在基于 S3C2410 的嵌入式目标机上的移植为例进行介绍，PC 平台采用 Redhat 9.0 桌面 Linux 系统。

1. PC 机上配置，编译，安装，运行 MiniGUI

（1）在 Redhat 9.0 上配置 FrameBuffer

要激活 VESA Frame Buffer 驱动程序，需要修改/boot/grub/menu. lst 文件，并在 kernel 打头的一行添加 vga＝0x0317。

```
# grub. conf generated by anaconda
# Note that you do not have to rerun grub after making changes to this file
# NOTICE: You do not have a /boot partition. This means that
# all kernel and initrd paths are relative to /, eg.
# root (hd0,0)
# kernel /boot/vmlinuz - version ro root - /dev/hda1
# initrd /boot/initrd - version. img
# boot = /dev/hda
default = 0
timeout = 10
splashimage = (hd0,0)/boot/grub/splash. xpm. gz
title Red Hat Linux (2.4.20 - 8, FrameBuffer)
root (hd0,0)
kernel /boot/vmlinuz - 2.4.20 - 8 ro root = /dev/hda1 vga = 0x0317
initrd /boot/initrd - 2.4.20 - 8. img
title Red Hat Linux (2.4.20 - 8)
root (hd0,0)
```

```
kernel /boot/vmlinuz - 2.4.20 - 8 ro root = /dev/hda1
initrd /boot/initrd - 2.4.20 - 8.img
```

其中 Redhat Linux(2.4.20 - 8,FrameBuffer)就是设置了 VESA FrameBuffer 的引导选项。修改了/boot/grub/menu.lst 文件之后,重新启动系统就完成了 FrameBuffer 的配置。但要注意的是,若使用其他的引导程序,配置有所不同。

(2) 编译和安装依赖库

在运行 MiniGUI 之前,需要安装 MiniGUI 所需的依赖库。除了使用 SVGALib 时需要第三方函数库的支持外,MiniGUI 还使用了 LibFreeType、LibPNGA、Lib-JPEG、LibZ 等第三方的依赖库。这些依赖库都是使用 GNU Automake/Autoconf 脚本组织工程,通过在运行./configure 命令时,指定特定的环境变量及某些选项来完成这些库的编译和安装。此外,可以通过在相关依赖库源码目录下运行./configure - help 命令,来查看各自 configure 脚本可以接受的开关参数。

LibFreeType、LibPNGA、LibJPEG、LibZ 依赖库的安装比较简单。从官方网站下载相关压缩包之后,进行解压缩、进入对应的源码目录执行./configure 和 make 命令即可。

此外,用户可根据个人应用程序的需要,编译和安装 MiniGUI 插件:mGi、mGp、mG3d、mGUtils 和 mGPlus。这些组件可以为应用程序提供某些特殊的功能特性。

(3) 在 PC 上编译并安装 MiniGUI 开发包

第 1 步:在 PC 上编译并安装 libminigui。

使用 tar 命令解开 libminigui - gpl - 3_0_12.tar.gz 软件包:

```
$ tar - zxvf libminigui - gpl - 3_0_12.tar.gz
```

该命令将在当前目录下建立 libminigui - gpl - 3.0.12 目录。建议将该目录改名为 libminigui - gpl - 3.0.12 - host,因为还要编译在开发板上运行的库,为了区别起见,最好将其改名。改名后进入该目录,并运行./configure 命令:

```
$ mv libminigui - gpl - 3.0.12 libminigui - gpl - 3.0.12 - host
$ cd libminigui - gpl - 3.0.12 - host
$ ./configure
```

如果运行./configure 脚本的时候没有出现问题,就可以继续运行 make 和 make install 命令,来编译并安装 libminigui 的库文件,注意要有 root 权限才能向系统中安装函数库:

```
$ make
$ make install
```

默认情况下,MiniGUI 的函数库将安装在/usr/local/lib 目录中,因此要确保该目录已经列在/etc/ld.so.conf 文件中。修改/etc/ld.so.conf 文件,将/usr/local/lib

目录添加到该文件最后一行。修改后类似:

```
/usr/lib
/usr/X11R6/lib
/usr/i486 - linux - libc5/lib
/usr/local/lib
```

运行 ldconfig 命令刷新系统的共享库搜索缓存:

```
su - c /sbin/ldconfig
```

第 2 步:在 PC 上安装 MiniGUI 的资源。

MiniGUI 资源的安装比较简单,只需解开软件包,并以 root 身份运行相关命令,如下所示:

```
$ tar - zxvf minigui - res - be - 3_0_12.tar.gz
$ cd minigui - res - be - 3.0.12
$ ./configure
$ make
$ make install
```

第 3 步:编译应用程序例子。

编译和安装 mg - samples - 3_0_12. tar. gz,同样建议将生成的目录名改名为 mg - samples- 3.0.12 - host,原因如前面所示。所需命令如下:

```
$ tar - zxvf mg - samples - 3_0_12.tar.gz
$ mv mg - samples - 3.0.12 - host mg - samples - 3.0.12 - host - host
$ cd mg - samples - 3.0.12 - host
$ ./configure
$ make
```

(4) Redhat 上 MiniGUI 的运行

由于必须要在控制台模式才能运行 MiniGUI,故要启动控制台,按住"Ctrl+Alt"键的同时,按 F1~F6 中的任意一个均可,然后登录系统,进入 sample 目录,直接运行即可。

2. 交叉编译,并在嵌入式目标机上运行 MiniGUI

(1) 安装交叉编译器 armv4l - unknown - linux - gcc

```
$ tar - jxvf armv4l - tools - 2.95.2.tar.bz2 - C /
```

默认安装目录为/opt/host/armv4l/bin,在/etc/bashrc 中添加环境变量:

```
$ vi /etc/bashrc
```

在最后一行添加以下内容:

```
export PATH = $ PATH:/opt/host/armv4l/bin
```

保存退出,执行命令:source /etc/bashrc,使环境变量立即生效。

(2) 交叉编译 libminigui

使用 tar 命令解开 libminigui - gpl - 3_0_12. tar. gz 压缩包:

```
$ tar - zxvf libminigui - gpl - 3_0_12.tar.gz
```

该命令将在当前目录建立 libminigui - gpl - 3.0.12 目录。将该目录改名为 libminigui - gpl - 3.0.12 - target 进入该目录,并运行/build 目录下的 buildlib - smdk2410 脚本配置 MiniGUI。

```
$ mv libminigui - gpl - 3.0.12 libminigui - gpl - 3.0.12 - target
$ cd libminigui - gpl - 3.0.12 - target
$ ./build/buildlib - smdk2410
```

关于 MiniGUI 是如何具体配置的请参照 buildlib - smdk2410 脚本。

如果没什么错误,就可以编译安装了,顺序执行:

```
$ make
$ make install
```

默认情况下 minigui 的交叉编译库文件会安装在下面的目录中:

```
/opt/host/armv4l/armv4l - unknown - linux/lib
```

(3) 安装 MiniGUI 资源文件

MiniGUI 资源的安装比较简单,只需解开软件包并以 root 身份运行 make install命令,如下所示:

```
$ tar - zxvf minigui - res - be - 3_0_12.tar.gz
$ cd minigui - res - be - 3.0.12
$ make install
```

默认的安装脚本会把 MiniGUI 资源文件安装到下面的目录中/opt/host/ armv4l/ armv4l - unknown - linux/lib/minigui/。

(4) 编译应用程序例子

使用 tar 命令解开 mg - samples - 3_0_12. tar. gz 压缩包:

```
$ tar - zxvf mg - samples - 3_0_12.tar.gz
```

该目录在当前目录建立 mg - samples - 1.6.9 目录,将其改名 mg - samples - 3.0.12- target。

```
$ mv mg - samples - 3.0.12 mg - samples - 3.0.12 - target
$ cd mg - samples - 3.0.12 - target
```

使用下面命令来实现交叉编译应用程序包中的 helloword. c,生成 helloworld 可执行程序。

```
$ cd src
$ armv4l-unknown-linux-gcc - o helloworld helloworld.c - lminigui - lpthread -
I/usr/local/include
```

(5) 在嵌入式目标机上运行 MiniGUI

将应用程序复制到/arm2410/demos 目录下,接下来就可以通过 Redhat 下的 minicom 或者 Windows 下的超级终端链接开发板运行应用程序了。先打开 minicom 通信终端:

```
♯minicom
```

链接好开发板和主机,打开开发板电源,就可以在 minicom 上操作开发板了。首先要将主机的/arm2410s 挂载到开发板上:

```
[/mnt/yaffs] mount - t nfs 192.168.0.xx:/arm2410/host
```

这里的 IP 地址是 PC 主机的 IP 地址,这是通过 nfs 方式将主机的文件系统装载到开发板上。然后就可以执行应用程序 helloworld:. /helloworld。

13.4.4　MiniGUI 的运行模式

MiniGUI 是采用 C 语言开发的,为了适合不同的操作系统环境,MiniGUI 可以配置成三种不同的运行模式。

(1) MiniGUI - Threads 模式

运行在 MiniGUI - Threads 上的程序可以在不同的线程中建立多个窗口,但所有的窗口在一个进程或者地址空间中运行。这种运行模式非常适合于大多数传统意义上的嵌入式操作系统,比如 μC/OS - II、eCos、VxWorks、pSOS 等。当然,在 Linux 和 μClinux 上,MiniGUI 也能以 MiniGUI - Threads 的模式运行。

(2) MiniGUI - Processes 模式

该模式在 1.6.8 及早期版本中称为"MiniGUI - Lite",它与 MiniGUI - Threads 相反,MiniGUI - Processes 上的每个程序是独立的进程,每个进程也可以建立多个窗口。MiniGUI - Processes 适合于具有完整 UNIX 特性的嵌入式操作系统,比如嵌入式 Linux。

(3) MiniGUI - Standalone 模式

在 Standalone 模式,MiniGUI 可以以独立进程的方式运行,既不需要多线程也不需要多进程的支持,这种运行模式适合功能单一的应用场合,比如在一些使用 μClinux 的嵌入式产品中。

一般而言,MiniGUI - Standalone 模式的适用面最广,可以支持几乎所有的操作系统(目前只用来提供对 Linux/μClinux 操作系统的支持);MiniGUI‐Threads 模式的适用面次之,可运行在支持多任务的实时嵌入式操作系统,或是具备完整 UNIX 特性的普通操作系统;MiniGUI‐Process 模式的适用面较小,它仅适合具备完整 UNIX 特性的嵌入式操作系统,如 Linux。

但不论采用哪种运行模式,MiniGUI 为上层应用程序提供了最大程度上的一致性,只有少数几个涉及初始化的接口在不同运行模式上有所不同。

13.4.5　MiniGUI 应用程序编写示例

MiniGUI 在嵌入式产品中移植好后,就可以进行相应的产品应用程序的开发。应用程序开发人员可以直接调用 MiniGUI 的窗口以及图形接口编写自己的应用程序,也可以利用 MiniGUI 内建的各种控件(control/widget)来快速开发自己的应用程序。MiniGUI 提供了各种丰富的控件,例如按钮、工具栏等;同时,还为开发者提供了自定义控件的接口,并能方便地对已有控件进行扩展。

下面介绍一个完整的 MiniGUI 应用程序,该程序在屏幕上创建一个大小为 480×360 像素的应用程序窗口,并在窗口客户区的中部显示"Hello world!"。

```c
# include <stdio.h>
# include <minigui/common.h>
# include <minigui/minigui.h>
# include <minigui/gdi.h>
# include <minigui/window.h>
static int HelloWinProc(HWND hWnd, int message, WPARAM wParam, LPARAM lParam)
{
HDC hdc;
    switch (message) {
    case MSG_PAINT:
    hdc = BeginPaint (hWnd);
    TextOut (hdc, 60, 60, "Hello world!");
    EndPaint (hWnd, hdc);
    return 0;
    case MSG_CLOSE:
    DestroyMainWindow (hWnd);
    PostQuitMessage (hWnd);
    return 0;
    }
return DefaultMainWinProc(hWnd, message, wParam, lParam);
}

int MiniGUIMain (int argc, const char * argv[])
{
MSG Msg;
```

```
HWND hMainWnd;
MAINWINCREATE CreateInfo;

#ifdef _MGRM_PROCESSES
JoinLayer(NAME_DEF_LAYER , "helloworld" , 0 , 0);
#endif

CreateInfo.dwStyle = WS_VISIBLE | WS_BORDER | WS_CAPTION;
CreateInfo.dwExStyle = WS_EX_NONE;
CreateInfo.spCaption = "HelloWorld";
CreateInfo.hMenu = 0;
CreateInfo.hCursor = GetSystemCursor(0);
CreateInfo.hIcon = 0;
CreateInfo.MainWindowProc = HelloWinProc;
CreateInfo.lx = 0;
CreateInfo.ty = 0;
CreateInfo.rx = 480;
CreateInfo.by = 360;
CreateInfo.iBkColor = COLOR_lightwhite;
CreateInfo.dwAddData = 0;
CreateInfo.hHosting = HWND_DESKTOP;

hMainWnd = CreateMainWindow (&CreateInfo);
    if (hMainWnd == HWND_INVALID)
    return -1;
    ShowWindow(hMainWnd, SW_SHOWNORMAL);
    while (GetMessage(&Msg, hMainWnd)) {
    TranslateMessage(&Msg);
    DispatchMessage(&Msg);
    }
MainWindowThreadCleanup (hMainWnd);
return 0;
}
```

　　程序运行结果如图 13.4.3 所示。

　　从上面程序结构可以看出，MiniGUI 的应用程序主要是采用消息驱动，每个程序都是从 MiniGUIMain() 函数入口。首先，用 CreateMainWindow() 函数创建一个主窗口，并用 ShowWindow() 函数显示，再通过 GetMessage() 函数进入消息循环状态。事实上，有过 Windows 编程和实时操作

图 13.4.3　"Hello world"程序运行结果

系统程序编程经历的读者对这个程序是很容易理解的。

(1) 头文件

- common. h 包括 MiniGUI 常用的宏及数据类型的定义。
- minigui. h 包含了全局的和通用的接口函数以及某些杂项函数的定义。
- window. h 包含了窗口有关的宏、数据类型、数据结构的定义以及函数接口声明。
- gdi. h 包含了字符集操作集的定义。

另外,常用的还有 control. h,它包含了 libminigui 中所有内建控件的接口定义。

(2) 程序入口点

一个 C 程序的入口点为 main( )函数,而一个 MiniGUI 程序的入口点为 MiniGUIMain( ),该函数的原型为 int MiniGUIMain (int argc, const char * argv [])。main()函数已经在 MiniGUI 的函数库中定义了,该函数在进行一些 MiniGUI 的初始化工作之后调用 MiniGUI-Main()函数。所以,每个 MiniGUI 应用程序(无论是服务器端程序 mginit 还是客户端应用程序)的入口点均为 MiniGUIMain()函数。参数 argc 和 argv 与 C 程序 main()函数的参数 argc 和 argv 的含义是一样的,分别为命令行参数个数和参数字符串数组指针。

(3) 创建和显示主窗口

"hMainWnd = CreateMainWindow(&CreateInfo);"每个 MiniGUI 应用程序的初始界面一般都是一个主窗口,可以通过调用 CreateMainWindow()函数来创建一个主窗口,其参数是一个指向 MAINWINCREATE 结构的指针。本例中就是 CreateInfo,返回值为所创建的主窗口的句柄。MAINWINCREATE 结构描述一个主窗口的属性,在使用 CreateInfo 创建主窗口之前,需要设置它的各项属性。

- "CreateInfo. dwStyle = WS_VISIBLE | WS_BORDER | WS_CAPTION;"用于设置主窗口风格,这里把窗口设为初始可见的,并具有边框和标题栏。
- "CreateInfo. deExStyle = WS_EX_NONE;"用于设置主窗口的扩展风格,该窗口没有扩展风格。
- "CreateInfo. spCaption ='HelloWorld'"设置主窗口的标题为"HelloWorld"。
- "CreateInfo. hMenu = 0;"用于设置主窗口的主菜单,该窗口没有主菜单。
- "CreateInfo. hCursor = GetSystemCursor(0);"设置主窗口的光标为系统缺省光标。
- "CreateInfo. hIcon = 0;"用于设置主窗口的图标,该窗口没有图标。
- "CreateInfo. MainWindowProc = HelloWinProc;"设置主窗口的窗口过程函数为 HelloWinProc(),所有发往该窗口的消息由该函数处理。例如:

```
CreateInfo.lx = 0;
CreateInfo.ty = 0;
CreateInfo.rx = 320;
```

```
CreaetInfo.by = 240;
```

设置主窗口在屏幕上的位置,该窗口左上角位于(0,0),右下角位于(320,240)。

- "CreateInfo.iBkColor = PIXEL_lightwhite;"设置主窗口的背景色为白色,PIXEL_lightwhite 是 MiniGUI 预定义的像素值。
- "CreateInfo.dwAddData = 0;"设置主窗口的附加数据,该窗口没有附加数据。
- "CreateInfo.hHosting = HWND_DESKTOP;"设置主窗口的托管窗口为桌面窗口。
- "ShowWindow(hMainWnd, SW_SHOWNORMAL);"创建完主窗口之后,还需要调用 ShowWindow()函数才能把所创建的窗口显示在屏幕上。ShowWindow()的第一个参数为所要显示的窗口句柄,第二个参数指明显示窗口的方式(显示还是隐藏);SW_SHOWNORMAL 说明要显示主窗口,并把它置为顶层窗口。

(4) 进入消息循环

在调用 ShowWindow()函数之后,主窗口就会显示在屏幕上。与其他 GUI 一样,现在是进入消息循环的时候了。MiniGUI 为每一个 MiniGUI 程序维护一个消息队列。在发生事件之后,MiniGUI 将事件转换为一个消息,并将消息放入目标程序的消息队列之中。应用程序现在的任务就是执行如下的消息循环代码,不断地从消息队列中取出消息,进行处理:

```
while GetMessage(&Msg, hMainWnd) {
TranslateMessage(&Msg);
DispatchMessage(&Msg);
}
```

Msg 变量是类型为 MSG 的结构,MSG 结构在 window.h 中。GetMessage()函数调用从应用程序的消息队列中取出一个消息:"GetMessage(&Msg, hMain-Wnd);"。该函数调用的第二个参数为要获取消息的主窗口的句柄,第一个参数为一个指向 MSG 结构的指针,GetMessage()函数将用从消息队列中取出的消息来填充该消息结构的各个域,包括:hwnd 消息发往的窗口的句柄。在 helloworld.c 程序中,该值与 hMainWnd 相同。message 为消息标志符,这是一个用于标志消息的整数值。每一个消息均有一个对应的预定义标志符,这些标志符定义在 window.h 头文件中,以前缀 MSG 开头。

wParam 一个 32 位的消息参数,其含义和值根据消息的不同而不同。

lParam 一个 32 位的消息参数,其含义和值取决于消息的类型。

time 为消息放入消息队列中的时间。只要从消息队列中取出的消息不为 MSG

_QUIT,GetMessage 就返回一个非 0 值,消息循环将持续下去。MSG_QUIT 消息使 GetMessage 返回 0,导致消息循环的终止。

- "TranslateMessage(&Msg);" TranslateMessage()函数把击键消息转换为 MSG_CHAR 消息,然后直接发送到窗口过程函数。
- "DispatchMessage(&Msg);" DispatchMessage()函数最终把消息发往该消息的目标窗口的窗口过程,让它进行处理。在本例中,该窗口过程就是 HelloWinProc。也就是说,MiniGUI 在 DispatchMessage()函数中调用主窗口的窗口过程函数(回调函数)对发往该主窗口的消息进行处理。处理完消息之后,应用程序的窗口过程函数将返回到 DispatchMessage()函数中,而 DispatchMessage()函数最后又返回到应用程序代码中,应用程序又从下一个 GetMessage()函数调用开始消息循环。

(5) 窗口过程函数

窗口过程函数是 MiniGUI 程序的主体部分,应用程序实际所做的工作大部分都发生在窗口过程函数中,因为 GUI 程序的主要任务就是接受和处理窗口收到的各种消息。在 helloworld.c 程序中,窗口过程是名为 HelloWinProc 的函数。窗口过程函数可以由程序员任意命名,CreateMainWindow()函数根据 MAINWINCREATE 结构类型的参数中指定的窗口过程创建主窗口。窗口过程函数定义形式:static int HelloWinProc (HWND hWnd, int message, WPARAM wParam, LPARAM lParam)。窗口过程的 4 个参数与 MSG 结构的前 4 个域是相同的。第一个参数 hWnd 是接收消息的窗口的句柄,它与 CreateMainWindow()函数的返回值相同,该值标识了接收该消息的特定窗口。第二个参数与 MSG 结构中的 message 域相同,它是一个标识窗口所收到消息的整数值。最后 2 个参数都是 32 位的消息参数,它提供与消息相关的特定信息。程序通常不直接调用窗口过程函数,而是由 MiniGUI 进行调用;也就是说,它是一个回调函数。窗口过程函数不予处理的消息应该传给 DefaultMainWinProc()函数进行缺省处理,从 DefaultMainWinProc 返回的值必须由窗口过程返回。

(6) 屏幕输出

程序在响应 MSG_PAINT 消息时进行屏幕输出。应用程序应首先通过调用 BeginPaint()函数来获得设备上下文句柄,并用它调用 GDI 函数来执行绘制操作。这里,程序使用 TextOut()文本输出函数在客户区的中部显示了一个"Hello world!"字符串。绘制结束之后,应用程序应调用 EndPaint()函数释放设备上下文句柄。

(7) 程序的退出

用户单击窗口右上角的关闭按钮时,窗口过程函数将收到一个 MSG_CLOSE 消息。Helloworld 程序在收到 MSG_CLOSE 消息时,调用 DestroyMainWindow()函数销毁主窗口,并调用 PostQuitMessage()函数在消息队列中投入一个 MSG_QUIT 消息。当 GetMessage()函数取出 MSG_QUIT 消息时将返回 0,最终导致程序退出消息循环。程序最后调用 MainWindowThreadCleanup 清除主窗口所使用的消息队列等系统资源并由 MiniGUIMain 返回。

(8) 编译及运行

假设工作在 Standalone 模型,MiniGUI 能以独立的进程方式允许,不需要多线程和多进程的支持,但是编译时需要采用静态库的链接方式:arm-linux-gcc -o helloworld helloworld. c -lminigui -lpthread,接下来复制"helloworld"到嵌入式目标机的某个文件夹下就可以运行了。

13.5 Qt 应用入门

13.5.1 Qt 支持的平台

Qt Software 前身属于始创于 1994 年的 Trolltech,1996 年 Qt 上市。Trolltech 于 2008 年 6 月被 Nokia 收购(http://qt. nokia. com)。目前 Qt 是一个已经形成事实上的标准的 C++框架,用于高性能的跨平台软件开发,Qt 已成为数以万计的商业和开源应用程序的基础。

Qt 是一个跨平台的应用程序和 UI 框架,它包括跨平台类库、集成开发工具和跨平台 IDE。使用 Qt 只需一次性开发应用程序,无须重新编写源代码,便可跨不同桌面和嵌入式操作系统(如 Embedded Linux、Mac OS、Windows、Linux/X11、Windows CE、Symbian、Maemo 等)部署这些应用程序。

1. Qt for Embedded Linux

Qt for Embedded Linux 是用于嵌入式 Linux(Embedded Linux)所支持设备的应用程序架构,可以使用 Qt 创建具有独特用户体验的具备高效内存效率的设备和应用程序。Qt 可以在任何支持 Linux 的平台上运行。

Qt 除了提供所有工具以及 API 与类库(如 Qt WebKit)外,Qt for Embedded Linux 还提供用于最优化嵌入式开发环境的主要组件。

Qt 构建在标准的 API 上,应用于嵌入式 Linux 设备,并带有自己的紧凑视窗系统(QWS)。利用 Qt 的 API,只须少数几行代码便可以实现高端的功能。基于 Qt 的应用程序可直接写入 Linux 帧缓冲,可减少内存消耗,可利用硬件加速图形的优势,可编译移除不常使用的组件与功能,解除了对 X11 视窗系统的需求。

Qt for Embedded Linux 提供一个虚拟帧缓冲器(QVFb),可以采用点对点逐像素匹配物理设备显示。IPC(进程间通信)可以创建丰富的多应用程序用户体验。Q支持嵌入式 Linux 上的多种字体格式,包括:True Type、Postscript Type1 及 Qt 预呈现字体。Qt 扩展了 Unicode 支持,包括:构建时自动数据抽取,运行时自动更新另外 Qt 还提供定制字体格式的插件,允许在运行时轻松添加新字体引擎。应用程序间的字体共享功能可以提高内存效率。

采用 Qt for Embedded Linux 创建的应用程序可以移植到 Windows CE 和 Qt 支持的其他任何操作系统上。

Qt for Embedded Linux 的基本要求如下：

- 开发环境：Linux 内核 2.4 或更高，GCC 版本 3.3 或更高，用于 MIPSGCC 版本 3.4 或更高。
- 占用存储空间：存储空间取决于配置，压缩后：1.7~4.1 MB，未压缩：3.6~9.0 MB。
- 硬件平台：易于载入任何支持带 C++ 编译器和帧缓冲器驱动 Linux 的处理器，支持 ARM、x86、MIPS、PowerPC。

注意：对于 Qt 5.0，Qt for Embedded Linux 将不作为一个单独的平台存在。目前 Qt 的版本为 4.8。

2. Linux /X11 Qt

Qt 是综合性的应用程序和 UI 框架，用于开发 Linux/X11 应用程序，无须重新编写源代码，便可跨其他桌面和嵌入式操作系统进行部署。

Qt 支持多种 X11 平台，如 Solaris、AIX、HP－UX 和即将推出的。

Qt 提供跨平台 Qt IDE、拖放可视化 GUI 构建器、翻译工具、可定制的 HTML 帮助文件阅读器、集成的 Eclipse 和 KDevelop IDE。Qt 提供的集成开发工具，可加快在 X11 平台上的开发。

Qt 类库包括用来生成高级 GUI 应用程序所需的所有功能：

- 一整套可定制的 UI 控件或 widget；
- 集成了 OpenGL，支持 3D 图形；
- 强大的多线程功能；
- 可处理上百万个对象的 2D 图形画布；
- 集成了 Phonon 多媒体框架；
- WebKit 集成；
- 网络、XML 和数据库功能；
- ECMA 标准脚本引擎。

3. Windows Qt

Qt 是综合性的应用程序和 UI 框架，用于开发 Windows 应用程序，无须重新编写源代码，便可跨其他桌面和嵌入式操作系统进行部署。Qt 应用程序支持 Windows Vista、Server 2003、XP、NT4、Me/98 和 Windows CE。Windows 的 Qt 包含有：

- 直观的类库；
- 集成的开发工具；
- 集成 Visual Studio；

- 在 Qt 应用程序中使用 ActiveX 控件;
- 集成了用于图形硬件加速的 Direct3D。

Qt Visual Studio Integration 可使程序员在 Microsoft Visual Studio 2005、2008 和 2010 环境下创建、生成、调试和运行 Qt 项目,包含有:

- 代码完成和语法标识功能;
- 使用集成的 Qt Designer 的强大的 GUI 布局和格式构建器;
- 集成了 Visual Studio 在线帮助的 Qt 文档;
- 最常用的 Qt 应用程序样式模板。

Qt 类库包括用来构建高级 GUI 应用程序所需的所有功能,包含有:

- 一整套可定制的 UI 控件或 widget;
- 使用 OpenGL 或 Direct3D 的 3D 图形支持;
- 强大的多线程功能;
- 可处理上百万个对象的 2D 图形画布;
- 集成了 Phonon 多媒体框架;
- WebKit 集成;
- 网络、XML 和数据库功能;
- ECMA 标准脚本引擎。

Qt 包括一套集成的开发工具,可加快在 Windows 平台上的开发,包含有:

- 跨平台 Qt IDE;
- 拖放 可视化 GUI 构建器;
- 国际化 和翻译工具;
- 可定制的 HTML 帮助文件阅读器。

13.5.2　Qt 的授权

Qt 主要是由诺基亚 QtDevelopment Frameworks 部门开发和维护的。诺基亚通过开源授权(LGPL(GNU 宽通用公共授权)和 GPL(GNU 通用公共授权))以及商业授权的方式对 Qt 进行授权,这样开源项目就可以使用 Qt 进行开发。Qt 产品规划和源代码库现都已面向公众开放,这样 Qt 开发人员就可以通过为 Qt 和 Qt 相关的项目提供代码、翻译、示例和其他方式的贡献,协助引导和明确 Qt 未来发展方向(http://qt. gitorious. org)。

Qt 通过商业、LGPL 和 GPL 这 3 种授权方式提供 Qt 产品。按照授权协议的不同,Qt 按不同的版本发行。

Qt 商业版用于商业软件的开发,提供免费升级和技术支持服务。

Qt 开源版是 Qt 的非商业版本,是为开发自由和开放源码软件提供的 Unix/X1.版本。在 GNU GPL 或 LGPL 许可证下,它可以免费下载和使用。如果是基于 GPL协议来开发软件的话,用户所开发的东西都要以 GPL 协议发布,开源并免费提供源码。

此外,Qt 还提供了免费评估版、快照、beta 测试版、预览版等多种版本。其中免费评估版 Qt 适用于 Windows、Mac、Linux、嵌入式 Linux 和 Windows CE 平台,它不但具备全部功能,还带有源代码。Nokia 会在用户进行评估期间提供技术支持。而快照、beta 测试版、预览版等版本则得不到 Qt 的支持。

Qt 开源版和商业版有如下不同:

● 功能不完全相同。在源码上两者基本一致,但是开源版缺少一些数据库插件,因为这些插件都是基于特定数据库客户端程序的,由于很多商业数据库的客户端程序并不是开源的,所以插件就无法开源。一般开源版不支持商业数据库的驱动,需要自己写驱动或者是采用第三方的驱动。另外,在 Windows 版本上,开源版没有 Active Qt 这个模块,它可以用来开发 ActiveX 程序。

● 收费不同。开源版不收费,商业版根据版本不同,费用不同。

● 服务不同。开源版不提供服务,但可以到一些开放的 maillist 和论坛讨论;商业版有一年的免费技术和下载支持,有问题就直接发给 support@qtsoftware.com。

● 最本质的不同是协议不同。使用开源版开发需要遵循 GPL 或者 QPL,而使用商业版就没有这个限制。

Qt 4.5 版本以后,Qt 的安装有了多种选择,既可以通过源代码包来编译安装,也可以利用 Qt 官方网站提供的最新 SDK 来实现安装。Qt SDK 包括了 Qt 库、Qt Creator IDE 和 Qt 工具,Qt SDK 的架构如图 13.5.1 所示。

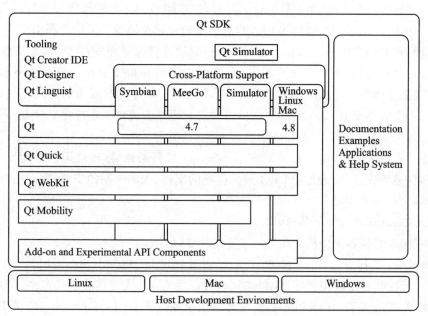

图 13.5.1　Qt SDK 的架构

ARM9嵌入式系统设计基础教程(第2版)

登录到 Qt 的官方网站(http://qt.nokia.com/downloads - cn),在打开的页面上,如图 13.5.2 所示,可以选择适合你平台的程序,进行下载和安装。

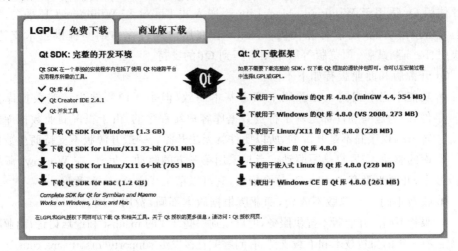

图 13.5.2　Qt SDK 和 Qt 下载页面

13.5.3　Qt Creator

1. Qt Creator 简介

Qt Creator 在 2009 年 3 月 3 日正式发布(连同 Qt 4.5),并提供 LGPL 许可的源代码。Qt Creator 是 Qt 被 Nokia 收购后推出的一款全新的跨平台开源 IDE(集成开发环境),是 Qt SDK 的一部分。Qt Creator 的设计目标是帮助新 Qt 用户更快速入门并运行项目,使开发人员能够利用 Qt 这个应用程序框架更加快速及简易地完成任务,提高工作效率。由于捆绑了最新 Qt 库二进制软件包和附加的开发工具,并作为 Qt SDK 的一部分,Qt Creator 在单独的安装程序内提供了进行跨平台 Qt 开发所需的全部工具。

Qt Creator 包括:高级 C++ 和 JavaScript 代码编辑器,集成用户界面设计器,项目和构建管理工具,gdb 和 CDB 调试程序的支持,版本控制的支持,移动用户界面模拟器,为桌面和移动目标平台提供支持。

Qt Creator 具有如下特色:

● 代码编辑器支持代码高亮以及自动完成功能。

● Qt 4 工程向导(Project Wizard)。使用 Project Wizard,用户可以轻松创建基于控制台的应用程序、GUI 应用程序以及 C++ 类库等多种类型的工程。

● 无缝集成了 Qt Designer,使用者不用单独打开 Qt Designer 即可完成用户界面的创建工作。用户只需在 Project Explorer 中双击 .ui 文件,即可调用集成的 Qt Designer 完成编辑工作。

- 帮助文件浏览器 Qt Assistant 可以查阅相关的 Qt 文档和示例程序。
- 集成版本控制器，如 git、SVN。
- 提供 GDB 和 CDB 侦错程式图形界面前端，可以使用 GNU 的 GDB（开源版）以及 Microsoft 的 CDB 作为调试器（商业版）。
- 默认使用 qmake 构建项目，也可支持 CMake 等其他构建工具。qmake 工程文件格式化功能支持将 .pro 文件作为工程描述文件。
- 使用 g＋＋作为编译器。

Qt Creator 一般与 Qt SDK 一起安装，也可以选择 Nokia 提供的独立安装程序来安装。登录到 Qt 的官方网站（http://qt.nokia.com/downloads - cn），打开的页面如图 13.5.3 所示，然后选择适合你平台的程序，进行下载和安装。

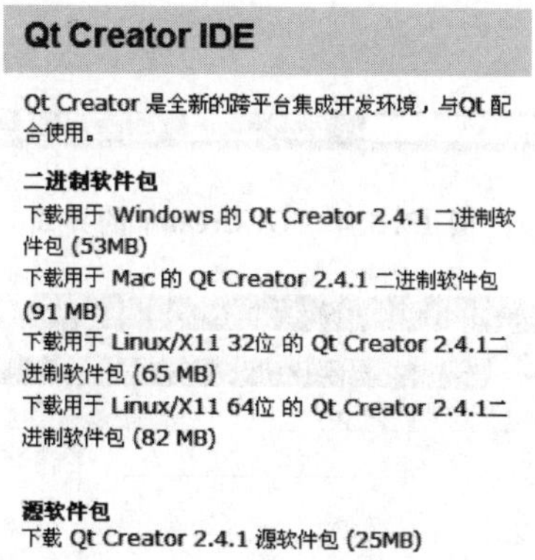

Qt Creator IDE

Qt Creator 是全新的跨平台集成开发环境，与Qt 配合使用。

二进制软件包
下载用于 Windows 的 Qt Creator 2.4.1 二进制软件包 (53MB)
下载用于 Mac 的 Qt Creator 2.4.1 二进制软件包 (91 MB)
下载用于 Linux/X11 32位 的 Qt Creator 2.4.1二进制软件包 (65 MB)
下载用于 Linux/X11 64位 的 Qt Creator 2.4.1二进制软件包 (82 MB)

源软件包
下载 Qt Creator 2.4.1 源软件包 (25MB)

图 13.5.3　Qt Creator 下载页面

2. Qt Creator 的组成

Qt Creator 主要由菜单（Menu Bar）、模式选择器（Mode Selectors）、项目浏览器（Project Inspector）、代码编辑器（Code Edit）、输出面板（Output Pane）、边栏（Sidebar）、快速导航面板（Quick Open Pane）等组件构成。在编辑模式下，Qt Creator 界面的主要的组成部分如图 13.5.4 所示。

3. Qt Creator 的模式选择器

Qt Creator 2.4.1 有 7 种工作模式，分别是 Welcome Mode、Edit Mode、Design Mode、Debug Mode、Project Mode、Analyze Mode 和 Help Mode。

模式选择器（Mode Selectors）允许开发者在处理不同的任务时，可以快速切换工作模式，比如编辑代码、浏览帮助、设置编译器环境等。在切换时，可以通过在界面左边的模式选择器分栏上单击或使用相对应的快捷键。

（1）欢迎模式（Welcome Mode）

Welcome 模式的界面如图 13.5.5 所示。在 Welcome 模式，可以实现以下功能：

图 13.5.4 Qt Creator 的界面

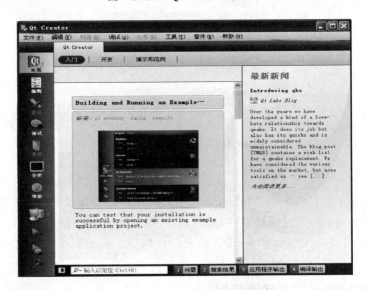

图 13.5.5 Welcome 模式的界面

- 阅读 Qt Labs Blog 上的新闻;
- 打开样例工程;
- 创建和打开工程;
- 向 Qt Creator 项目组反馈意见;
- 打开新近使用的项目。

(2) 编辑模式(Edit Mode)

Edit 模式的界面如图 13.5.6 所示。在 Edit 模式,用户可以编辑项目和源代码文件。可以利用在模式选择器右边的边栏来实现文件导航。

图 13.5.6　Edit 模式的界面

(3) 设计模式(Design Mode)

Design 模式的界面如图 13.5.7 所示。Design 模式可以用来设计和开发用户界面,主要是由 .ui 文件来表示。

图 13.5.7　Design 模式的界面

(4) 调试模式(Debug Mode)

Debug 模式的界面如图 13.5.8 所示。Debug 模式主要用来辅助程序员观察应用程序的状态,以此来调试程序。

图 13.5.8　Debug 模式的界面

(5) 项目模式(Project Mode)

Project 模式的界面如图 13.5.9 所示。在 Project 模式,开发者可以查看所有项目的列表,并可以设置某一个项目为当前的活动项目;还可以针对选择的项目,进行构建(build)、运行(run)以及代码编辑器等多个方面的详细设置。

图 13.5.9　Project 模式的界面

(6) 分析模式(Analyze Mode)

Analyze 模式的界面如图 13.5.10 所示。在 Analyze 模式,开发者可以使用代码分析工具来检测内存泄露和构建 C++和 QML 代码架构。

图 13.5.10 Analyze 模式的界面

(7) 帮助模式(Help Mode)

Help 模式的界面如图 13.5.11 所示。在 Help 模式的界面中,主要集成了 Qt 文档和示例中的相关内容,可以使用户不必另行打印 Qt Assistant,就可以在 Qt Creator 的 Help 模式下获得帮助。

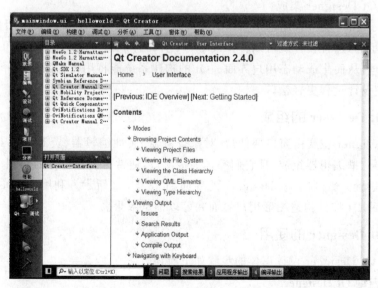

图 13.5.11 Help 模式的界面

13.5.4 Qt Designer

1. Qt Designer 简介

Qt Designer 是强大的跨平台 GUI 布局和格式构建器。Qt Designer 是 Qt SDK 的组成部分之一。Qt Designer 的功能和优势如下：

- 使用拖放功能快速设计用户界面；
- 定制 widget，或从标准 widget 库中选择 widget；
- 以本地外观快速预览格式；
- 通过界面原型生成 C++ 或 Java 代码；
- 可以将 Qt Designer 与 Visual Studio 或 Eclipse IDE 配合使用；
- 使用 Qt 信号与槽机制构建功能齐全的用户界面。

Qt Designer 是一个可视化的基于 Qt 的用户界面设计工具，是 Qt SDK 的一部分，用来生成.ui 定义文件，而不考虑具体的语言。

Qt Designer 是一个所见即所得的全方位 GUI 构造器，它所设计出来的用户界面能够在多种平台上使用。利用 Qt Designer，可以拖放各种 Qt 控件构造图形用户界面并可预览效果。

使用 Qt Designer，开发人员既可以创建"对话框"样式的应用程序，又可以创建带有菜单、工具栏、气球帮助以及其他标准功能的"主窗口"样式的应用程序。Qt Designer 提供了多种窗体模板，开发人员可以创建自己的模板，确保某一应用程序或某一系列应用程序界面的一致性。编程人员可以创建自己的自定义窗体，这些窗体可以轻松与 Qt Designer 集成。

Qt Designer 支持采用基于窗体的方式来开发应用程序。窗体是由用户界面.ui 文件来表示的，这种文件既可以转换成 C++并编译成一个应用程序，也可以在运行时加以处理，从而生成动态用户界面。Qt 的构建系统能将用户界面的编译构建过程自动化，使设计过程更轻松。

2. Qt Designer 的组成

Qt Designer 主要由窗口部件盒、对象查看器、属性编辑器、资源浏览器、动作编辑器和信号/槽编辑器组成，且它们都是锚接窗口，通常排列在窗体的两侧，也可以定制它们的位置。打开的 Qt Designer 的界面如 13.5.12 所示。利用 Qt Designer，可以拖放各种 Qt 控件构造图形用户界面并可以预览效果。

3. Qt Designer 的使用

使用 Qt Designer 设计窗体的步骤如下所述。

(1) 启动 Qt Designer

在安装 Qt SDK 之后，如果在"开始"→"程序"→Qt SDK 下找不到 Qt Designer

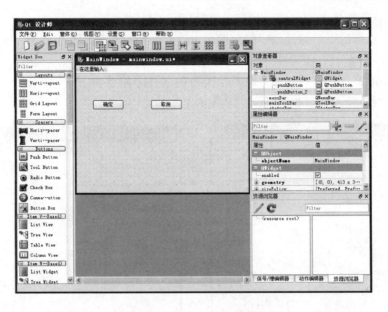

13.5.12　Qt Designer 的界面

的快捷方式,可到 Qt SDK 的安装路径下寻找 Qt Designer 应用程序,如:D:\QtSDK
\Desktop \Qt\4.8.1\mingw\bin。

(2) 新建窗体对话框

通过 File→New 来建立窗体对话框,如图 13.5.13 所示。

图 13.5.13　新建窗体对话框

(3) 示例设计:显示和隐藏"Hello Qt!"

该示例完成的功能是:设计两个按钮和一个 Label。当单击 Show 按钮时,显示

"Hello Qt!";当单击 Hide 按钮时,隐藏"Hello Qt!"。

① 从左侧的窗口部件盒中拖出两个 Push Button 和一个 Label,放在窗体上,如图 13.5.14 所示。

② 修改窗口部件的属性。将两个按钮的名称分别改为 Show 和 Hide,将 Label 名称改为"Hello Qt!",如图 13.5.15 所示。

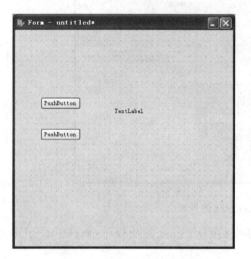

图 13.5.14 添加窗口部件   图 13.5.15 修改窗口部件属性

③ 选择 Edit→Edit Signals/Slots,此时,当鼠标指向按钮或 Label 时,按钮或 Label 是红色。左键拖动 Show 到"Hello Qt!",如图 13.5.16 所示。释放鼠标,会弹出信号和槽的对话框,如图 13.5.17 所示。

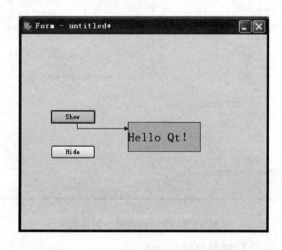

图 13.5.16 拖动 Show 到"Hello Qt!"

图 13.5.17　信号和槽对话框

④ 选择连接 clicked()信号和 show()槽。需要注意的是,首先必须选中"Show signals and slots inherited from QWidget",然后在左侧选择信号 clicked(),在右侧选择 show(),如图 13.5.18 所示。单击"确定"按钮,则将 Show 按钮与"Hello Qt!"连接起来。

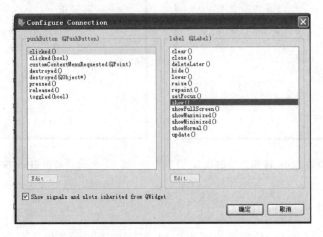

图 13.5.18　配置信号和槽

⑤ 同样的方法将 Hide 按钮的 click()信号与"Hello Qt!"的 hide()连接起来,连接之后如图 13.5.19 所示。

⑥ 编译运行,运行结果如图 13.5.20 和图 13.5.21 所示。

需要注意的是,Qt Designer 只是用来进行 GUI 设计,生成一个.ui 文件,具体的运行还依赖于 Qt Creator。

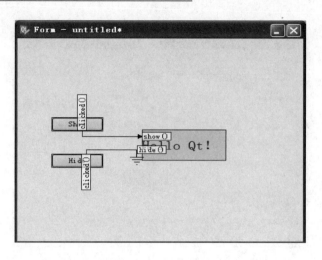

图 13.5.19　连接图

图 13.5.20　单击 Show 按钮之后的现象

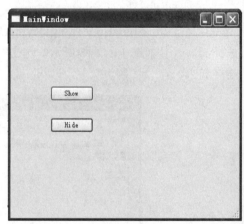

图 13.5.21　单击 Hide 按钮之后的现象

13.5.5　Qt Assistant

Qt Assistant 是 Qt 自带的一款可定制、可重新发行的帮助文件浏览器。Qt Assistant 是一个浏览 Qt 参考文档的工具,它具有强大的查询和索引功能,使用时比 Web 浏览器更加快速和容易。而且它可定制,并且可随用户自己的应用程序一起发布,从而形成用户自己的帮助系统。利用 Qt Assistant 可以获取在线文档与帮助。

Qt 的参考文档包括 HTML 文档,描述了 Qt 的所有类、工具以及 Qt 编程等。所以对于任何一名 Qt 开发人员来说,在线文档和帮助是必不可少的,它是一个基本工具。任何一本 Qt 书籍都不能完全覆盖到 Qt 中所有的类和函数,同时也无法提供全部的细节。尽可能了解 Qt 参考文档,对 Qt 开发人员来说是有益的。

在 Qt 的 doc/html 目录下可以找到 HTML 格式的参考文档，并且可以使用任何一种 Web 浏览器来阅读它。

Qt Assistant 支持 HTML 文件，用户可以利用其定制自己的功能强大的帮助文档浏览器。定制过程中用到 qhp、qch、qhcp、qhc 这 4 种不同格式的文件。这 4 种文件可以分为 2 组。

（1）qhp 与 qch

qhp(qt help project)文件负责组织实际用到的帮助文件（通常为 HTML 文件，即需要在 Qt Assistant 中浏览的文件），然后通过 qhelpgenerator 命令生成压缩的 qch 文件。qch(qt compressed help)文件是 Qt Assistant 能够识别的文档最小单元，可以通过 Qt Assistant→编辑→首选项→文档标签页→添加/移除操作来注册或者注销一个 qch 文件，也可以通过命令"assistant‐register doc. qch"来注册 qch 文件。注册后，即可在 Assistant 界面中浏览帮助文档。

（2）qhcp 与 qhc

qhcp(qt help collection project)的主要作用是将 qch 二进制文件组织成为一个 collection，定制客户化的 Assistant。而 qhc 则是通过 qcollectiongenerator 命令生成的二进制文件，启动 Assistant 时需要指定 collection 参数，即 qhc 文件。qhc 文件中是 qch 文件的集合，打开 Assistant 时，通过指定当前 collection 即可注册多个帮助文档。

13.5.6　Qt Demo

1. Qt Demo 简介

Qt Demo 包含了大量的演示和示例程序，基本涵盖了 Qt 编程中的主要类别。

在 Windows 下运行 Qt Demo，可以依次选择"开始"→"程序"→Qt SDK→Qt Demo。如果找不到，可在 Qt SDK 的安装路径中寻找 Qt Demo 的快捷方式，如"D:\ QtSDK\Desktop\Qt\4.8.1\mingw\bin"。打开的 Qt Demo 界面如图 13.5.22 所示。

从 Qt Demo 的界面可见，左边列出了可供参考示例的类别，右边则是这个类别的概述，在左下角还有导航按钮，可以在各个不同页面间跳转。

在界面的最下方左边的是 Quit 按钮，用于退出 Qt Demo；右边是 Toggle fullscreen 按钮，用于切换全屏显示和正常显示。

2. Qt Demo 的使用

下面介绍如何使用 Qt Demo。

（1）首先选择某一个大类

例如选择 Dialogs，方法是单击左侧的 Dialogs 按钮，Qt Demo 将跳转到该类别的页面，如图 13.5.23 所示。

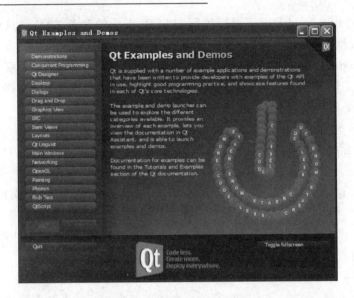

图 13.5.22　Qt Demo 的界面

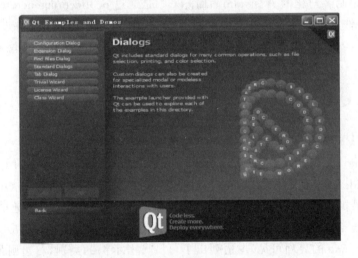

图 13.5.23　选择 Qt Demo 的 Dialogs 类

(2) 选择细分类别

例如选择在左侧细分类别中的 Configuration Dialog,如图 13.5.24 所示。

(3) 查看示例运行结果

单击 Launch 按钮,Qt Demo 将运行示例程序,如图 13.5.25 所示。

(4) 查阅例子代码和参考文档

该步骤实际上是和 Qt Assistant 配合起来使用的,单击 Documentation 按钮,将调用 Qt Assistant 并切换到相应的界面,如图 13.5.26 所示。

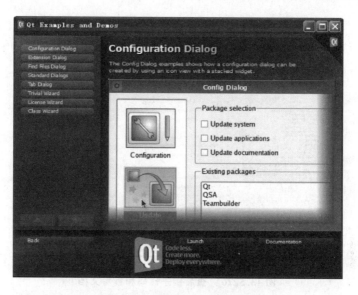

图 13.5.24　选择 Configuration Dialog

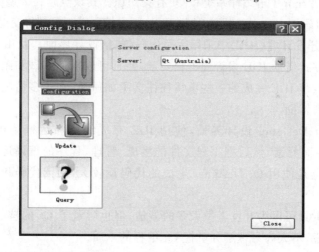

图 13.5.25　示例运行结果

(5) 使用代码或文档

接下来就是使用 Qt Assistant,进入某一个源代码文件中,可以浏览、复制源代码,或者稍作修改作为自己代码中的一部分。

将 Qt Demo 与 Qt Assistant 结合起来使用,可以收到事半功倍的效果。

13.5.7　Qt 应用程序的开发示例

在开发 Qt 应用程序时,一些常用的方法如下:

① 全部采用手写代码,在命令行下完成编译和运行。这种方式是最基础、最基

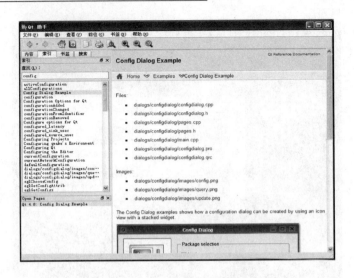

图 13.5.26　查看例子代码和参考文档

本的，要求开发者充分了解编译系统和 Qt 有关知识。其缺点是在大型的、多人参与的工程开发和项目研制中，一些问题如协同开发、版本控制管理等都将变得难以解决。

② 在集成开发环境（IDE）中采用手写代码（包括设计界面），使用 IDE 完成编译和运行。这种方式借助 IDE 来管理工程要素，并且可以借助调试和图形化工具来加速开发。其缺点是 IDE 完成的一些事情往往会不如所愿，在很多情况下还是需要使用命令行工具来辅助。

③ 使用 Qt Designer 设计界面，使用 IDE 完成编译和运行。开发者使用 Qt Designer设计界面元素，然后把工程文件的生成、管理，程序的编译运行都交给 IDE 来处理。其缺点是使用 Qt Designer 生成的代码量较大，阅读代码和调试程序相对比较困难。

集成式的工具可以为开发者做太多的事情，但也隐藏了 Qt 的核心机制与原理，对于初学者来说，不太容易理解和掌握 Qt 编程的本质。

下面以一个简单的"Hello Qt!"程序为例，介绍采用两种不同方法的 Qt 应用程序开发流程。

1. 使用 Qt Designer 和 IDE

示例使用 Qt Designer 设计界面，使用 IDE 完成编译和运行。依次选择"开始"→"程序"→Qt SDK→Qt Creator，启动 Qt Creator。

（1）新建工程

① 选择"文件"→"新建文件或工程"，建立一个新工程，如图 13.5.27 所示。

② 如图 13.5.28 所示，在弹出的对话框里选择 Qt 控件项目，然后选择 Qt GUI 应用。单击"选择"，进入下一步。

图 13.5.27 新建项目

图 13.5.28 Qt GUI 应用

③ 确定项目的名称以及存储路径,如图 13.5.29 所示。项目的名称和存储路径最好不要采用特殊字符和中文字符。这里,确定项目的名称为 hello_qt,存储路径设为"E:\all_exercise\qt"。单击"下一步"按钮进入下一步。

④ 如图 13.5.30 所示,对工程 hello_qt 的目标进行设置,选择默认设置即可。单击"下一步"按钮进入下一步。

⑤ 指定源码文件的基本类信息,如图 13.5.31 所示,单击"下一步"按钮进入下一步。

⑥ 项目管理,主要向用户展示了即将创建的工程的信息,如图 13.5.32 所示,单击"完成",就生成了一个新的项目 hello_qt,如图 13.5.33 所示。此时,项目已经包含了头文件、源文件和界面文件。

图 13.5.29　设置项目名称和存储路径

图 13.5.30　目标设置

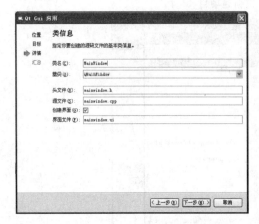

图 13.5.31　基本类信息

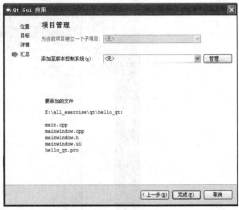

图 13.5.32　项目管理

（2）创建窗口部件并设置属性

① 双击 mainwindow. ui 文件，Qt Creator 将把 Qt Designer 打开并集成到框架内，如图 13.5.34 所示。

② 从左侧窗口部件 Display Widgets 中找出并选中 Label 部件，将 Label 部件拖到设计窗口上，如图 13.5.35 所示。

③ 设置 Label 的属性，双击 TextLabel，将内容改为"Hello Qt!"。此外，还可以通过右下角的属性栏改变其他属性，如字体、大小等。经设置后的界面如图 13.5.36 所示。

（3）编译及运行 hello_qt

保存整个项目，单击左侧模式选择器中的"运行"按钮，运行过程中的截图如图 13.5.37所示，运行的结果如图 13.5.38 所示。

图 13.5.33　新工程界面

图 13.5.34　集成 Qt Designer 的 Qt Creator

图 13.5.35　选择 Label 部件

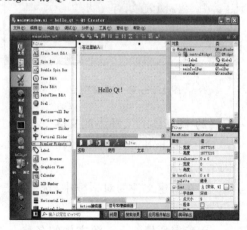

图 13.5.36　设置 Label 属性

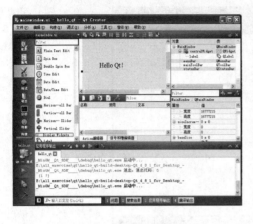

图 13.5.37 运行界面

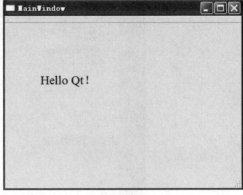

图 13.5.38 运行结果

2. 编写代码实现"Hello Qt!"

(1) 新建工程

这一步骤与上部分内容中的新建工程类似,在此只给出每一个步骤的截图,如图 13.5.39 ~图 13.5.44 所示。

图 13.5.39 新建项目

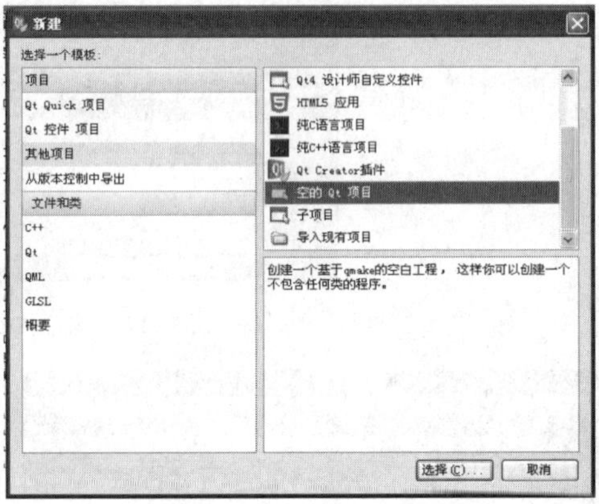

图 13.5.40 空的 Qt 项目

(2) 向新建的工程添加文件

① 右击 helloqt 工程文件夹,在弹出的菜单中选择"添加新文件",具体如图 13.5.45所示。

② 在新建文件的对话框中,选择 C++源文件,如图 13.5.46 所示,单击"选择"进入下一步。

③ 确定新建 C++源文件的名称及存储路径,如 13.5.47 所示,单击"下一步"按钮。

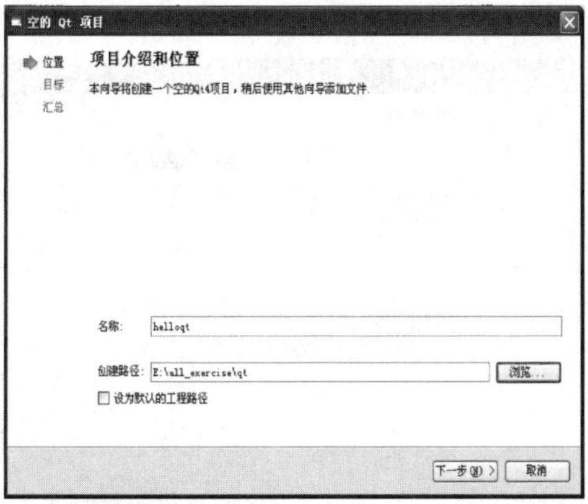

图 13.5.41　设置项目名称和存储路径

图 13.5.42　目标设置

图 13.5.43　项目管理

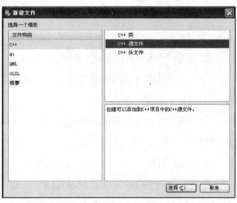

图 13.5.44　新工程界面

图 13.5.45　helloqt 添加新文件

图 13.5.46　新建 C＋＋源文件

④ 项目管理,汇集新建 C＋＋文件的相关信息,如图 13.5.48 所示,单击"完

ARM9 嵌入式系统设计基础教程(第 2 版)

成",实现向 helloqt 项目中添加 C++源文件 main.cpp。

图 13.5.47　确定 C++源文件的名称及存储路径

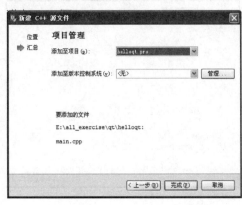

图 13.5.48　项目管理

(3) 编辑代码

在 mian.cpp 中编辑以下代码:

```
1    #include <QtGui>
2    int main(int argc,char * argv[])
3    {
4    QApplication app(argc,argv);
5    QDialog * dd = new QDialog;
6    QLabel * label = new QLabel(dd);
7    label->setText("Hello Qt!");
8
9    dd->show();
10
11       return app.exec();
12   }
```

第 1 行包含 QtGui 头文件。QtGui 定义了图形用户界面类。

第 2 行创建了应用程序的入口,Qt 程序以一个 main()函数作为入口,它有 argc 和 argv 两个参数。

第 4 行创建了一个 QApplication 对象,并将用户在控制台输入的参数传递给该应用程序对象。

第 5 行创建一个 QDialog 对象。

第 6、7 行创建一个 QLabel 对象,并设置 QLabel 对象的显示文本为"Hello Qt!"。

第 9 行将创建的图形界面呈现在显示器上。

第 11 行程序返回 Qt 应用程序对象 app 执行的结果,并退出。

(4) 编译及运行

保存整个项目,单击左侧模式选择器中的"运行"
按钮,运行的结果如图 13.5.49 所示。

图 13.5.49　运行结果

13.5.8　Qt 资源

限于篇幅,本教材没有详细介绍有关 Qt 使用方
法。有关 Qt 使用方法的更多内容,读者可以从下面
的资源(或者资料)中获得帮助。

1. Qt 官方资源

网址 http://qt.nokia.com 是 Qt 的官方网站,提供 Qt 软件下载、Qt 有关资源
和服务等。有关第三方商业软件和开源软件的最新信息请访问 www.Qtsoftware.
com。也可以从 http://doc.qt.nokia.com/中获取 Qt 的当前版和一些早期版本的
在线参考文档。

2. Qt 相关的技术论坛

在使用 Qt 时,如果有问题需要进行交流讨论,可以访问一些与 Qt 相关的技术
论坛。

(1) 国外技术论坛

国外较好的技术论坛有:

● http://www.qtcentre.org
● http://www.qtform.org
● http://www.Qt-apps.org

其中,Qt Centre 是一个社区网站(www.qtcentre.org),超过 90% 的问题可以在
这里得到回答。您可以注册成为 Qt 的社会成员,如果您有任何与 Qt 有关的问题,
可以在 Qt Centre 论坛获得帮助。

(2) 国内技术论坛

国内较好的技术论坛有:

● http://qt.csdn.net
● http://www.qtcn.org
● http://www.qtkbase.com
● http://www.cuteqt.com/bbs
● http://www.developer.nokia.com

其中,Qt 开发者专区(http://qt.csdn.net)提供 Qt 软件下载、Qt 技术应用、Qt
认证和 Qt 论坛等板块,是 Nokia 推荐的一个非官方的网站。

QTCN 社区(http://www.qtcn.org)是一个以议论 Qt/MeeGo 技术为主的技
术社区,这是国内最为老牌和最为活跃的 Qt 中文社区,内容丰富、覆盖面广、在线人

数众多,上面有很多热心、无私的 Qt 爱好者,他们会帮助初学者尽快入门。

Qt 知识库(http://www.qtkbase.com)定位是类似于 VC 知识库的技术百科全书类型的网站,有很多的原创技术文章,相当具有参考价值。

酷享 Qt(http://www.cuteqt.com/bbs)堪称国内最有原创精神的 Qt 综合技术网站,其管理团队由 Qt 中文界的好手和爱好者组成。网站内容涉及 Qt 技术的方方面面,并且具有相当的深度和实用价值。

http://www.developer.nokia.com 是诺基亚论坛上的 Qt for Symbian 中文论坛。

3. 中文图书

有一些专门介绍 Qt 知识与应用的中文图书,可供参考与学习。

(1)《零基础学 Qt4 编程》

作者吴迪,北京航空航天大学出版社 2010 出版。该书基于最新发布的 Qt 4.5 版,按照 Qt 知识结构的层次和读者的学习规律,循序渐进、由浅入深地对 Qt 应用程序开发进行介绍,涵盖了程序设计中经常涉及的内容,包括走近 Qt4、Qt 的安装与配置、Qt 编程基础、Qt4 集成开发环境、使用 Qt4 基本 GUI 工具、Qt4 程序开发方法和流程、对话框、主窗口、Qt 样式表与应用程序外观、在程序中使用.ui 文件、布局管理、使用 Qt Creator 以及 Qt 核心机制与原理。

(2)《C++ GUI Qt4 编程(第 2 版)》

作者 Jasmin Blanchette 等,电子工业出版社 2008 出版。该书详细讲述了用最新的 Qt 版本进行图形用户界面应用程序开发的各个方面。主要涉及 Qt 基础知识,Qt 的中高级编程包括布局管理、事件处理、二维/三维图形、拖放、项视图类、容器类、输入/输出、数据库、多线程、网络、XML、国际化、嵌入式编程等内容。书中介绍的 Qt4 编程原理和实践,都可以轻易将其应用于 Qt 4.4、Qt 4.5 以及后续版本的 Qt 程序开发过程中。

(3)《Qt 高级编程》

作者 Mark Summerfield 等,电子工业出版社 2011 出版,是一本阐述 Qt 高级编程技术的书籍。该书以工程实践为主旨,是对 Qt 现有的 700 多个类和上百万字参考文档中部分关键技术深入、全面的讲解和探讨,如丰富的网络/桌面应用程序、多线程、富文本处理、图形/视图架构、模型/视图架构等;另外,还给出了许多与之相关的类、方法和技术细节,从而尽可能多地展示了 Qt 的各种特色。因此,即使是很有经验的 Qt 程序开发人员,也可以从书中找出自己不曾注意到的技术点。书中的全部示例程序都已用 Qt 4.6 或者 Qt 4.5 在 Windows、Mac OS X 和 Linux 系统上进行了测试。

(4)《Linux 窗口程序设计:Qt4 精彩实例分析》

作者成洁等,清华大学出版社 2008 出版。该书以循序渐进的方式对 Qt 应用开发进行了介绍,涵盖了界面外观、图像处理、磁盘文件、网络与通信、事件等程序设计中经常涉及的内容，可以为想学习 Qt 编程的读者提供入门的指导。

思考题与习题

1. 简述 GUI 的概念和结构模型。
2. 总结常见几种嵌入式 GUI 的功能和特点。
3. 简述图形函数库提供的分类和特点。
4. 简述 KDE 中的主要组件包的功能。
5. 简述 GNOME 中的主要组件包的功能。
6. 简述 MiniGUI 的层次结构和功能。
7. 简单写出在 PC 上安装 MiniGUI 的过程。
8. 分析"Hello world"应用程序编写过程。
9. 比较 wvfb 和 qvfb，并对其详细说明。
10. 简述 Qt SDK 的层次架构。
11. 简述 Embedded Linux Qt 的功能和特性。
12. 简述 Linux/X11 Qt 的功能和特性。
13. 简述 Windows Qt 的功能和特性。

14. 试安装 Windows Qt，简述其安装步骤。
15. 试安装 Embedded Linux Qt，简述其安装步骤。
16. 试安装 Linux/X11 Qt，简述其安装步骤。
17. 写出 Embedded Linux Qt 应用程序在嵌入式设备中的运行步骤。
18. 简述使用 Qt Creator 和 Qt Designer 开发应用程序的过程（举例一个实例说明）。
19. 简述如何利用 Qt Assistant 获取在线文档与帮助。
20. 简述如何利用 Qt Demo 学习 Qt 应用程序开发。
21. 简述 Qt 程序开发方法和流程，分别举例说明 3 种不同 Qt 程序开发方法和流程。
22. 进入 Linux 系统，利用 Qt designer 做一个窗体，显示"HELLO,WORLD!"，背景颜色为蓝色。

参 考 文 献

[1] 魏洪兴. 嵌入式系统设计师教程[M]. 北京:清华大学出版社,2006.

[2] 徐英慧,等. ARM9 嵌入式系统设计——基于 S3C2410 与 Linux[M]. 北京:北京航空航天大学出版社,2007.

[3] 田泽. ARM9 嵌入式开发实验与实践[M]. 北京:北京航空航天大学出版社,2006.

[4] 于明,等. ARM9 嵌入式系统设计与开发教程[M]. 北京:电子工业出版社,2006.

[5] 孙天泽,等. 嵌入式设计及 Linux 驱动开发指南——基于 ARM9 处理器[M]. 2 版. 北京:电子工业出版社,2007.

[6] 周立功,等. ARM9&WinCE 实验与实践——基于 S3C2410[M]. 北京:北京航空航天大学出版社,2007.

[7] ARM Inc. 处理器选择器. http://www.arm.com/zh/products/processors/selector.php.

[8] Samsung Electronics. S3C2410A − 200MHz & 266MHz 32 − Bit RISC Microprocessor USER'S MANUAL Revision 1.0. www.samsung.com.

[9] 李宁. ARM MCU 开发工具 MDK 使用入门[M]. 北京:北京航空航天大学出版社,2012.

[10] 任哲,等. 嵌入式系统基础:ARM 与 Realview MDK(Keil for ARM)[M]. 北京:北京航空航天人学出版社,2012.

[11] 杜春雷. ARM 体系结构与编程[M]. 北京:清华大学出版社,2003.

[12] 孙纪坤,等. 嵌入式 Linux 系统开发技术详解——基于 ARM[M]. 北京:人民邮电出版社,2006.

[13] 陈赜. ARM9 嵌入式技术及 Linux 高级实践教程[M]. 北京:北京航空航天大学出版社,2005.

[14] 田泽. ARM9 嵌入式 Linux 开发实验与实践[M]. 北京:北京航空航天大学出版社,2006.

[15] 吴迪. 零基础学 Qt4 编程[M]. 北京:北京航空航天大学出版社,2010.

[16] Jasmin Blanchette,Mark Summerfield. C++GUI Qt4 编程[M]. 2 版. 闫铎欣,等译. 北京:电子工业出版社,2008.

[17] Mark Summerfield. Qt 高级编程[M]. 白建平,等译. 北京:电了工业出版社,2011.

[18] 成洁,等. Linux 窗口程序设计:Qt4 精彩实例分析[M]. 北京:清华大学出版社,2008.

[19] 蔡志明,等. 精通 Qt4 编程[M]. 2 版. 北京:电子工业出版社,2011.

[20] 李玉东,等. 精通嵌入式 Linux 编程:构建自己的 GUI 环境[M]. 北京:北京航空航天大学出版社,2010.

[21] 张绮文,等. ARM 嵌入式常用模块与综合系统设计实例精讲[M]. 北京:电子工业出版社,2007.

[22] Arnold Berger. 嵌入式系统设计[M]. 电子工业出版社,2002.

[23] 吴明晖,等. 基于 ARM 的嵌入式系统开发与应用[M]. 北京:人民邮电出版社,2004.

[24] 王田苗. 嵌入式系统设计与实例开发[M]. 2 版. 清华大学出版社,2003.

[25] 俞建新,等. 嵌入式应用程序开发综合实验 9 例[M]. 北京:清华大学出版社,2004.

[26] 许海雁,等. 嵌入式系统技术与应用[M]. 北京:机械工业出版社,2002.

[27] 黄智伟. STM32F 32 位微控制器应用设计与实践[M]. 北京:北京航空航天大学出版社,

2012.

[28] 黄智伟.32 位 ARM 微控制器系统设计与实践——基于 Luminary Micro LM3S 系列 Cortex - M3 内核[M]. 北京：北京航空航天大学出版社，2010.

[29] 黄智伟. 嵌入式系统中的模拟电路设计[M]. 北京：电子工业出版社，2011.

[30] 黄智伟. 全国大学生电子设计竞赛 ARM 嵌入式系统应用设计与实践[M]. 北京：北京航空航天大学出版社，2011.

[31] 黄智伟. 全国大学生电子设计竞赛系统设计[M]. 2 版. 北京：北京航空航天大学出版社，2011.

[32] 黄智伟. 全国大学生电子设计竞赛电路设计[M]. 2 版. 北京：北京航空航天大学出版社，2011.

[33] 黄智伟. 全国大学生电子设计竞赛技能训练[M]. 2 版. 北京：北京航空航天大学出版社，2011.

[34] 黄智伟. 全国大学生电子设计竞赛制作实训[M]. 2 版. 北京：北京航空航天大学出版社，2011.

[35] 黄智伟. 全国大学生电子设计竞赛常用电路模块制作[M]. 北京：北京航空航天大学出版社，2011.

[36] 黄智伟等. 超低功耗单片无线系统应用入门 [M]. 北京：北京航空航天大学出版社，2011.

[37] 黄智伟. 全国大学生电子设计竞赛培训教程(修订版)[M]. 北京：电子工业出版社，2010.

[38] 黄智伟. 高速数字电路设计入门[M]. 北京：电子工业出版社，2012.

[39] 黄智伟. 低功耗系统设计——原理、器件与电路[M]. 北京：电子工业出版社，2011.

[40] 黄智伟. 印制电路板(PCB)设计技术与实践[M]. 北京：电子工业出版社，2009.

[41] 黄智伟. 混频器电路设计[M]. 西安：西安电子科技大学出版社，2009.

[42] 黄智伟. 射频功率放大器电路设计[M]. 西安：西安电子科技大学出版社，2009.

[43] 黄智伟. 调制器与解调器电路设计[M]. 西安：西安电子科技大学出版社，2009.

[44] 黄智伟. 单片无线发射与接收电路设计[M]. 西安：西安电子科技大学出版社，2009.

[45] 黄智伟. 射频小信号放大器电路设计[M]. 西安：西安电子科技大学出版社，2008.

[46] 黄智伟. 锁相环与频率合成器电路设计[M]. 西安：西安电子科技大学出版社，2008.

[47] 黄智伟. 无线发射与接收电路设计[M]. 2 版. 北京：北京航空航天大学出版社，2007.

[48] 黄智伟. 基于 NI mulitisim 的电子电路计算机仿真设计与分析(修订版)[M]. 北京：电子工业出版社，2011.

[49] 黄智伟. 通信电子电路[M]. 北京：机械工业出版社，2007.

[50] 黄智伟. 凌阳单片机课程设计[M]. 北京：北京航空航天大学出版社，2007.

[51] 黄智伟. 射频电路设计[M]. 北京：电子工业出版社，2006.

[52] 黄智伟. FPGA 系统设计与实践[M]. 北京：电子工业出版社，2005.